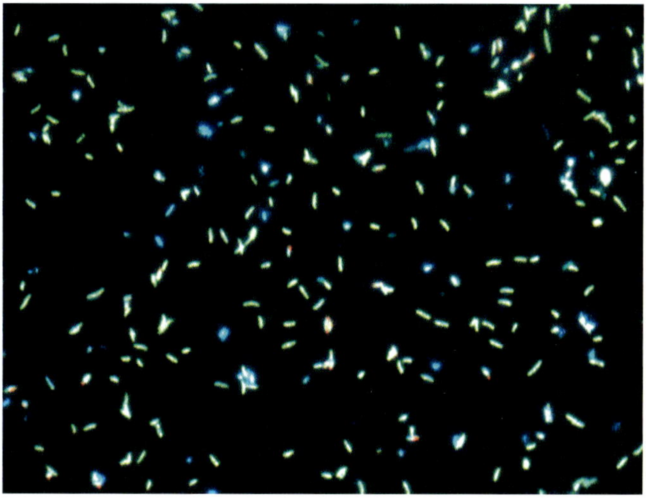

口絵 1　ろ過，滅菌処理していないナチュラルミネラルウォーター中に含まれる細菌の蛍光顕微鏡写真

国際的な食品規格である CODEX 規格では，ナチュラルミネラルウォーターは地下の地下水支持層から採取した原水を，殺菌やろ過滅菌などの処理をすることなく，源泉の湧出地点のすぐ近くでボトル詰めすることになっている．また，採水地周辺の環境保全を徹底し，原水の汚染を防がなければならないとしている．ナチュラルミネラルウォーターを長年にわたって利用してきたヨーロッパ諸国では，採取した原水をそのまま容器詰めすることが常識となっているのに対し，わが国や米国では原水を殺菌またはろ過滅菌することが前提となっている．

蛍光試薬 DAPI（4′, 6-Diamidino-2-phenylindole）は細胞内に浸透し，DNA と結合する．DAPI によって染色された細菌は，紫外線励起光下で青色蛍光を発する．また，細胞内のポリリン酸が染まった場合は，黄色蛍光を発する．DAPI は生きている細胞も染色可能なため，生物学分野で広く用いられている．→本文 14 ページ参照

口絵 2　ミツバチヘギイタダニ

写真提供：アリスタライフサイエンス株式会社　光畑雅宏氏．

→本文 120 ページ参照

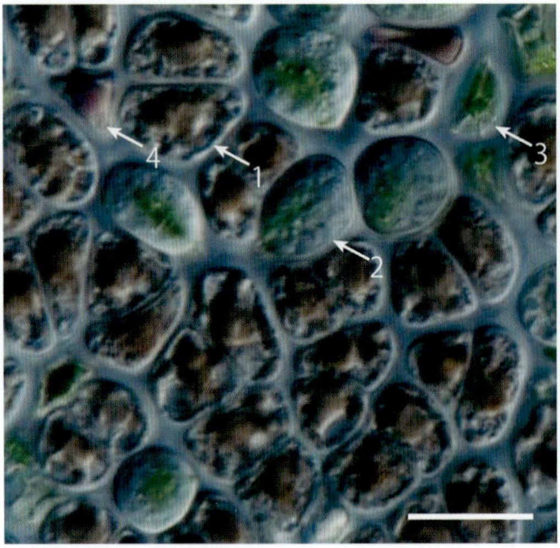

口絵3

スサビノリ *Porphyra yezoensis* に細胞内寄生する卵菌類の一種，*Olpidiopsis porphyrae* の光学顕微鏡像

(1) *O. porphyrae* 未寄生の *Porphyra* 細胞，(2) *O. porphyrae* の菌体，(3) 遊走子放出後の空の *O. porphyrae* 菌体，(4) *O. porphyrae* の寄生を受けず死滅した *Porphyra* 細胞．スケールバーは 20 μm．
写真提供：独立行政法人製品評価技術基盤機構，関本訓士 博士，協力：甲南大学，本多大輔 博士．
→本文 161 ページ参照

口絵4

南根腐病によって生じたギャップ（パッチ）と倒木

上：南根腐病によって形成されたギャップ，下：本病による倒木被害（根や地際部を黒色菌糸膜が覆っている）．
→本文 179 ページ参照

口絵 5　南根腐病の典型的な病徴（地上部）

A：トベラ（初期の萎れ），B：ヤブニッケイ，C：ガジュマル，D：シャリンバイ（左方向に被害が拡大している），E：ソウシジュ，F：モクマオウの防風林（本病により大きなギャップができている）．矢印は病気の拡大方向．

→本文 177 ページ参照

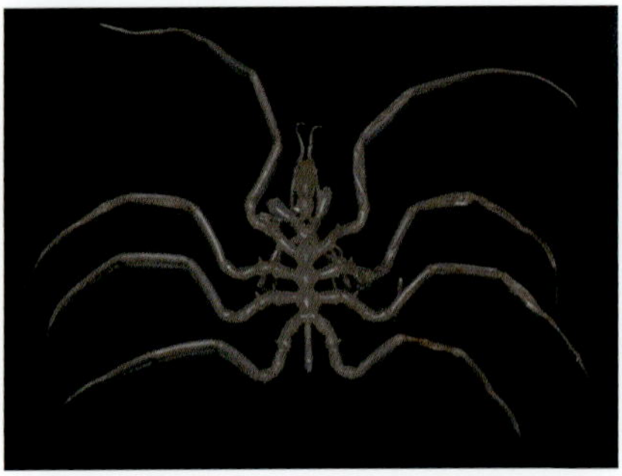

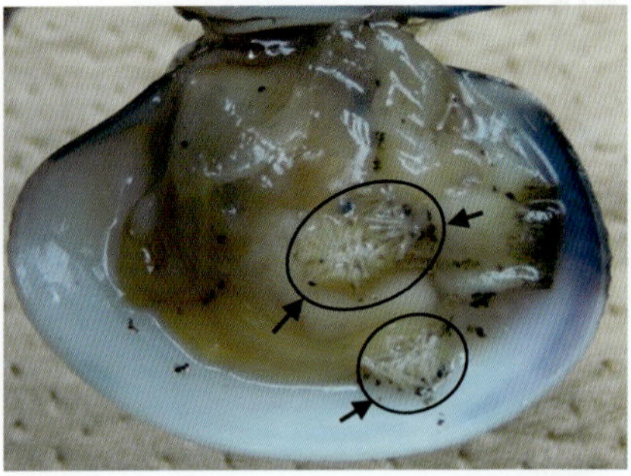

口絵 6　カイヤドリウミグモ

左：成体雌，右：アサリ外套体腔内の幼体．千葉県 小林豊氏 提供．

→本文 228 ページ参照

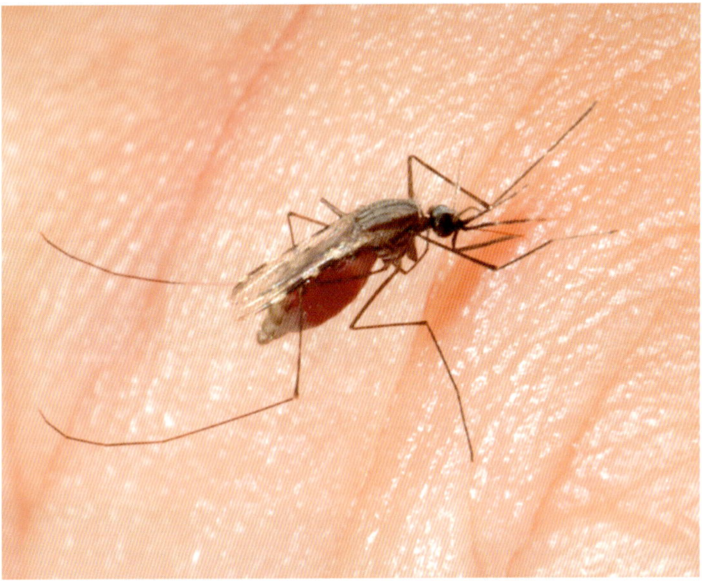

口絵 7　マラリア原虫を媒介する，吸血中のコガタハマダラカ *Anopheles minimus*

撮影：川田均（長崎大学・熱帯医学研究所）

→本文 309 ページ参照

シリーズ 現代の生態学

6

感染症の生態学

日本生態学会 編

担当編集委員
川端善一郎
吉田丈人
古賀庸憲
鏡味麻衣子

共立出版

【執筆者一覧】（担当章）

川端善一郎	総合地球環境学研究所名誉教授（はじめに・第 19 章）
吉田丈人	東京大学大学院総合文化研究科（はじめに）
古賀庸憲	和歌山大学教育学部（はじめに）
鏡味麻衣子	東邦大学理学部（はじめに・第 6 章・第 7 章）
山口進康	大阪大学大学院薬学研究科（第 1 章）
那須正夫	大阪大学大学院薬学研究科（第 1 章）
北村真一	愛媛大学沿岸環境科学研究センター（第 2 章）
浦部美佐子	滋賀県立大学環境科学部（第 3 章）
源　利文	神戸大学大学院人間発達環境学研究科（第 4 章）
梯　正之	広島大学大学院医歯薬保健学研究科（第 5 章・第 26 章）
佐藤拓哉	神戸大学大学院理学研究科（第 6 章・第 7 章）
谷佳津治	大阪大谷大学薬学部（第 8 章）
五箇公一	国立研究開発法人国立環境研究所（第 9 章）
加茂将史	国立研究開発法人産業技術総合研究所（第 10 章）
佐々木顕	総合研究大学院大学先導科学研究科（第 10 章・第 22 章）
外丸裕司	国立研究開発法人水産総合研究センター（第 11 章）
佐橋憲生	国立研究開発法人森林総合研究所（第 12 章）
田中千尋	京都大学大学院農学研究科（第 12 章）
二井一禎	京都大学名誉教授（第 13 章）
伊藤進一郎	三重大学生物資源学部（第 14 章）
水本祐之	奈良県立青翔中学校・高等学校（第 15 章）
佐藤　宏	山口大学共同獣医学部（第 16 章）
良永知義	東京大学大学院農学生命科学研究科（第 17 章）
湯浅　啓	国立研究開発法人水産総合研究センター（第 18 章）
内井喜美子	大阪大谷大学薬学部（第 19 章）
長　雄一	地方独立行政法人北海道立総合研究機構（第 20 章）
大橋和彦	北海道大学大学院獣医学研究科（第 20 章）

村田史郎　北海道大学大学院獣医学研究科（第 20 章）
広瀬　大　日本大学薬学部（第 21 章）
岩見真吾　九州大学大学院理学研究院（第 23 章）
中澤秀介　長崎大学熱帯医学研究所（第 24 章）
門司和彦　長崎大学大学院熱帯医学・グローバルヘルス研究科（第 24 章）
浅川満彦　酪農学園大学獣医学群（第 25 章）
河野梢子　広島大学大学院保健学研究科（第 26 章）

『シリーズ　現代の生態学』刊行にあたって

「かつて自然とともに住むことを心がけた日本人は，自然を征服しようとした欧米人よりも，自分達の幸福を求めて，知らぬ間によりひどく自然の破壊をすすめている．われわれはいまこそ自然を知らねばならぬ．われわれと自然とのかかわり合いを知らねばならぬ．」

これは，1972～1976年にかけて共立出版から刊行された『生態学講座』における刊行の言葉の冒頭部である．この刊行から30年以上も経ち，状況も変わったので，講座の改訂というより新しいシリーズができないかという話が共立出版から日本生態学会に持ちかけられた．この提案を常任委員会で検討した結果，生態学全体の内容を網羅する講座を出版すべきだという意見と，新しいトピック的なものだけで構成されるシリーズものが良いという対立意見が提出された．議論の結果，どちらにも一長一短があるので，中道として，新進気鋭の若手生態学者が考える生態学の体系をシリーズ化するという方向に決まった．これに伴い，若手を中心とする編集委員が選任され，編集委員会での検討を経て，全11巻から構成されるシリーズにまとまった．

思い起こせば『生態学講座』が刊行された時代は，まだ生態学の教科書も少なく，生態学という学問の枠組みを体系立てて示すことが重要であった．しかも，『生態学講座』冒頭の言葉には，日本における人間と自然とのかかわり合いの急速な変化に対する懸念と，人間の行為によって自然が失われる前に科学的な知見を明らかにしておかなければならないという危機感があふれている．それから30年以上経った現在，生態学は生物学の一分野として確立され，教科書も多数が出版された．生物多様性に関する生態学的研究の進展は特筆すべきものがある．また，生態学と進化生物学や分子生物学との統合，あるいは社会科学との統合も新しい動向となっており，生態学者が対象とする分野も拡大を続けている．しかし，その一方で生態学の細分化が進み，学問としての全体像がみえにくくなってきている．もしかすると，この傾向は学問における自然な「遷移」なのかもしれないが，この転換期において確固とした学問体系を示すことはきわめて困難な作業といえる．その結果，本シリーズは巻によって目的が異なり，ある分野を網羅的に体系づける巻と近年めざましく進んだトピックから構成される巻が共存する．シリーズ名も『シリーズ　現代の生態学』とし，現在における生態学の中心的な動向をスナップショット的に切り取り，今後の方向性を探る道標としての役割を果たしたいと考えた．

本シリーズがターゲットとする読者層は大学学部生であり，これから生態学の専門家になろうとする初学者だけでなく，広く生態学を学ぼうとする一般の学生にとっても必読となる内容にするよう心がけた．また，1 冊 12〜15 章の構成とし，そのまま大学での講義に利用できることを狙いとしている．近年の日本生態学会員の増加にみられるように，今日の生態学に求められる学術的・社会的ニーズはきわめて高く，かつ，多様化している．これらのニーズに応えるためには，次世代を担う若者の育成が必須である．本シリーズが，そのような育成の場に活用され，さらなる生態学の発展と普及の一助になれば幸いである．

日本生態学会『シリーズ　現代の生態学』編集委員会　一同

はじめに

本書の編集作業が進む中，2014 年 8 月，デング熱が東京で発生した．デング熱は，おもに従来日本には生息しないネッタイシマカが媒介する，デングウイルスの感染によってひきおこされる．熱帯や亜熱帯地域を中心に，年間 1 億人がデング熱に感染すると言われている．デング熱のワクチンがないことから，国内でも大きな社会問題になった．

デング熱以外にも，近年，国内外で様々な感染症が社会問題となっている．例えば，2004 年には，山口県と京都府の養鶏場で大量の鶏が鳥インフルエンザで死亡した．最近でも，西日本や九州の養鶏場で死亡した鶏から鳥インフルエンザウイルスが検出されている．鳥インフルエンザは，カモ類を宿主とする鳥インフルエンザウイルスが家禽類にも感染する感染症である（詳細は 20 章参照）．1981 年にヒトで HIV 感染が初めて確認されてから今日まで，HIV 感染者は国内で約 1,600 人，世界で約 3,300 万人に増加した．AIDS は，性交や輸血を通した HIV の感染によって免疫細胞が破壊され，発症する（詳細は 23 章参照）．様々な抗 HIV 薬が開発されてはいるものの，いまだ完全に HIV を体から除去することができない．また，サハラ砂漠以南のアフリカ諸国を中心に，年間約 3 億人のマラリア患者が発生し，約 50 万人の人々が亡くなっている．マラリアは，ハマダラカが媒介するマラリア原虫によってひきおこされる（詳細は 24 章参照）．2014 年には，西アフリカの数カ国で致死率が極めて高いエボラ出血熱が流行し，世界中を震撼させた．エボラ出血熱は，数種のコウモリが自然宿主であると考えられているエボラウイルスによってひきおこされる．WHO の報告によれば，2014 年から 2015 年 10 月までに約 1 万 1 千人が死亡したという．さらに，野生生物にも大規模な感染症がおきている．たとえば松枯れ病（詳細は 13 章参照）やカエルツボカビ症（9 章参照）やコイヘルペスウイルス病（詳細は 19 章参照）などがその例である．また，地球温暖化や富栄養化や外来種の侵入（詳細は 9 章参照）や生息地の改変といった，人間がひきおこす環境変化に伴う感染症の拡大の可能性も指摘されている（7 章参照）．

これらの感染症の例が示すように，感染症は社会問題であるとともに，地球規模でとらえるべき環境問題でもある．

感染症は，病原生物・宿主・環境が複雑に関係しあっておきる．これら三つは感染が成立する要因であり，疫学の三角形モデルなどとよばれている．したがって，感染症を予防し拡大を防ぐためには，診断と治療に役立てる従来の病理学的知見はもとより，病原生物と宿主と環境との相互作用を解明する生態学的知見が不可欠である．なぜなら，生態学は生物と環境との相互作用を解析する学問分野だからである．

私たちの周りは病原生物で満ちあふれている．ヒトを含む全ての生物種で，感染症にかかり，死んでいく個体がいるに違いない．ヒトに感染し，感染症を発症させる病原生物だけでも，現在までに約 1,500 種が知られている．ヒト以外に感染する病原生物まで含めれば，その種類は膨大な数に上る．現在記載されている生物種数よりはるかに多い種数の病原生物が存在するにちがいない．生態系は，様々な種が直接的間接的に相互に関係し合ってはじめて存続できる．この視点にたてば，病原生物も生態系の不可欠な要素と考えられないだろうか．実際，病原生物が物質循環を駆動していることも明らかになっている（詳細は 6 章，7 章参照）．病原生物がいなければ，ヒトを支える生態系も存続できないし，ひいては，私たちヒトも生きていけないということかもしれない．病原生物は感染症によって死亡する個体から見ればやっかいな敵であるが，一方で，個体群や群集や生態系にとっては，これらが存続するためになくてはならない大切な要素なのかもしれない．本書を通読すれば，この仮説を判断するヒントが得られるに違いない．一方，病原生物と宿主の共進化（詳細は 10 章参照）や生物間相互作用（詳細は 6 章，7 章参照）などの問題を考えることによって，感染症の研究が生態学における未開拓な分野に光をてらすことにもなるであろう．本書がきっかけとなり，従来にはなかった新しい生態学の分野が切り開かれていくことを期待している．

自然環境中の病原生物をどのように検出・定量したらよいのか？　潜伏感染期間の体内でなにがおきているのか？　病原遺伝子はどのようにして広まるのか？病原生物と宿主と環境要因のどのような相互作用が感染症をひきおこすのか，あるいは制御するのか？　ヒトのインフルエンザをある一定期間内に終焉させるためには，どのようなタイミングでワクチンを投与すればよいのか？　効果的な感染症の対策はどのようにしたらよいのか？　ヒトはこれから感染症とどのようにつき合っていけばよいのか？　病原生物の生態系における役割は何か？　これらの様々な問題に答えるヒントが，感染の分子レベルから病原生物・宿主・環境との相互作用までを幅広く扱った本書から見えてくる．本書の生態学的考え方にもとづいた感染症の理解は，感染症がもたらす社会問題を考えるための基礎となるであろう．

本書では，野生生物や家畜やヒトなどに直接的間接的に甚大な被害を引き起こすか，あるいはその可能性が考えられる病原生物や感染症のごく一部を取り上げているにすぎない．しかし，病原生物の多様性や進化や遺伝子動態や感染症の発症メカニズムやダイナミクス等の基礎理論（Ⅰ部とⅡ部）を理解すれば，本書で取り扱わなかった多くの他の感染症の理解につながるだろう．

これまで，感染症の生態学に関する基礎やその研究が対象とする範囲について，広く参照できるような日本語の教科書はなかった．そこで，感染症の生態学が基礎科学と応用科学の両面において今後発展することを期待して，大学の学部生を念頭に，初学者が感染症の生態学の基礎を勉強できるように，基礎的で網羅的な教科書として本書を編集した．本書は主に「野生生物」の感染症を扱うが，ヒトの感染症（真菌感染症，インフルエンザ，AIDS，マラリア）にも言及し，分子生物学，生理生態学，自然保護学，農学などを志す初学者に限らず，公衆衛生学や，社会福祉や，医学系を志す人にも感染症対策における生態学的視点の重要性を伝えられる内容とした．

各章では単に最新の知見を網羅するだけではなく，研究の背景にある考え方にも触れ，体系的に理解できるようにした．研究の基盤となる原理から重要な研究が着想されるに至った経緯が読み取れるようにわかりやすく解説した．

Ⅰ部「基礎知識」では，事例を引用しながら，わかりやすく全ての感染症に共通する基礎知識と基礎理論を紹介し，総合的に記述した．したがって，医学や農学など人間と深くかかわりあう分野における感染症にも適用できる内容とした．

Ⅱ部「感染症の生態学的機能と進化」では，生態系における感染症の役割や進化について，事例や理論を交えてレビュー的に紹介し，感染症が生態学の重要分野であることを示した．

Ⅲ部「感染症事例」では，人間の感染症も含めた多くの感染症をトピック的に紹介し，実学としての農学，水産学，林学，医学における感染症研究の現状を紹介した．

Ⅳ部「対策と管理」では，生態学の理論に基づいて感染症を管理するための基礎知識やその応用課題を解説した．

なお，本書では，同じ概念の表現が章によって異なる場合がある．例えば,「疫学の三角モデル」と「発病のトライアングル」などである．本質的には同じ概念を表している．特にⅢ部では各章の独立性が強いことを考慮し，学術用語でないものは，多少表現の違いがあっても，基本的に筆者の意向を尊重した．読者には，このような編集委員会としての意図を理解していただきたい．

2015年，北里大学の大村智氏にノーベル生理学・医学賞が授与された．大村氏らは土壌中の放線菌によって作られる抗生物質をもとに，線虫によってひきおこされるオンコセルカ症やリンパ系フィラリア症に効く薬を開発し，年間3億人とも言われる多くの人々をこれらの感染症から救った．彼らの研究は，病原生物・宿主・環境の相互作用の理解と生態系における微生物の未知の役割の解明に根ざしている．本書を通して，感染症の生態学を感染症の予防に少しでも生かし，医療制度をはじめとする様々な社会システムの健全な維持につなげることができれば幸いである．

本書の企画から原稿依頼，査読，編集委員との意見交換や著者との連絡，そして最終校正に至るまで，多くの時間を費やすことになってしまいました．それにもかかわらず，共立出版編集部の信沢孝一氏には，企画から出版にこぎつけるまで辛抱強く待って頂きました．感謝申し上げます．本書の趣旨を理解し，忙しい中，執筆を快諾して頂いた執筆者の皆さんに感謝いたします．本書の執筆者数の多さもさることながら，専門分野が多岐にわたったため，第一線で活躍されている多くの専門家に査読を依頼しました．以下の査読者の皆様に感謝申し上げます（五十音順，敬称略，所属は査読当時のもの）．今井一郎（北海道大学），浦部美佐子（滋賀県立大学），大園享司（京都大学生態学研究センター），大沼学（国立環境研究所），奥野哲郎（京都大学），長雄一（北海道立総合研究機構），金子修（長崎大学熱帯医学研究所），狩野繁之（国立国際医療研究センター），黒川顕（東京工業大学），善林薫（東北農業研究センター），瀧本岳（東邦大学），谷佳津治（大阪大谷大学)，土佐幸雄（神戸大学)，畑井喜司雄（日本獣医生命科学大学)，古島大資（佐賀大学)，本庄三恵（京都大学生態学研究センター)，本多大輔（甲南大学)，前原紀敏（森林総合研究所)，三木健（国立台湾大学)，宮台俊明（福井県立大学)，山内淳（京都大学生態学研究センター)，山田利博（東京大学)，横畑泰志（富山大学)．最後になりましたが，この一連の編集作業を精力的に支えていただき，かつ叱咤激励していただいた共立出版の野口訓子氏をはじめとする多くの方々に感謝いたします．

川端善一郎・吉田丈人・古賀庸憲・鏡味麻衣子

もくじ

I 部　基礎知識

第 1 章 微生物の多様性・系統分類・検出方法

山口進康・那須正夫

1.1 ヒトと環境と微生物

1.1.1 生命史

地球に初めて出現した生物は，原核生物（DNA が核膜に包まれていない生物；細菌）である．化学進化（原始地球での化学反応による低分子化合物から高分子化合物の合成）により生成した塩基や糖，ペプチドやポリヌクレオチドなどの化学物質を材料として，約 38 億年前，初めての生命が発生したと考えられている．その当時，地球にはオゾン層が無かったため，地上には生物に有害な紫外線が降り注ぎ，火山が爆発するなど，陸上は生物が生存するには条件が厳しすぎた．しかし，紫外線は水により遮断されるため，生命は海で誕生し，進化を始めた．

約 27 億年前にはシアノバクテリア（ランソウ類）による光合成が盛んになり，地球に酸素が蓄積され始めると，次に好気性細菌（酸素の存在下で生育する細菌）が出現した．エネルギー効率が高まることにより，生物量は増加し，最初の生命体である細菌は，20 数億年の間，地球上における唯一の生命体として，次の時代の生物の出現の土台となる地球環境を，時間をかけて整えていった．

約 15 億年前には DNA が核膜に包まれている真核生物が出現し，有性生殖の確立とともに，生物は急速に進化を始める．古生代になると生物は爆発的に進化し，約 5 億年前のカンブリア紀には三葉虫をはじめとする，多細胞の無脊椎動物が数多く出現した．さらに，カンブリア紀後期には最初の脊椎動物が現れ，多様な生物からなる生態系が形成されていった．しかし，地上は未だ不毛であり，太陽から降り注ぐ紫外線から身を守るために，生物の生存域は水中にとどまっていた．

その後，藻類の活発な光合成により，酸素量がさらに増大すると，紫外線の作用を受けて酸素からオゾンが生成した．このオゾンが成層圏でオゾン層となり，生物にとって有害な波長 300 nm 以下の紫外線が地表に直接届かないようになった．その結果，生物の分布域は水中から地上へと拡がっていった．まず緑藻類が陸上に進出した．水中に比べて地上の方が太陽光が豊富であるため，植物が進化し，繁栄を始めた．地表が植物に覆われるとともに，繁茂した植物の遺骸は微生物の作用により土壌成分となった．その後，動物の生存域も水中から地上へと拡がっていった．

1.1.2 細菌の分布域

地球における細菌の分布域は，他の生物に比べて広い．鳥類の分布域は地表から地上約 8,000 m までであり，魚類の分布域は水面下から深海約 8,000 m までであるのに対し，細菌は深海から地上 10,000 m 以上にまで分布している．さらに，他の生物が生息できないような「極限環境」にも細菌は生息している．深海の熱水鉱床（120℃以上の高温下），酸性泉（pH 0 の強酸性下），塩基性湖（pH 12.5 の強塩基性下）や高塩湖（海水の 10 倍の塩濃度）で生育する細菌も存在し，1,000 気圧に耐える細菌やヒトの致死量の 1,000 倍の放射線に耐える細菌も見つかっている（Hand, 2009）．すなわち，「細菌の存在しうる環境が生命の存在しうる限界である」と言える．Whitman らは地球の原核生物の数が全宇宙の星の数よりも多く，炭素量として $3.5 \sim 5.5 \times 10^{17}$ g であり，これは地球の全生物がもつ炭素量の半分の量に相当すると推定している（Whitman *et al*., 1998）．このような細菌の広い分布を表す言葉として，オランダの Lourens Baas Becking は “Everything is everywhere, but, the environment selects” と表している（Wit & Bouvier, 2006）．また環境微生物学分野における研究の進展と遺伝子配列解析技術の高速化により，これを裏付ける論文も報告されている．Gibbons らは深海の複数地点における細菌群集構造（対象とする環境における細菌種の組成）を詳細に解析し比較した結果，地域による大きな差は見られなかったことを報告している（Gibbons *et al*., 2013）．

このような細菌の広い分布域は，その高い生存能力と環境適応能力が深く関与している．有機物の極めて少ない地下水中の細菌は増殖速度が遅い（数年に一度）にもかかわらず，生育に適した環境に移すと速やかに増殖を開始する．また，2 億 5000 万年前に生成した岩塩中の細菌芽胞を分離したところ，再び増殖したという報告もある（Vreeland *et al*., 2000）．このように，細菌には他の生物がもたない特徴や機能をもつものが存在する．

1.1.3 ヒトと微生物

微生物は「肉眼で検出できない微小な生物」の総称であり，ウイルス，細菌，真菌（いわゆるカビや酵母），原虫が含まれる．それぞれの大きさは，ウイルスがおおよそ 20～300 nm（0.00002～0.0003 mm），細菌が 0.2～5 μm（0.0002～0.005 mm），酵母が 5～10 μm（0.005～0.01 mm），原虫が 20～100 μm（0.02～0.1 mm）である（図 1.1）．これらの微生物は地球環境の創成に大きく貢献した一方で，感染症の原因として，我々の生命を脅かしてきた．結核の病変の痕跡が古代エジプトのミイラにも認められるように，ヒトの歴史は微生物との闘いの歴史でもある．ペストは中世のヨーロッパで大流行し，14 世紀の大流行時にはヨーロッパの人口の 1/3 がペストにより失われたと推測されている．

有史以前より，感染症によって多くの命が失われてきたが，その原因菌が特定されたのは，今から百数十年前である．フランスの Louis Pasteur により微生物は自然に発生するという「自然発生説」が否定され，またドイツの Robert Koch により細菌の純培養法・分離法が開発されるとともに，病原微生物学が発展し，結核菌やコレラ菌をはじめとする多くの病原細菌が分離された．そして，各病原細菌に対する選択培養法が確立されるとともに，感染症の診断法・治療法が開発されてきた．

また，微生物はヒトの体表面や口腔，鼻腔，腸管内にも分布しており，ヒトの体に常在する微生物に関する研究も進んできた．出産と同時に，ヒトは呼吸や授

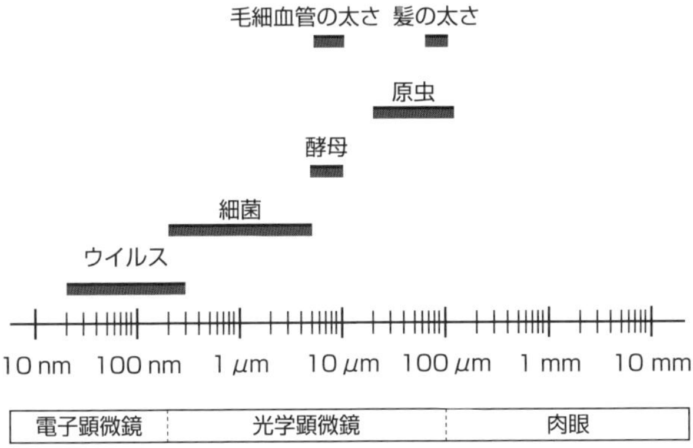

図 1.1　微生物の大きさ
参考として，毛細血管や髪の太さを付記している．

乳などを介して様々な微生物に接触し，その一部が各部位に定着する．成人の腸管には，数百種以上，100兆個に及ぶ細菌が生息すると推定されている．これらの常在微生物は我々の健康に深くかかわっており，皮膚や粘膜表面への外来微生物の定着の抑制，免疫系の刺激による免疫能の維持・向上や，腸管内におけるビタミン産生に寄与している．乳酸菌などの有用な微生物を積極的に摂取することで健康の増進を図るプロバイオティクスも広く認識されてきており，これらの微生物の腸管内での詳細な機能や免疫に関与するメカニズムも明らかになりつつある（Fukuda *et al.*, 2011; Furusawa *et al.*, 2013）．一方，我々の免疫能が低下している場合は，常在微生物が感染源となることもある．

1.1.4 微生物の利用

我々は微生物の存在が認識される以前から，微生物の発酵作用を利用し，味噌や納豆などの発酵食品，アルコールなどを生産してきた．各地域には固有の発酵食品があり，微生物は「食文化」の一翼を担っている．また，多くの抗生物質は微生物が産生する物質を起源としており，感染症治療に広く用いられている．

さらに，微生物の豊富な機能を活用するために，様々な研究がされている．微生物を利用して，化学物質などにより汚染された環境を修復する技術（バイオレメディエーション）はその一例であり，タンカーの事故により海洋に流出した原油の分解などに利用されている．環境汚染の浄化には物理的手法や化学的手法も用いられるが，微生物は様々な種類の化学物質を分解する能力をもつことから，バイオレメディエーションは他の技術に比べて適用可能な汚染物質が多い．さらに，微生物の代謝反応を利用することから，より少ないエネルギーで環境浄化ができるという特長をもっているため，実用化が進められている．また，極限環境をはじめとして，自然環境中には未知の微生物が数多く存在することから，そのような微生物がもつ新たな機能や有用な酵素の産業利用が期待されている．

1.2 微生物の系統分類と多様性

1.2.1 微生物の系統分類

かつて微生物は形態的特徴や生理・生化学的性状などにもとづいて分類されて

いたが，分子生物学の進歩とともに遺伝子情報，とくにリボソーム RNA の塩基配列をもとにした分類が一般的になってきた（Woese *et al.*, 1990）．リボソーム RNA は，タンパク質の生合成が行われるリボソームを構成する RNA であり，その塩基配列は種を越えてよく保存されているという特長をもつ．生物をそのリボソーム RNA の塩基配列をもとに分類した結果を図 1.2 に示す．このように生物は「真正細菌（Bacteria）」，「アーキア（Archaea）」，「真核生物（Eucarya）」に分類され，「真正細菌」と「アーキア」が「原核生物」，動物，植物や昆虫は「真核生物」である．なお，「細菌」は「真正細菌」と「アーキア」の総称であるが，「真正細菌」のみを指す場合もある．図 1.2 の系統樹（生物間の類縁関係を示した図）から，真正細菌およびアーキアは，真核生物と同様に，系統学的に多様であることがわかる．

なお，リボソーム RNA 上には微生物の系統分類に利用可能な情報が存在するが，病原性に関する情報が含まれていない．したがって，リボソーム RNA による系統分類と病原性の間には直接の関係が見られないと言われている．

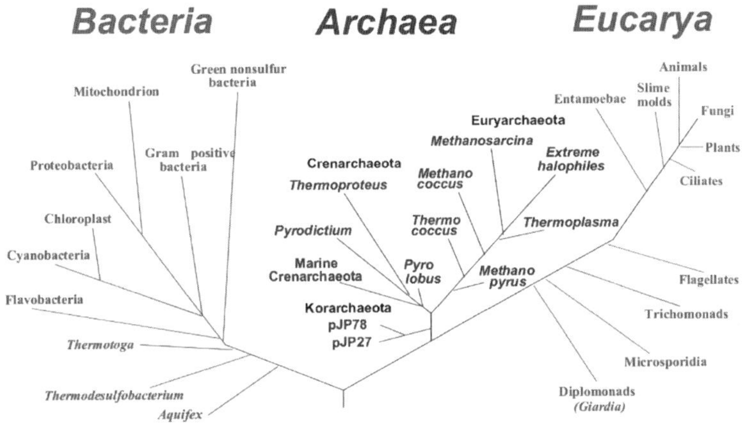

図 1.2　リボソーム RNA の塩基配列をもとに作成した系統樹
これにより生物は Bacteria（真正細菌），Archaea（アーキア），Eucarya（真核生物）の 3 つに大きく分かれることがわかる．（Jurgens, 2002 より引用）

1.2.2 細菌

細菌，真菌，原虫は DNA を遺伝子としており，生育に適した環境において，自身で増殖することができる．細菌は原核生物であり，ペプチドグリカンで構成される細胞壁をもつなど，ヒトの細胞とは基本構造が大きく異なっている．そこで，この違いなどを標的として，細菌に特異的に作用する感染症治療薬（抗菌剤）の開発が可能である．一方，真菌と原虫は真核生物であり，ヒトの細胞と特徴が近似しているため，抗真菌薬や抗原虫薬は一般的に副作用が出やすい．

細菌がもつ特徴として，外来の遺伝子を取り込むことにより，新たな機能を獲得することがあげられる．腸管出血性大腸菌 O157 がもつベロ毒素（VT1）は，赤痢菌がもつ志賀毒素と同じ構造をしており，毒性も同じである．この理由が大腸菌 O157 のゲノムの解析により推測されており，赤痢菌に感染したファージ（細菌を宿主とするウイルス）が非病原性の大腸菌に志賀毒素の遺伝子を運び，その結果，大腸菌 O157 が出現したと考えられている．このように，細菌はファージを介して遺伝子の授受を行う（形質導入）ほか，接合（細菌どうしが接することにより遺伝子の授受を行う）や形質転換（細菌が環境中に存在する細胞外 DNA を直接取り込む）により，そのゲノムを変化させる．このように環境中においては，遺伝子が細菌間を移動しており（「遺伝子の流れ（gene flow）」と呼ばれる），病原細菌や抗生物質耐性菌の出現，さらには細菌の機能の多様性に深くかかわっている．したがって，細菌の病原性の獲得に関しては，gene flow についてもより深く理解することが重要である．

1.2.3 ウイルス

ウイルスは DNA を遺伝子とする DNA ウイルスと RNA を遺伝子とする RNA ウイルスに大きく分けられ，遺伝子がタンパク質の殻に包まれた構造をしている．自身では増殖することができず，動物，植物や昆虫，あるいは細菌など，宿主となる生物の細胞内に侵入し，増殖する．基本的に感染する生物種が決まっており，特定の生物の特定の組織に感染する一方，宿主域の広いウイルスも存在し，動物に感染するウイルスのなかでヒトにも感染するものは，人獣共通感染症の原因となる．例えば，狂犬病は狂犬病ウイルスに感染したイヌに噛まれることにより感染し，痙攣などの重篤な症状が現れる．

ウイルスの多様化には，遺伝子の突然変異の他，遺伝子の組換えが関与している．高病原性鳥インフルエンザウイルスは，トリに対して強い感染力と高い致死率を示すが，ヒトには感染しにくい．しかしながら，ブタはトリに感染するインフルエンザウイルスと，ヒトに感染するインフルエンザウイルスの両方に感染する．したがって，高病原性鳥インフルエンザウイルスとヒトに感染しやすいインフルエンザウイルスの両方に感染（混合感染）したブタの体内で，インフルエンザウイルスの遺伝子の組換えが起こり，「ヒトに感染しやすい高病原性鳥インフルエンザウイルス」が出現する．これが「新型インフルエンザウイルス」であり，1918 年から 1919 年にかけて全世界的に流行した新型インフルエンザ（スペインインフルエンザ）では，患者数が当時の世界人口の 4 分の 1 である 5 億人，死亡者数が 4,000 万人と推定されている．このように，新型インフルエンザウイルスの流行は大きな脅威となるため，その発生に注意が払われており，各国でサーベイランス（調査と監視）が続けられている．

なお，これまでに発生例がなく新たに認識された感染症は「新興感染症」と呼ばれ，その多くは人獣共通感染症である．新興感染症の発生の要因としては，気候の変化による微生物の分布域の拡大や，開発にともなう未知の微生物との接触などもあげられる．交通や物流の発展と高速化により，新興感染症が発生後に急速に世界中に拡大することが懸念されている．

1.3 感染とビルレンス

1.3.1 感染の過程

感染の過程は，まず病原微生物との接触から始まる．次に，病原微生物はそれぞれに特有の感染部位に到達することにより，感染の過程が進む．インフルエンザでは，手指に付着したインフルエンザウイルスは手指の細胞には感染しないが，手洗いをせずに鼻や口に触ることにより，感染部位である粘膜に到達する．感染部位に到達した病原微生物はそこで定着し，増殖する．免疫能が十分であれば，これらの病原微生物は排除されるが，免疫能が低下している場合，あるいは病原微生物の感染力が強い場合には，それぞれの感染症に固有の症状が現れる（発症）．なお，病原微生物には，一定の部位にのみ定着するもの（局所感染）と，一定の部位で増殖した後，全身に移行して症状を現すもの（全身感染）がある．また，感染しているにもかかわらず症状が現れない場合があり（不顕性感染），自覚症状がないままに病原微生物を体外に排出し，感染源となることがあるので，感染症の予防にあたっては，不顕性感染に対する注意も重要となる．

1.3.2 微生物の病原性

感染症は，ヒト（宿主）と微生物（感染源）との関係によって成立する（host-parasite relationship）．微生物の感染症を引き起こす能力や重症化させる能力の強さを表す言葉として，「ビルレンス（virulence）」が用いられる．赤痢菌やコレラ菌はビルレンスが強く，ヒトの腸管内に常在する大腸菌はビルレンスが弱い．すなわち，感染症の成立にはヒトの免疫能と微生物のビルレンスの両面から考える必要がある．ヒトの免疫能が十分な場合であっても，赤痢菌やコレラ菌などビルレンスの強い微生物においては感染が成立し，重篤な集団感染が発生する．一方，免疫能が低下している場合は，ビルレンスの弱い微生物に対しても感染するため（日和見感染），免疫力の低下した人が多くいる医療機関では，院内感染に注意しなければならない．また，ビルレンスの弱い大腸菌であっても，大腸以外の器官，例えば尿路等では感染症の原因となる（異所感染）．さらに，ウイルス性食中毒の主要な原因であるノロウイルスに対しては，血液型O型のヒトでの感染率が高く，B型では低いことが報告されており（Lindesmith *et al.*, 2003），免疫以外の因子も感染に対する個人差に関与している．したがって，「この属種が病原微生物である」と定義するのは困難なことが多く，種々多様な微生物の一部は病原性を有し，それらの微生物が病原性を示すかどうかは個人にも要因があると考えなければならない．また，同一個体においても，体調などにより病原微生物に対する感受性が変化することにも注意が必要である．

1.3.3 ビルレンス

ビルレンスは，微生物の①付着・定着能，②バイオフィルム形成能，③侵襲能，④毒素産生能，⑤炎症誘導能などの病原因子によって決定される．大腸菌では線毛を用いて腸管に付着することにより，排除されにくくなる．またバイオフィルムは細菌表面を菌体外に分泌した多糖物質（extracellular polysaccharide: EPS）の膜で覆うことにより形成される集合体であり，ヒトの免疫細胞の攻撃を回避するとともに，抗菌剤の浸透を妨げる．侵襲能とは，局所に付着した微生物が増殖し定着する際に，細胞を破壊するタンパク質分解酵素など宿主に対して有害な代謝産物を産生し，感染部位を拡げていく能力である．また赤痢菌やコレラ菌のように，微生物の中には毒素を産生するものが存在し，特異的な症状を引き起こす．赤痢菌がもつ志賀毒素は血便をともなう激しい腹痛を，コレラ毒素は大量の水様便による脱水症状を引き起こす．

1.4 感染症と環境

1.4.1 感染成立の3要因

感染の成立には，宿主と感染源（病原体）に加えて，感染経路が重要となる（図1.3）．すなわち，「宿主・感染源・感染経路」が感染成立の3要因である．したがって，感染を防ぐためには，宿主の免疫能の増強に加え，感染源を排除し，感染経路を遮断することが有効であることから，病原微生物の環境中における動態を明らかにすることが重要である．

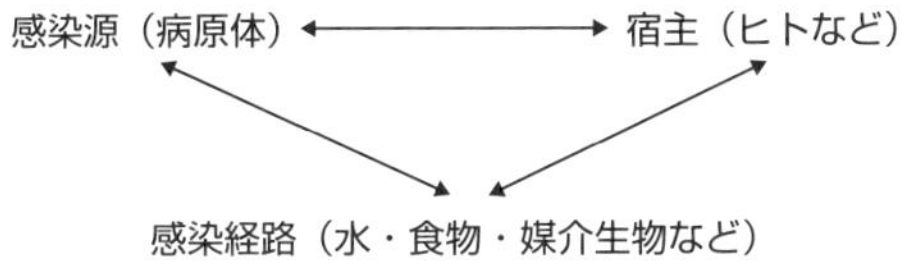

図1.3　感染成立の3要因

1.4.2 レジオネラ

環境中における病原微生物の動態解明により予防が可能となった感染症として，レジオネラ症があげられる．レジオネラは自然環境中に広く分布するものの，その現存量は少ない．それにもかかわらず，*Legionella pneumophila* は水を循環使用する環境においてしばしば急増し，レジオネラ症（レジオネラ肺炎，ポンティアック熱）を引き起こす．国内では大型浴場施設やクルーズ客船での感染例が報告されており，死亡者も出ている．また，レジオネラ症はEU諸国内の交流が拡大するとともに旅行者感染症として問題視されており，European Working Group for *Legionella* Infection によるサーベイランスが続けられている．

レジオネラの環境内動態を考えるにあたっては，原生動物との関係が重要である．一般的な細菌はアメーバなどの原生動物に捕食され，消化されるのに対し，レジオネラは原生動物に捕食された後，その原生動物の細胞内で増殖し続け，原生動物の細胞が破裂することにより，環境中に放出される．ヒトにおいては，レジオネラを含む水しぶきなどのエアロゾルを介して肺に到達した後，肺のマクロファージ（食細胞）において同様に貪食され，マクロファージ内で増殖する．したがって，水を循環使用する環境においては，レジオネラの増殖の場となるアメーバなどを増やさないように管理することが重要である．また，レジオネラは20℃以下の水温では原生動物内では増えにくいのに対し，25℃以上になると原生動物内で増殖するようになるとの報告がある（Ohno *et al.*, 2008）．この現象は，自然環境中では増殖が抑制されている微生物が，ヒトの創り出した環境では性質を変え，感染源となることを示している．したがって，病原微生物の環境内動態を理解し対策を考案することにより，感染症を予防することができる．

1.4.3 非結核性抗酸菌

細菌感染症起因菌で環境内動態および感染源が不明な細菌として，非結核性抗酸菌があげられる．本菌は非結核性抗酸菌症の起因菌であり，結核菌に比べてビルレンスは弱いが，抗生物質による治療法が確立していない．1990年頃から米国などを中心に世界的に感染者数が増加し，社会問題化している．水環境，特に家庭内の水環境が感染と深くかかわっていることが示唆され，米国EPA（United States Environmental Protection Agency）では水道水中の抗酸菌をゼロにするよう努力目標を設定している（EPA, 1999）．また，「土」における本菌の動態に関する研究も進められている．

日本国内では毎年新たに6,000名を超える非結核性抗酸菌症の患者の発生報告があるが（青木，2008），排菌していない場合は診断が困難であることから，実際の患者数はさらに多いと推測されている．しかしながら，その感染源および感染経路は不明であり，その理由としては環境中の非結核性抗酸菌を検出するための手法が限られていることがあげられる．非結核性抗酸菌症の予防のためには，本菌の環境内動態を明らかにすることが必要であり，そのための新手法の検討が重要となっている．

1.5 微生物の検出

1.5.1 培養に依存しない微生物の検出

環境中には多種多様な微生物が存在しており，微生物学的特性が異なるため，すべてを同一の条件で培養することは難しい．また，1980年代からの環境微生物学分野における研究の進展により，自然環境中の細菌の90％以上が通常の条件下では培養困難であり，また培養ができる細菌であっても1週間以上を要することが明らかになっている．そこで，培養に依存することなく，微生物を検出するための方法が検討され，開発されている（山口・那須，2006；山口，2010）．これらの方法には微生物を直接可視化する方法（バイオイメージング）と，間接的に検出する方法とがあり，いずれにおいても微生物を数時間から1日以内に検出・定量できる．

1.5.2 微生物の直接検出

バイオイメージングにおいては，微生物を蛍光試薬により染色し，検出する蛍光染色法が広く用いられている．染色対象は核酸，タンパク質，酵素活性や呼吸活性などがあり，蛍光試薬は蛍光波長が青色光から赤外域までカバーされていることから，目的に応じて使い分けられている．また，複数種の蛍光試薬を併用することにより，多重染色も可能である．

微生物を蛍光染色法により細胞レベルで検出する利点としては，短時間に結果が得られることがあげられる．一般的な染色時間は数分から30分であることから，検出までに要する時間は1時間以内であり，培養法と比較して，極めて短時間のうちに微生物数を測定することができる．試料中の微生物を属種を問わず広くとらえるためには，核酸と結合する蛍光試薬が用いられている（図1.4）．一方，特定の種類の微生物を検出するには，検出対象とする微生物が特異的にもつ抗原と選択的に結合する蛍光抗体を利用する蛍光抗体法や，微生物細胞内のリボソームRNA上の特異的な配列と相補的な配列をもつ蛍光標識遺伝子プローブを利用して検出する蛍光 *in situ* ハイブリダイゼーション法が用いられる．

このようなバイオイメージング法の発展により，微生物をその場ですぐに検出・定量する real-time on-site モニタリングが可能となってきている（Yamaguchi

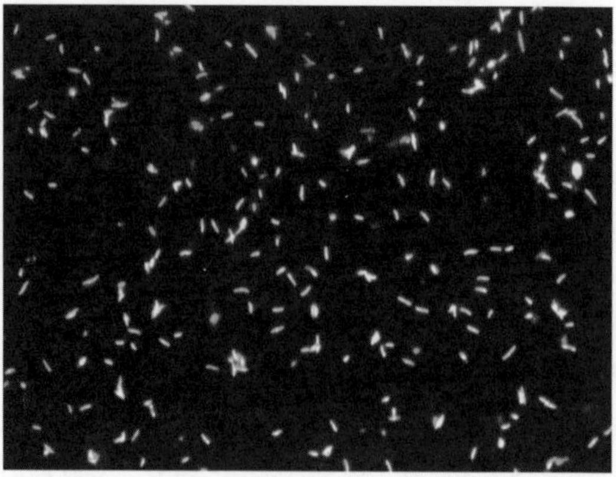

図 1.4　ろ過，滅菌処理していないナチュラルミネラルウォーター中に含まれる細菌の蛍光顕微鏡写真
国際的な食品規格である CODEX 規格では，ナチュラルミネラルウォーターは地下の地下水支持層から採取した原水を，殺菌やろ過滅菌などの処理をすることなく，源泉の湧出地点のすぐ近くでボトル詰めすることになっている．また，採水地周辺の環境保全を徹底し，原水の汚染を防がなければならないとしている．ナチュラルミネラルウォーターを長年にわたって利用してきたヨーロッパ諸国では，採取した原水をそのまま容器詰めすることが常識となっているのに対し，わが国や米国では原水を殺菌またはろ過滅菌することが前提となっている．
蛍光試薬 DAPI（4′, 6-Diamidino-2-phenylindole）は細胞内に浸透し，DNA と結合する．DAPI によって染色された細菌は，紫外線励起光下で青色蛍光を発する．また，細胞内のポリリン酸が染まった場合は，黄色蛍光を発する．DAPI は生きている細胞も染色可能なため，生物学分野で広く用いられている．口絵 1 参照．

et al., 2011）．これらの手法は環境微生物学分野や医薬品製造等の産業分野で利用されてきており，より迅速かつ高精度な微生物検出を可能にしている．

1.5.3 微生物の間接検出

微生物を簡便に検出する方法として，イムノクロマトグラフィーがあげられ，インフルエンザウイルスの検査などに用いられている．本方法では，検出対象とする微生物のみがもつ抗原や毒素と金コロイドなどで標識した抗体を反応させることによって生じた複合体を膜上に固定した抗体で捕捉し，集積した複合体の有無を目視により確認する．

また，高感度な検出法として，検出対象とする微生物のみがもつ遺伝子を特異的に増幅する PCR（polymerase chain reaction：ポリメラーゼ連鎖反応）法などの遺伝子増幅法がある．本方法は数コピーの遺伝子を短時間で指数関数的に数万倍以上に増幅できることから，微量の微生物でも検出できることが特長である．

検出対象として，リボソーム RNA 遺伝子上の属種特異的な配列や毒素遺伝子が利用されており，肝炎ウイルスやヒト免疫不全ウイルスの検出などに用いられている．

また，遺伝子解析技術の高速化により，対象とする環境中にどのような微生物がどれくらい存在するのかを把握する，すなわち微生物群集構造の網羅的な解析が可能となってきている．従来は手法的な制約により，微生物群集中の数百の微生物の DNA 断片しか解析できなかったが，現在は数百万以上の微生物の DNA 断片を解析できるようになってきている．その結果，ヒトの腸管内における常在微生物叢が明らかにされ（Qin *et al.*, 2010），健康との関係が考察されている．また，アーキアは高塩湖や深海などの極限環境にしか生息しないと考えられていたが，様々な環境を対象とした網羅的解析の結果，一般的な水環境や土壌中にも広く分布していることが報告されており（DeLong, 1998；Auguet *et al.*, 2010），アーキアの環境中における多様性と機能が明らかになってきている．

このように，ヒトの常在微生物叢や種々の環境について微生物群集構造を網羅的に解析し，微生物群集の全体像を把握することにより，ヒトと環境と微生物の関係をより詳細に理解できるようになるものと期待されている．

1.6 宇宙居住環境におけるヒトと微生物

ヒトの活動範囲は宇宙空間にまで拡がっており，国際宇宙ステーションでは数か月以上におよぶ長期滞在がすでに始まっている．人類の宇宙居住は現実の課題となり，アメリカ航空宇宙局（NASA）をはじめとする各国の宇宙機関では，月面居住や火星の有人探査のための研究を進めている．これにともない，宇宙居住環境の衛生微生物学的評価の重要性が認識されている．

宇宙ステーション内の空気や機器表面には，乾燥や高温などの環境ストレスに高い耐性をもつ *Bacillus* 属の細菌の他，*Acinetobacter* や *Pseudomonas* 等の自然環境中に生息する細菌，また大腸菌やブドウ球菌などのヒトの常在細菌が見つかっている（Novikova *et al.*, 2006）．ただし，病原性の高い微生物は検出されておらず，これは宇宙居住環境中で検出される微生物の多くが，宇宙飛行士とともに宇宙居住空間内に運ばれたものであるからである．

しかしながら，これまでの宇宙実験により，一部の細菌は微小重力下でビルレンスが強まることが報告されている（Wilson *et al.*, 2007）．また，宇宙居住においては，閉鎖空間での生活にともなうストレス等により，宇宙飛行士の免疫能が低下することが懸念されている．したがって，地上以上に日和見感染に注意する必要があると考えられている．

超長期宇宙居住環境はヒトにとっても微生物にとっても未知の環境であり，ヒトと微生物の関係が変化することから，衛生微生物学的な環境管理とともに，プロバイオティクスなどの有用微生物の積極的な利用も重要である．

宇宙環境微生物学の成果は，地上でのヒトと微生物の関係を考える上で新たな視点を与えるものである．

引用文献

青木正和（2008）非結核性抗酸菌賞（NTM 症）（2）．複十字，**320**, 10–11.

Auguet, J. C., Barberan, A., Casamayor, E. O.（2010）Global ecological patterns in uncultured Archaea. *ISME J.*, **4**, 182–190.

DeLong, E. F.（1998）Everything in moderation: archaea as 'non-extremophiles'. *Curr. Opin. Genet. Dev.*, **8**, 649–654.

EPA（1999）Mycobacteria: Health Advisory.　http://water.epa.gov/action/advisories/drinking/upload/2009_02_03_criteria_humanhealth_microbial_mycobacteriaha.pdf

Fukuda, S., Toh, H., Hase, K., Oshima, K. *et al.*（2011）Bifidobacteria can protect from enteropathogenic infection through production of acetate. *Nature*, **469**, 543–547.

Furusawa, Y., Obata, Y., Fukuda, S., Endo, T. A. *et al.*（2013）Commensal microbe-derived butyrate induces the differentiation of colonic regulatory T cells. *Nature*, **504**, 446–450.

Gibbons, S. M., Caporaso, J. G., Pirrung, M., Field, D. *et al.*（2013）Evidence for a persistent microbial seed bank throughout the global ocean. *Proc. Natl. Acad. Sci. USA*, **110**, 4651–4655.

Hand, E.（2009）The planetary police. *Nature*, **459**, 308–309.

Jurgens, G.（2002）Molecular phylogeny of Archaea in boreal forest soil, freshwater and temperate estuarine sediment. Academic Dissertation, University of Helsinki.　http://ethesis.helsinki.fi/julkaisut/maa/skemi/vk/jurgens/index.html

Lindesmith, L., Moe, C., Marionneau, S., Ruvoen, N. *et al.*（2003）Human susceptibility and resistance to

Norwalk virus infection. *Nat. Med.*, **9**, 548–553.

Novikova, N., Boever, P. De, Poddubko, S., Deshevaya, E. *et al.* (2006) Survey of environmental biocontamination on board the International Space Station. *Res. Microbiol.*, **157**, 5–12.

Ohno, A., Kato, N., Sakamoto, R., Kimura, S. *et al.* (2008) Temperature-dependent parasitic relationship between *Legionella pneumophila* and a free-living amoeba (*Acanthamoeba castellanii*). *Appl. Environ. Microbiol.*, **74**, 4585–4588.

Qin, J., Li, R., Raes, J., Arumugam, M. *et al.* (2010) A human gut microbial gene catalogue established by metagenomic sequencing. *Nature*, **464**, 59–65.

Vreeland, R. H., Rosenzweig, W. D., Powers, D. W. (2000) Isolation of a 250 million-year-old halotolerant bacterium from a primary salt crystal. *Nature*, **407**, 897–900.

Whitman, B. W., Coleman, D. C., Wiebe, W. J. (1998) Prokaryotes: The unseen majority. *Proc. Natl. Acad. Sci. USA*, **95**, 6578–6583.

Wilson, J. W., Ott, C. M., Höner zu Bentrup, K., Ramamurthy, R. *et al.* (2007) Space flight alters bacterial gene expression and virulence and reveals a role for global regulator Hfq. *Proc. Natl. Acad. Sci. USA*, **104**, 16299–16304.

Wit, R. D., Bouvier, T. (2006) 'Everything is everywhere, but, the environment selects'; what did Baas Becking and Beijerinck really say? *Environ. Microbiol.*, **8**, 755–758.

Woese, C. R., Kandler, O., Wheelis, M. L. (1990) Towards a natural system of organisms: proposal for the domains Archaea, Bacteria, and Eucarya. *Proc. Natl. Acad. Sci. USA*, **87**, 4576–4579.

山口進康（2010）環境微生物検出のイノベーション．化学療法の領域，**26**, 2434–2444.

山口進康・那須正夫（2006）蛍光染色による細菌の可視化と迅速・高精度検出．日本細菌学雑誌，**61**, 251–260.

Yamaguchi, N., Torii, M., Uebayashi, Y., Nasu, M. (2011) Rapid, semiautomated quantification of bacterial cells in freshwater by using a microfluidic device for on-chip staining and counting. *Appl. Environ. Microbiol.*, **77**, 1536–1539.

第2章 病原生物の生活史と宿主：ウイルスと細菌

北村真一

2.1 はじめに

病原生物がいつどこで生まれ，どのような生物に感染し，どのように死を迎えるのか，その生活史を理解することは，感染症を予知・予防するために最も重要な研究であると言っても過言ではない．しかしながら，病原生物の生活史に関する研究は，その遺伝子やタンパク質の解析と比較して遅れをとっている．特に，目に見えない病原微生物の生活史を明らかにすることは困難である．その理由としては，自然界に存在するごく少数の病原微生物を検出することが困難であることが挙げられる．近年，分子生物学的手法の目覚ましい発展により，理論上１細胞のゲノム DNA を PCR で増幅し検出することが可能になったが，実際には環境サンプルや生体組織に含まれる DNA ポリメラーゼ阻害剤等により感度は大きく低下する．さらに，環境中に存在する微生物の全てが生きているわけではないので，病原微生物のゲノム検出が感染症の発生リスクに結びつくとは限らない．このように，病原微生物の生活史に関する研究は，まだまだ発展途上と言えるが，本章ではこれまでに知られている病原微生物の生き様の一部を紹介する．病原体を大きく分けるとウイルス・細菌・真菌・寄生虫に分けることができるが，ここでは，宿主生物に重篤な感染症をもたらすことが多いウイルスと細菌の生活史について紹介する．

2.2 ウイルス

2.2.1 ウイルスの生活史（複製）

まずは最も小さな病原体であるウイルスに注目し，その宿主域と環境中における動態について説明する．一般的に，ウイルスといって思いつくところは，ヒトに感染するインフルエンザウイルス，human immunodeficiency virus（HIV），ヘルペスウイルスなどだろう．愛玩動物を飼育している人や農業・水産業・畜産業に従事している人は，ウイルスがヒトだけではなく，動物，植物，魚介類などにも感染することを知っているであろう．では，その他の生物群にもウイルスは感染するのであろうか．ウイルスの分類基準となっているVirus Taxonomyの第八版（Fauquet & Mayo, 2005）によれば，大きな分類群として，脊椎動物・無脊椎動物・細菌・藻類・真菌・酵母・原生動物に感染するウイルスの科と属が示されている．このように，ウイルスに感染しない生物群は存在しない．

ウイルスは微生物として取り扱われているものの，自己増殖ができず，個体の最小構成単位が細胞ではないことから生物の定義から外れる．すなわち，環境中にセルフリーな状態（宿主細胞から放出されて環境中に存在する状態）で存在するウイルスは一切増殖することはなく，単なる物質と考えることができる．従って，“ウイルスの生活史”というと日本語が正しくないと思われる方もいるかと思う．しかしながら，ここではあえて，環境中のウイルスが宿主にたどり着き，感染が成立すると，核酸やタンパク質の合成が起こり，あたかも生物のように振る舞うということで“生活史”として紹介したい．

ウイルスは保持するゲノムの型によって二本鎖DNA，一本鎖DNA，二本鎖RNA，一本鎖RNAに分けられる（その他，一本鎖プラスセンスRNA[1)]，一本鎖マイナスセンスRNA[2)]，逆転写酵素を持つレトロウイルスなどを詳細に分類する場合もある）．各ウイルスの感染および複製様式は専門書に譲るが，基本的には宿主細胞に対する吸着，外殻（キャプシド）タンパク質の脱殻，宿主細胞に依存したタンパク質合成と核酸合成，タンパク質と核酸の集積（アッセンブリー），放出という過程から成り立っている．ごく近年，位相差電子顕微鏡により，海洋シアノバクテリアに感染するウイルスの宿主内における詳細な生活環が解明され，*Nature*に掲載された（Dai *et al.*, 2013）．

1）【プラスセンスRNA】一本鎖RNAのウイルスゲノムで，mRNAのように5' 末端から3' 末端の方向に遺伝子がコードされているRNAのこと．この場合には，ウイルスゲノムがそのままmRNAの役割を果たし，タンパク質の翻訳が起こる．プラスセンスRNAをゲノムに持つウイルスの例としては，SARSコロナウイルスや口蹄疫ウイルスなどが挙げられる．

2）【マイナスセンスRNA】一本鎖RNAのウイルスゲノムで，mRNAと相補的な配列を持つRNAのこと．RNA依存性RNAポリメラーゼにより，プラス鎖に転写が起こった後にタンパク質が翻訳される．マイナスセンスRNAをゲノムに持つウイルスの例としては，インフルエンザウイルス，狂犬病ウイルス，エボラウイルス属のウイルスなどが挙げられる．

ウイルスが“生まれる”ためには，宿主細胞が必要であるが，どのような宿主で複製したかによって，ウイルスの運命が異なる．すなわち，ウイルスの感染先が，病原性を発揮する終末宿主か，感染しても通常宿主には影響を及ぼさない自然宿主かである．終末宿主に感染した場合は，ウイルスは活発に宿主内で増殖し，感染症を誘発する可能性がある．もちろん宿主はウイルスとウイルス感染細胞を異物として認識し，それらを完全に排除しようと，両者の間で激しい戦いが繰り広げられる．

少し詳しく説明すると，ウイルスに感染した細胞はインターフェロン[3)]を産生し，白血球を活性化したり，ウイルスタンパク質の合成を阻害することで感染の拡大を防ぐ．次に，Natural killer 細胞などの細胞傷害活性を有する血球が，ウイルス感染細胞にアポトーシスを誘導し，貪食細胞と連携しながら，感染細胞ごとウイルスを排除していく．さらに時間が経つとプラズマ細胞から抗体が産生されて，ウイルスは中和される．これらの宿主応答は哺乳類だけではなく，魚類など抗体を持つ最下等な生物でも起こる．その過程で，宿主からウイルスが排泄されることがあるが，排泄されたウイルスは，環境に晒され，新しい宿主との出会いを待つ．

一方，自然宿主に感染した場合にはウイルスは宿主内で複製するものの，通常は発症を誘発しない．また，自然宿主内で複製したウイルスは母体から子に垂直感染することが多い．このような生物はウイルスキャリアーとなり，接触した生物にウイルスを伝播することがある．そのため，新しいウイルス性疾病がパンデミック[4)]を起こした場合には，感染症制御の一環として，ウイルス学者は自然宿主の探索に時間を費やす．最近の例としては，中国で発生した重症急性呼吸器症候群の原因ウイルスである Severe acute respiratory syndrome（SARS）コロナウイルスの自然宿主を探索するために大規模な調査が行われた．その結果，*Rhinolophus* 属のコウモリから SARS 様コロナウイルスが検出され，自然宿主として疑われている（Wang *et al.*, 2006）．その他の例としては，重度の脳炎を引き

---

3)　【インターフェロン】動物体内にウイルスが侵入した際に，細胞が分泌するタンパク質．I 型インターフェロンは多様な細胞から分泌され，ウイルス感染した細胞の mRNA の翻訳と DNA 複製を阻害することでウイルスの複製を抑制する．II 型インターフェロンは，主に T リンパ球や NK 細胞が分泌し，貪食活性や抗原提示などを促進する．

4)　【パンデミック】ある時期にある感染症が広範囲に渡って大流行すること．パンデミックの例としては，ペスト，天然痘，AIDS やインフルエンザなどがある．

起こすニパウイルス感染症の原因ウイルスの自然宿主もコウモリが疑われており (Clayton *et al.*, 2013)，本ウイルスが終末宿主の人間に感染した場合は，脳炎を引き起こすことが知られている．これらのウイルスは，人間との出会いを待ち望んでいたわけではなく，むしろ人間が活動範囲を広げ，そこで新たな病原体と出会ったと考える方がよい．感染症という現象は宿主を殺してしまう可能性があるため，病原体にとっては必ずしも有利な状況ではなく，異常な現象が起こっていると解釈できる．本来は，安定して子孫を残せる自然宿主に感染している状態が正常であろう．いずれにせよ，感染症は病原体にとっても宿主にとっても不幸なできごとである．前述の2つのウイルス性疾病は，現在のところ日本では大きな問題になっていないが，地球温暖化などの気候変動による生物相の変化や人為的な生物の移動（愛玩動物や食品）による感染拡大が懸念される．感染症を未然に防ぐためにも，病原微生物の生態解明と宿主域に関する研究の活性化が望まれる．

話を戻すが，ウイルスが感染し，いったん発症するが，その後，完全にウイルスが排泄されずに細胞内に潜んでしまう場合もある．このような状態を持続感染と呼んでいる．我々人間に持続感染するウイルスとしては，ヘルペスウイルスが知られている．本ウイルスは，宿主であるヒトが体調を崩した時に複製が活発化し，口唇ヘルペスや帯状疱疹となって症状が現れる．

2.2.2 ウイルスの不活化

宿主から環境中に排泄されたウイルスの運命はどうなるのであろうか．新しい宿主にたどり着いた場合には，前述の感染サイクルに入るが，それまで感染性を保持しながら，延々と環境中を漂うことができるのであろうか．これまでの研究結果から，環境中のウイルスは，物理化学的要因で不活化してしまうことがわかっている．例えば，物理学的要因として，高温はウイルスタンパク質を変性させるであろう．また，紫外線はウイルスゲノムにダメージを与え，不活化することが知られている（Suttle & Chen, 1992）．化学的な要因でもウイルスは不活化するため，ウイルス感染の予防薬として，アルコールや塩素系の消毒剤が市販されている．加えて，海洋中ではプロテアーゼなどの生物学的要因でもウイルスが不活化する事例が示されている（Kitamura *et al.*, 2004）．エンベロープ[5)]の有無などウイルスの種類によって不活化するまでの時間は大きく異なるが，次の宿主にたどり着くまでに，無制限に時間を与えられているわけではない．このように，ウイルスの生活史はシンプルで，宿主細胞への感染，環境中への放出，新たな宿主細胞への感染を繰り返す．これらの過程で，環境要因や宿主の免疫系によって，不活化という“死”を迎えることがある．

2.2.3 ウイルスと宿主の関係

次に，ウイルスの宿主間での行き来について考えてみる．広い宿主域を持つウイルスとしては，人獣共通病原体であるインフルエンザウイルスがおそらく最もよく研究されている．本ウイルスは，そのタンパク質の違いなどにより，A 型，B 型および C 型に分類されている．この中でも，宿主域が多岐にわたる A 型の研究が進んでいる．A 型ウイルスの宿主は，家畜のニワトリとブタを始め，野鳥やウマや海産哺乳類にまで至る．本ウイルスの感染環の鍵となる生物として，カモが挙げられ，全ての haemagglutinin（HA）[6] および neuraminidase（NA）[7] 抗原型のウイルスを保有している（Wahlgren, 2011）．このことから，ヒトに感染する A 型インフルエンザウイルスもカモに由来すると考えられている．インフルエンザウイルスの生態については，本書でさらに詳しく紹介されているので参照頂きたい．ここで1つ述べておきたいことは，A 型インフルエンザは致命的な感染症となることがあるため，予防接種が推奨されているが，前述のように本ウイルスは多くの野生生物に感染するため，感染する宿主がなくなり撲滅されることはないということである．

もう1つ，身近なウイルス性疾病として，冬季に大流行するノロウイルス性感染症がある．本ウイルスは，カキなどの貝類を介して人間に感染することが知られている．しかしながら，貝類に感染しているわけではなく，貝類が濾過性摂食者であるため，環境中のウイルスを濃縮しているのである（Benabbes *et al.*,

---

5）【エンベロープ】一部のウイルス粒子の最外部にみられる膜構造でキャプシドを覆っている．エンベロープは，ウイルスタンパク質を含んだ宿主細胞の細胞膜や核膜であり，ウイルスは，この膜を覆いながら核や細胞質から遊離する．エンベロープを持つウイルスとしては，ヘルペスウイルス，インフルエンザウイルス，HIV などが挙げられる．エンベロープは脂質を含んでいるため，アルコール類，石けんなどで容易に分解される．

6）【haemagglutin（HA）】細菌やウイルスの表面に存在する糖タンパク質．インフルエンザウイルスは，エンベロープ上に存在する HA を介して，ウイルス受容体と結合し感染する．赤血球（hem）を凝集（agglutination）することから，HA と名付けられた．

7）【neuraminidase（NA）】ウイルスの表面に存在し，細胞内で複製したウイルスが細胞から遊離する際にはたらくグリコシダーゼ．ウイルスの遊離に関与しているために，抗ウイルス剤のターゲットとなることが多い．

2013)．すなわち，ノロウイルスは，貝類から人間に感染し，家庭内感染や院内感染で人間から人間へと感染し，排泄されたウイルスは，下水処理場へと流れ込み，殺菌を逃れたものが河川や海洋へと流入し（Rajko-Nenow *et al*., 2013），再び貝類に濃縮されるという生活環を持っている．このようにノロウイルスの宿主はヒトのみである．その他，宿主が一種に限定されているウイルスとして，ヒトのみを宿主とする天然痘ウイルスやポリオウイルスなどが挙げられる．ノロウイルスは現在のところ，本ウイルスを培養できる細胞株が存在しないことや，抗原性の変化が大きいため，ワクチンによる予防法はない．抗原変化が小さく，宿主域が限定されているウイルスに関しては，天然痘ウイルスのように，ワクチン接種の啓蒙により撲滅される可能性がある．

2.3 細菌

2.3.1 細菌の生活史

細菌というと汚いイメージや感染症を引き起こす恐ろしい生物のイメージがあるかもしれないが，細菌種全体から見れば，病原細菌の種類は決して多くはない．細菌はウイルスとは異なり，基本的には宿主細胞の有無に関わらず，必要な栄養分が存在し，生育条件がよければ自己増殖する立派な生物である．増殖は二分裂であるため，生まれてきた細胞はクローンとなる．大部分の病原細菌は，環境中もしくは宿主内で新しい細胞が生まれ，環境中と宿主を循環するという生活史をもつ．これはウイルスと似ているが，以下で説明するように，細菌同士が宿主内でニッチ獲得競争を行ったり，環境ストレスを受けることで遺伝子発現が大きく変化し，過酷な環境を耐過することに細菌が生物であることを実感させられる．

細菌はその構造がシンプルであるがゆえに環境適応能力は高く，極地や熱水噴出口など超低温・超高温環境下などの極限環境からも多数発見されている．我々の体内にも多くの細菌が存在しており，これら常在細菌が宿主生物に与える影響について注目が集まっている．例えば，ヒトの腸内，口腔内，手のひらに生息している細菌群集のメタゲノム解析が行われ，それらがヒトの免疫力を左右していることが示された（Ackerman, 2012）．これは，常在細菌が間接的に病原体の感染から宿主を守っていることを意味する．一方，魚類においても常在細菌の役割について研究が行われており，これらが体表粘液を覆うことで，こちらは直接的に病原細菌の付着を阻止することが報告されている（Chabrillon *et al.*, 2005）．病原細菌もウイルスと同様に，哺乳類，鳥類，魚類はもちろんのこと，昆虫や植物など多様な生物から分離されている．このような宿主生物にも常在細菌が存在することから，近い将来，感染症の発生と常在細菌の関係について，新規知見が得られることは間違いない．高等生物には，その個体を構成する細胞数の何倍もの常在細菌が存在し，病原細菌はその生活史の中で，ニッチ獲得競争を行うことになり，これが感染への第一歩となっているのかもしれない．

話を病原細菌に戻すが，宿主内に侵入した細菌は，ウイルスと同じように宿主の免疫系の攻撃に曝されることになる．宿主側からみると，ウイルスに対する攻撃の主役が細胞傷害活性を有する細胞であるのに対して，細菌に対しては別の白血球で攻撃を行う．すなわち，病原体の侵入部位に一目散に駆けつける好中球や抗原提示[8)]に関わる単核球などが病原細菌との戦いに役割を果たす．これらの血球は貪食能に優れ，細胞内に存在する活性酸素種などにより細菌を殺菌，分解する．加えて，補体[9)]やリゾチーム[10)]などの液性分子も生体防御応答に関与している．病原体の大部分は，このような宿主の攻撃を受け，たいていの場合は体内から完全に排除される．すなわち，これが病原細菌の死に様の一部を表している．

2.3.2 細菌と宿主の関係

次に，病原細菌の宿主生物への感染について考えてみる．大部分の病原細菌の感染経路は接触感染，飛沫感染および経口感染である．宿主体内に侵入した病原細菌は，細胞外で増殖し，毒素などを産生し感染症を誘発するタイプ（大腸菌やヘリコバクターなど）と，細胞内で増殖するタイプ（リケッチアやサルモネラなど）に分かれる．ウイルスの場合は必ず宿主の細胞内で複製すること，毒素（細

8）【抗原提示】マクロファージや樹状細胞などが異物を貪食し，分解した後に細胞表面にその一部を提示すること．抗原提示を受けたT細胞は，細胞性免疫や液性免疫を誘導する．

9）【補体】補体系は単一の成分ではなく，C1-C9の9成分，B因子やD因子などの多数のタンパク質で構成される．活性化には大きく2経路が存在し，古典経路は抗原抗体複合体により活性化され，第二経路は病原体の表面分子により活性化される．その役割としては，溶菌やオプソニン（白血球による貪食作用の活性化）がある．

10）【リゾチーム】真正細菌の細胞壁を構成するムコ多糖類，特にペプチドグリカンを加水分解する酵素．1922年にペニシリンを発見したアレクサンダー・フレミングによって発見された．作用した菌体が溶けるようにみえたことから，Lyse（溶解する）enzyme（酵素）で，lysozymeと名付けられた．

菌などが産生するペプチド，タンパク質および低分子毒）を産生しない点で細菌とは異なる．

多くの病原細菌は，食物・空気・水・土壌などから直接的に宿主に侵入するが，ベクター（媒介者）により感染が成立するものもある（ウイルスにもアルボウイルスのようにベクターが存在するものがある）．その代表的な例としてはヒトに発疹チフスなどを誘発するリケッチア科の細菌が挙げられる．リケッチアは，宿主の細胞内でしか増殖できないことから，偏性細胞内寄生性細菌と呼ばれ，ウイルスと増殖様式が似ている一風変わった細菌である．発疹チフスの原因菌である *Rickettsia prowazekii* は節足動物のシラミがベクターとなり，シラミの吸血時に感染したヒトは，本菌の増幅生物（リザーバー）となる．リケッチア科の細菌は病原体として多くが同定されており，その種によって生息域，宿主および感染サイクルに違いがある（Azad & Beard, 1998）．他の偏性細胞内寄生性細菌としては，オウム病，クラミジア肺炎，性器クラミジア感染症の原因であるクラミジア科の細菌が有名である．

野生生物がリザーバーとなる病原細菌としては，野兎病の原因菌である *Franchisella tularensis* が知られている．本菌は，げっ歯類を始め鳥類，両生類など多様な生物種がリザーバーとなり（Kingry & Petersen, 2014），ヒトへの感染はこれらの生物の調理や剝皮などで起こる．加えて，本菌がマダニなどの無脊椎動物にも感染することから，これらの生物の刺咬によるヒトへの感染も報告されている．この場合はマダニがベクター生物となる．以上のように，病原細菌の中には宿主生物と病原細菌の一対一の関係ではなく，ベクターやリザーバー生物が存在し，複雑な生活環を有する菌種も存在する．

2.3.3 環境中の細菌

ウイルスと同様に病原細菌も感染生物から環境中に排泄される場合がある．環境中に細菌はどの程度生息するのであろうか．大気中では，場所にもよるが数十～数千 colony forming unit（CFU）[11]/m^3 程度（死細胞を含めた全菌数にすると，

11）【colony forming unit】細菌集塊（コロニー）を形成する能力のある細菌の量を表す単位．数 μm 程度の細菌を寒天培地上で培養すると，通常数日後には肉眼で観察できるコロニーを形成する．コロニー1つは1つの細菌由来であることから，コロニーを計数することで，試料中に含まれている菌量を知ることができる．例えば，100 CFU/mL の場合は，1 mL 中に 100 個の細菌が存在していることになる（死菌や培地の栄養分が合わない菌は除く）．

その100倍程度）の細菌が存在すると言われている（石松ら，2006）．環境海水中では1 mL中に10^5細胞程度の細菌が存在することが知られており，そのうちの10^3細胞が生菌である（小幡ら，1999）．すなわち，環境中から検出される細菌のうち，99% 以上は死細胞である．正確に言うと，全てが死細胞ではなく，培地で培養できるはずの菌が環境中で何らかのストレスを受け，生存しているにも関わらず培養不能になっている場合もある．このような状態を viable but non-culturable（VNC）と呼んでおり，代表的な病原細菌である *Vibrio cholera*（コレラ菌）も環境中でVNCとして存在していることがある（Jesudason *et al*., 2000）．VNCのコレラ菌は生体内に侵入することで増殖を開始すると言われている．このように，環境中の病原細菌の動態を明らかにするためには，生菌を計数することが最も直接的であるが，VNC状態であると過小評価になり，ゲノムを検出すると死細胞も計数するため過大評価になる可能性がある．上記の環境中の菌数は病原細菌を含む全菌数であるが，ほとんどの場合，環境細菌に占める病原細菌の割合は低いと考えられる．

もう1つ，環境中における細菌の生き様として芽胞の話が欠かせない．一般に細菌は水分が存在するところであれば，至る所に生息している．すなわち，自由水（温度や湿度の変化で移動や蒸発が起こる水のこと）があれば，細菌は生息可能であるといってよい．逆に自由水がない場所が唯一細菌の繁殖できない場所であるが，クロストリジウム属やバチラス属の細菌など一部の細菌は芽胞を形成して，乾燥から身を守ることができる．芽胞形成菌は過酷な条件におかれた場合に芽胞関連遺伝子が発現し，芽胞を形成することがわかっている．このような芽胞形成菌には，破傷風菌，ボツリヌス菌，ウェルシュ菌，炭疽菌など重要な病原細菌が含まれている．これらの細菌は細胞を構成する物質を半結晶化し，非常に安定した芽胞タンパク質でくるまれることで数年間は環境中で安定な状態となる．芽胞は最適な条件になると発芽し，通常の増殖型の細菌に戻ることができる．このように，厳しい自然環境から身を守るすべをもつ病原細菌も存在する．

以上のように，宿主から排泄された病原細菌は，活発に増殖できる環境下におかれることは滅多にない．すなわち，よほどのホットスポット（例えば，病院や病人のいる家）ではない限り，病原菌数は少ない．そのような数少ない病原微生物が感染症の大流行を起こす理由としては，免疫力が低下した生物に感染が成立し，その宿主内で大増殖し，周囲の生物に伝播していくと考えるのが最もつじつまが合う.

引用文献

Ackerman, J.（2012）The Ultimate Social Network. *Scientific American*, **306**, 36–43.

Azad, A. F. & Beard, C. B.（1998）Rickettsial pathogens and their arthropod vectors. *Emerging Infectious Diseases*, **4**, 179–186.

Benabbes, L., Ollivier, J., Schaeffer, J. *et al.*（2013）Norovirus and other human enteric viruses in moroccan shellfish. *Food and Environmental Virology*, **5**, 35–40.

Chabrillon, M., Rico, R. M., Balebona, M. C. & Morinigo, M. A.（2005）Adhesion to sole, *Solea senegalensis* Kaup, mucus of microorganisms isolated from farmed fish, and their interaction with *Photobacterium damselae* subsp. *Piscicida*. *Journal of Fish Diseases*, **28**, 229–237.

Clayton, B. A., Wang, L. F. & Marsh, G. A.（2013）Henipaviruses: An updated review focusing on the pteropid reservoir and features of transmission. *Zoonoses and Public Health*, **60**, 69–83.

Dai, W., Fu, C., Raytcheva, D. *et al.*（2013）Visualizing virus assembly intermediates inside marine cyanobacteria. *Nature*, **502**, 707–710.

Fauquet, C. M. & Mayo, M. A.（2005）Part II: The viruses. In: *Eighth Report of the International Committee on Taxonomy of Viruses*（ed. by Fauquet, C. M., Mayo, M. A., Maniloff, J. *et al.*）, 9–18. Academic Press.

石松維世・福田和正・石田尾徹 ほか（2006）職場における微生物のリスク評価のためのバイオエアロゾル捕集方法および検出方法．産業衛生学雑誌，**48**，1–6.

Jesudason, M. V., Balaji, V., Mukundan, U. & Thomson, C. J.（2000）Ecological study of *Vibrio cholerae* in Vellore. *Epidemiology & Infection*, **124**, 201–206.

Kingry, L. C. & Petersen, J. M.（2014）Comparative review of *Francisella tularensis* and *Francisella novicida*. *Frontiers in Cellular and Infection Microbiology*, doi: 10.3389/fcimb.2014.00035.

Kitamura, S. I., Kamata, S. I., Nakano, S. & Suzuki, S.（2004）Solar UV radiation does not inactivate marine birnavirus in coastal seawater. *Diseases of Aquatic Organisms*, **58**, 251–254.

小幡 智美・津辺智雄・田中礼士 ほか（1999）下北半島沿岸域の細菌相調査．北大水産彙報，**50**，115–122.

Rajko-Nenow, P., Waters, A., Keaveney, S. *et al.*（2013）Norovirus genotypes present in oysters and in effluent from a wastewater treatment plant during the seasonal peak of infections in Ireland in 2010. *Applied and Environmental Microbiology*, **79**, 2578–2587.

Suttle, C. A. & Chen, F.（1992）Mechanisms and rates of decay of marine viruses in seawater. *Applied and Environmental Microbiology*, **58**, 3721–3729.

Wahlgren, J.（2011）Influenza A viruses: an ecology review. *Infection Ecology and Epidemiology*, doi: 10.3402/iee. v1i0.6004.

Wang, L. F., Shi, Z., Zhang, S. *et al.*（2006）Review of bats and SARS. *Emerging Infectious Diseases*, **12**, 1834–1840.

第3章 病原生物の生活史と宿主：寄生虫

浦部美佐子

3.1 寄生虫の生活史総論

本章では一般に「寄生虫」と呼ばれる寄生性真核生物の一部のグループの生活史を扱う．

寄生虫の多くは複雑な生活史を持つことで知られている．一生に複数の宿主を必要とする寄生虫では，成虫（有性生殖を行う個体）が寄生する宿主を終宿主（final host）といい，その中でも偶発的な宿主（incident host，偶生宿主または付随宿主という）を除いたものを，固有宿主（definitive host）という．生態学では，definitive host を終宿主と同義で使用することが多い．幼虫期に寄生する宿主を中間宿主（intermediate host）といい，生活史に2種類以上の中間宿主が必要な場合は第一中間宿主，第二中間宿主のように呼ぶ．このほか，生活史に必須ではないが，宿主転換の際に重要な役割を果たす延長中間宿主（paratenic host, 待機宿主ともいう）が存在することがある．延長中間宿主の中では寄生虫は成長しない．また，終宿主が上位捕食者に捕食された場合，寄生虫がその体内で生き続けることがあり，その場合をポストサイクリック宿主（postcyclic host）と呼ぶ．ヒトや哺乳類などの大型動物を主眼とした場合，その間で寄生虫を媒介する生物を媒介生物（vector）と呼ぶが，これは寄生虫の発育段階とは関連性がなく，媒介生物が終宿主である場合も中間宿主である場合もある．

寄生虫の多様な生活環をすべて列記するのは，生活環の進化という観点からは興味深いが，相当な量のリストとなる．したがって，詳細はそれぞれの分類群の専門書に譲りたい．彼らの生活環を生態学的諸現象と関連付けて考えるためには，以下の2点を抑えておけばよいだろう．

1. その寄生虫が宿主個体内で分裂，無性生殖，あるいは自家感染（autoinfection）等によって増殖するかどうか．
2. その寄生虫が中間宿主を持つかどうか．言い換えれば，単一宿主のみに寄生する同宿主性（homoxenous）か，中間宿主を持つ異宿主性（heteroxenous）かどうか.

1は寄生虫がその宿主に与える影響を評価する上で重要である．寄生虫が宿主体内で増殖しない場合には，宿主に与える病害性は大きいとは限らず，しばしば軽微であるが，増殖する場合には重篤となることが多い.

2は寄生虫の伝播様式を考える上で重要である．寄生虫が中間宿主を持たない場合，同種の宿主から宿主への水平感染や，親から子への垂直感染が生じる可能性が高くなり，宿主個体群の密度や個体の接触頻度が感染動態の決め手となる．それに対して，中間宿主を持つ場合，寄生虫の生息にはある決まった生物群集の存在が重要となる．そして，感染動態には宿主の個体群密度よりも，中間宿主との接触頻度（空間的接触または捕食頻度）が重要な要因となる.

寄生生物の生活環には多くのバリエーションがあり，以下に各分類群の代表的な生活環を概観するが，それぞれのパターンには必ずと言ってよいほど例外があることに注意しなければならない（たとえば，吸虫の中にはメタセルカリア段階からスポロシストに逆行する種もある）．寄生虫の生態研究をする際には，一般論によらず，自分が対象としている種の生活環をきちんと調査しておくことが必要である.

3.2 原虫の生活史

「原虫」，すなわち過去に「原生動物」と呼ばれた界に含まれる寄生虫は，現在では多くの界に分類されており，生活環もさまざまである．真核生物の大系統は今でも複数の意見があるが，ここでは便宜的に『岩波生物学辞典 第5版』(2013)に従う．以下に，複雑な生活環をもつ分類群を中心に解説する．なお，ミクソゾア類は伝統的に原虫として扱われてきたが，寄生生活に伴って非常に単純な体制となった後生動物であることが明らかになったため，本書では蠕虫（多細胞の寄生性動物）の項に含める．微胞子虫は現在では真菌に近いことが判明しているが，本項では原虫の項で扱う.

3.2.1 エクスカバータ界の原虫

一般的には，宿主体内で増殖する段階を栄養体，被嚢して外界の環境に耐える段階をシストという．

メタモナス類は同宿主性である．トリコモナス *Trichomonas* は栄養体しかなく，主に性的に感染するが，ランブル鞭毛虫 *Giardia* はシスト期があり，水や食物を媒体として経口感染する．

キネトプラスト類のうち，寄生性のグループとして重要なのはトリパノソーマ科である．これらは2宿主性であり，無脊椎動物（節足動物やヒル類）を媒介生物として脊椎動物に寄生する（Hamilton *et al.*, 2008）．シャーガス病の病原体であるクルーズトリパノソーマ *Trypanosoma cruzi* では，媒介者であるサシガメの体内に生じた錐鞭毛型 trypomastigote が掻き傷などからヒトを始めとする哺乳類の体内に入り，細胞の中で無鞭毛型 amastigote となって分裂により増殖する．無鞭毛型の一部は変態して錐鞭毛型となり，細胞の外へ出る．無鞭毛型・錐鞭毛型のどちらもサシガメの吸血によってサシガメ体内に移行する．これらは無鞭毛型による増殖を経て，再び哺乳類への感染性を持つ錐鞭毛型に変態する（Tyler *et al.*, 2003）（図3.1）．

3.2.2 クロミスタ界の原虫

本界に属するアピコンプレクサ門（いわゆる「胞子虫」）は寄生性原虫の大きな

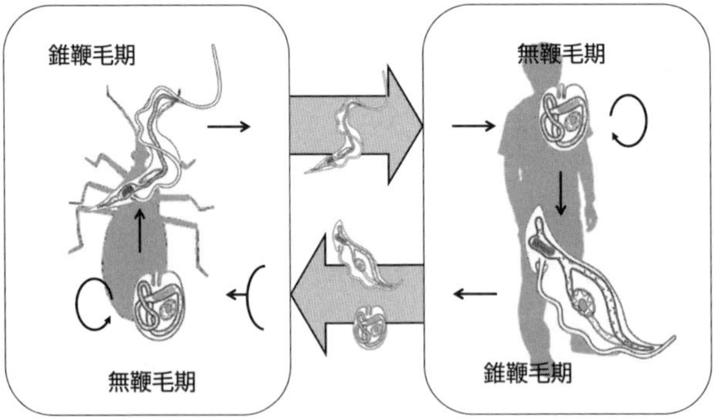

図3.1　キネトプラストの生活環の一例
クルーズトリパノソーマ *Trypanosoma cruzi*：宿主：哺乳類とサシガメ類．
Tyler *et al.*,（2003）を元に作成．

グループで，生活環もきわめて多様である．

代表的な生活環はメロゾイト（merozoite, 多分裂によって増える増殖段階），ガメート（gamate, 配偶子：多くの場合異型配偶子である），スポロゾイト（sporozoite, ヒトや脊椎動物への感染段階：種虫ともいう）の3ステージからなり，それぞれを生産する段階をメロゴニー，ガメトゴニー，スポロゴニーという．このうちいくつかのステージを欠くものも多い．同宿主性の種（クリプトスポリジウム *Cryptosporidium*，鶏コクシジウム *Eimeria* など）と異宿主性の種（マラリア原虫 *Plasmodium*，トキソプラズマ *Toxoplasma*，ピロプラズマ *Babesia, Theileria* など）があり，有性生殖をする種では終宿主と中間宿主の区別ができる（図3.2）．

ガメトゴニーは，広義にはメロゾイトからガモント（gamont または gametocyte，生殖母体）が形成され，さらにそれからガメートが形成される過程である．ガメートが接合するとザイゴート（zygote，融合体または接合子）となり，ザイゴートは多くの場合被嚢してオーシスト（oocyst, 接合子嚢）となる．オーシストは環境変化への耐性をもち，多くの場合宿主体外へ出て次の宿主への感染源となる．スポロゴニー段階では，ザイゴートがシスト内で分裂して2〜8個のスポロゾイトを形成する．マラリア原虫，クリプトスポリジウム，バベシアなど代表的な種ではこの時に減数分裂が起こる．スポロゾイトは次の宿主個体に感染し，分

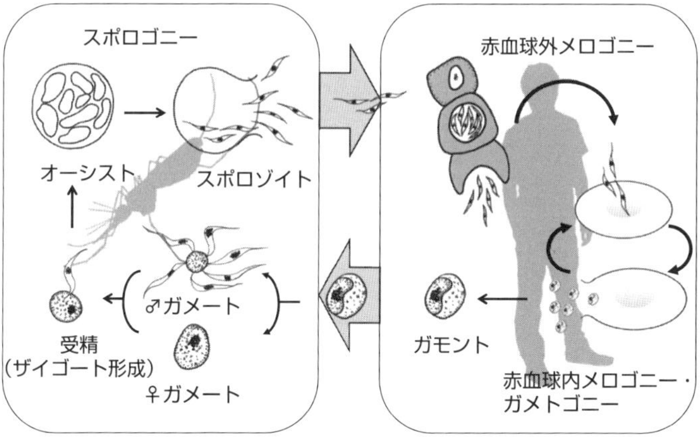

図3.2　アピコンプレクサの生活環の一例
マラリア原虫 *Plasmodium* sp. 中間宿主，哺乳類：終宿主，ハマダラカ．
Smith（1994）および石井・今井（2007a）を元に作成．

裂（多くの場合は多分裂）によって再びメロゾイトを形成する．

マラリア原虫・トキソプラズマなどの中間宿主を持つ種の場合には，病害性を発するのは中間宿主におけるメロゴニー段階であり，マラリアでは赤血球細胞の中で原虫の増殖が繰り返され，多くの細胞が破壊される．トキソプラズマ症では，中間宿主となるヒトやブタでは母親から胎児への垂直感染も起こり，流産の原因となることがある．

同界では，その他に繊毛虫門の一部（淡水魚の白点病の病原体である *Ichthyophthirius* など），ブラストシスチス *Blastocystis* などが寄生性である．これらの生活環は単純な同宿主性である．また，水生無脊椎動物に寄生するハプロスポリジウム門・パラミクサ門の寄生虫では，生活環が完全に判明した種はまだ存在しない（小川・室賀，2008）．

3.2.3 その他の原虫類

微胞子虫は真菌に近い生物で，脊椎動物や昆虫の寄生虫である．メロゾイト・スポロント（胞子を形成する前段階）を経て胞子を形成する．有性生殖を含むものと含まないものがある．中間宿主を持たない種（アユグルゲア *Glugea plecoglossi* など）と持つ種（カ寄生の *Amblyospora* など）が報告されている（Sweeney *et al.*, 1994）．

その他の界に属する寄生性単細胞真核生物は，いずれも同宿主性の単純な生活環である．アメーバ界の寄生虫（赤痢アメーバ *Entamoeba* など）は単純な2分裂によって増殖し，環境が悪化すると外部環境に耐えられるシストをつくり，水や食物を介して経口感染できる（Murray *et al.*, 2013）．

3.3 蠕虫の生活史

3.3.1 ミクソゾア門

ミクソゾア類は宿主として脊椎動物（魚類）と環形動物を利用する．脊椎動物の体内では粘液胞子虫と呼ばれ，スポロゴニーによって粘液胞子を形成する．粘液胞子は腔内寄生性の場合にはそのまま体外に排出され，組織内寄生の場合は宿主の死後に外界へ放出されると考えられている．外界へ出た粘液胞子は経口的に

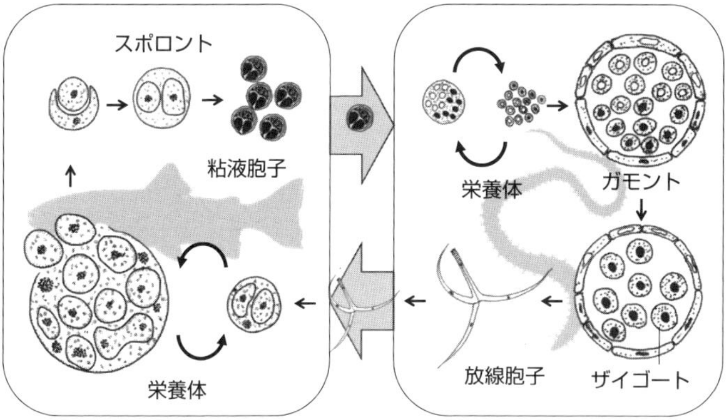

図 3.3　ミクソゾアの生活環の一例
Myxobolus cerebralis：交互宿主，サケ科魚類およびイトミミズ．
El-Matbouli & Hoffmann（1998），Kent *et al*.,（2001）を元に作成．

環形動物に取り込まれ，栄養体を経て増殖後に減数分裂・受精を行い，その後にスポロゴニーを行って放線胞子を形成する．放線胞子は環形動物の体外に排出され，水中を浮遊して魚類と接触すると感染が生じる（図 3.3）．粘液胞子の形成による魚類への影響は無害であることも多いが，コイに寄生するミクソボルス *Myxobolus* など一部の種では致命的となることもある（横山，2004）．

生活環の知られている種では，減数分裂は環形動物内で見られることから，環形動物が終宿主であるとの見方もある．しかし，有性生殖や核相についての知見は乏しく，中間宿主・終宿主という用語を避けて交互宿主あるいは交替宿主（alternate host）と呼ばれるのが慣例である（横山，2004）．

3.3.2 扁形動物門吸虫綱

吸虫は扁形動物門の中の一綱で，すべての種が寄生性である．吸虫には楯吸虫類と二生類の 2 つの亜綱がある．楯吸虫は基本的に軟体動物に寄生し，同宿主性であるが，しばしば上位捕食者（魚類およびカメ）の体内からも発見される．二生類においては，卵は最初に軟体動物（多くは腹足類，いくつかの科では二枚貝類．例外的に頭足類や環形動物を使用する種も知られている）に寄生する．卵は直接軟体動物に捕食されるか，または孵化したミラシジウム（miracidium）が能動的に寄生する．ミラシジウムは貝に侵入後，外皮を脱いで母スポロシスト

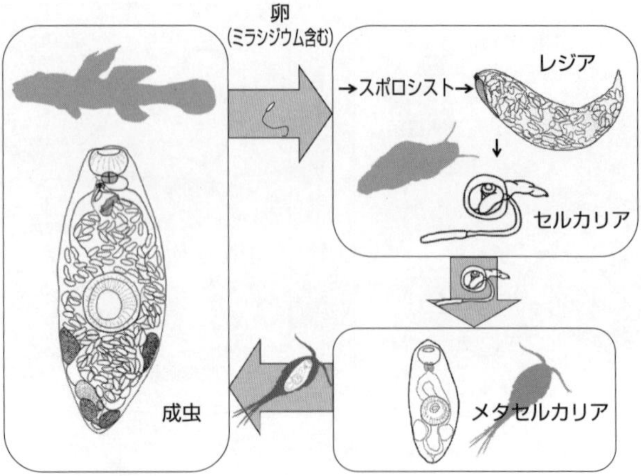

図 3.4　吸虫綱の生活環の一例
Genarhcopsis goppo：第一中間宿主，カワニナ類：第二中間宿主，ケンミジンコ類：終宿主，淡水ハゼ類．Urabe（2001）を元に作成．

(sporocyst）と呼ばれる蠕虫状の虫体に成長する．母スポロシストの次段階は吸虫の種類によって異なるが，多くの場合は娘スポロシストまたはレジア（redia）を経て，最終的に多数のセルカリア (cercaria) が生産される．スポロシストとレジアを総称して単性虫 (germinal sac または parthenita) と呼び，この段階では寄生虫は盛んに増殖して宿主を搾取し，多くの場合，宿主を寄生去勢する．セルカリアは多くの場合尾を持ち，軟体動物から湧出して水中を遊泳または匍匐移動をする．

通常，セルカリアは第二中間宿主となる生物（軟体動物，節足動物，魚類，両生類など）の体内または体表，または植物体表面などで運動器官の尾を落とし，多くの場合は被嚢してメタセルカリア (metacercaria) となる．メタセルカリアは多くの場合捕食にともなって終宿主 (脊椎動物) へ移行し，そこで有性生殖を行う．住血吸虫類ではセルカリアが直接終宿主に侵入し，メタセルカリア期を欠く．一般的に，メタセルカリアや成虫段階での宿主への病害性は微弱である (図 3.4)．

3.3.3 扁形動物門条虫綱

条虫類においては，六鉤幼虫（hexacanth）を含む卵自体か，または卵から孵化したコラシジウム（coracidium）が中間宿主となる生物（甲殻類，環形動物，昆虫類，ダニ類，哺乳類など）に摂食される．中間宿主内での幼虫は，形態によりプ

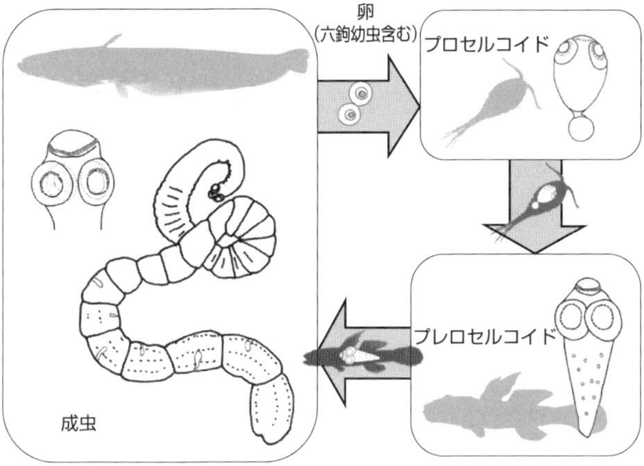

図 3.5 条虫綱の生活環の一例
Gangesia parasiluri：第一中間宿主，ケンミジンコ類：第二中間宿主，淡水ハゼ類：終宿主，ナマズ．Shimazu（1999）を元に作成．

ロセルコイド（procercoid，前擬尾虫），プレロセルコイド（plerocercoid，擬充尾虫），シスチセルクス（cysticercus，嚢尾虫），シスチセルコイド（cysticercoid，擬嚢尾虫）など様々な名称で呼ばれる．多くの分類群では 1 つまたは 2 つの中間宿主内で，増殖せずにそのまま変態と発育を続ける．しかし，テニア条虫類のエキノコックス属 *Echinococcus* では，中間宿主となる哺乳類の体内で，増殖力のある包虫（echinococcus）となる．病害性が高いのは主に中間宿主に寄生する幼生段階であり，エキノコックス属では増殖した包虫が全身に転移して重篤な症状を引き起こすこともある．終宿主（脊椎動物）へは感染中間宿主の捕食によって移行する．終宿主への病害性は一般的に低い（図 3.5）．

3.3.4 線形動物門

線形動物の生活史は極めて多様であり，寄生性の種の中にも，回虫（*Ascaris, Toxocara* など）や蟯虫（*Enterobius* など），旋毛虫 *Trichinella spiralis* のように同宿主性のもの，カゲロウ線虫 *Cystidicoloides ephemeridarum* や広東住血線虫 *Angiostrongylus cantonensis* のように中間宿主と終宿主をもつ異宿主性のもの，マツノザイセンチュウ *Bursaphelenchus xylophilus* のように動物と植物の間を移動するものなどがある．基本的に 4 回の脱皮により，1〜4 齢幼虫を経て成虫とな

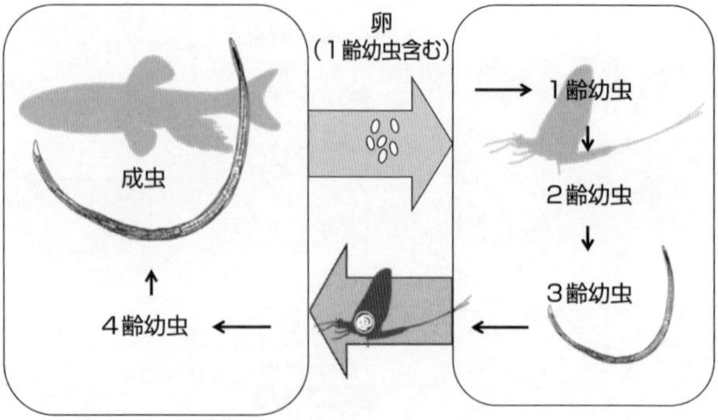

図 3.6　線形動物門の生活環の一例
Rhabdochona denudata：中間宿主，モンカゲロウ：終宿主，カワムツ．
Moravec（1994）および Hirasawa & Urabe（2003）を元に作成．

る．中間宿主を持つ場合には，多くは3齢幼虫の段階で終宿主へ感染する（図3.6）．一般的には虫卵は宿主体外へ排出されて次の宿主に取り込まれるが，同宿主性の旋毛虫や糸状虫などでは，宿主体内で幼虫が孵化して感染期まで成育する（Anderson, 2000；石井・今井，2007b）．

3.3.5 その他の蠕虫類および多細胞の寄生動物

扁形動物門の単生綱は，かつて吸虫の一群とされていたが，現在では独立綱とされている．主に魚類，まれに両生類に外部寄生し，同宿主性である．

鉤頭動物は中間宿主（節足動物）1つと終宿主（脊椎動物）をもつ異宿主性である．中間宿主に摂食された卵は体内で孵化してアカントールとなり，アカンテラを経てシスタカンスとなる．シスタカンスは中間宿主と一緒に終宿主に捕食され，その体内で成虫となる（Kennedy, 2006）（図3.7）．

類線形動物門（ハリガネムシ類）の寄生虫は，幼生期のみ寄生生活を送る．野外での生活環が明らかになった例はほとんどないが，最初は水生無脊椎動物に寄生し，食物連鎖によってカマキリなどの陸生昆虫類に移行すると考えられている．成熟すると宿主を脱出し，水中で自由生活を送る（井上, 1962: Hanelt *et al*., 2005）．

軟体動物門ではヤドリニナ科の腹足類が寄生性である．生活環は単純な同宿主性で，幼生期はプランクトン生活を送り，成体が主に棘皮動物に外部または内部

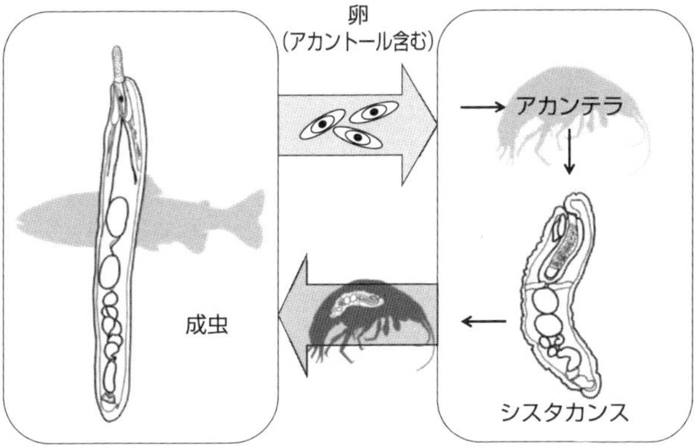

図 3.7　鉤頭動物門の生活環の一例
カジカ鉤頭虫 *Echinorhynchus cotti*：中間宿主，ヨコエビ類：終宿主，肉食魚類．
Nagasawa & Egusa（1981）および Kennedy（2006）を元に作成．

寄生する．また，イシガイ科の二枚貝は，グロキジウム幼生期のみ寄生生活を送り，魚類に外部寄生する．数週間の成育ののち宿主から脱落し，自由生活に入る．

節足動物門甲殻綱には多くの水生の外部寄生虫（寄生性カイアシ類，フクロムシ類，エビヤドリムシ類など）が含まれる．一般的に，極端な形態変化を含む変態を行うが，宿主転換は行わない同宿主性である．雄が矮雄として雌に超寄生する場合も多い．また，その他の陸生・水生の外部寄生虫（ダニ類［一部は内部寄生］，吸血性昆虫，環形動物ヒル綱）は基本的には同宿主性である．これらの生活環や伝播様式について他書を参考にされたい（たとえば今井ほか，2009）．

引用文献

Anderson, R. C.（2000）*Nematode parasites of vertebrates. Their development and transmission. 2nd ed.* CABI Publishing.

El-Matbouli, M. & Hoffmann, R. W.（1998）Light and electron microscopic studies on the chronological development of *Myxobolus cerebralis* to the actinosporan stage in *Tubifex tubifex*. *International Journal for Parasitology*, **28**, 195–217.

Hamilton, P. B., Gibson, W. C. & Stevens, J. R.（2007）Patterns of co-evolution between trypanosomes and their hosts deduced from ribosomal RNA and protein-coding gene phylogenies. *Molecular Phylogenetics and Evolution*, **44**, 15–25.

Hanelt, B., Thomas, F. & Schmidt-Rhaesa, A.（2005）Biology of the Phylum Nematomorpha. *Advances in Parasitology*, **59**, 243–305.

Hirasawa, R. & Urabe, M.（2003）*Ephemera strigata*（Insecta: Ephemeroptera: Ephemeridae）is the intermediate host of the nematodes *Rhabdochona denudata honshuensis* and *R. coronacauda* in Japan. *Journal of Parasitology*, **89**, 617–620.

今井壯一・藤崎幸藏・板垣 匡・森田達志（2009）『図説獣医衛生動物学』講談社.

井上 巌（1962）第4綱 線形虫類.『動物系統分類学4 袋形動物』（内田 亨 編），192–220，中山書店.

石井俊雄・今井壯一（2007a）『改訂 獣医寄生虫学・寄生虫病学 1 総論／原虫』講談社.

石井俊雄・今井壯一（2007b）『改訂 獣医寄生虫学・寄生虫病学 2 蠕虫他』講談社.

巌佐 庸・倉谷 滋・斎藤成也・塚谷裕一 編（2013）『岩波生物学辞典 第5版』岩波書店.

Kennedy, C. R.（2006）*Ecology of the Acanthocephala*. Cambridge University Press.

Kent, M. L., Andree, K. B., Barthlomew, J. L. *et al.*（2001）Recent Advances in Our Knowledge of the Myxozoa. *The Journal of Eukaryotic Microbiology*, **48**, 395–413.

Moravec, F.（1994）*Parasitic nematodes of freshwater fishes of Europe*. Kluwer Academic Publishers.

Murray, P. R., Rosemthal, K. S. & Pfaller, M. A.（2013）*Medical Microbiology, 7th ed.* Elsevier Saunders.

Nagasawa, K. & Egusa, S.（1981）*Echinorhynchus cotti* Yamaguti, 1935（Acanthocephala: Echinorhynchidae）in fish of the Kanita River, with a note on the life cycle. *Japanese Journal of Parasitology*, **30**, 45–49.

日本寄生虫学会用語委員会 編（1995）寄生虫用語集 第2版. http://jsp.tm.nagasaki-u.ac.jp/~parasite/yogo2.pdf

小川和夫・室賀清邦（2008）『改訂・魚病学概論』恒星社厚生閣.

Shimazu, T.（1999）Redescription and life cycle of *Gangesia parasiluri*（Cestoda: Proteocephalidae）, a parasite of the Far Eastern catfish *Silurus asotus*. *Folia Parasitologica*, **46**, 37–45.

Smith, J. D.（1994）*Introduction to Animal Parasitology, 3rd ed.* Cambridge University Press.

Sweeney, A. W., Hazard, E. I. & Graham, M. F.（1985）Intermediate host for an *Amblyospora* sp.（Microspora）infecting the mosquito, *Culex annulirostris*. *Journal of Invertebrate Pathology*, **46**, 98–102.

Tyler, K. M., Olson, C. L. & Engman, D. M.（2003）The life cycle of *Trypanosoma cruzi*. *World Class Parasites*, 7, 1–11.

Urabe, M.（2001）Life cycle of *Genarchopsis goppo* Ozaki 1925 in Japan. *Journal of Parasitology*, **87**, 1404–1408.

横山 博（2004）魚類に寄生する粘液胞子虫の生活環と起源. *Japanese Journal of Protozoology*, **34**, 1–9.

第4章 感染症の発症メカニズム

源　利文

4.1 はじめに

感染症が「空を飛ぶ」ようになった現代において，一度発生した感染症にとって国境など無いに等しい．少し前までは感染症は何年もかけてじわじわと拡大するものであった．例えば，1800年代に世界的に流行したコレラはインド付近の原発地からゆっくりと感染エリアを拡大しヨーロッパの端であるイギリスに到達するのに10年以上を要した．しかし，現代の感染症の拡大速度は1800年代のそれとは比較にならない．例えば，2014年現在も続く第7次コレラパンデミックでは，1991年にペルーで始まった中南米で初めての流行が，1年後の1992年1月までに南米7カ国へと拡大した．また，コレラとは伝播様式が異なるので単純な比較はできないが，2009年に流行した新型インフルエンザ（A/H1N1）は発生確認からわずか半年で170カ国に蔓延した．これは，過去と比べると地域間の人やモノの移動速度が速くなっているため，それに伴い病原体の拡散速度が増していることが原因である．感染症がじわじわと拡大するならば，感染エリアの封じ込めなどの比較的単純な対策によって拡大を防ぐことができるかもしれないが，現代において封じ込めは非常に困難である．したがって，感染症がアウトブレイク（outbreak，大流行）した場合に備えて，予防法や対処法を知っておくことの重要性は過去よりも格段に高まっている．そして，そのためには感染症の発症メカニズムを理解しなければならない．

しかしながら，第1章で述べられたように感染症を引き起こす病原体には様々なものがある．当然，それぞれの病原体の感染経路や発症メカニズム，病態も様々である．ひと言で言えば，感染症の詳細なメカニズムは千差万別であり，それぞれ異なるメカニズムによって感染したり，症状を引き起こしたり，体内から脱出したりする（表4.1）．したがって，その概要をひとまとめにすることは大変困難と言わざるを得ない．しかし，感染症の生態学を学ぶにあたり，それぞれの

表4.1　様々な病原体とそれが引き起こす感染症の特徴

病原体の種類	病原体名	感染症名	感染経路	潜伏期間	病原性発揮メカニズム
タンパク質	異常型プリオン	クロイツフェルト・ヤコブ病	経口感染	数年以上	正常プリオンの異常プリオンへの変換
RNAウイルス	インフルエンザウイルス	インフルエンザ	飛沫感染が主	1日-数日	感染細胞の破壊
	ヒト免疫不全ウイルス	後天性免疫不全症候群	血液感染など	数年以上	免疫細胞に感染することによる免疫不全
	エボラウイルス	エボラ出血熱	飛沫感染と推定	7日程度	体細胞のタンパク質の分解
細菌	結核菌	結核	飛沫核感染	数年以上	遅延型アレルギーによる組織の破壊
	コレラ菌	コレラ	経口感染	数時間-5日	細胞内への毒素の注入
	炭疽菌	炭疽症	接触感染	1-7日	毒素の分泌
	腸管出血性大腸菌感染症	腸管出血性大腸菌	経口感染が主	3-5日	ベロ毒素の分泌
原生生物	マラリア	マラリア原虫	蚊媒介感染	2週間-1ヶ月	赤血球の破壊
扁形動物	住血吸虫症	住血吸虫	水系感染	数週間	卵に対して自己の免疫が攻撃する

病原体の分子機作や病理について知ることを避けるわけにはいかない．本章では，代表的な分類群に分類される病原体を取り上げ，人体への感染経路，体内あるいは細胞内への侵入メカニズム，およびその増殖メカニズムについて述べる．また，体内において病原体が免疫から逃れる仕組みや，症状を引き起こす原因についても概説する．本章で述べるのはそれぞれの感染症についてのほんのさわりだけであるが，本書の第3部にそれぞれの感染症の事例がより詳細に述べられているほか，数多くの文献が出版されているので，ここで述べられない詳細についてはそれらを参照頂きたい．

4.2 病原体の分類

ヒトの感染症に限っても，様々な分類群に属する病原体が存在する．わが国の感染症の予防および感染症の患者に対する医療に関する法律（いわゆる感染症法）で一類感染症から五類感染症までに分類されている71の感染症の病原体には，プリオンが1，DNAウイルスが2，RNAウイルスが24，細菌（バクテリア）

が31，原生生物が4などが含まれる（複数の分類群にわたる病原体があり得る感染症は除いた）．このほかにも，真菌，線形動物，扁形動物など，様々な分類群の生物が病原体となり得る．

4.3 ウイルスを病原体とする感染症のメカニズム

上述のように，ヒトに感染症を引き起こす病原体の中では細菌についで多数の感染症の原因となるのがウイルスである．とくに，RNAウイルスによる感染症は，エボラ出血熱，クリミア・コンゴ出血熱，マールブルグ熱，重症急性呼吸器症候群（いわゆるSARS），鳥インフルエンザなど，致死率の高い感染症が多い．RNAはDNAに比べて不安定であり，故にRNAウイルスは進化速度が速く，抗体のターゲットとなるようなタンパク質の変異も速いために，有効なワクチンを作ることが難しいことが多い．また，ウイルスは自らの複製に宿主の細胞システムを用いるために，細菌に対する抗生物質のような，病原体の複製を阻止する薬の開発も簡単ではない．そのために，ウイルス病，とりわけRNAウイルス病への対策は容易ではない．ここではRNAウイルスが引き起こすインフルエンザと後天性免疫不全症候群について解説する．

4.3.1 インフルエンザ

インフルエンザの病原体であるインフルエンザウイルスは一本鎖RNA（マイナス鎖）をゲノムとして持つRNAウイルスである．本来は水鳥などの鳥類を宿主としていたものが，ヒトへの感染性を獲得したと考えられている．インフルエンザウイルスの感染ルートは，通常，咳やくしゃみなどによる飛沫感染が主であるとされている．また，ドアノブなどを介した接触感染も主要な感染ルートの1つであるとする報告もある．

インフルエンザウイルスの表面にはヘマグルチニンというタンパク質が存在し，その受容体のある細胞，例えばヒトのインフルエンザの場合はヒト上気道の上皮細胞に接触すると，ヘマグルチニンとその受容体によって細胞表面に吸着したウイルス粒子はエンドサイトーシスによって細胞内に受動的に取り込まれる．鳥インフルエンザの場合は，鳥の大腸上皮細胞に感染するが，ヒトの下気道上皮細胞にもトリインフルエンザヘマグルチニンの受容体が発現しており，ヒトの場合はここに感染すると重篤な症状が出るといわれている．インフルエンザウイルスは基本的に，ヘマグルチニン受容体の存在する細胞にしか侵入できない．また，ヘマグルチニンをターゲットとした抗インフルエンザ治療薬の開発なども進んでいる．

細胞に侵入したインフルエンザウイルスは脱殻と呼ばれる現象を通じて，その遺伝子とタンパク質の複合体として細胞質に放出され，遺伝子は細胞核に入り込む．細胞核内で宿主の mRNA を切断してプライマーとして利用し，ウイルス遺伝子の転写と複製を行う．複製されたウイルスゲノムは細胞質で合成されたウイルスタンパク質とともに宿主の細胞膜に運ばれ，出芽する．出芽に際してはノイラミニダーゼというタンパク質が機能するため，このノイラミニダーゼの阻害剤であるオセルタミビル（タミフルやリレンザという商品名が有名）が有効なのである．出芽したウイルスは次の細胞に侵入し，爆発的な増殖を繰り返す．このように，インフルエンザウイルスは，ゲノムとして持つ自らの RNA から遺伝情報を発現させる．また，インフルエンザウイルスにはもっとも外側にエンベロープと呼ばれる膜状の構造が見られるが，この膜は出芽する際に宿主の細胞膜を拝借したものである．

インフルエンザウイルスが爆発的に増殖するため，感染した細胞は壊死をおこす．この増殖速度が初期には免疫による抑制を上回るため，患部の炎症が拡がり症状として現れるのである．全身的な症状としては，高熱，頭痛，筋肉痛等の症状が出る場合が多く，まれにインフルエンザ脳炎・脳症と呼ばれる重篤な症状に陥る場合がある．

4.3.2 後天性免疫不全症候群

後天性免疫不全症候群（acquired immune deficiency syndrome；AIDS）はヒト免疫不全ウイルス（human immunodeficiency virus；HIV）による感染症である．HIV は一本鎖 RNA（プラス鎖）をゲノムとして持つレトロウイルスである．レトロウイルスとは，ウイルス RNA を鋳型として，逆転写酵素によってマイナス鎖 DNA，プラス鎖 DNA を合成して二本鎖 DNA を生成し，宿主細胞に組み込まれてウイルス RNA を合成するタイプのウイルスのことである．HIV は霊長類のサル免疫不全ウイルス（simian immunodeficiency virus；SIV）に起源し，ヒトに感染する能力を獲得したものであると考えられている．その感染経路は，性行為による性的感染，注射針の使い回しなどによる血液感染，母子間の垂直感染である．

HIV は免疫細胞であるヘルパー T 細胞や，マクロファージの CD4 と呼ばれる受容体，およびケモカイン受容体と呼ばれる受容体を共受容体として利用し，細胞内に侵入する．細胞内に侵入した HIV は自らの持つ逆転写酵素を利用して二本鎖 DNA を合成し，合成された二本鎖 DNA は核内に移行し，ウイルスの持つインテグラーゼによって宿主のゲノム内に組み込まれる．このような，宿主の核内に組み込まれた状態はプロウイルスと呼ばれる．プロウイルスは宿主細胞に備わった転写や翻訳の仕組みを利用してウイルスゲノムそのものや逆転写酵素などのタンパク質を合成させ，最終的にはウイルス粒子が細胞外に放出される．HIV 治療に用いられる抗ウイルス薬は多くがウイルスの持つ逆転写酵素やインテグラーゼといった酵素の阻害剤である．

HIV に感染すると，感染初期（急性期）にインフルエンザに感染した場合のような症状が出るものの，その後は数年間の無症候期が続く．この期間には，ウイルスは産生され新たな細胞感染を引き起こすが，免疫のはたらきによって急激な増殖は抑えられ，体内のウイルス量が急増はしないが無くなるわけでもない状態に保たれているものと理解されている．しかし，ウイルスの増殖によってしだいに T 細胞の数が減ると，免疫の低下によって様々な感染症を発症するようになる．このような免疫不全症状を示した状態が AIDS の発症と呼ばれる状態であり，通常では問題とならないような日和見感染症によって重篤な状態に陥ることになる．つまり，HIV そのものの活動によって症状が出るのではなく，直接的には様々な感染症によって重篤な症状を発し，死に至ることも多いのである．

4.4 細菌を病原体とする感染症のメカニズム

ヒトの病原体として初めて確認されたのは，細菌の一種で炭疽病を引き起こす炭疽菌（*Bacillus anthracis*）である．また，ヒトに感染症を引き起こす病原体の中では最大のグループと言えるのが細菌である．細菌を病原体とする感染症の多くは抗生物質の発見によって早期に治療が可能となったが，近年では抗生物質の効かない耐性菌が発生するなど，細菌による感染症の問題が終息する兆候は現在のところみられない．本章では細菌感染症の中から結核とコレラを取り上げて概説する．

4.4.1 結核

結核はマイコバクテリウム属の真正細菌によって引き起こされる感染症である．ヒトに結核を引き起こす病原体としては，*Mycobacterium tuberculosis, M. bovis, M. africanum, M. microti, M. canetti* の5菌種が知られている．WHOの統計によると2013年には世界で900万人が新たに感染し，150万人が亡くなっている．そのうち36万人はHIV陽性の患者である（WHOウェブサイト"Health topics"）．HIV感染者は非感染者に比べて30倍も結核を発症しやすいと考えられており，両者をターゲットとしたコントロールプログラムが進行している．また，薬剤耐性結核菌の流行が世界中で見られ，その勢いは増し続けている．結核の感染経路は，感染者のくしゃみなどに由来する飛沫核を次の感染者が吸い込むことによる飛沫核感染（空気感染）である．飛沫核とは飛沫が乾燥して微細な粒子となり，長時間空気中に浮遊することができる状態であり，このような状態でも感染力を失わない病原体は飛沫核感染を起こす．これは無風状態ではすぐに落下するインフルエンザなどの飛沫感染と比べ，対策が困難であり，一般的に排菌が確認された結核患者は隔離病棟で治療される．

結核菌が体内に入ると，肺胞内で肺胞マクロファージによって貪食される．通常，マクロファージによって貪食された細菌は速やかに消化され，殺菌されるのだが，結核菌はファゴリソソームの形成を阻害することによって殺菌から逃れ，細胞内寄生を成立させ，浸出性病巣を作る（河村，2010）．一方で全ての結核菌がマクロファージの攻撃を逃れられるわけではなく，一部の結核菌はマクロファージの抗原提示によって宿主の特異的免疫応答を引き起こす．この結果，肉芽腫が形成され結核菌は封じ込められる．免疫に異常のない感染者の多くはこのような過程を通して結核菌の封じ込めに成功するため発症しないが，様々な原因で免疫応答が低下している患者や，一部の健常な感染者も発症にいたる．これを一次結核症と呼ぶ．また，発症しなかった感染者の体内でも結核菌は休眠という状態で生き残り，長期間の休眠を経て再度活性化し，発症にいたることがある．このようなケースを二次結核症と呼ぶ．結核の典型的な患部は肺であり，肺結核を発症すると肺胞などの細胞が結核菌によって侵された結果，咳が長く続き痰が出るなどの肺炎の症状をおこし，治療を行わなかった場合には約半数が死亡に至る．

4.4.2 コレラ

コレラはプロテオバクテリアに分類される真性細菌のコレラ菌（*Vibrio cholerae*）によって引き起こされる感染症である．主に汚染水や食物を介した経口感染である．コレラはこれまでに7回のパンデミック（pandemic, 世界的大流行）を起こしており，第一次コレラパンデミックは1817年から始まった．2014年現在，第7次パンデミックが進行中である．いずれのパンデミック原発地もアジア地域である．1840年に始まった第3次パンデミックは約10年かけてイギリスに達し，この時ロンドンにおけるコレラ患者の発生パターンから感染源である汚染水源を特定したジョン・スノウ（John Snow）は疫学の父と呼ばれている．

汚染された飲食物を介して体内に入ったコレラ菌は，小腸で増殖し，タンパク質毒素であるコレラ毒素を産生する．コレラ菌そのものは細胞内に侵入することはなく，症状を引き起こすのは産生された毒素である．コレラ毒素は小腸の上皮細胞の受容体から細胞内に侵入すると，細胞内のGタンパク質の活性化を通じて細胞内のサイクリックAMP濃度を上昇させ，イオンチャンネルを活性化させる．その結果，細胞内から腸管内に水や塩素イオンが排出され，重篤な下痢症状を引き起こすのである．コレラ感染による下痢はコメのとぎ汁様と形容される，白色あるいは灰白色の水様便である．大量の下痢による脱水症状がコレラの主な症状であり，放置すれば短時間で死に至る．治療は基本的に脱水の緩和であり，経口あるいは点滴によって失われた水分やイオンを補給することが最優先となる．

コレラ菌は生物学的な特徴の違いからアジア型，エルトール型に分類でき，アジア型の方が病毒性が強い．コレラの病毒性は環境条件によって変化しうることが知られている．例えば，1950年代以降，インドでは浄水事業が行われた結果，病毒性の高いアジア型が減少して，病毒性の低いエルトール型が増加した（井村，2013）．このような例は赤痢菌でも報告されており，感染症に対処する上では通常の医学的対処（発症後の治療や薬の投与）の他に，進化医学的な感染症対策もありうるという好例である．

4.5 真核生物を病原体とする感染症のメカニズム

真核生物と一口にいっても真菌や原生生物（原生生物は正確には分類群とはいえないがここでは便宜的に使用する），カイチュウやギョウチュウなどの線形動物，住血吸虫などの扁形動物など，この枠組みにも様々な分類群の病原体が含まれる．これらは真核生物であるため，生物と無生物の中間的な存在であるウイルスや，原核生物である細菌とは異なり，病原体そのものが宿主である動物の細胞と類似している．そのため，病原体だけに作用して宿主に作用しないような薬品の開発は簡単ではなく，ウイルスや細菌とは異なる対策の難しさがある．ここでは原生生物を病原体とするマラリアと，扁形動物を病原体とする住血吸虫症について解説する．

4.5.1 マラリア

マラリアは世界でもっとも社会経済的な影響の大きい病気とされている．WHO の世界マラリアレポートによれば，2013 年には年間約 2 億人がマラリアに感染し，約 58 万人が亡くなっている．特に子供への影響が顕著であり，5 歳以下の子供がマラリアによって約 46 万人亡くなったと推計されている（WHO ウェブサイト “Health topics”）．その病原体は単細胞生物のマラリア原虫である．原虫とは単細胞の原生生物のうち，病原性のあるものをいい，原虫を病原体とする感染症は他にもトキソプラズマ症やトリパノソーマ症など数多い．マラリアはハマダラカを介して感染を拡げる蚊媒介感染症の 1 つであり，ヒトは終宿主ではなく中間宿主である．

マラリア原虫はスポロゾイトと呼ばれる状態でハマダラカの唾液腺に集まっており，蚊が吸血をする際にヒトの体内に入る．スポロゾイトはいくつかの細胞を通過した後に，肝細胞に侵入して増殖しメロゾイトと呼ばれる別の形となって血管内に放出され，今度は赤血球に侵入する．この赤血球への侵入メカニズムの全容はまだ解明されていないが，メロゾイトが血液中に出ているタイミングはマラリアの感染サイクルの中で宿主の免疫系に直接さらされる数少ない機会であるので，赤血球への侵入メカニズムを知ることでそれを阻止する新たな抗マラリア薬を開発することができるかもしれない（Cowman *et al.*, 2012）．メロゾイトは赤血球の中で増殖し，赤血球を破壊して飛び出すと次の赤血球へと感染する．このとき，三日熱マラリア原虫や四日熱マラリア原虫はそれぞれ48時間，72時間の発育分裂周期を持ち，それが同調するために，周期的な発熱を伴い，熱帯熱マラリア原虫では発育分裂周期が同調しないために発熱にも周期性がない．マラリアによる主な症状は高熱，貧血などであるがこれらは主に赤血球が大量に破壊されることによって起きる．

マラリア原虫は巧みに宿主の免疫システムから逃れるすべを獲得していると考えられている．熱帯熱マラリア原虫は赤血球表面に発現する抗原性の異なる分子を次々に切り替えて免疫系による攻撃を回避している（Miller *et al.*, 2002）．また，マラリア原虫では抗原多型も多く見られ，宿主の免疫系から逃げているのである．これがマラリアに対するワクチン開発の難しさにもつながっている．

4.5.2 住血吸虫症

住血吸虫症はその名前の通り，扁形動物である住血吸虫科に属する多細胞生物の寄生虫が感染することによっておこる感染症である．かつては日本にも日本住血吸虫症が存在したが，中間宿主となるミヤイリガイの駆除などによって，国内からは撲滅された．一方で世界的には熱帯域を中心に多くの感染者がおり，世界で約2億4千万人が感染しているとされ，マラリアについで世界で2番目に社会経済的影響の大きな感染症と言われている．住血吸虫は淡水性の巻き貝を中間宿主とし，水を介して終宿主である哺乳類に感染する．人間の場合は，リスクのある水を利用する際や，漁業や農業に際して水に入った時に皮膚を通して感染する．

体内に侵入した住血吸虫は腸管や尿路の周囲の血管内部に寄生し，そこで産卵する．つまり，宿主の細胞内に侵入することはない．親である寄生虫そのものは感染初期に片山熱と呼ばれる急性症状を引き起こす他は人体にほとんど影響を与えないが，その虫卵が免疫応答を惹起し，特にヘルパーT2細胞の応答によって虫卵が詰まった部位に慢性的な炎症を引き起こす結果，腹痛，下痢，腎炎などの症状が現れる（Pearce & MacDonald, 2002）．このように，住血吸虫の感染によって引き起こされる症状は基本的にヒト自らの免疫応答が原因である．

4.6 感染症の様々なメカニズム

ヒトの体内（ここでは消化管の内部や皮膚の表面，つまり正確には体の外側にあたる部分を含む）にはヒト自身の細胞の数より多くの細胞数の常在菌が存在する．もちろん，細菌のみならずそれ以外のさまざまな生物やウイルスも存在しており，それらのほとんどはひっそりと暮らしている．そのような生物が存在すること自体はなんら問題ではないが，ひとたびある種が異常に増殖したり，毒素を排出したりすると，感染症として問題になる．

感染が成立するためには，病原体は何らかの形で免疫など宿主側の防御機構をかいくぐる必要がある．例えばインフルエンザウイルスは細胞内で免疫が追いつかないほどの爆発的な増殖をし，結果として宿主に病気をもたらす．HIV や結核菌のように免疫細胞そのものに侵入してしまうケースも見られる．マラリア原虫は体内で動き回るが，多くの時間を細胞内で過ごし，また，抗原変異によって巧みに免疫系の攻撃を回避する．このように病原体となる微生物やウイルスには，免疫系がおいつかないほどの爆発的な増殖力，あるいは免疫を逃れながら長期間ゆっくりと増殖するような能力が備わっているのである．また，それぞれの病原体が症状を引き起こすメカニズムも多様である（表 4.1）．インフルエンザウイルスのように細胞内のリソースを利用し尽くして細胞を破壊して出て行く場合や，コレラ菌のように宿主細胞に毒素を注入するもの，HIV のように免疫を侵すことで日和見感染症を重症化させるもの，住血吸虫のように特段悪さはしないが宿主の免疫系を刺激して自己の免疫により症状をひきおこすものもある．このようなメカニズムの違いがそれぞれの感染症の特性を決めており，感染症を理解する上で，それぞれのメカニズムの理解は欠かすことができない．

4.7 感染症の生態学を学ぶ上では必須の「細かいところ」

ヒトが感染する感染症の多くは，人獣共通感染症か，あるいは自然宿主が野生動物であったものが宿主転換によってヒトに感染するようになったものである．このような病原体をあるいは感染症を根絶することは大変困難である．人類が唯

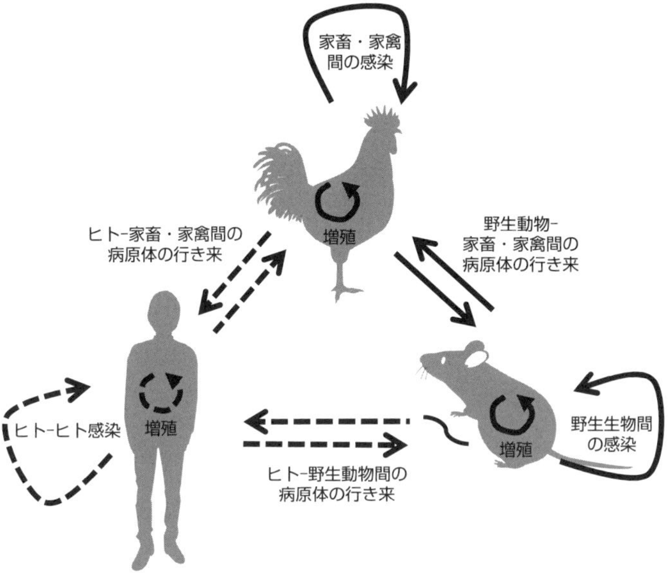

図 4.1　人獣共通感染症における病原体の行き来のモデル
ヒトにおける感染経路，発症メカニズム，病原体の排出メカニズムなどを理解し対策を講じることで，点線で示したようなヒトにかかる経路を遮断できる可能性がある．また，それらの成果を利用して家畜や家禽にかかる実線部分も経路の遮断等ができる可能性があるが，野生生物間の感染を防ぐことは困難であり，病原体は自然界に存続する．

一根絶を宣言した天然痘の場合は，宿主がヒトだけであったこと，病原体がDNA ウイルスであるために変異が遅いこともありワクチンが非常に有効であったこと，潜伏期間が短いうえ不顕性感染が少ないために感染に気づかずに次の患者に移してしまうことが少なかったことなど，ウイルスを根絶させるための条件が揃っていたことが幸いした．1988 年に WHO は次の根絶ターゲットとしてポリオをあげ，2000 年までの根絶を目指して大変な成果を上げているが，不顕性感染が多いことなど根絶するには難しい条件もあり，2015 年現在でも根絶には至っていない．

ポリオや天然痘と違って，人獣共通感染症の場合は根絶するのはほぼ不可能といえる．したがって，感染ルートの遮断，ワクチンによる予防，薬などによる治療などの対策が必要となる．本章で紹介したようなそれぞれの病原体の侵入メカニズムや，発症メカニズムを知ることは，薬やワクチンの開発のための重要な知見である．一方で，人獣共通感染症の感染ルートを完全に遮断することはほぼ不可能で，リスクを低減するためには自然環境における病原体と宿主の相互作用の総体を把握する必要がある（図 4.1）．病理学や分子生物学など，体の中あるいは細胞の中の現象を専門とする者にとっては，それは大変な困難であるが，野外での事象を解明するのは生態学者の得意とするとところである．感染症の生態学は言い換えれば病原生物と宿主の生態学といえるが，感染症を生態学分野で扱うことは必ずしもメジャーなことではなかった．しかし，感染症の問題はまさに生態学の問題であり，生き物と生き物の相互作用を解明してきた生態学者の真骨頂ともいえる研究対象である．

本章ではヒトに感染する感染症ばかりをとりあげてきた．しかし，本書の構成を見てもらえばわかるように，ヒトの感染症は本書で取り扱う感染症の一部にすぎない．それでもヒトの感染症を取り上げたのは，それが研究対象として非常にメジャーであり，病理や作用機作といった「細かいところ」が大変よく解明されているからである．野生生物の感染症になると研究資金や人材の数の面でどうしても劣ってしまうが，それを理解することの重要性は変わらない．リソースが限られる中ではあるが，ヒトの感染症で積み上げられた知見を利用しながら，それぞれの対象についてより詳細に解明する必要がある．つまり，「細かいところ」をしっかりと把握しながら，自然界の生態学的事象を扱うことのできる生態学者を育てることが今後の課題である．

引用文献

Cowman, A. F., Berry, D. & Baum, J.（2012）The cellular and molecular basis for malaria parasite invasion of the human red blood cell. *Journal of Cell Biology*, **198**, 961-971.

井村裕夫（2013）『進化医学――人への進化が生んだ疾患』pp 143, 羊土社.

河村伊久雄（2010）結核に対する感染防御機構. *Kekkaku*, **85**, 539-546.

Miller, L. H., Baruch, D. I., Marsh, K. & Doumbo, O. K.（2002）The pathogenic basis of malaria. *Nature*, **415**, 673-679.

Pearce, E. J. & MacDonald, A. S.（2002）The immunobiology of schistosomiasis. *Nature Reviews Immunology*, **2**, 499-511.

WHO "Health topics" http://www.who.int/topics/en/

参考文献

阿部章夫（2014）『もっとよくわかる！感染症――病原因子と発症のメカニズム』羊土社.
国立感染症研究所「感染症の話」http://idsc.nih.go.jp/idwr/kansen/index.html
吉倉 廣「微生物学講義録」http://jsv.umin.jp/microbiology/

第5章 感染のダイナミクス：伝播と免疫

梯　正之

第Ｉ部では，どのような生物が病原体となりうるのか，病原体の多様性を整理してみてきた（第１章）．続いて，病原体と宿主の関わり合い（第２章），さらには，なぜ病気になるか，どのような症状が現れるかをみた（第３章）．この章では，病原体が宿主個体から次の宿主個体へどのように移動し増殖するかに焦点を当ててみてゆく．次に，同様のことが宿主個体内でも繰り広げられているので，免疫系のはたらきに留意しながらその様子をみてみる．最後に，感染症の問題を生態学の観点から振り返る．

5.1 宿主集団内での感染個体のダイナミクス

感染症といえば，医学の中でも重要な研究領域の１つである．医学の中で，感染症の流行について研究してきた主要な分野に「疫学（epidemiology）」がある．疫学は，集団レベルで病気の原因や分布の特徴を明らかにする学問で，感染症の基本を理解するにあたっては，「疫学の三角形モデル（epidemiologic triangle model）」が用いられてきた．感染症を考えるための基本的な要素として「宿主（host）」「病因（agent）」「環境（environment）」の３つを取りあげ，三角形の各頂点に配置するモデルである（図5.1a）．しかし，本来すべてを包摂するはずの「環境」を他の要素と同格に見立てている点に不満が感じられる．生態学の基本は，主体（宿主）とそれを取り囲む環境という視点に立ち，主体と環境とのさまざまなかかわりをその相互作用として理解するという見方ではないだろうか．とするならば，環境の中に主体を置き，周りの環境中に病原体や感染経路など様々な要素を配置するのが生態学的な感染症のモデルというべきものになる（図5.1b）．この章ではこの見方に従って感染症というものを眺めてゆきたい．疫学の世界でも，感染症から生活習慣病に重点が移る中，複雑な要因の絡む病気の原因について，「車輪モデル（wheel model）」という，宿主を中心に関連要素を同心

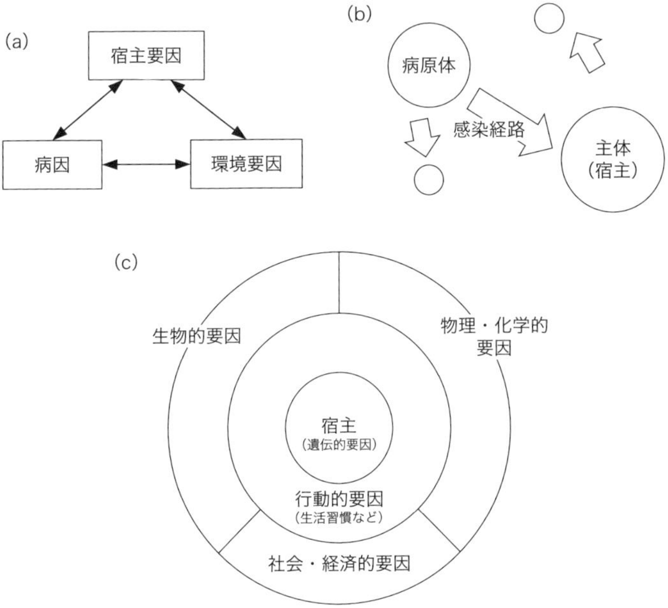

図 5.1　疫学の三角形モデル (a), 生態学モデル (b), 車輪モデル (c)

円状に配置するモデルが用いられるようになってきた（図 5.1c）. このモデルでは, 最外層の環境要因と中心部の宿主の中間に宿主と環境の相互作用である行動が配置されており, より生態学的な構造になっている.

通常, 病原体は宿主に対して非常に小さいので, 病原体の個体数を直接観測するのではなく, 感染している宿主個体数を観測することによって, 病原体の消長を把握することになる. その場合, 感染宿主の個体数の経時的な変化のカギを握っているのは, 1 個体の感染宿主から一定の時間内に何個体の未感染宿主が感染するかである. そのプロセスは, 病原体が, 感染宿主からいかにして未感染宿主までたどり着き（＝定着), そこで宿主の防御反応に抗して増殖を開始（＝感染）できるかにかかっている. 病原体が宿主個体内でいかに増殖しても, 宿主個体の死亡とともに消滅する運命を免れない. 病原体が命をつなぐためには, 宿主他個体へ移動することが必要であり, 感染の生態学の中でも最も重要な局面といえよう. 定着から感染へのプロセスは前章でみてきたので, ここでは, 移動のプロセス, すなわち感染経路の問題に焦点を当ててみていこう. ただ, 実際の感染の成立にあたっては，侵入する病原体の数（曝露量，dose）や病原性（virulence）にも左右されるのでその点の考慮も必要な場合がある．

環境中あるいは感染宿主に存在する病原体が，未感染個体（感受性個体という）へと移動する方法のことを感染経路という．感染経路には，様々なものがある．まず，接触感染として，感染宿主との直接的接触（日常的な身体接触や，性的接触などを含む）のほか，間接接触として，一時的に病原体が定着した個体との接触（医療従事者や汚染された医療器具などを介した病原体の定着）が考えられる．呼吸器系の感染症では，感染者の咳やくしゃみにより病原体が含まれた飛沫が飛び，それを未感染者が吸い込んで病原体の侵入を許す場合がある．これは，飛沫感染と呼ばれる．飛沫は直径が5 μm 以上と比較的大きく重いので，飛沫感染は通常1～2 m 範囲と考えられている．また，この飛沫が乾燥して「飛沫核」となれば，重量も軽くなり長期間空中に浮遊する事態も起こる．この飛沫核を吸引することで感染するものを飛沫核感染（あるいは空気感染，air-borne infection）と呼び，結核・麻疹（はしか）・水痘（水疱瘡）などがその例で，感染力の強い感染症となっている．消化器系の感染症では，病原体で汚染された食物，糞便で汚染された水などを経口摂取して感染するものが経口感染（糞口感染ともいう）である．媒介感染（ベクター感染）は，動物（特に節足動物の蚊，ダニ，シラミ，ツツガムシなど）が宿主から宿主へ病原体を媒介し伝達し感染するものをいう．宿主自身の他，媒介物，土壌や河川・湖沼など，環境中に一時的に病原体が留まる場所があれば，感染経路の特定や感染症の予防対策上重要である．これらをまとめて，特にリザーバー（reservoir）と呼ぶことがある．また，特殊な感染として，母親からその子へと病原体が伝わることを母子感染（垂直感染）と呼んでいる（この場合，垂直感染以外はまとめて「水平感染」と呼ばれる）．

感染症の伝播を考える上で重要な概念に，基本再生産数（basic reproduction number）がある．感染の基本的な構造を理解するためには，数理モデルを眺めてみるのが効果的であろう．モデルには暗黙の仮定を明示するはたらきがあるからである．感染症流行の基本的なメカニズムを捉えた基本モデルとしてよく知られているものに，*SIR* モデルがある．宿主集団を感受性保持個体（S：susceptible），感染個体（I：infected），免疫獲得個体（R：recovered あるいは removed）の3グループに分けて個体数（個体密度）の変化を表したモデルである．このモデルでは，S・I・R の各変数の変化速度（時間微分）が次のように記述される．

$$\frac{dS}{dt}=\lambda(1-\alpha)-\mu S-\beta IS$$

$$\frac{dI}{dt}=-(\mu+\delta)I+\beta IS-fI$$

$$\frac{dR}{dt}=\lambda\alpha-\mu R+fI$$

このモデルは，次のような考え方で構成されている（図5.2）．人口は一定の出生数λの分だけ増え，一定の死亡率μによる分だけ減少する．出生したものは，予防接種によりαの割合で免疫を持つものとしている．また，感染している場合には，死亡率がδだけ増加し，これは超過死亡と呼ばれている．感染は，あたかも2分子反応のように，未感染者（S）と感染者（I）の積に比例し，感染率（感染速度）βで生じるので，その分未感染者は減少し感染者が増加する．fは治癒率で，治癒したものは免疫保持者になるとしている．このようなモデルでは，$1/\mu$が宿主の平均寿命，$1/f$が平均罹病期間と対応づけられて考えられる．βは，接触1回当たりの感染確率と単位時間当たりの接触率の積と分割して考えることもできる．感染症の流行に焦点を当てて，主として短期間での適用を念頭に説明されるときには宿主の出生・死亡は無視されることも多いが，ここでは生態学的な考察のためもっとも簡単な形（一定出生数・一定死亡率）で組み込んである．他に密度調節要因があるときにはこのような形でもよいが，個体群の調節要因として病気を考える場合にはλのかわりにbSなどと仮定することも多い．その他，免疫を考え

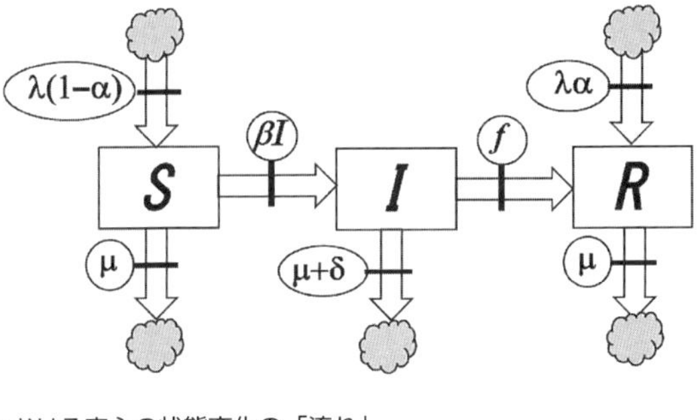

図5.2　*SIR*モデルにおける宿主の状態変化の「流れ」

宿主個体の状態変化をボックス間を流れる「粒子（液体）」のように考えた模式図．3つのボックス（S・I・R）は感受性保持・感染・治癒（免疫）に対応している．ボックス以外との流れは便宜的に「雲（クラウド）」との流れとして示されている．ボックス間の流れを表す矢印には途中にバルブ（栓）があり，流量が調節される．

ない *SIS* モデルや感染から感染力を持つまでに至る時間的ラグ（latent period）を考慮した *SEIR* モデルなどがある．症状（symptoms）のない潜伏期間（incubation period）であっても感染力を持っている（infectious）場合があるので，厳密には，感染までのラグと潜伏期間を区別して考える必要がある．

このモデルは，感染症流行について次のような特徴を持っている．まず，病気がなく予防接種も実施していないとき（$\alpha=0$）の宿主個体群は一定水準（$S^0=\lambda/\mu$）の個体密度を維持する．そして，このモデルで病気が常在できる条件は

$$R_0=S^0\frac{\beta}{\mu+\delta+f}>1$$

である．この R_0 は，基本再生産数（basic reproduction number）と呼ばれ，感染者が初めてこの集団に生じたとき，この感染者から何人の二次感染者を生じるか（平均値）を示している．実際，$1/(\mu+\delta+f)$ は，感染者が感染力を持っている期間を表し，β は単位時間当たり未感染者一人当たりの感染成立率であった．基本再生産数が1以上のときに，感染者が増え，流行が拡大し，感染症の常在に至るというのは容易に納得できる結果である．患者数の増加はしばしば時間当たりの増加率（r）で表されるが，基本再生産数は二次感染者の数であり，時間当たりの率にはなっていない．両者の関係は，次のように対応づけられている．

$$r=\frac{R_0-1}{T}\quad (R_0=1+rT)$$

この式で T は感染者から次の感染が起きるまでの平均的な期間で，感染の世代時間とも呼ばれる数値である．感染の初期には，感染者数が指数関数的に増加する傾向があることから，指数関数的な増加率 r と世代時間 T の間には，$r=(\log R_0)/T$ あるいは $R_0=\exp(rT)$ といった関係が考えられるが，それとは異なる関係式となっている（しかし，両者は rT が小さいとき近似的に等しい）．上の式は，世代時間にばらつきがあることを考慮して計算したもので，次の感染までの期間が指数分布をすると仮定している．新規感染者の数を $I(t)$，感染期間の分布を $f(t)$ とすれば，感染者の数は $R_0f(t)$ と書けるので，次のような関係式が成り立つ：

$$I(t)=\int_0^{\infty} I(t-\tau)R_0 f(\tau)d\tau.$$

右辺は，τ 時間前からの寄与を各 τ についてすべて合計したもので，潜伏期間の長いエイズのような感染症の分析で使用される逆計算（back calculation）の元ともなっている考え方である．ここで，$I(t)=I_0\exp(rt), f(t)=\exp\left(-\frac{t}{T}\right)/T$ とすれば上の r と R_0 の関係式が得られる．

病気の常在条件は，宿主個体群の個体数の面から見ると別の意味が見えてくる．*SIR* モデルのような微分方程式からなるモデルでは，その挙動を分析するうえで，時間的に変化しない状態に注目することが急所である．このような状態は「平衡点（equilibrium）」と呼ばれ，$\frac{dS}{dt}=\frac{dI}{dt}=\frac{dR}{dt}=0$ という連立方程式を S, I, R について解くことで求められる．すでに述べたように *SIR* モデルには，感染症が不在の平衡点 $(S^0, I^0, R^0)=(\lambda(1-\alpha)/\mu,\ 0,\ \lambda\alpha/\mu)$ が存在するが，その他にも感染症の常在する平衡点 $(S^*, I^*, R^*)=((\mu+\delta+f)/\beta,\ \lambda(1-\alpha)/(\mu+\delta+f)-\mu/\beta,\ (\lambda\alpha+fI^*)/\mu)$ が存在している．これらの関係を上の基本再生産数の式を変形したものに代入すると，次の関係式が得られる．

$$\frac{\mu+\delta+f}{\beta}<S^0 \Leftrightarrow S^*<S^0$$

この式から，初期の個体数密度 S^0 が，感染症が常在した場合の個体数 S^* よりも大きくなければ感染症が常在できないことが読み取れる．また，この条件は感染症の常在平衡点の存在条件 $(I^*>0)$ となっていることにも注意してほしい．この密度のことを閾値密度（threshold density）と呼んでいる．実際，ヒトの感染症では，人口が一定の規模以上の大都市でなければ継続的に流行しないことが知られている．

予防接種が実施された場合を考えると，感染症の常在を許さない条件は，

$$\frac{\lambda(1-\alpha)}{\mu}\frac{\beta}{\mu+\delta+f}=R_0(1-\alpha)<1$$

となる．これより，感染症の排除に必要な予防接種割合（α）に関して，

$$\alpha>1-\frac{1}{R_0}$$

表5.1　主な感染症と代表的な基本再生産数（R_0）

感染症	基本再生産数（R_0）*
麻疹　Measles	13-14
百日咳　Pertussis（Whooping cough）	10-11
水痘　Chicken pox	7-8
ジフテリア　Diphtheria	4-5
猩紅熱　Scarlet fever	6-7
流行性耳下腺炎 Mumps	11-14
風疹　Rubella	8-9
ポリオ　Poliomyelitis	5-7
HIV 感染症（エイズ）AIDS	10-11

＊ 複数の数値があるものは，それぞれメジアンをとって表示した．実際にはもっと広い範囲の数値が得られている．Anderson & May（1991）より．

という条件が得られる．したがって，たとえば基本生産数（R_0）が 13 となる麻疹を排除するためには，92.3% 以上の予防接種率を達成することが必要と推定される．世界的に麻疹の排除が進んでいる中，日本ではなかなか流行をストップさせることができず，麻疹の「輸出国」となっていたが，2008 年から 1 歳時点に加えて小学校入学前にもう一度予防接種を義務づけるなどの取組みが始まり，最近ようやく排除状態を達成することができた．

このモデルの構成にあたっては，宿主個体が感染に関して一様な性質を持ち，どの個体とも同様の接触を行うなどさまざまな単純化の仮定をおいている．現実の感染症の流行に適用するには多くの制約があるが，感染症を考える上で基本的で重要な概念と大まかな定量的な予測を提供してくれる．詳しい数学的な説明は，梯（2009；2012）などを参照していただきたい．

このような単純な数理モデルから出発して，より現実の状況に近いモデルの構築・利用も推し進められている．アプローチの基本は，感染に関して同等なサブグループに分けてモデル化するということにあり，このようなモデルはメタ個体群モデルと呼ばれている．ヒトなどの場合，行動は年齢によって大きく異なっていることが多いので，同じ年齢層毎に別グループとして取り扱い，各グループの特性に対応した感染率・接触率など適切なパラメターの値を設定する．非一様な接触構造の影響は，特に性感染症のモデルで検討されている．性行動は人によりばらつきが大きく，非常に活発な人もそうでない人もおり，それが流行の様相に影響すると考えられるからである．特に性的活動が活発なグループは「コア」と呼ばれ，公衆衛生的な対策の有力なダーゲットと位置づけられる（Hethcote & Yorke, 1984）.

また，このような決定論的なモデルの制約として，平均値を取り扱っているということがある．感染者が平均的に何人の未感染者に感染させるかに基づいて感染者の増減を計算していく．しかし，平均値が同じでもばらつきが大きい場合には，それに応じた対応が必要となる．実際，2003 年に世界的な流行となり問題となった重症急性呼吸器症候群（severe acute respiratory syndrome；SARS）の場合には，他個体と接触頻度の高い「スーパースプレッダー」が存在し，流行の拡大に大きく寄与した．このような場合に対応して，感染を確率過程としてモデル化し乱数を使ったモンテカルロ法によるシミュレーションも利用される．しかし，コンパートメントモデルのアプローチにも限界がある．細かく分けると，人口よりもコンパートメントの数の方が大きくなって，すかすかのコンパートメントばかりになってしまう．そのような場合を避けるため，個人個人の生活状況をそのままモデル化できる個人ベースモデル（individual based model）あるいはマルチエージェントモデルと呼ばれるアプローチも盛んである．計算機の性能が向上する中，100 万～数千万人規模でこのような研究が行われるようになった（Ferguson *et al.*, 2005；Barrett *et al.*, 2005；大日・菅原，2009）.

5.2 宿主個体内での病原体のダイナミクス

前節では，感染した宿主個体から，未感染個体への病原体の伝播に注目して述べてきたが，感染した宿主個体の中で，病原体が増殖するプロセスも大変興味深いものである．そこは，病原体の感染戦略と宿主の生存を目指した免疫システムとのせめぎ合いの世界である．宿主個体を構成する一つひとつの細胞を単位と考えると，細胞集団における感染現象ということで，前節と同様の見方が可能になる．この節では，免疫システムに注目しながら，宿主の体内での病原体のダイナミクスをみていこう．このような見方は，宿主をパッチ（サブ個体群）とするメタ個体群構造とみることでもある.

「世界がもし 100 人の村だったら」といった，身近なスケールに変換してみるアプローチはときに対象に対する理解を大いに助ける（池田，2001）．細菌の立場から宿主である人間の大きさをみてみよう．細菌の標準的な大きさは1 μm（100万分の1メートル）程度，宿主である人間は約2メートルほどであるから，200万倍ほどになっている．もし，細菌が人間サイズであったなら，宿主である人間は4000 kmほどの大きさということになり，北海道から九州までの日本列島に匹敵する大きさとなる．地球の半径はおよそ6400 kmだから，宿主はほぼ地球に匹敵するといってもいいだろう（牛嶋，2001）．腸内に生息する細菌群集を「フローラ」と呼ぶのも頷ける．ただ，人間の全細胞数は約60兆個といわれているので，宿主は，地球に住む実際の人類よりとてつもなく過密な世界といえるかも知れない．

このように宿主は病原体にとって巨大な世界となっているが，その中で，ウイルスは自分だけでは増殖することができず，宿主の細胞に侵入して，細胞の代謝系により自分のパーツを合成させ，増殖後は細胞を破壊して出てきては次の細胞に感染してゆく．そのプロセスは，宿主集団中における感染の拡がりと同様に捉えることができる．そこで細胞集団に対して，免疫のはたらきを組み込みながら感染症の基本モデルである*SIR*モデルの考え方を適用した，ウイルスの宿主体内での増殖モデルをみてみよう．

免疫のはたらきは自然免疫と獲得免疫に分けて考えられるが，いずれも血液中の白血球の一種であるリンパ球により担われている．自然免疫では，マクロファージ・好中球・樹状細胞などの食細胞により，外から来た寄生虫や細胞などが識別され貪食される．これで対応しきれなかった場合には，獲得免疫が作動する．まず，樹状細胞が病原体（ウイルス）の一部を表面に掲げてT細胞と接触する．これにより，T細胞が分化してヘルパーT細胞とキラーT細胞ができる．獲得免疫では，ヘルパーT細胞は同じリンパ球のB細胞に働きかけ抗体を作らせるなど，液性免疫の重要な役割を担っているが，ここでは，キラーT細胞による細胞性免疫のはたらきに注目しよう．キラーT細胞は，またの名を細胞障害性Tリンパ球（cytotoxic T-lymphocyte；CTL）といい，樹状細胞の提示した病原体の情報を元に，ウイルスに感染した細胞を見つけ出して，アポトーシス（細胞の自殺）を促すことによりこれを殺傷する．このような関係を念頭に，感受性保持細胞（X），感染細胞（Y），さらに免疫系に属するCTL（Z）の3種類の細胞とそれにウイルス（V）の数を加えた4変数からなるダイナミクスを考えよう．その時間変化を表す式は，宿主集団のモデル同様，

$$\frac{dX}{dt}=\lambda-\mu X-\beta XV$$

$$\frac{dY}{dt}=\beta XV-\alpha Y-pYZ$$

$$\frac{dV}{dt}=kY-uV$$

$$\frac{dZ}{dt}=c-bZ$$

と書くことができる．この式で，パラメーターは，λ が未感染細胞の出生数，μ が死亡率である．αY は感染した細胞が破壊され，中で増殖したウイルスの粒子（ビリオン）が外に出てくる項で，kY は出てきたウイルス粒子を表している（破壊された細胞数は単位時間当たり αY 個で，出てくるウイルス粒子が kY だから，感染細胞 1 個から k/α 個のウイルス粒子が生成されることになる）．ここでは，感染細胞と未感染細胞が接触して感染が起こるのではなく，いったんウイルスとして細胞周辺に出現してから，未感染細胞に取りこまれると考えている．また，β は感染率（感染速度），u はウイルスの死亡率（活性喪失率）である．免疫系の CTL は，ウイルスの存在下で一定の率 c で生成され，b の率で消滅すると想定している．pYZ が CTL の免疫作用の項で，CTL が感染細胞で出会うと食作用により感染細胞を殺傷できると考えている．このモデルで基本再生産数とウイルスの生存条件に対応する式は

$$R_0=\frac{\lambda}{\mu}\frac{\beta}{u}\frac{k}{\alpha+\frac{pc}{b}}>1$$

となる（導出の過程は，Nowak & May（2000）や梯（2012）などをご覧いただきたい）．免疫系が働かない場合は $p=0$ の場合に対応する．p あるいは c が十分大きければ（あるいは b が十分小さければ）この不等式が成立しなくなり，ウイルスが消滅することになる．またこの式から，薬剤を使用することで u を大きくしてウイルスを退治することも可能であることが読みとれる．

このように，宿主の中で増える病原体（ウイルス）は，細胞集団における感染症の流行と見なすことができ，宿主集団の感染モデルと同じような枠組みで分析することができる．このようなモデルは，患者のウイルス量のデータをとりなが

ら治療を行うなど，HIV 感染症やウイルス性肝炎などの患者の治療にも役立てることができるものとなっており，生体内にも生態学的世界が拡がっている．

5.3 生態学と数学の相性：感染症の数理モデルはどこまで社会の役に立つのか？

ここまでの2節で，感染症というものについて，生態学の観点からその基本的な性質を把握することを試みた．それは，感染症の「担い手」である病原微生物が，宿主を含めた環境の中で，死亡する以上に増殖して生き延びてきたことに他ならない．それが，基本再生産数 (R_0) >1 の式に要約されている．その中で，たくさんの数式が使用されていることに驚いたり，あるいはうんざりされたかも知れない．この節では，感染症ばかりでなく生態学全般において，数理的な取扱いが幅をきかせている理由を考えるとともに，このような数理的な取扱いが感染症の予防，特に公衆衛生的な応用面でも活用されるようになってきたことに触れて，その意義を明らかにしたい．

意外に思われるかも知れないが，本来，生態学は数学と相性がいいものである．それは，生態学が基本的に数量的な側面を取り扱う性格を持っているからである．生態学では，生物主体が，他の生物も含めた環境の中でいかに生き残り子孫を残していくか，またその結果として，どのような生物がどこにどのように分布するかが研究される．これらを実証的に明らかにするためには，個体数・生存率・増殖率・密度分布など数量的なデータを収集する必要がある．そして，そのような数量的なデータの持っている構造・特性を記述したり分析したりするのには数学の助けを借りるのがうってつけなのである．

感染症の研究を公衆衛生的な面での感染症の予防に役立てる場合にも，数理的な取扱いの強みが発揮される．「予防接種率を何% まで上げれば，感染を排除できるか」といった疑問に答えるには，数量的な関係をきちんと把握し何らかの計算が必要になる．このような分析を行うには数学的な手法が役に立つ．実際，感染症の数理モデルは，この 30 年ほどの間に非常に大きな発展を遂げ，現実の政策選択のツールとして役立てられるまでに精緻化した．また，現実に即して判断を行うためには，実際の流行データに基づいた分析が必要となる．以下では，新型インフルエンザの流行に関して，感染症の数理モデルをベースにして実際の流行データを分析した事例を紹介したい．

具体的な感染症の流行データを分析するにあたっては，データが週単位とか，日単位で収集されるので，時間を連続としたこれまで紹介してきたような数理モデルとの間にはギャップがある．そこで，*SIR* モデルの考え方をベースにして時間が離散的な場合のモデルを作る．そのとき，個体数の変化が一足飛びに起きるので負の数になったりしないよう，1 日内の変化が時間連続的として近似的な計算に基づくものを使用することにする．その場合のモデルは，

$$S(t+1)=S(t)\exp(-\beta I(t))$$
$$I(t+1)=S(t)\{1-\exp(-\beta I(t))\}$$

の形となる．これは，感染症流行のモデルとして最もシンプルな，Reed-Frost モデルと呼ばれるものに他ならない．あるいは，離散世代の個体群動態のモデルとしてよく用いられる Nicholson-Bailey モデルと同様のものといった方がなじみ深いかもしれない．

データの収集間隔が感染症の世代時間より短い場合には，潜伏期間（正確には，他個体に感染症をうつさない期間）の変数をもうけて感染直後にはこちらの人数としてカウントするのが自然である．これを $E(t)$ で表せば，現実のデータの分析には次のようなモデルを使用する．ここで，$E(t)$ は一定の割合 u で感染者（感染症をうつす者）$I(t)$ になり，$I(t)$ は一定の割合 v で治癒し免疫保持者 $R(t)$ になるものとしている．

$$S(t+1)=S(t)\exp(-\beta I(t))$$
$$E(t+1)=S(t)\{1-\exp(-\beta I(t))\}+(1-u)E(t)$$
$$I(t+1)=uE(t)+(1-v)I(t)$$
$$R(t+1)=vI(t)$$

インフルエンザでは通常，潜伏期が 1〜3 日，その後感染力を有する期間が 2〜3 日とされているので，割合（u など）の逆数 $=1/u$ が平均値となることを仮定して $u=0.5$ などと決めればよい．しかし，感染力を有する $I(t)$ に関しては，発症したものは直ちに報告され，出席停止の措置がとられるものとして，$v=1$ とした．

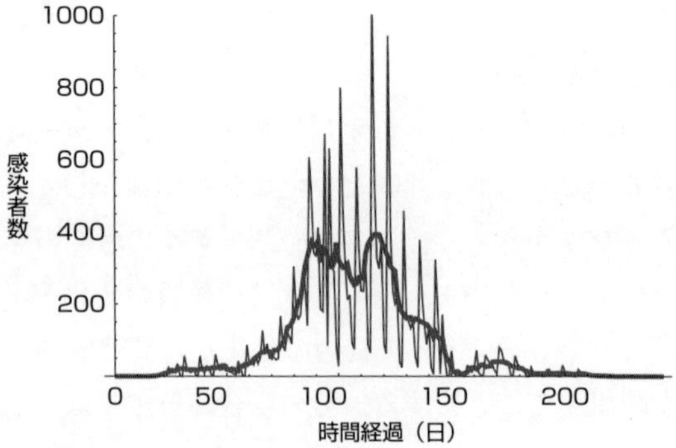

図 5.3　感染報告数
太い線は 7 日間の移動平均をとったもの.

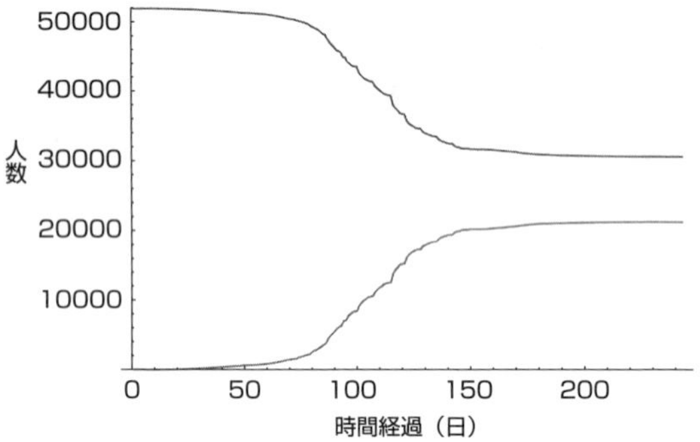

図 5.4　未感染者数と累積感染者数の推移
累積感染者数は典型的な S 字型カーブを示している（未感染者数と累積感染者数の合計は常に一定）.

ここで分析するデータは，西日本のある都市（人口約 47 万人）の学校における，流行期間中（2009 年 8 月 1 日から 2010 年 3 月 31 日，$t=1\sim243$）の毎日のインフルエンザ感染者の報告数である．そのほか，各学校の在校生数や期間中の休校措置の有無のデータがある．データの報告数が前日の感染者（$I(t)$），総生徒数から累積感染者数を引いた数が未感染者および潜伏期間中の者の人数の和に対応するとした.

実際のデータでは，休日である土日等の報告数が減少し，その反動で休日明けの月曜日などの報告数が顕著に増加するため曜日による変動が大きくなっている．図 5.3 の太い線は，曜日の効果を消すため前後 3 日（合計 7 日間）の移動平

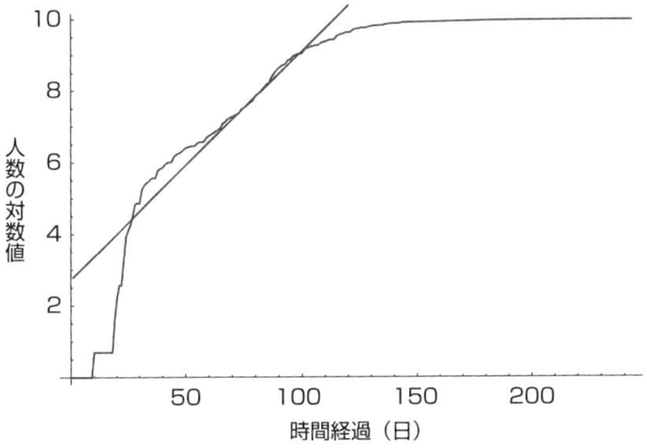

図 5.5　累積感染者のグラフ（片対数グラフ）
流行の初期の指数関数的増加の部分（t=62〜92；10 月 1 日から 31 日まで）を回帰した直線を示している.

均をとって平滑化したグラフである.

流行が拡大している時期の分析では，累積感染者数を使って分析することによって，感染者数を直接分析するよりもデータの偶然変動の影響を避けることができる．図 5.5 では，累積感染者数を対数グラフで示した．グラフが直線的に増加している部分は感染者数が指数関数的に増加していることを示している．このグラフを直線で回帰して増加率（r）や基本再生産数（R_0）を計算してみよう.

流行が安定的に拡大していた 10 月期のデータから得られた増加率（回帰直線の傾き）は 0.0637 となった．したがって，当時のインフルエンザの流行における基本再生産数（R_0）は，$T=3$ として 5.1 節に示した式で計算すると約 1.2 になることがわかる．これは，1 人の感染者から平均 1.2 人しか 2 次感染者が発生しないということで，思ったより少ないと感じられるかも知れないが，多くの人は他の人に感染させないのに少数の人だけがたくさんの人に感染させている可能性もある．また，モデルにしたがって流行の初期に 1 人の感染者から発生する二次感染者数を 1.2 として感染の係数 β を求めると約 0.0000234 となった．この β の値を使って流行のシミュレーションを行った結果が図 5.6a である．このシミュレーションでは，最終的な流行規模が実際を下回っている．また，10 月の後半（t=75〜）からの加速的な流行が再現できていない.

流行全体にもっともよくフィットしたのは β=0.0000249 の場合であった（図 5.6b）．今回の流行では，流行の期間中を通して 2 割程度の感染者が休校状態に

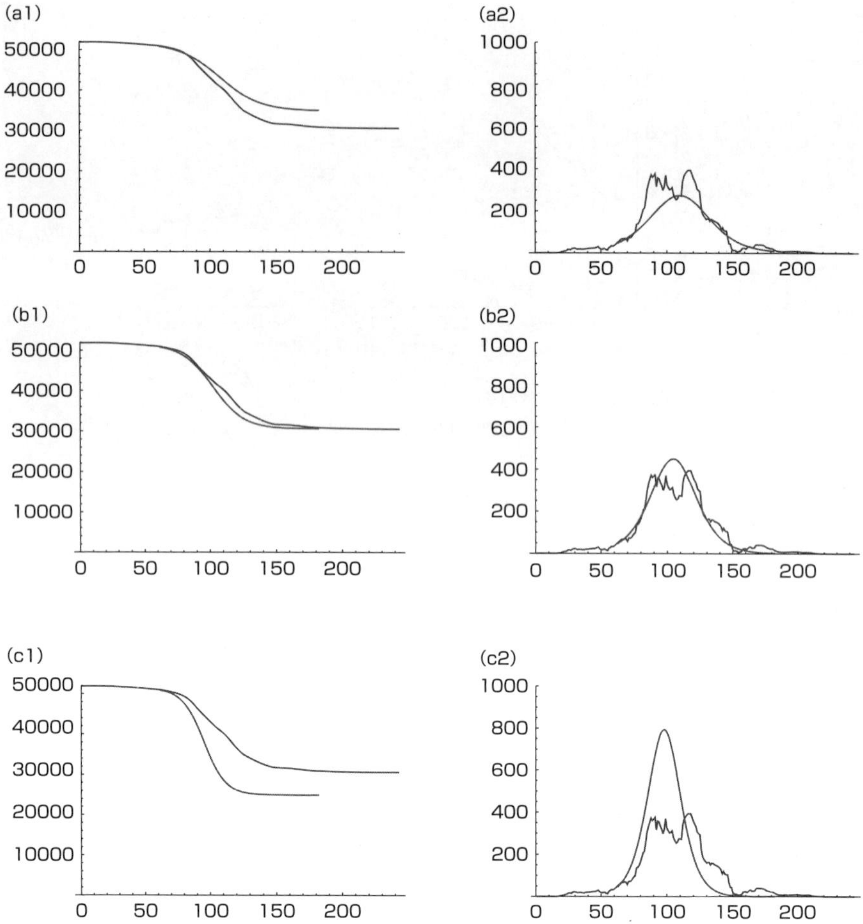

図 5.6　インフルエンザ流行のシミュレーション

上段は未感染者（S），下段は感染者（I）の時間的推移．a（上）は初期の増加率からパラメターを推定して行ったシミュレーション（β=0.0000234），b（中央）はもっとも実際の観察値に近いシミュレーション（β=0.0000249），c（下）は流行対策として休校が実施されなかったと仮定した場合のシミュレーション（β=0.0000274）．いずれのグラフも横軸は時間経過（日），縦軸は人数である．流行データも同時に示している．

あったことがわかっている．休校状態の感染者は感染力が半減すると仮定し，休校対策がとられなかったときに感染速度の係数が1割程度増加するものとして計算したのが図5.6c（下）のグラフである．休校措置をとらなかった場合，休校した場合よりも流行ピーク時の感染者数が大きく，最終的な総感染者数も多くなっていることがわかる．データから計算したβで行ったシミュレーションが10月の後半の加速的流行を予測できなかった理由として，気象条件（湿度の低下）や複数の学校に関わる学校行事の影響が考えられる．また，観察値の2峰性のピークは，流行の拡大に伴って休校数も増えた影響が現れているものと考えられる．これらは，より精度の高いモデルを作成するための手がかりとして有用であり，「数理モデルは，外れたときが最も役に立つ」といわれる所以といえよう．

感染症の数理モデルは，エイズや性感染症対策，風疹などの最適な予防接種施策の検討（対象者の性別や年齢など実施方法の選定），新型インフルエンザ対策や天然痘ウイルスなどによるバイオテロ対策の効果的な実施など広く感染症に対する公衆衛生的対策の立案・計画に寄与してきた．このような取り組みの具体的な話題については，梯（2008）や浦島（2012）などを参照していただきたい．

5.4 感染症を考える生態学的視点

エイズの流行とともに注目を集めるようになった「新興感染症」という現象は現代に固有のものではない．古くは，農耕牧畜が開始され都市が形成された時代，モンゴルの騎馬軍団がユーラシア大陸を席巻した時代や大航海時代と呼ばれ大洋をまたいだ人的交流が拡大していった時代も，「新興感染症」が大いに跋扈（ばっこ）した時代とみることができる．背景には，新しい技術の誕生と普及によりそれまでにない生活様式が拡がって新しい感染経路ができたり，あるいは，人口増加により集団が閾値密度を超えるなど，新規の感染症の流行を可能にする条件が整ったところに，家畜から，あるいは新たな人的交流によって，病原体との接触が起きそれが実現されてきた歴史である（梯，2007；山本，2011）．新しいニッチの出現とそのニッチに進出する進化の実現である．これらはまさに生態学的事象といってよいだろう．その後，環境衛生の向上，栄養状態の改善，予防接種を含む公衆衛生活動の定着などにより，感染症の征圧は大きく前進してきた．一度は，抗菌薬の使用で感染症を克服したかに見えたものの，いち早く病原体の「逆襲」が始まり，その希望は遠のいたようにみえる．

現代では，さまざまな環境破壊が進み，惜しまれながら絶滅してゆく種も多く，「環境保全」が大きな課題となっている．一方では，環境改変により望まれざる生物の出現を招いている面があり，新興感染症などに対しては，排除が課題となっている．生態学的な生存条件をきちんと確保することが保全の基本であり，逆に生存条件をしっかりと消滅させることが排除につながる．両者はまさにコインの両面ともいうべきものである．そのような中，ヒトの場合，表皮や腸内に生息する常在菌が他の病原性のある菌の侵入を防ぐ役割を果たしていることが注目されてきた（牛嶋，2001；夏井，2009）．薬剤耐性菌の拡がりに対しても，本来は耐性を持たない感受性菌によって耐性菌は排除される性質を持っている．常在菌のバランスを保ち，むしろ「善玉菌」を積極的に取り入れようとするプロバイオティクスの考え方も拡がりつつある．潜在的なニッチをなじんだ菌でふさいでおくことも可能なはずで，感染症の排除にも，このような保全的な見方が生かせるのかも知れない．

環境問題への対応がグローバルに組織化される中，感染症の危機管理もWHO（世界保健機関）を中心として国際的な組織で対応する時代となっている．それに呼応できる形で，感染症法やサーベイランスの充実など国内の感染症対策の制度も整備されてきた．このような中で集積されている感染症の流行データは，感染症の流行の法則を探るうえで大いに有益なものとなっている．また，その上で有効な対策が可能となる．人類の生存を生態学的な観点から見直したとき，感染症は食料など資源的制約とともに主要な人口調節要因の1つと考えることができる．人類が，パンデミック対策という課題を解決して感染症を制御できるのか，あるいは，逆に人類が感染症により人口の制御を受けるのか？　いずれの選択をするのかは，生態学的な考え方を活かすべき我々の手にゆだねられているといえよう．

参考文献

Anderson R. M. & May R. M.（1991）*Infectious diseases of humans Dynamics and control*, Oxford University Press.

Barrett, C. L., Eubank, S. G. & Smith, J. P.（2005）If smallpox strikes Portland …. *Scientific American*, **292**, 54–61.

Ferguson, N. M., Cummings, D. A. T., Cauchemez, S. *et al.*（2005）Strategies for containing an emerging influenza pandemic in Southeast Asia. *Nature*, **437**, 209–214.

Hethcote H. W. & Yorke J. A.（1984）*Gonorrhea transmission dynamics and control*, Springer-Verlag.

池田香代子（2001）『世界がもし 100 人の村だったら』マガジンハウス.

梯　正之（2007）感染症の人口学—感染症に棹さされた人類の歴史と感染症の数理—.『現代人口学の射程』（稲葉寿 編著），196–217，ミネルヴァ書房.

梯　正之（2008）エイズと性感染症の数理モデル.『感染症の数理モデル』（稲葉寿 編著），219–239，培風館.

梯　正之（2009）感染症流行の数理.『現代数理科学事典　第 2 版』（広中平祐ほか 編），328–334，丸善.

梯　正之（2012）医学領域の数理—感染症流行の数理モデル，—免疫システムの数理モデル.『理論生物学の基礎』（関村利朗・山村則男 共編），233–262，海游舎.

夏井　睦（2009）『傷はぜったい消毒するな　生態系としての皮膚の科学』光文社.

Nowak M. A. May, R. M.（2000）*Virus dynamics Mathematical principles of immunology and virology*, Oxford University Press.

大日康史・菅原民枝（2009）『パンデミック・シミュレーション—感染症数理モデルの応用—』技術評論社.

牛嶋　彊（2001）『人体常在菌　共生と病原菌排除能』医薬ジャーナル.

浦島充佳（2012）『パンデミックを阻止せよ！　感染症危機に備える 10 のケース』化学同人.

山本太郎（2011）『感染症と文明—共生への道』岩波書店.

II部　感染症の生態学的機能と進化

第6章 病原生物と宿主の種間相互作用

佐藤拓哉・鏡味麻衣子

6.1 はじめに

病原生物はその定義にも示されているように，宿主となる個体の成長，繁殖，あるいは生存への負の影響を通して，宿主の個体群構造や動態に影響する（Begon *et al.*, 2006）．一方，宿主の個体群動態の変化も病原生物の個体群動態に影響するため，病原生物と宿主の相互作用が両者の個体群動態を規定することになる（Anderson & May, 1981）．また，病原生物は，宿主個体群への影響を介して，宿主と相互作用する他の群集メンバーにも影響を及ぼすと予想される．実際に，病原生物が宿主への影響を介して３者以上の相互作用系を形作ることを示唆する研究が数多くなされている（Hatcher & Dunn, 2011）．そこで本章では，多様な病原生物が，競争や捕食-被食関係といった種間相互作用をいかに改変しているのかを概観する．また，そのような種間相互作用の改変効果が群集の構造や動態，宿主や病原生物の共存，および種多様性の維持とどのように関係するかを紹介する．

病原生物が生物群集に与える影響は，競争モジュール[1)]（6.2.1項）と栄養モジュール（6.2.2項）に大別して理解できる（図6.1；Hatcher & Dunn, 2011）．競争モジュールには，病原生物の影響が，宿主の種内競争や種間競争（宿主と他種の競争，宿主間の競争，およびみかけの競争）を改変することで水平的に及ぶ場合（図6.1a, b）と，宿主をめぐる病原生物間の競争（図6.1c）が含まれる．一方，栄養モジュールには，病原生物と消費者が餌生物を共有する場合（図6.1d），病原生物が消費者を利用する場合（栄養カスケード，図6.1e），および病原生物が消費者と餌生物の両方を利用する場合（ギルド内捕食，trophic transmission：栄養伝

1）【群集モジュール】競争モジュールや栄養モジュールのような群集モジュールとは生物群集の基本構成単位であり，通常３または４種の個体群からなる部分群集のことである．群集モジュールの性質を知ることで，群集の構造や動態を知る大きな手掛かりが得られる．

播，図6.1f）が含まれ，いずれも病原生物の影響が食物連鎖を介して垂直的に波及する．また，病原生物が生物群集に与える影響には，病原生物が宿主の密度を増減させることにより，間接的に他の生物に影響が及ぶ密度介在型に加えて，宿主の形質（形態や行動など）を改変することで他の生物に影響が及ぶ形質介在型（Werner & Peacor, 2003）の場合がある（6.3節）．このような病原生物と宿主の関係を通した様々な種間相互作用の改変の影響は，生物多様性や食物網構造，あるいは物質循環等，生物群集や生態系のレベルまで波及する（群集・生態系レベルの影響については第7章にて紹介）．

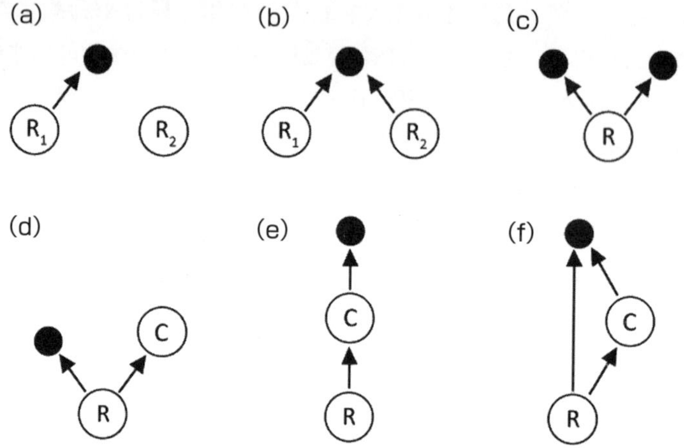

図6.1　病原生物を含む生物群集のモジュールの例

（a～c）は病原生物（●）を含む競争モジュールであり，（a）競争関係にある2種の餌生物 R_1 と R_2 の一方が病原生物の影響を受ける場合，（b）両方が影響を受ける場合（見かけの競争とみなせる場合もある），および（c）病原生物自体が宿主（餌生物R）をめぐって競争する場合を示す．（d～e）は病原生物を含む栄養モジュールであり，（d）病原生物が消費者Cと餌生物Rを共有する場合，（e）病原生物が消費者Cを利用する場合，および（f）病原生物が消費者Cと餌生物Rの両方を利用する場合（ギルド内捕食）を示す．生活史の完結に複数の宿主が必要な病原生物の多くは（f）のモジュールを形成する（餌生物Rを中間宿主，消費者Cを終宿主として利用するような場合）．図中の矢印の向きは消費に伴う栄養転換の向きを示す．

6.2 病原生物が改変する生物間相互作用

6.2.1 病原生物が改変する競争関係（種内競争と種間競争，見かけの競争，病原生物間の競争）

病原生物は宿主個体の栄養を搾取することで成長・生残・繁殖のいずれかに負の影響を及ぼし，結果として宿主の個体群サイズに影響を及ぼす．例えば感染個体の生存率や競争能力が非感染個体よりも低下することで宿主の種内競争に変化が生じ，特定の個体（病原生物に耐性をもつ遺伝子型）が優位になることがある．

また，病原生物は，宿主と同じ資源を消費する他の生物種との種間競争も改変する．資源をめぐる競争関係にある2種のうち，一方の種のみが病原生物の宿主になる場合（例えば，病原生物が宿主特異性をもつ場合：図6.1a），その宿主が競争に優位な種であれば，寄生されない劣位な種との共存が可能になる（Hatcher & Dunn, 2011の表2.4）．その好例として，マラリア原虫 *Plasmodium azurophilum* に感染する2種のトカゲ類（*Anolis wattsi* と *A. gingivinus*）の共存機構がよく知られている．カリブ海に浮かぶ島嶼群において，この2種のトカゲ類は強い競争関係にある．通常，*A. gingivinus* は *A. wattsi* に対して優位に振る舞っているが，マラリア原虫 *P. azurophilum* への感染率（prevalence，宿主個体群における感染個体の割合）が高い．一方，*A. wattsi* は *P. azurophilum* にはほとんど感染していない．Schall（1992）はこの種特異的な感染率により，*P. azurophilum* の感染が見られる島でのみ，*A. wattsi* は *A. gingivinus* と共存していることを報告している．

競争関係にある2種が両種とも病原生物の宿主となる場合（図6.1b）にも，先の例と同様に，優位な種への感染率がより高ければ，病原生物は2種の宿主の共存を促す（Hatcher & Dunn, 2011の表2.4）．また，病原生物の感染が種特異性をもたず，宿主の頻度（各種の個体数）に依存している場合にも，病原生物の存在は特定の種の優占を妨げることで間接的に，宿主2種の個体群動態を安定化させると指摘されている（Dobson, 2004）．

直接的には資源をめぐる競争関係にない2種が，同じ病原生物の宿主となることで，競争をしているように見える場合もある（図6.1b）．すなわち，宿主Aの密度増加が病原生物の密度増加をもたらすと，宿主Bの感染率も高まる結果，宿主Bの密度が低下するような場合である．そのような場合，両者の個体群密度は負の相関をもち，あたかも資源をめぐる競争をしているように見える．この現象は，病原生物を介した見かけの競争（apparent competition）として知られている（Holt & Pickering, 1985）．アメリカノースダコタ州の草原において，2種のヨコバイ（*Delphacodes scolochloa* と *Prokelisia crocea*）はそれぞれ異なる食草のスペシャリストであり，直接的な競争関係にない．しかし，これら2種のヨコバイはともに，卵寄生蜂（*Anagrus nigriventris* と *A. columbi*）に寄生される．Cronin（2007）は，2種のヨコバイの密度をそれぞれ操作する野外実験を行い，*D. scolochloa* の密度を5倍にした処理区では，*P. crocea* に対する卵寄生蜂の寄生率が約2倍に上昇して，*P. crocea* の密度が2世代の間に大きく低下したことを報告している．

複数の病原生物が宿主をめぐって種内・種間競争をすることもよく知られている（図6.1c）．寄生蜂とバクテリアがチョウの幼虫に同時に寄生するなど，分類群が異なる病原生物が同一の宿主をめぐって競争することもある（Hatcher & Dunn, 2011 の表2.6）．病原生物間の種内競争の結果，感染強度（infection intensity：宿主個体当たりの病原生物の個体数）が上昇し，病原生物1個体当たりの重量や繁殖量が大きく低下する例が知られている（Begon *et al*., 2006 を参照）．病原生物間の競争の場合，一般に病原性（virulence：感染に関する宿主の死亡率の上昇）の強い種のほうが競争に優位である．ただし，宿主が競争に優位な病原生物種（または系統）に対して耐性をもつことで，複数の病原生物の共存が可能となる場合もある．また複数の病原生物が宿主個体の中で巧みに利用する部位（病原生物にとってのハビタット）を分割（すみわけ）し，共存していることも多い．魚類の鰓における菌類，原生動物，扁形動物単生綱，および吸虫綱の分布や甲虫の体における菌類のコロニー形成等はその好例である（Begon *et al*., 2006 を参照）．このようなすみわけが種間競争の結果かどうかは明らかではない．しかし一般に，宿主個体内における病原生物の多種共存には，それぞれの病原生物が必要とする資源（ニッチ：niche）の重複を緩和する必要があると指摘されている（Hatcher & Dunn, 2011 の Box 2.9）．

6.2.2 病原生物が改変する捕食-被食関係

病原生物は生物間の捕食-被食関係にも様々な形で組み込まれている．病原生物が捕食者の餌生物に寄生する場合（図 6.1d），それは本質的には餌生物をめぐって病原生物と捕食者が競合することを意味する．オーストラリアとヨーロッパでは，1988 年に分布拡大したウサギ出血病ウイルス（rabbit haemorrhagic disease: RHD）によって，ウサギ *Orycotolagus cuniculus* のスペシャリスト捕食者であったスペインオオヤマネコ *Iberia lynx* とイベリアカタシロワシ *Aquila adalberti* は大きく個体数を減少している（Ferrer & Negro, 2004）.

病原生物が捕食者に感染し，密度を抑えることで，間接的に餌生物の密度が高まること（栄養カスケード，図 6.1e）も報告されている．もっとも有名な例は，1960 年代から 1980 年代にかけて，西アフリカで流行した牛疫 *Rinderpest virus* であろう．この牛疫は家畜から広まり，野生の牛蹄目の草食者（ヌー *Connochaetes taurinus*）の大量死を引き起こすことで，間接的に草原の種構成を大きく変えた（樹木種の優占）と言われている（Holdo *et al.*, 2009）．同様の例は水域生態系でも報告されている．アメリカミシガン州の小河川では，藻類食者であるヤマトビケラ属の一種 *Glossosoma nigrior* が優占しており，他の藻類食者や濾過食者の密度を抑えるとともに，付着藻類の繁茂を強く抑制している．しかし，1980 年代後半から *G. nigrior* に対する微胞子虫 Microsporidia の一種 *Courgourdell* sp. の感染が見られるようになり，感染率の上昇とともに *G. nigrior* の密度は 4〜40 分の 1 にまで低下することが確認された．*Courgourdell* sp. の感染による *G. nigrior* の密度低下がみられた河川では，10 種以上の藻類食者あるいは濾過食者の密度が 2-5 倍に増加し，付着藻類の現存量も大きく増加したと報告されている（Kohler & Wiley, 1997）.

病原生物が捕食者と餌生物の両方に寄生する場合もある（図 6.1f）．この例は，図 6.1d と同様に病原生物と捕食者が餌生物をめぐって競合する関係とも捉えられるかもしれない．しかし，病原生物が捕食者に寄生するという点を見逃してはいけない．このような関係は，種間相互作用の観点では一般に，病原生物が同じギルド（共通の資源を利用する種群）に属する捕食者を消費する高次の捕食者として組み込まれたギルド内捕食（intraguild predation）とみなされる．病原生物を含むこのギルド内捕食は，同じ成長段階にある病原生物が単純に，捕食-被食関係にある 2 種の宿主どちらにも寄生できる場合もあるだろう．しかし，病原生物が宿主の捕食-被食関係を介して栄養伝播（trophic transmission）を行う場合には，この 3 者の関係はさらに複雑である．すなわち，病原生物がある生活史段階において餌生物（中間宿主）に寄生しており，その餌生物を捕食者が食べることで，捕食者を終宿主として利用してしまうような場合である．興味深いことに，複数の宿主を必要とする病原生物は，栄養伝播を効率よく行うために，しばしば中間宿主の形質を改変する（Moore, 2002；Hughes *et al.*, 2012）．病原生物による形質改変は実に様々な例が知られており，それが間接的に宿主と関係する他の生物種に及ぼす影響も様々である（Lefevre *et al.*, 2009；Hatcher & Dunn, 2011；Lafferty & Kuris, 2012）．この点については，次節で詳しく説明する．

6.3 病原生物による宿主の形質改変を介した間接効果

これまで紹介した病原生物を含む種間相互作用は，病原生物が宿主の密度を変化させることで競争や捕食–被食関係に影響を及ぼす密度介在型の間接効果であった．一方，本節では，病原生物が宿主の形質（形態や行動等）を改変することで，宿主を含む種間相互作用を改変すること（形質介在型の間接効果）について紹介する．

病原生物による宿主の形質改変は，Richard Dawkins によって提唱された「Extended Phenotype（延長された表現型）」の代表的な例として知られ，その適応的意義や形質改変の機構を明らかにしようとする多くの研究がなされてきた（Moore, 2002；Hughes *et al.*, 2012）．そのような研究においては，病原生物に関連した宿主の形質変化の報告例がすべて，病原生物による積極的な改変であるとは言えない点に注意が払われてきた（Poulin, 2000；2010）．なぜなら，形質変化という結果のみからでは，それが病原性による副次的な変化なのか，病原生物にとって適応的な改変なのかを評価することができないからである．したがって，病原生物による宿主の形質改変を厳密に議論するためには，後者の検証を含まなければならない（Poulin, 2000；2010）．この検証については従来，宿主の形質変化の存否を操作する実験処理下において，病原生物の適応度形質（栄養伝播の成功率等）を実測するというアプローチ（例えば，Moore, 1983；Lafferty & Morris, 1996）や，病原生物の適応戦略の類似性を議論するアプローチがとられてきた（Poulin, 2010）．一方近年，形質変化の機構そのものを明らかにすることで，宿主の形質変化が病原生物にとって適応的なふるまいの結果なのか否かを議論するアプローチもとられ始めている（Biron *et al.*, 2005；Hoover *et al.*, 2011）.

病原生物による宿主の形質改変の至近・究極要因を解明しようとする研究に加えて，病原生物による宿主の形質改変が間接的に，競争関係や捕食-被食関係に大きな影響を及ぼすこと（形質介在型の間接効果，Werner & Peacor, 2003）が，様々な生物群集から明らかになっている（Lefevre *et al.*, 2009；Lafferty & Kuris, 2012）．また，病原生物は，宿主による生態系の物理化学環境の改変（生態系エンジニア）の程度を変化させることも報告されている（例えば，Thomas *et al.*, 1998；Phoenix & Press, 2005；本書の第7章も参照）．病原生物はその定義からも，宿主個体に負の影響を与えるものの，すみやかに殺すことはない．そのため，病原生物が宿主やそれと相互作用する他種に与える影響はむしろ，宿主の形質改変を通したものが多いのかもしれない．

6.3.1 病原生物の栄養伝播に伴う行動改変

宿主の行動改変をする病原生物の多くは，生活史の完結に複数の宿主を必要とする．この複雑な生活史のために病原生物はしばしば，中間宿主の行動を改変することで，終宿主による中間宿主の捕食頻度を高める（図6.1f）．このような寄生者による形質介在型の間接効果を指摘する野外観察結果は数多く報告されているが（Lefevre *et al.*, 2008；Lafferty & Kuris 2012），その定量的評価まで踏み込んだ研究は少ない．

カリフォルニアの塩生湿地において，吸虫（扁形動物吸虫綱）の1種である *Euhaplorchis californiensis* は，第一中間宿主として巻貝類に寄生し，そこから大量の幼生（セルカリア）を生産・放出する（セルカリア自身が他の生物の餌資源となる可能性も指摘されている；Kuris *et al.*, 2008；Johnson *et al.*, 2010）．セルカリアは第二中間宿主であるカダヤシ類の一種 *Fundulus parvipinnis* に取り込まれると，その脳内でメタセルカリアを形成する．メタセルカリアが脳内で高密度になると，*F. parvipinnis* は表層遊泳や旋回・振動といった捕食者（鳥類）に目立つ行動の頻度を高める．Lafferty & Morris（1996）は，*E. californiensis* の寄生によって，*F. parvipinnis* が鳥類に捕食される頻度は非感染個体に比べて約30倍高まることを実験的に示している．病原生物による行動改変の効果が高まるにつれて，終宿主による中間宿主への捕食圧も高まる．これによって中間宿主の個体数が大きく減少すると，病原生物の個体数もまた減少する．このような病原生物による宿主の行動改変によって，捕食者と被食者，および病原生物の個体数振動の幅が大きくなることが理論研究によって指摘されている（Dobson, 1988；Fenton & Rands, 2006）．

6.3.2 病原生物による宿主の去勢に伴う形質改変

病原生物はしばしば，宿主から搾取できる資源量を大きくするために宿主を去勢する（宿主が繁殖に回す資源量が減る）．この病原生物による去勢もまた，宿主の形態や行動改変の主な原因となっている（Lafferty, 1992；Lafferty & Kuris, 2009）．Miura *et al.*（2006）は，宮城県松島湾に隣接する3つの干潟において，吸虫の1種 *Cercaria batillariae* に感染したホソウミニナ *Batillaria cumingi* がおそらくは去勢と関連して，(1) 潮間帯下部に移動し，(2) 成長を続けることで非感染個体に比べて殻長が20〜30% 長くなり，さらに (3) 非感染個体と異なる餌資源を利用していることを報告している．これらはすべて，ホソウミニナと競合，あるいは捕食-被食関係にある他種との関係の変化を示唆する．Wood *et al.*（2007）は，Miura *et al.*（2006）と同様に巻貝と吸虫の関係をモデルにして，宿主の去勢が間接的に他種に与える影響を実験的に検証している．彼らはまず，北米大西洋岸の岩礁潮間帯に優占するヨーロッパタマキビ *Littorina littorea* が二生吸虫（吸虫綱二生吸虫亜綱）の *Cryptocotyle lingua* に感染すると，藻類の採食量を約40% 低下させることを室内実験で示した．さらに，*C. lingua* 感染群と非感染群，および *L. littorea* 除去区を設ける約3週間の野外操作実験を行い，*C. lingua* 感染群の処理区では，フジマツモ科の紅藻 *Neosiphonia harveyi* の優占度が低下することで，藻類の種構成が非感染群の処理区と大きく異なることを示している．興味深いのは，Miura *et al.*（2006）では，吸虫 *C. batillariae* に感染したホソウミニナ *B. cumingi* の成長が高まって巨大化したのに対して，Wood *et al.*（2007）では，吸虫 *C. lingua* に感染したヨーロッパタマキビの成長率の低下や死亡率の増大が確認されている点である．巻貝類への吸虫類の感染は，海水のみならず，淡水生態系においても広くみられる（Bernot & Lamberti, 2008）．それらは正や負の形質介在型間接効果によって，水域生態系に大きな影響を及ぼしているのかもしれない．

病原生物による宿主の行動改変の効果はさらに，森林と河川といった異質な生態系をまたいで波及することも明らかになってきている（BOX 6.1）．病原生物による宿主の形質改変の普遍性やそれがもたらす形質介在型間接効果の強さを鑑みると（Moore, 2002；Hughes *et al.*, 2012），病原生物がその複雑な生活史の進化の結果として，複雑な群集構造・動態や生態系過程に果たす役割はこれまで理解されていた以上に大きいのかもしれない（Lafferty *et al.*, 2008；Lefevre *et al.*, 2009；Lafferty & Kuris, 2012；本書の第7章も参照）.

6.4 病原生物と種多様性

本章を通して，病原生物は単純な宿主個体群への負の影響だけではなく，宿主と競争や捕食-被食関係にある種に密度と形質を介した間接効果を及ぼし，ひいては群集構造や動態にまで影響することを紹介してきた．その中で，病原生物が存在することで，競争関係にある2種が共存できるような場合もあり（6.2.1節），病原生物が宿主の種多様性の維持に貢献している可能性が示唆された．因果関係は不明であるが，病原生物とそれ以外の種の種多様性が正の相関関係をもつことも報告されており，病原生物の種多様性を生態系の健全性指標として利用するといったアイデアも提案されている（Hudson *et al.*, 2006；本書の第7章も参照）.

一方，病原生物を含めて種多様性の維持機構や生態系過程を理解するためには，病原生物が生物群集に果たす役割のみでなく，どのような群集の中で病原生物が維持されやすいか？といった双方向の理解が重要になるだろう．例えば，病原生物は種多様性の高い群集で高密度（あるいは低密度）に維持されるのだろうか？　この問いに答えるためには，病原生物の個体群動態が宿主の密度や群集内での出現頻度に強く規定されることを明示的に捉えながら，宿主やそれと相互作用する種の個体群動態を理解する必要があるだろう．例えば，複数の宿主を利用する病原生物において，それらが強い宿主特異性をもたず，宿主転換がいずれの種の宿主の密度増加からも正の影響を受けるのであれば，種多様性の高い群集は病原生物を維持しやすいと予想されている（Dobson, 2004）．これに対して，宿主転換が感染されやすい宿主の群集内での頻度に依存するならば，種多様性の高い群集では，宿主として機能しない種の頻度によって宿主転換の効率が下がるため（希釈効果：dilution effect, Keesing *et al.*, 2010），病原生物の維持を妨げるかもしれない．実際に，Johnson *et al.* (2013) は，両生類の四肢に奇形を引き起こす吸虫 *Ribeiroia ondatrae* が，両生類の種多様性の高い群集では，感染率を 50〜78% も低下させていることを広範な野外調査と実験によって示している．

今後，様々な生態系で群集構造と病原生物の感染動態の相互作用を実証し，理論的基盤の構築にフィードバックするような研究展開が強く望まれる．そのような研究はまた，人間社会とも密接に関係する感染症の動態を正しく理解して対処するための道筋を私たちに示してくれるだろう．

Box 6.1

ハリガネムシ類を通した森林と河川の繋がり

病原生物の中には，宿主の行動を巧みに操作することで，陸域や水域といった異質な生息場所をまたいで生活史を完結する種が存在する．このような病原生物は，従来捉えられていたよりも大きな時空間スケールで群集の構造や動態，さらには生態系過程に大きな影響を及ぼす可能性がある．

ハリガネムシ類 (Nematomorpha) は，類線形動物門に属する寄生虫であり，寒帯から熱帯に至る主に淡水生態系に生息している．ハリガネムシ類はこれまでに約 21 属 326 種が記載されており，各大陸の記載種数に基づく全球的な推定生息種数は 2000 種以上とされている（Poinar Jr, 2008）．既知の淡水性ハリガネムシ類はすべて，水中で産卵する．孵化した幼生はカゲロウ類やカワゲラ類等の水生昆虫の幼虫を中間宿主として利用し，その腸管内でシストを形成する．シストは水生昆虫類の羽化に伴って陸域に運ばれ，中間宿主が終宿主である陸生昆虫類（平野部では主にカマキリ，山岳部ではカマドウマ・キリギリス類やゴミムシ・シデムシ類）に捕食されるという栄養伝播をおこなう．終宿主の体内で成長したハリガネムシ類は，成熟すると再び水域に戻って産卵しなければならない．この際，ハリガネムシ類は宿主の中枢神経系を改変する複数のタンパク質を放出して，宿主の異常行動と入水行動を生起すると考えられている（Thomas *et al*., 2002；Biron *et al*., 2005）．

森林から河川に供給される陸生無脊椎動物は，河川性サケ科魚類にとって重要な餌資源となり，間接的にサケ科魚類–底生動物–藻類という河川の栄養カスケードの強度を改変することが知られている（Nakano *et al*., 1999；Baxter *et al*., 2004）．Sato *et al*. (2008) は，紀伊半島周辺の 5 つの山地河川において，河川性サケ科魚類が秋になると高い頻度 (22–61%) でカマドウマ・キリギリス類を捕食していることを確認し，これがハリガネムシ類による宿主の行動改変によって生じているという仮説を提案した．この仮説はその後，複数河川や年間を通した詳細な定量調査か

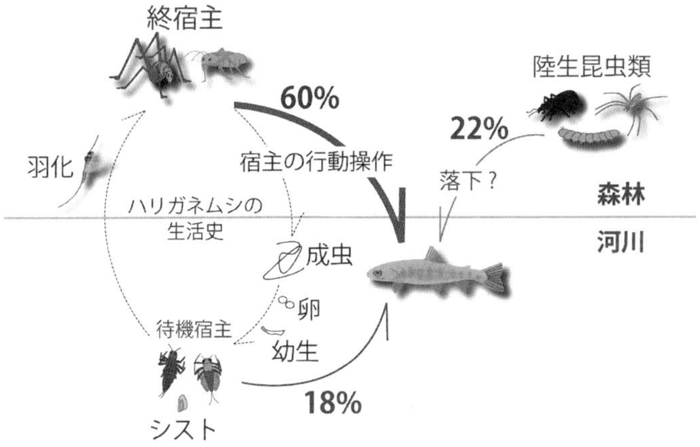

図　寄生者が駆動する森林から河川へのエネルギー流
ハリガネムシ類による宿主の行動操作が，間接的にサケ科魚類への大きなエネルギー補償を引き起こす．ハリガネムシ類の感染により，カマドウマ類は非感染時に比べて約 20 倍，河川に飛び込みやすくなっていると推定されている（Sato *et al*., 2011a）．%は各餌生物のエネルギー貢献割合（kJ/年）．終宿主（主にカマドウマ類）の河川への供給を実験的に遮断すると，その影響は河川の生態系全体に波及した（Sato *et al*., 2012a；本文も参照）．

ら支持され（Sato *et al*., 2011a；Sato *et al*., 2011b），熊野川水系上流域の河川では，ハリガネムシ類に寄生されたカマドウマ類が晩夏から晩秋にかけての森林から河川への極めて大きなエネルギー流入となり，イワナ個体群（*Salvelinus leucomaenis japonicus*）の年間エネルギー消費量の約 60% を担っていたと推定されている（Sato *et al*., 2011a；図）．さらに，河川に飛び込むカマドウマ類（*Diestrammena* spp.）の量を人為的に操作する大規模な野外操作実験からは，カマドウマの飛び込み量が抑制されると，(1) アマゴ（*Oncorhynchus masou ishikawae*）が河川の底生動物類への捕食圧を増大させる，(2) アマゴの捕食圧の増大に伴い，藻類食者（コカゲロウ科やヒラタカゲロウ科）が減少することで付着藻類の現存量が約 2 倍にまで増大する（栄養カスケードを弱める），および (3) 同じくアマゴの捕食圧の増大に伴い，落葉破砕者（オナシカワゲラ科やヨコエビ類）が減少することで落葉破砕速度が約 30% 低下する，といったことが示されている（Sato *et al*., 2012a）．すなわち，病原生物による宿主の行動改変が間接的に，森林と河川という異質な生息場所をまたいで，生物群集やさらには生態系過程（落葉破砕速度）にまで影響することが実証されている．

上記研究の舞台となった河川では，何種のハリガネムシ類が森林-河川生態系をつないでいるのであろうか．塩基配列の保存性が高く，生物種の判別に利用されている 18S rRNA 遺伝子，および動物の DNA バーコーディングにおける標準的なバーコード領域である COI 遺伝子を用いた遺伝子分析と走査電子顕微鏡を用いた体表のクチクラ構造等の形態分析からは，紀伊半島周辺の河川では，1河川から最大で7種のハリガネムシ，およびハリガネムシ類と同様の生活史をもつとされている7種のシヘンチュウ類（Nematoda：Mermithida）が確認されている（Sato *et al.*, 2012b）．宿主についてはサンプル数が十分ではないものの，ハリガネムシ類はカマドウマ・キリギリス類の3属4種に対して明瞭な特異性なく寄生していることが明らかになっている．これらの結果は，多様な病原生物が多様な終宿主とともに，森林と河川の季節的な繋がりを維持していることを強く示唆する（Sato *et al.*, 2012b）．

引用文献

Anderson, R. M. & May, R. M.（1981）The population dynamics of microparasites and their invertebrate hosts. *Phil. Trans. R. Soc. B*, **291**, 451-524.

Baxter, C. V., Fausch, K. D., Murakami, M. & Chapman, P. L.（2004）Fish invasion restructures stream and forest food webs by interrupting reciprocal prey subsidies. *Ecology*, **85**, 2656-2663.

Begon, M., Townsend, C. R. & Harper, J. L.（2006）*Ecology: from individuals to ecosystems, 4th ed.* Blackwell Science.

Bernot, R. J. & Lamberti, G. A.（2008）Indirect effects of a parasite on a benthic community: an experiment with trematodes, snails and periphyton. *Freshwat. Biol.*, **53**, 322-329.

Biron, D., Marché, L., Ponton, F., Loxdale, H., Galéotti, N., Renault, L., Joly, C. & Thomas, F.（2005）Behavioural manipulation in a grasshopper harbouring hairworm: a proteomics approach. *Proc. R. Soc. B*, **272**, 2117-2126.

Cronin, J. T.（2007）Shared parasitoids in a metacommunity: indirect interactions inhibit herbivore membership in local communities. *Ecology*, **88**, 2977-2990.

Dobson, A.（1988）The population biology of parasite-induced changes in host behavior. *Q. Rev. Biol.*, **63**, 139-165.

Dobson, A.（2004）Population dynamics of pathogens with multiple host species. *Am. Nat.*, **164**, S64-S78.

Fenton, A. & Rands, S.（2006）The impact of parasite manipulation and predator foraging behavior on predator-prey communities. *Ecology*, **87**, 2832-2841.

Ferrer, M. & Negro, J. J.（2004）The near extinction of two large European predators: super specialists pay a price. *Conserv. Biol.*, **18**, 344-349.

Hatcher, M. J. & Dunn, A. M.（2011）*Parasites in ecological communities: from interactions to ecosystems.* Cambridge University Press.

Holdo, R. M., Sinclair, A. R. E., Dobson, A. P., Metzger, K. L., Bolker, B. M., Ritchie, M. E. & Holt, R. D. (2009) A disease-mediated trophic cascade in the Serengeti and its implications for ecosystem. *PLoS Biol.*, **7**, e1000210.

Holt, R. D. & Pickering, J. (1985) Infectious disease and species coexistence: a model of Lotka-Volterra form. *Am. Nat.*, **126**, 196-211.

Hoover, K., Grove, M., Gardner, M., Hughes, D. P., McNeil, J. & Slavicek, J. (2011) A gene for an extended phenotype. *Science*, **333**, 1401-1401.

Hudson, P. J., Dobson, A. P. & Lafferty, K. D. (2006) Is a healthy ecosystem one that is rich in parasites? *Trends Ecol. Evol.*, **21**, 381-385.

Hughes, D. P., Brodeur, J. & Thomas, F. (2012) *Host manipulation by parasites*. Oxford University Press.

Johnson, P. T. J., Dobson, A., Lafferty, K. D., Marcogliese, D. J., Memmott, J., Orlofske, S. A., Poulin, R. & Thieltges, D. W. (2010) When parasites become prey: ecological and epidemiological significance of eating parasites. *Trends Ecol. Evol.*, **25**, 362-371.

Johnson, P. T. J., Preston, D. L., Hoverman, J. T. & Richgels, K. L. D. (2013) Biodiversity decreases disease through predictable changes in host community competence. *Nature*, **494**, 230-233.

Keesing, F., Belden, L. K., Daszak, P., Dobson, A., Harvell, C. D., Holt, R. D., Hudson, P., Jolles, A., Jones, K. E. & Mitchell, C. E. (2010) Impacts of biodiversity on the emergence and transmission of infectious diseases. *Nature*, **468**, 647-652.

Kohler, S. L. & Wiley, M. J. (1997) Pathogen outbreaks reveal large-scale effects of competition in stream communities. *Ecology*, **78**, 2164-2176.

Kuris, A. M., Hechinger, R. F., Shaw, J. C., Whitney, K. L., Aguirre-Macedo, L., Boch, C. A., Dobson, A. P., Dunham, E. J., Fredensborg, B. L. & Huspeni, T. C. (2008) Ecosystem energetic implications of parasite and free-living biomass in three estuaries. *Nature*, **454**, 515-518.

Lafferty, K. & Kuris, A. (2012) Ecological consequences of host manipulation by parasites. *Host manpulation by parasites*, 158-169, Oxford University Press.

Lafferty, K. D. (1992) Foraging on prey that are modified by parasites. *Am. Nat.*, **140**, 854-867.

Lafferty, K. D., Allesina, S., Arim, M., Briggs, C. J., De Leo, G., Dobson, A. P., Dunne, J. A., Johnson, P. T. J., Kuris, A. M. & Marcogliese, D. J. (2008) Parasites in food webs: the ultimate missing links. *Ecol. Lett.*, **11**, 533-546.

Lafferty, K. D. & Kuris, A. M. (2009) Parasites reduce food web robustness because they are sensitive to secondary extinction as illustrated by an invasive estuarine snail. *Phil. Trans. R. Soc. B*, **364**, 1659-1663.

Lafferty, K. D. & Morris, A. K. (1996) Altered behavior of parasitized killifish increases susceptibility to predation by bird final hosts. *Ecology*, **77**, 1390-1397.

Lefevre, T., Lebarbenchon, C., Gauthier-Clerc, M., Misse, D., Poulin, R. & Thomas, F. (2009) The ecological significance of manipulative parasites. *Trends Ecol. Evol.*, **24**, 41-48.

Miura, O., Kuris, A. M., Torchin, M. E., Hechinger, R. F. & Chiba, S. (2006) Parasites alter host phenotype and may create a new ecological niche for snail hosts. *Proc. R. Soc. B*, **273**, 1323-1328.

Moore, J. (1983) Responses of an avian predator and its isopod prey to an acanthocephalan parasite. *Ecology*, **64**, 1000-1015.

Moore, J. (2002) *Parasites and the behavior of animals*. Oxford University Press.

Nakano, S., Miyasaka, H. & Kuhara, N. (1999) Terrestrial-aquatic linkages: riparian arthropod inputs alter trophic cascades in a stream food web. *Ecology*, **80**, 2435-2441.

Phoenix, G. & Press, M. (2005) Linking physiological traits to impacts on community structure and function: the role of root hemiparasitic Orobanchaceae (Scrophulariaceae). *J. Ecol.*, **93**, 67–78.

Poinar Jr, G. (2008) Global diversity of hairworms (Nematomorpha: Gordiaceae) in freshwater. *Hydrobiologia*, **595**, 79–83.

Poulin, R. (2000) Manipulation of host behaviour by parasites: a weakening paradigm? *Proc. R. Soc. B*, **267**, 787–792.

Poulin, R. (2010) Parasite manipulation of host behavior: an update and frequently asked questions. *Advances in the Study of Behavior*, **41**, 151–186.

Sato, T., Arizono, M., Sone, R. & Harada, Y. (2008) Parasite-mediated allochthonous input: Do hairworms enhance subsidized predation of stream salmonids on crickets? *Can. J. Zool.*, **86**, 231–235.

Sato, T., Egusa, T., Fukushima, K., Oda, T., Ohte, N., Tokuchi, N., Watanabe, K., Kanaiwa, M., Murakami, I. & Lafferty, K. D. (2012a) Nematomorph parasites indirectly alter the food web and ecosystem function of streams through behavioural manipulation of their cricket hosts. *Ecol. Lett.*, **15**, 786–793.

Sato, T., Watanabe, K., Kanaiwa, M., Niizuma, Y., Harada, Y. & Lafferty, K. D. (2011a) Nematomorph parasites drive energy flow through a riparian ecosystem. *Ecology*, **92**, 201–207.

Sato, T., Watanabe, K., Tamotsu, S., Ichikawa, A. & Schmidt-Rhaesa, A. (2012b) Diversity of nematomorph and cohabiting nematode parasites in riparian ecosystems around the Kii Peninsula, Japan. *Can. J. Zool.*, **90**, 829–838.

Sato, T., Watanabe, K., Tokuchi, N., Kamauchi, H., Harada, Y. & Lafferty, K. D. (2011b) A nematomorph parasite explains variation in terrestrial subsidies to trout streams in Japan. *Oikos*, **120**, 1595–1599.

Schall, J. J. (1992) Parasite-mediated competition in Anolis lizards. *Oecologia*, **92**, 58–64.

Thomas, F., Renaud, F., De Meeûs, T. & Poulin, R. (1998) Manipulation of host behaviour by parasites: ecosystem engineering in the intertidal zone? *Proc. R. Soc. B*, **265**, 1091–1096.

Thomas, F., Schmidt-Rhaesa, A., Martin, G., Manu, C., Durand, P. & Renaud, F. (2002) Do hairworms (Nematomorpha) manipulate the water seeking behaviour of their terrestrial hosts? *J. Evol. Biol.*, **15**, 356–361.

Werner, E. E. & Peacor, S. D. (2003) A review of trait-mediated indirect interactions in ecological communities. *Ecology*, **84**, 1083–1100.

Wood, C. L., Byers, J. E., Cottingham, K. L., Altman, I., Donahue, M. J. & Blakeslee, A. M. (2007) Parasites alter community structure. *Proc. Nat. Acad. Sci. USA.*, **104**, 9335–9339.

第7章 病原生物の食物網・物質循環における機能

鏡味麻衣子・佐藤拓哉

7.1 はじめに

病原生物は，宿主の個体群動態や，宿主と他の生物との種間関係を改変することが明らかになってきている（第6章参照）．しかし，病原生物が，生物群集や物質循環等の生態系機能に与える影響を実証する研究は2000年代に入るまではほとんどなされてこなかった．その原因は，病原生物は体サイズが小さく現存量も少ないと考えられてきたことが大きいだろう（Marcogliese & Cone, 1997）．2000年以降の研究により，病原生物は現存量においても群集内で大きな割合を占める

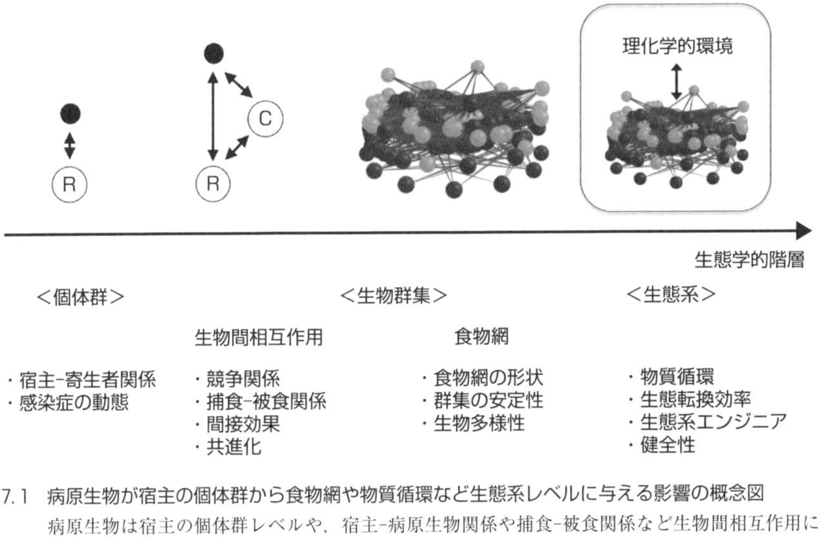

図7.1　病原生物が宿主の個体群から食物網や物質循環など生態系レベルに与える影響の概念図
病原生物は宿主の個体群レベルや，宿主-病原生物関係や捕食-被食関係など生物間相互作用に影響を与える（第6章参照）．さらに，食物網や生物多様性などの群集レベルや物質循環や健全性などの生態系レベルにも影響を及ぼす．図中の●は病原生物，Rは餌生物（宿主を含む），Cは消費者を表す．生物群集や生態系の階層で用いた図はカーピンテリア塩生湿地における食物網の形状を3次化したもので，Lafferty *et al.* (2008) より抜粋．球は各生物種（ノード）を，そのうちの白い球は病原生物を表している．各生物間で被食-捕食関係がある場合には，球同士が線（リンク）で結ばれている．

事が明らかになり，食物網の構造・動態や物質循環を改変する可能性が指摘されている（Dobson & Hudson, 1986；Lafferty *et al.*, 2006, 2008；Kuris *et al.*, 2008）．また，環境変動に伴う感染症の拡大や，新興感染症（emerging infectious disease）・再興感染症（re-emerging infectious disease）[1]の増加とも相まって，病原生物が生態系機能に与える影響に関する研究分野は現在急速に発展しており“Ecosystem parasitology（生態系寄生虫学）”とも称される（Thomas *et al.*, 2005；Hatcher & Dunn, 2011）．本章では，特に病原生物が食物網や物質循環に与える影響について紹介する（図 7.1）．

7.2 病原生物の多様性，生物量

病原生物は自然界に普遍的に存在し，地球上の生物種の半数以上を占めると言われている（Price, 1980）．また，その確認種数は指数関数的に増加しており，未確認の種も含め潜在的な種数は非常に高いことが予想されている（Dobson *et al.*, 2008）．

病原生物の個体数密度は比較的高いといわれ，宿主の密度よりも高くなることも多い．海洋においては，ウイルスはバクテリアをはじめあらゆる生物に寄生すると考えられているが，その密度は海水1リットル中に100億ほどであり，一般的なバクテリアの密度よりも5〜25倍ほど高いことが明らかになっている（Fuhrman, 1999）．また，植物プランクトンに寄生するツボカビの密度は，水中で漂っている遊走子の状態で1リットル中に10億胞子に達し，植物プランクトンの密度の100倍以上になることがある（Kagami *et al.*, 2014）．捕食者に寄生する病原生物を含めて，個体数で生態ピラミッドを作成すると，栄養段階の最上位の個体数が最も多くなる逆ピラミッドになるとも言われている（Skuhdeo & Hernandez, 2005）．

病原生物の生物量や生産量については，個体数が多くても体サイズが小さいた

1）【新興感染症と再興感染症】世界保健機構 WHO の定義によると，新興感染症は「1970年以降にあらたに認識された感染症で，局地的あるいは国際的に公衆衛生上の問題となる感染症」をさす．鳥インフルエンザやエボラ出血熱，エイズ（AIDS）など約30種類の疾患が存在する．一方，再興感染症は，「かつて公衆衛生上ほとんど問題とはならなかったが，1990年以降再び増加してきたもの，あるいは将来的に再び問題になる可能性がある感染症」とされる．マラリア，結核，デング熱などがある．

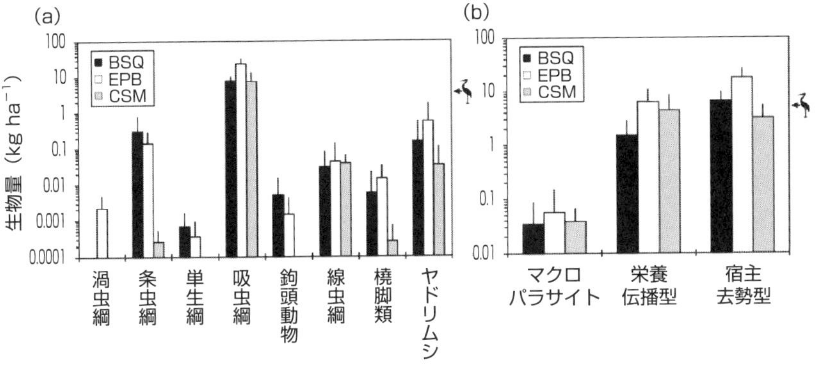

図 7.2　北米西海岸の塩生湿地における動物寄生性病原生物の生物量

3つの地点（BSQ, EPB, CSM）の各23サイトにおける動物寄生性病原生物の平均生物量．(a) 寄生生物の系統群別，および (b) 寄生生物の生活史に基づく機能群別に示されている．鳥のアイコンは3地点の冬の鳥の平均生物量（4.1 kg ha^{-1}）となる．系統群では吸虫が，機能群では捕食により次の宿主に感染するもの（栄養伝播型）と，巻貝などの宿主を去勢するもの（宿主去勢型：parasitic castrator）が最も多く，冬鳥の生物量を上回ることがわかる．Kuris *et al.* (2008) より．

め，他の生物に比べ微々たるものと考えられてきた．実際，魚に寄生する吸虫を含めて河川の生態ピラミッドを作成したところ，吸虫の生物量は生物群集の中で最も少なく，宿主である魚の4.5% となり，通常のピラミッド型になる（Skuhdeo & Hernandez, 2005）．しかし，近年，この生態ピラミッドの概念をくつがえすような事例が報告されている．最も有名な例が，北米西海岸（カリフォルニアからバハカリフォルニア）の塩生湿地において，吸虫 Trematoda を含む病原生物の網羅的な生物量推定がなされた例である（図 7.2；Kuris *et al.*, 2008）．吸虫は一般に，巻貝を中間宿主とし，鳥類を終宿主とする病原生物であるが，その生物量は魚類やエビ類，ゴカイ類に匹敵し，鳥の生物量を3〜9倍も上回ることが明らかになった．また吸虫の生産量も著しく，1種類の貝から放出されるセルカリア（吸虫の幼生段階のことで，自由生活をおくる）の年間生産量だけでも，鳥の冬期の生物量を3〜10倍上回るという．同様の結果は，ため池生態系において，貝類や両生類に寄生する吸虫でも示されている（Preston *et al.*, 2013）．他の生態系においても，複数の病原生物を対象とし，全ての生活史段階の生物量・生産量を求めることで，病原生物の生物量・生産量の多さが今後明らかになるかもしれない．

7.3 食物網，物質循環の中での病原生物

病原生物の生物量や生産量を考慮にいれると，病原生物が食物網の構造や物質循環に大きな影響を及ぼすことが予想される．ここでは，病原生物の生態系における役割として，動物の餌となること，物質循環を改変すること，生態系エンジニアとして機能すること，および食物網の形状（トポロジー：topology）[2)]に影響を与えることについて紹介する．

7.3.1 餌としての病原生物

病原生物は，動物の餌としても生態系の中で重要な役割を担っていることが明らかになっている（Johnson *et al.*, 2010）．病原生物の中にはエネルギー価が高いものや，他の餌からは得がたい栄養素を持っているものも存在し，それを利用する生物にとっては重要な餌資源になっている場合もある（Kagami *et al.*, 2007）．

病原生物と捕食者の捕食-被食関係は，感染症の拡大や抑制にも重要な意味をもつであろう．例えば，病原生物が宿主以外の生物に捕食されることによって密度が抑えられれば，感染症は抑えられるかもしれない．一方，病原生物が捕食されることで，むしろ感染症が拡大する可能性もある．例えば，病原生物が複数の生物を宿主とするような生活史をもち，餌生物に寄生している間に捕食されることで次の宿主への伝播率が上がるのであれば，感染症は拡大すると予想される．これまで，病原生物が捕食されることで，病原生物の密度や感染率が低下する例が複数報告されている（Kagami *et al.*, 2014；Johnson *et al.*, 2010）．病原生物と捕食者の捕食-被食関係が多様な生物間で成立することで，病原生物にとって都合のよい宿主への伝播率がより低下するのであれば，希釈効果（dilution effects：Keesing *et al.*, 2010）のひとつとも捉えることができるかもしれない（Johnson *et al.*, 2010）．希釈効果とは，生物多様性と病原生物の伝播率との関係についての仮説で，主に宿主として機能しない種の存在による伝播率の低下機構に焦点が当てられてきた（Keesing *et al.*, 2010；Johnson *et al.*, 2013；本書の第6章も参照）．今

2）【食物網の形状（トポロジー）】コンピューターのネットワークで用いられていた概念で，ここでは食物網（ネットワーク）上の生物（ノード）とつながり（経路）をダイアグラムで抽象化した構成をさす（図7.1参照）．時空間的にダイナミックに変化する点で構造とは異なる．

後は，病原生物と捕食者との関係も考慮した上で，種多様性の高い生物群集が感染症の抑制効果をもつかどうか検証する必要があるだろう．

病原生物が捕食されるのには，大別して寄生している宿主と一緒に食べられる場合（concomitant predation）と，宿主から放出され自由生活を送っている時に食べられる場合とがある（Johnson *et al.*, 2010）．自由生活を行う病原生物は水中で生息している場合が多く，ウイルス，ツボカビ，線虫，および吸虫などは自由生活を行っている水中で他の動物に捕食されることがわかっている（Gonzalez & Suttle, 1993；Kagami *et al.*, 2004；Johnson *et al.*, 2010；Lafferty *et al.*, 2006）．ただし，吸虫のように生物量や生産量が高いことが明らかになっている病原生物においても，病原生物の消費者への貢献を定量的に示す研究は十分になされていない．

ツボカビは，カエルやプランクトンなどに寄生する真菌類で，遊走子として水中を漂う時期があるが，この遊走子（直径 2〜5 μm）はミジンコが食べられる適切なサイズであるため，ミジンコに効率よく捕食される（Kagami *et al.*, 2004；Bucks *et al.*, 2011）．ミジンコがツボカビの遊走子を捕食する事により，ツボカビの密度は減少し，寄生率（感染率）が抑えられることから，カエルツボカビ症など感染症の制御への効果が期待されている．また，遊走子自体には不飽和脂肪酸やステロールが豊富に含まれることから，質の良い餌としてミジンコの成長を促進することも明らかになっている（Kagami *et al.*, 2007）．

ツボカビは，また，本来誰にも捕食されないような生物を食物網に組み込む機能も担っている．湖沼において，直径 50 μm を超えるような大型の植物プランクトンは直接動物プランクトンには捕食されにくいため，食物網には組み込まれず湖底へ沈降すると考えられてきた．しかし，それら大型の植物プランクトンがツボカビに寄生された場合，細胞内物質はツボカビに消費され，水中に放出されたツボカビの遊走子がミジンコに食べられるため，ツボカビを介して大型の植物プランクトンは間接的に食物網に組み込まれる．すなわち，ツボカビは利用されないと思われてきた大型植物プランクトンを，遊走子として小型化しミジンコに運ぶという物質の流れを駆動していることになる．このツボカビを介した物質の流れは，菌（myco-）を介して食物網に戻る，という意味からマイコループ（mycoloop）と名付けられた（Kagami *et al.*, 2014）．琵琶湖では，ツボカビが，夏に優占する大型の緑藻類に寄生することで，植物プランクトン全体の一次生産量（炭素量）の約25％を消費することが明らかになっている．マイコループの存在により，大型植物プランクトンが優占している状況においても表層からの系外流出となる沈降量は約10％と低く抑えられ，ミジンコなど動物プランクトンが多く出現できると考えられている（Kagami *et al.*, 2006）．

7.3.2 病原生物による宿主の形質改変が物質循環にあたえる影響

病原生物は上記のように物質流の経路を変えうる．病原生物が物質循環に与える影響は，宿主の密度を減らす（もしくは病原生物自身の密度が変化することによる）直接的な影響だけではなく，宿主の形質を変化させることで間接的に影響をあたえる場合（trait-mediated indirect effects：TMIEs）もある（前章6.3節参照）．特に，病原生物に感染することで宿主がより捕食されやすくなるような形質変化が起これば，被食者（宿主）から捕食者へのエネルギー流は増加し，栄養段階間の生態転換効率は上昇するだろう．例えば，ミジンコはツボカビに感染すると黒くなり，魚に見つかりやすくなる（Johnson *et al.*, 2006）．魚によるミジンコへの捕食効率が増加することで，生態転換効率も上がるかもしれない．ただし，感染したミジンコを魚が捕食してもツボカビ症にはならないため，感染ミジンコが目立つようになることはツボカビにとって適応的な意味をもたらさないかもしれない．

一方，生活史の完結に複数の宿主を必要とする病原生物は，戦略的に中間宿主の行動を改変することで，終宿主による中間宿主の捕食頻度を高めることが知られている（前章6.3.1項）．二生吸虫類に感染した魚が遊泳行動の変化など鳥に目立つような行動をとったり，感染した巻貝が底泥の表面に移動したりするようなものが，この現象に相当する．

宿主の形質のうち摂食に関わる形質（摂食速度）が病原生物によって変化すると，生態転換効率だけでなく分解速度など生態系機能にまで影響が及ぶことも明らかになっている．例えば，宿主が植食者で，病原生物に寄生されることにより，植物（餌）の消費量が減少することで，植物と植食者の間の生態転換効率が減少する．また，河川に生息する水生昆虫（ミズムシ）が扁形動物に寄生されることで，餌であるデトリタス（落葉・落枝）の摂食量が落ち，河川全体の落葉分解速度が47％近くも減少することもある（Hernandez & Sukhdeo, 2008）．河川において重要な捕食者であるヨコエビは，微胞子虫に寄生されることにより，摂食速度が落ちる場合と，栄養要求量の増加に伴いむしろ摂食速度が上がる場合とがある（MacNeil *et al.*, 2003；Dick *et al.*, 2010）．微胞子虫が移入種のヨコエビに偏って感染し，かつ感染ヨコエビの摂食速度が上がる場合には，病原生物が侵入ヨコエビによる在来ヨコエビの駆逐と分布拡大を促進することもある（Kelly *et al.*, 2006）．

宿主の行動が変化することは，森林と河川生態系の間の物質流にも影響することが明らかになっている（前章 BOX 6.1）．すなわち，病原生物であるハリガネムシに寄生されたカマドウマやキリギリス類は，行動が操作されて森林から河川に大量に飛び込む．河川にはいったカマドウマやキリギリス類は，高次捕食者であるサケ科魚類の餌資源となり，イワナ個体群の年間エネルギー消費量の約60％を担っている場合がある（Sato *et al.*, 2011）．

7.3.3 生態系エンジニア

生態系エンジニア（ecosystem engineer）とは，物理的な環境改変を通じて他の生物の資源の利用可能量に影響をあたえる生物のことをいう（Jones *et al.*, 1994）．病原生物自身が生態系エンジニアとして機能する，もしくは病原生物が生態系エンジニアとして機能している宿主の形質を変えることにより，生態系機能に影響をあたえることがある（Thomas *et al.*, 1999）．底泥を攪乱する貝類（トリガイ）の腹足先端部に吸虫類が寄生することで，トリガイは底泥内の移動能力が著しく低下し，泥表面に留まるようになる．この行動改変に伴い，泥表面に留まるトリガイは，表層性生物の重要な摂餌場所・隠れ場所の基質となる（生態系エンジニア効果の増大）．一方で，寄生されたトリガイは，底泥内での移動能力が低くなるため，底泥の攪乱効果（バイオターベーション）が弱まり（＝生態系エンジニア効果の低下），干潟の生産性や他の生物にも影響がおよぶことが明らかになっている（Mouritsen & Poulin, 2010）．

7.3.4 食物網の形状（トポロジー）

病原生物は，生物間の相互作用に影響するが（第6章参照），食物網全般への影響はほとんど調べられてこなかった．病原生物を食物網解析に含める必要性については古くから提唱されてきた（Marcogliese & Cone, 1997）．しかし，病原生物を組み入れても，従来の食物網にくらべて，病原生物の分だけ種数やリンク数は

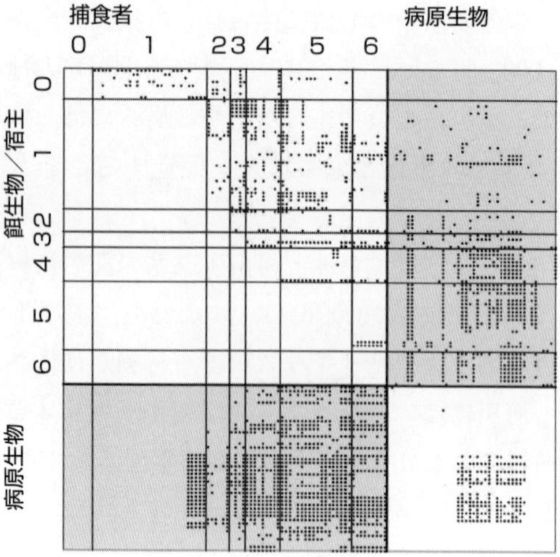

図 7.3　カーピンテリア塩生湿地（CSM）における食物網

横軸（列）に全ての消費者（捕食者と病原生物），縦軸（行）に全ての餌生物（餌や宿主，病原生物）が示されている．軸上の数値（0〜6）は捕食者もしくは餌生物の栄養段階を示す．消費者と餌生物が対応関係（捕食-被食関係，病原生物-宿主関係）にある場合に点が示されている．4つの部分食物網中，捕食者と餌生物の間の捕食-被食関係（左上）の結合度（6.7%）と，病原生物間の捕食-被食関係（右下）の結合度（7.8%）は同程度である．それらの結合度に比べ，病原生物と宿主の間の病原生物-宿主関係（右上，灰色）の結合度（15%）は2倍と多い．捕食者が病原生物を捕食する捕食-被食関係（左下，灰色）の結合度（25%）は4倍と最も多い．捕食者が病原生物を捕食する捕食-被食関係には，捕食者が病原生物に感染している宿主をまるごと捕食する事や，自由生活をしている病原生物を捕食する事だけでなく，偶然の捕食や捕食を介した宿主転換（栄養伝播 trophic transmission）のためである．Lafferty *et al.*, 2006 より．

単純に加算的に多くなる，あるいは食物連鎖長が長くなる程度の影響であると思われてきた（Sukhdeo & Hernandez, 2005；Thompson *et al.*, 2004）．近年，4つの生態系（塩性湿地，干潟，河口域，および湖）から得られている極めて解像度の高い食物網データによると，病原生物そのものだけでなく，病原生物間の捕食-被食関係（高次寄生：hyperparasitism やギルド内捕食：intraguild predation を含む）や病原生物を捕食する捕食者との関係が多く存在しており，それらを含めるとすべての生物間のつながり（リンク）の大部分に病原生物が組み込まれることが明らかになっている（Lafferty *et al.*, 2006；図 7.3）．病原生物を含む食物網の結合度（connectance）[3]は，捕食者と被食者だけの食物網よりも顕著に高くなる（Lafferty *et al.*, 2006）．結合度の増加は，食物網の安定性維持に貢献していると指摘されている（Lafferty *et al.*, 2006）．

7.4 生態系の健全性

病原生物が食物網の構造や物質循環を変化させることは明らかだが，そのことは生態系の健全性にどのような役割を果たすのだろうか．生態系の健全性と病原生物に関係があることが最近の研究により明らかになってきた．健全な生態系とは，生産性などの生態系機能と生物多様性などの生態系の構造が攪乱に対して安定かつ回復力がある生態系とされる（Constanza & Mageau, 1999）．そのように健全な生態系ほど，病原生物が豊かであることが提唱されている（Hudson *et al*., 2006）．これは，病原生物が，多種共存を促進し生物多様性にプラスに働く（前章 6.4 節），あるいは病原生物を介した多種の種間関係が食物網動態を安定化させる効果（7.3.4 項）のためだといわれている．一方，健全な生態系ほど病原生物の多様性が維持されやすいという見方もできる．例えば，宿主の絶滅に伴い，病原生物が二次絶滅を起こす可能性が高いことが知られており（Lafferty & Kuris, 2009），宿主の絶滅の起こりにくい健全な生態系のほうが病原生物はより多く維持されているかもしれない．

病原生物が生態系の健全性と関連していることを示唆するもう 1 つの例として，外来種問題がある．すなわち，外来生物が新しい環境に侵入・定着に成功し，在来の種と入れ替わるほど増殖できるメカニズムの 1 つとして，病原生物から解放されることの重要性が知られている（enemy release 仮説：Torchin *et al*., 2003）．病原生物から解放された侵入種が在来種に比べて捕食されにくいならば（7.3.2 項），捕食者やそれと相互作用する他の在来種にも侵入種の影響が及ぶであろう．さらに，健全性の低い生態系では，侵入した生物に新たに寄生しうる病原生物も少ない可能性があり，そのことが侵入種の定着成功を促進するかもしれない．病原生物は感染症を引き起こすという負のイメージがあるため，このような病原生物と生態系の健全性との関係性は我々の直感に反するようではあるが，今まで紹介してきた病原生物の機能を考慮すると当然といえるかもしれない．

病原生物を指標として，塩生湿地における再生事業の成功度合いを評価する試

3）【結合度】結合度（C）は一種あたりの相互作用の数を表す指標で，種数を S，リンクの数を L としたとき，$C=L/S^2$ で表される．病原生物を組み込んだ食物網を特徴づける際の指標としては，他にも入れ子度（nestedness）や連結性（linkage）が使われる（Lafferty *et al*., 2006）．

みも行われている（Huspeni & Lafferty, 2004）．塩生湿地において，鳥（終宿主）の多様性が高いほど中間宿主内の吸虫（病原生物）の多様性が高いという関係性を用い，鳥よりも測定しやすい吸虫を指標とし，再生事業の6年後に吸虫の現存量と多様性が増加したことから，多様な鳥類が生息する生態系に再生することができたと結論されている．この他にも，海水魚類に寄生する吸虫類や，陸上昆虫に寄生する寄生蜂の多様性は，漁業や農業が生物多様性や生態系に与えた影響を調べる上での良い指標となると指摘されている（Lafferty *et al.*, 2008；Anderson *et al.*, 2011）．

7.5 今後の課題

地球温暖化や富栄養化，外来種の侵入や生息地の改変といった環境変動にともない，病原生物が増加することが予想されている（Lafferty & Kuris, 2005）．ただし，環境変動の内容（温度，紫外線，乾燥化）や，対象とする宿主-病原生物関係によっても，その影響は変わりうるだろう（Altizer *et al.*, 2013）．病原生物は野外での追跡が困難であり，研究自体が難しく進展していないこともあった．しかし，次世代シークエンサーの活用など遺伝子解析技術の高度化・高速化によって，野外における病原生物の検出や多様性の把握も容易になると考えられる．病原生物の複雑な生活史を考慮にいれる必要はあるが，遺伝子解析技術を駆使した実証研究と数理モデルとの融合（例えばNiquil *et al.*, 2010）により，感染症の野外での動態把握が可能となり，これまで見えてこなかったような生態学の理論の構築にもつながることが予想される．Ecosystem parasitologyは感染症の拡大など社会問題への解決の糸口になるとともに，生態学の発展にもつながる可能性を秘めている．

引用文献

Altizer, S., Ostfeld, R. S., Johnson, P. T. J., Kutz, S. & Harvell, C. D. (2013) Climate change and infectious diseases: from evidence to a predictive framework. *Science*, **341**, 514-9.

Anderson, A., McCormack, S., Helden, A., Sheridan, H., Kinsella, A. & Purvis, G. (2011) The potential of parasitoid Hymenoptera as bioindicators of arthropod diversity in agricultural grasslands. *J. Appl. Ecol.*, **48**, 382-390.

Buck, J. C., Truong, L. & Blaustein, A. R. (2011) Predation by zooplankton on Batrachochytrium dendrobatidis: biological control of the deadly amphibian chytrid fungus? *Biodivers. Conserv.*, **20**, 3549-3553.

Costanza, R. & Mageau, M. (1999) What is a healthy ecosystem? *Aquatic Ecol.*, **33**, 105-115.

Dick, J. T. A., Armstrong, M., Clarke, H. C., Farnsworth, K. D., Hatcher, M. J., Ennis, M., Kelly, A. & Dunn, A. M. (2010) Parasitism may enhance rather than reduce the predatory impact of an invader. *Biol. Lett.*, rsbl20100171.

Dobson, A. P. & Hudson, P. J. (1986). Parasites, disease and the structure of ecological communities. *Trends Ecol. Evol.*, **1**, 11-5.

Dobson, A., Lafferty, K. D., Kuris, A. M., Hechinger, R. F. & Jetz, W. (2008) Colloquium paper: homage to Linnaeus: how many parasites? How many hosts? *Proc. Natl. Acad. Sci. USA.*, **105**, Suppl: 11482-9.

Fuhrman, J. A. (1999) Marine viruses and their biogeochemical and ecological effects. *Nature*, **399**, 541-548.

Gonzalez, J. M. & Suttle, C. A. (1993) Grazing by Marine Nanoflagellates on Viruses and Virus-Sized Particles - Ingestion and Digestion. *Mar. Ecol. Ser.*, **94**, 1-10.

Hatcher, M. J. & Dunn, A. M. (2011) *Parasites in ecological communities: from interactions to ecosystems.* Cambridge University Press.

Hernandez, A. D. & Sukhdeo, M. V. K. (2008) Parasite effects on isopod feeding rates can alter the host's functional role in a natural stream ecosystem. *Int. J. Parasitol.*, **38**, 683-690.

Hudson, P. J. (2006) Is a healthy ecosystem one that is rich in parasites? *Trends. Ecol. Evol.*, **21**, 381-385.

Huspeni, T. C. & Lafferty, K. D. (2004) Using larval trematodes that parasitize snails to evaluate a saltmarsh restoration project. *Ecol. Appl.*, **14**, 795-804.

Johnson, P. T. J., Dobson, A., Lafferty, K. D., Marcogliese, D. J., Memmott, J., Orlofske, S. Poulin, R. & Thieltges, D. W. (2010). When parasites become prey: ecological and epidemiological significance of eating parasites. *Trends Ecol. Evol.*, **25**, 362-71.

Johnson, P. T. J., Preston, D. L., Hoverman, J. T. & Richgels, K. L. D. (2013) Biodiversity decreases disease through predictable changes in host community competence. *Nature*, **494**, 230-3.

Johnson, P. T. J., Stanton, D. E., Preu, E. R., Forshay, K. J. & Carpenter, S. R. (2006) Dining on disease: how interactions between infection and environment affect predation risk. *Ecology*, **87**, 1973-80.

Jones, C. G., Lawton, J. H. & Shachak, M. (1994) Organisms as ecosystem engineers. *Oikos*, **69**, 373-386.

Kagami, M., Gurung, T. B., Yoshida, T. & Urabe, J. (2006) To sink or to be lysed? Contrasting fate of two large phytoplankton species in Lake Biwa. *Limnol. Oceanogr.*, **51**, 2775-2786.

Kagami, M., Miki, T. & Takimoto, G. (2014) Mycoloop: chytrids in aquatic food webs. *Front. Microbiol.*, **5**,

166.

Kagami, M., Van Donk, E., De Bruin, A., Rijkeboer, M. & Ibelings, B. W. (2004) Daphnia can protect diatoms from fungal parasitism. *Limnol. Oceanogr.*, **49**, 680–685.

Kagami, M., Von Elert, E., Ibelings, B. W., De Bruin, A. & Van Donk, E. (2007) The parasitic chytrid, Zygorhizidium, facilitates the growth of the cladoceran zooplankter, Daphnia, in cultures of the inedible alga, *Asterionella. Proc. R. Soc. B Biol. Sci.*, **274**, 1561–1566.

Keesing, F., Holt, R. D. & Ostfeld, R. S. (2006) Effects of species diversity on disease risk. *Ecol. Lett.*, **9**, 485–98.

Kelly, D. W., Bailey, R. J., MacNeil, C., Dick, J. T. A. & McDonald, R. A. (2006) Invasion by the amphipod *Gammarus pulex* alters community composition of native freshwater macroinvertebrates. *Divers Distrib.*, **12**, 525–534.

Kuris, A. M., Hechinger, R. F., Shaw, J. C., Whitney, K. L., Aguirre-Macedo, L., Boch, C. A., Dobson, A. P., Dunham, E. J., Fredensborg, B. L., Huspeni, T. C., Lorda, J., Mababa, L., Mancini, F. T., Mora, A. B., Pickering, M., Talhouk, N. L., Torchin, M. E. & Lafferty, K. D. (2008) Ecosystem energetic implications of parasite and free-living biomass in three estuaries. *Nature*, **454**, 515–518.

Lafferty, K. D. (2006) Parasites dominate food web links. *PNAS*, **103**, 11211–11216.

Lafferty, K. D., Allesina, S., Arim, M., Briggs, C. J., De Leo, G., Dobson, A. P., Dunne, A., Johnson, P. T. J., Kuris, A. M., Marcogliese, D. J., Martinez, N. D., Memmott, J., Marquet, P. A., McLaughlin, J. P., Mordecai, E. A., Pascual, M., Poulin, R. & Thieltges, D. W. (2008) Parasites in food webs: the ultimate missing links. *Ecol. Lett.*, **11**, 533–546.

Lafferty, K. D. & Kuris, A. M. (2005) Parasitism and environmental disturbances. In: *Parasitism and ecosystems*, 113–123, Oxford University Press.

Lafferty, K. D. & Kuris, A. M. (2009) Parasites reduce food web robustness because they are sensitive to secondary extinction as illustrated by an invasive estuarine snail. *Phil. Trans. R. Soc. B*, **364**, 1659–63.

Lafferty, K. D., Shaw, J. C. & Kuris, A. M. (2008) Reef fishes have higher parasite richness at unfished Palmyra Atoll compared to fished Kiritimati Island. *EcoHealth*, **5**, 338–45.

Marcogliese, D. J. & Cone, D. K. (1997) Food webs: A plea for parasites. *Trends Ecol. Evol.*, **12**, 394.

Mouritsen, K. N. & Poulin, R. (2010) Parasitism as a determinant of community structure on intertidal flats. *Mar. Biol.*, **157**, 201–213.

Niquil, N., Kagami, M., Urabe, J., Christaki, U., Viscogliosi, E. & Sime-Ngando, T. (2010). Potential role of fungi in plankton food web functioning and stability: a simulation analysis based on Lake Biwa inverse model. *Hydrobiologia*, **659**, 65–79.

Preston, D. L., Orlofske, S. A, Lambden, J. P. & Johnson, P. T. J. (2013) Biomass and productivity of trematode parasites in pond ecosystems. *J. Anim. Ecol.*, **82**, 509–17.

Price, P. W. (1980) *Evolutionary biology of parasites* (*Vol. 15*), Princeton University Press.

Sato, T., Watanabe, K., Kanaiwa, M., Niizuma, Y., Harada, Y. & Lafferty, K. D. (2011) Nematomorph parasites drive energy flow through a riparian ecosystem. *Ecology*, **92**, 201–7.

Sukhdeo, M. V. K. & Hernandez, A. D. (2005) Food web patterns and the parasite's perspective. In: *Parasitism and Ecosystems*, 54–67, Oxford University Press.

Thomas, F., Renaud, F., Meeus, T. De & Poulin, R. (1998) Manipulation of host behaviour by parasite: ecosystem engineering in the intertidal zone? *Proc. R. Soc. London. Ser. B Biol. Sci.*, **265**, 1091–1096.

Thomas, F., Poulin, R., Meeüs, T. De, Guégan, J. F. & Renaud, F. (1999) Parasites and ecosystem engineering: What roles could they play? *Oikos*, **84**, 167–171.

Thomas, F., Renaud, F. & Guegan, J. (2005) *Parasitism & Ecosystems*, Oxford University Press.

Thompson, R. M., Mouritsen, K. N. & Poulin, R. (2005) Importance of parasites and their life cycle characteristics in determining the structure of a large marine food web. *J. Animal Ecol.*, **74**, 77–85.

Torchin, M. E., Lafferty, K. D., Dobson, A. P., McKenzie, V. J. & Kuris, A. M. (2003) Introduced species and their missing parasites. *Nature*, **421**, 628–630.

第8章　病原遺伝子の水平伝播

谷　佳津治

8.1 はじめに

細菌は有性生殖を行わないため，その遺伝的多様性はおもに遺伝子の獲得と自身の遺伝子の変異によってもたらされる．とくに細菌は他者の有する既存の機能遺伝子を取り込み，クロモソームあるいはプラスミドとして保持し，新たな形質を獲得することができる．このようにある種の機能遺伝子が別の種の細胞に移動することを遺伝子水平伝播という．

細菌は既存の機能遺伝子を利用することから，突然変異と比べて容易に新たな形質を発現できるようになる．広く知られている薬剤耐性のみならず，病原因子も遺伝子水平伝播によって獲得される．ここでは病原遺伝子の水平伝播に関するいくつかの成果をあげ，さらに細菌の病原因子とそれをコードするDNAが細菌間を移動する過程ついて述べる．

【肺炎連鎖球菌に関する報告】

1928年にイギリスのGriffithが行った肺炎連鎖球菌（*Streptococcus pneumoniae*）に関する報告は，遺伝に関する物質の存在を示した画期的な実験であり，また細菌の病原因子が水平伝播することを明らかにしたものである（Griffith, 1928）．

肺炎連鎖球菌には，表面が滑らかなコロニーを形成し病原性が高いS型菌と，表面がでこぼこのコロニーを形成し病原性が低いR型菌が存在する．またS型は莢膜（きょうまく）を有するが，R型は莢膜をもたない．莢膜とは菌体を包む膜状の構造であり，その成分は細菌種により異なるが，多糖類を主成分とするものが多い．

S型菌をマウスに注射すると肺炎が引き起こされるのに対し，R型菌では肺炎は引き起こされない．Griffithが熱処理で死滅させたS型菌と生きたR型菌を混合し，マウスに注射したところS型菌による肺炎が引き起こされた．すなわち死んだS型菌がもつなんらかの因子が，R型菌を莢膜を有するS型菌に変化させたのである．そして本実験の15年のちに変化をもたらした物質がDNAであることが証明された（Avery *et al.*, 1944）．この現象における遺伝子水平伝播の様式を「形質転換」と言い，伝播した病原因子は「莢膜」である．

【ジフテリア菌に関する報告】

1950年代前半にアメリカ合衆国ワシントン大学のFreemanやGromanらは，ジフテリア菌（*Corynebacterium diphtheriae*）について一連の報告を行っている（Freeman, 1951; Groman, 1953; Groman & Eaton, 1955）．本菌は患者由来の飛沫から咽頭などの粘膜に感染したのち扁桃から咽頭粘膜表面に偽膜形成する．粘膜や周辺の軟部組織に炎症を引き起こし，重症の場合は心筋の障害などにより死亡することもある．

彼らの研究から病原性株のゲノムには，特定のファージ（細菌に感染するウイルス）の全ゲノムが挿入されていること，すなわちファージが溶原化した状態で細菌内に存在することがわかった．さらにそのファージ上にジフテリア毒素がコードされていた．一方，非病原性株にはそのファージ存在しないが，毒素をコードするファージが感染し溶原化すると病原性株になることが明らかになった．これはファージ変換（phage conversion）とよばれる現象で，この遺伝子水平伝播の様式を「形質導入」と言い，伝播した病原因子は「毒素」である．

【ディフィシル菌に関する報告】

2013年ロンドン大学のBrouwerらはディフィシル菌（*Clostridium difficile*）の病原性株が遺伝子伝播により，非病原性株に毒素産生能を付与することを報告している（Brouwer *et al.*, 2013）．ディフィシル菌は代表的な菌交代症起因菌である．とくに高齢者に対しペニシリン系，セフェム系，リンコマイシン系などの抗生物質を連続投与した場合，下痢，腹痛や発熱を伴う偽膜性大腸炎を引き起し，重症の場合脱水症状による痙攣などで死亡することがある．

本菌が産生する毒素はクロモソームの病原性領域（PaLoc）にコードされている．毒素産生菌と非毒素産生菌を共存させたところ，PaLocを含むクロモソームDNAが非病原性菌に移行し，さらに毒素産生能を付与した．ここではファージなどを介さず毒素産生株と非産生株が物理的に接触し，遺伝子のやり取りが起こったのである．なお本実験で水平伝播した遺伝子の長さはおよそ66,000から273,000塩基対であった．この遺伝子水平伝播の様式を「接合」と言い，伝播した病原因子は「毒素」である．

8.2 病原因子

病原因子とは必ずしも毒素だけを指すものではない．細菌がヒトに感染し病気を引き起こす過程には種々の因子が関わっており，おもな病原因子として付着・侵入因子，抵抗因子，攻撃因子，攪乱因子があげられる．

「付着・侵入因子」は，感染の最初のステップを担う．代表的なものとして淋菌（*Neisseria gonorrhoeae*）や大腸菌（*Escherichia coli*）の線毛があげられ，これらは尿道の上皮細胞に親和性を示す（Winther-Larsen *et al.*, 2001; Eden & Hansson, 1978）．また下痢原性大腸菌のうち凝集付着性大腸菌の線毛はプラスミドにコードされており，腸管上皮細胞への付着に関与している（Czeczulin *et al.*, 1997）．この他にも付着因子としてグラム陰性菌のリポポリサッカライド・リポオリゴサッカライドなどの菌体成分があげられる．

また病原細菌の付着・侵入に「分泌装置・エフェクター」のシステムがかかわる場合が多くある．腸管病原性大腸菌はタイプⅢ分泌装置を用いてエフェクターの一種であるインチミン受容体（translocated intimin receptor：Tir）を腸管上皮細胞に注入し，細胞表面に配置する．腸管病原性大腸菌の外膜にはインチミンタンパク質が存在し，上皮細胞に注入した受容体と結合することで細菌が付着する（Knutton *et al.*, 1998）．また赤痢菌（*Shigella dysenteriae*）などはタイプⅢ分泌装置を用いて，上皮細胞にアクチン重合を誘導するエフェクターを注入する（Goldberg, 2001）．上皮細胞は貪食作用をもたないにも関わらず，アクチン重合によりあたかも食細胞のように振る舞い，赤痢菌を細胞内に取り込む．なお分泌装置・エフェクターのシステムは，転移可能な機能をもつ病原性アイランド（pathogenicity island）に存在する場合が多い（Schmidt & Hensel, 2004）．

「抵抗因子」とは，宿主の生体防御機構から逃れ生残するためのものである．病

表 8.1　病原因子の分類

因子	役割
付着・侵入因子	感染の最初のステップ
抵抗因子	宿主の生体防御機構からの逃避
攻撃因子	宿主への直接的な障害
攪乱因子	宿主免疫反応の異常発現誘導

原細菌には，免疫反応や胃酸，タンパク質分解酵素などから自身を守るシステム・菌体成分を備えているものが多い．たとえばピロリ菌（*Helicobacter pylori*）はウレアーゼにより尿素を分解しアンモニアを産生する（Mobley *et al.*, 1988）．そのアンモニアで菌体周辺の胃酸を中和することで胃に定着できる．また食中毒において，腸炎ビブリオ（*Vibrio parahaemolyticus*）は千万個以上の生菌を摂取しないと発症しないのに対し，腸管出血性大腸菌では100個程度の摂取で感染が成立する．胃は細菌が腸へ到達するうえでの通過障壁であり，腸炎ビブリオが胃酸で不活化され易いのに対し，腸管出血性大腸菌は酸耐性機構を有しているのである（Lin *et al.*, 1996）．

病原細菌において特に重要な抵抗因子として，宿主の免疫系に対する因子があげられる．まず補体系に対する抵抗因子として先に紹介した莢膜があげられる．莢膜は，補体が形成する膜侵襲複合体（membrane attack complex: MAC）が細胞壁に到達するのを妨げ，溶菌を防ぐ．また化膿連鎖球菌（*Streptococcus pyogenes*）の莢膜成分であるヒアルロン酸や，大腸菌の莢膜抗原 K1 は補体系の古典経路・副経路の活性化を抑制する（Hyams *et al.*, 2010; Horwitz & Silverstein, 1980）．このほか肺炎桿菌は菌体表面に O 糖鎖の長いリポ多糖を有し，その先端に MAC 形成させることで溶菌を免れる（Merino *et al.*, 1992）．

また病原細菌のなかには貪食に対する抵抗性を有するものも多い．たとえば肺炎レジオネラ（*Legionella pneumophila*）はマクロファージに貪食されたのち，ファゴソーム内でタイプⅣ分泌装置から放出するエフェクタータンパク質のはたらきにより，ファゴソームの膜をリボソームに覆われた粗面小胞体のように変化させる（Newton *et al.*, 2010）．これによりファゴソームとリソソームの融合を防ぎ，さらにマクロファージ内で増殖する．なおこの一連の機構に関わるある種のタンパク質は，レジオネラ菌が遺伝子水平伝播により獲得したものと考えられている（dc Felipe *et al.*, 2005）．結核菌（*Mycobacterium tuberculosis*）はマクロファージ内で，ファゴソームとリソソームの融合の抑制，およびリソソームによる pH 低下に対する酸耐性機構を有しており，マクロファージ内で生残できる（Vandal *et al.*, 2009）．また赤痢菌はタイプⅢ分泌装置からエフェクターの一種である IpaB タンパク質を放出し，ファゴソーム膜を破壊する（Schroeder *et al.*, 2007）．

「攻撃因子」とは，主に毒素のことである．その活性はタンパク質分解，リン脂質分解，グリコシド結合切断，タンパク質修飾，孔形成など多様であり，それぞれの作用により神経系，心臓系，腸管系，腎臓系等々に障害を引き起こす．

「攪乱因子」は，おもに宿主の免疫反応を過剰または異常に引き起こし，その結果として宿主に障害を及ぼす．たとえば黄色ブドウ球菌（*Staphylococcus aureus*）が産生する腸管毒や毒素性ショック症候群毒素，また化膿連鎖球菌が産生する発熱毒素などはスーパー抗原として不特定多数のT細胞を非特異的に活性化する．そしてサイトカインの過剰産生によるショックや多臓器不全などを引き起こす（Spaulding *et al.*, 2013）．グラム陰性菌のリポ多糖は内毒素（endotoxin）とも呼ばれ，TLR4（toll-like receptor 4）に認識される（Palsson-McDermott & O'Neill, 2004）．そのシグナルはサイトカインの分泌を促進し，過剰な反応はショックを引き起こすことがある．

攪乱因子とは異なるが，菌体成分が宿主の構成成分と類似している場合，細菌感染により自己免疫疾患が引き起こされる場合がある．たとえば化膿連鎖球菌の莢膜・細胞壁の糖鎖やカンピロバクター　ジェジュニ（*Campylobacter jejuni*）の細胞壁糖鎖は，ヒトの糖鎖抗原と類似しており，これらの細菌感染による急性糸球体腎炎やギラン・バレー症候群は自己免疫疾患と考えられている（Goroncy-Bermes *et al.*, 1987; Khalili-Shirazi *et al.*, 1992）．

8.3 遺伝子水平伝播

外来DNAが菌体内で安定に保持されるためには，レプリコン（複製単位）として存在するか，あるいは既存のレプリコンに組み込まれなければならない．外来DNAがプラスミドの場合，それ自身がひとつのレプリコンである．プラスミドに抗生物質耐性遺伝子や，毒素原性大腸菌が産生する腸管毒（Johnson & Nolan, 2009）やボツリヌス菌（*Clostridium botulinum*）や破傷風菌（*Clostridium tetani*）が産生する神経毒（Marshall *et al.*, 2010; Finn *et al.*, 1984）など種々の病原因子がコードされている．

一方，プラスミドではない外来DNAが菌体内で安定に保持されるためには，クロモソームやプラスミドに組み込まれなければならない．

真正細菌や古細菌は原核生物である．原核生物と真核生物の細胞構造上の決定的な違いは核膜の有無であり，原核生物のクロモソームDNAは細胞質と核膜で隔たれていない．したがって菌体内に取り込まれたDNAは，クロモソームDNAと直接に接触できる．接触できればDNA間で組換えが起こり，外来DNAはクロモソームDNAの一部として安定に保持される可能性が生じる．もし両者に配列の類似した領域が存在すれば，組換えが起こる確率はより高くなる．そして，相同領域が長く，また相同性が高いほど，さらに相同領域が複数存在するほど，組換えの頻度が高くなる．またトランスポゾンなどのDNAの組換えに関与する因子が存在すれば，組換え頻度が高くなる．

相同領域の長さと組換え頻度の関係について，アシネトバクター（*Acinetobacter*）を用いた成果が報告されている（de Vries & Wackernagel, 2002）．約300塩基対の異種遺伝子の一端に，アシネトバクターのゲノムと相同なDNAを付加し，本菌に取り込ませた．相同DNAの長さが1000塩基対のとき，異種遺伝子のゲノムへの挿入はおよそ10^{-8}の頻度で起こった．相同DNAの長さを500, 200および100塩基対と短くしたところ，頻度が2×10^{-9}, 2×10^{-10}および5×10^{-11}となった．また相同配列が異種遺伝子の両端に存在する場合，片方のみのときと比べて，およそ10^4倍高い頻度で遺伝子挿入が起こった．

8.3.1 DNA取り込み様式

遺伝子が細菌間を移動する様式として，形質転換，形質導入，接合がある．

形質転換では，細胞外の裸のDNAが菌体内に取り込まれる（Lorenz & Wackernagel, 1994; Johnston *et al*., 2014）．このときの様式として人工形質転換と自然形質転換があり，前者はDNA取り込み機能をもたない細菌へのDNA導入であり，後者はDNAを取り込む機能を有する細菌によるDNA獲得である．前者の例として，実験室で細菌をカルシウムイオンや低温で処理する，あるいは高電圧をかけるなどによりDNAを取り込ませることがあげられる．“人工”とはいえ，自然界においても細菌が低温に曝され，あるいは雷に打たれることもあり，そのときに細胞外のDNAが取り込まれる可能性がないとは言えない．

一方，グラム陽性・陰性を問わず多くの細菌種で，生理的にDNAを取り込みやすい状態になることが知られている．細菌がDNAを取り込み，形質を変化させる能力をコンピテンス（competence）と言い，形質転換受容性と訳される．一般に直鎖状DNAは取り込まれやすく，プラスミドなど環状DNAは取り込まれにくい．また増殖過程でコンピテンスが高くなる時期は細菌種によって異なる．

肺炎連鎖球菌や黄色ブドウ球菌（*Staphylococcus aureus*）などは対数増殖期に最大となり（Ephrussi-Taylor & Freed, 1964; Lindberg *et al.*, 1972），枯草菌（*Bacillus subtilis*）では対数増殖終了時に高くなる（Ephrati-Elizur, 1965）.

自然形質転換において，取り込み効率にDNA配列が関係しない場合と配列に依存する場合がある．たとえば，淋菌（*Neisseria gonorrhoeae*）は5'-GCCGTCTGAA-3'を認識し（Goodman & Scocca, 1988），インフルエンザ菌（*Haemophilus influenzae*）は5'-AAGTGCGGT-3'を認識し（Smith *et al.*, 1995），これらの配列を有するDNAを効率よく取り込むことが知られている．認識される配列は自身のゲノム上に多く存在することから，近縁種のDNAを積極的に取り込むための機構と考えられる.

形質導入とは，ファージを介した遺伝子水平伝播である．細菌のDNA取り込み能の有無に関わらず，ファージは感染した細菌内にDNAを持ち込む．形質導入は普遍形質導入，特殊形質導入およびファージ変換に分類できる.

普遍形質導入では，ファージが感染した宿主細菌のDNAの一部を，次に感染する宿主に持ち込む．溶菌ファージが感染し新たなファージ粒子が菌体内で組み立てられる際に，ファージゲノムDNAのかわりに，宿主細菌のDNA断片をパッケージしたファージ粒子も組立てられる．細菌DNAを有しファージ本来のDNAを持たないファージ粒子は，新たな宿主に感染し，粒子内にパッケージした細菌DNAを菌体内に持ち込む．ただしファージゲノムが無いため，溶菌や新たなファージ粒子合成は起こらない．自身のゲノムを持たない「出来損ないファージ」は，細菌DNAのよき運び屋となるのである．菌体内に持ち込まれたDNAの運命は，形質転換と同様に，細菌ゲノムに取り込まれる，あるいは細胞質内で分解されるかである．“普遍”とは，細菌ゲノムのいずれの領域もほぼ同じ頻度

表8.2　遺伝子水平伝播の様式

形質転換	裸のDNAの取り込み ・自然形質転換 ・人工形質転換
形質導入	ファージによるDNAの注入 ・普遍形質導入 ・特殊形質導入 ・ファージ変換
接合	接触した細菌間のDNAのやり取り

で，ファージによって運ばれるという意味で，伝播する遺伝子や領域に偏りがない．一方，溶原化ファージによっても，普遍形質導入が起こる．宿主ゲノムにランダムに溶原化するファージは，切り出される際その周辺の細菌 DNA の一部をファージゲノムに取り込む．このファージが，新たな宿主に溶原化した場合に，形質導入が起こる．ファージが宿主ゲノムのいずれの部位にも溶原化する場合，普遍形質導入が起こる．

一方，特殊形質導入では，細菌ゲノムの特定領域のみが水平伝播する．たとえば大腸菌の λ ファージは，特定の部位に溶原化する．そして宿主 DNA から切り出される際，宿主クロモソーム DNA の一部と一緒に切り出される．宿主ゲノム

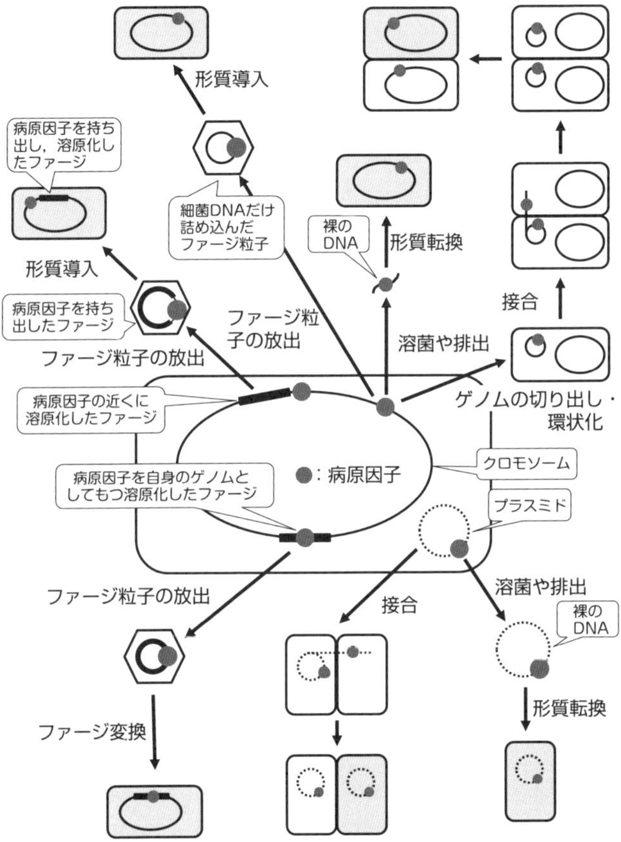

図 8.1 細菌間の遺伝子の流れ

の一部をもつファージが新たな宿主ゲノムに溶原化することで，DNA 伝播が起こる．一般にファージが特定の部位に溶原化する場合，周辺の特定DNA のみが持ち出される．

この他の機構として，ファージ変換が知られている．病原因子の遺伝子をゲノム上にコードするファージが，宿主に感染したのち溶原化した場合，ファージが宿主ゲノム上に留まったまま，病原因子遺伝子が発現することがある．その結果，宿主が病原細菌として振る舞うのである．先に述べたジフテリア菌のジフテリア毒素（Freeman, 1951），赤痢菌・腸管出血性大腸菌が産生する志賀毒素（Li, 1966; O'Brein *et al.*, 1984），コレラ菌（*Vibrio cholerae*）のコレラ毒素（Waldor & Mekalanos, 1996）などが溶原化ファージのゲノムにコードされている．

接合は細菌どうしが接触し，性線毛や分泌装置などを通じてDNA をやり取りする機構である．大腸菌のＦ因子（Ｆプラスミド）の水平伝播機構としてよく知られ，さらにクロモソームに組み込まれたＦ因子が，再び切り出され細菌間を移行するとき，供与菌のゲノム DNA の一部が，受容菌に移行する（Lederberg & Tatum, 1946; Smillie *et al.*, 2014）．プラスミドの有無に関わらず，細菌同志が接着しクロモソーム DNA の一部が水平伝播する現象として，接合性トランスポゾン（conjugative transposon）による遺伝子伝播が知られている（Salyers *et al.*, 1995; Wozniak & Waldor, 2010）．接合性トランスポゾンはゲノムから切り出されたのち環状の二本鎖 DNA となる．そのうちの一本鎖 DNA が接触した細菌に移行し，残りの一本鎖は元の細菌に留まる．それぞれの一本鎖 DNA は相補鎖の合成により二本鎖 DNA となり，再び細菌ゲノムに挿入される．同様にコレラ菌の SXT 因子は抗生物質耐性遺伝子をコードし，接合性トランスポゾンのように振る舞い，宿主ゲノムの一部を水平伝播させる（Waldor *et al.*, 1996; Hochhut *et al.*, 2000）．先に述べたディフィシル菌における非常に長い領域の水平伝播においても，接合性トランスポゾンが関与し，一本鎖 DNA はタイプⅣ分泌装置を通じて，細菌間を移動しているのではないかと考えられている．

8.3.2 遺伝子伝達の場

水圏に存在する細胞外 DNA 量は，およそ 0.2～88 μg/L と見積もられ（DeFlaun *et al.*, 1986; Paul *et al.*, 1987；Karl & Bailiff, 1989; Paul *et al.*, 1991），堆積物中にはさらに大量に存在し，1～31 ng/g と量はその場に生息する細菌が有する

DNA 量のおよそ 25 倍と報告されている（Dell'Anno *et al.*, 1999; Corinaldesi *et al.*, 2005）．土壌ではおよそ 2 μg/g であり（Niemeye & Gessler, 2002），さらに DNA は土壌粒子などに付着すると DNase により分解され難く，付着していない状態と比べて環境中での半減期が長くなる（Stewart & Sinigalliano, 1990; Romanowski *et al.*, 1991）．一方，環境中のウイルス量は細菌のおよそ 10 倍以上と見積もられている（Bergh *et al.*, 1989）．したがって自然環境中では，水平伝播しうる遺伝子が細菌を取り巻いているのである．

先に述べたように裸の DNA，ファージあるいは他の細菌との接触により遺伝子の取り込みが起こり，核膜をもたない細菌においては，細胞質内に移行した DNA がクロモソームに組み込まれる可能性がある．したがって裸の DNA，ファージおよび細菌の密度が高く，細菌のコンピテンスが高く，また DNA の組換え等に関わる遺伝子の発現レベルが高くなるほど，遺伝子水平伝播が起こりやすくなる．それらの要因が高い環境として，まずバイオフィルムがあげられる．バイオフィルムは土壌や水圏，またヒトの口腔内や体内に置かれた医療器具など幅広い環境で形成され，単一の細菌で構成される場合もあれば，複数種の細菌さらに真核生物を含めて構成される場合もある．高温などのストレスが無い一般的な自然環境で形成されるバイオフィルムでは，構成生物の多様性が高く，様々な細菌が種を越えて多様な遺伝子を取り込む確率が高いことが予想される．

さらに細菌密度が高い環境では，クォーラムセンシング（quorum sensing）がはたらき，遺伝子伝播に影響を与える（Schauder & Bassler, 2001; Atkinson & Williams, 2009）．クォーラムセンシングとは，細菌が菌体外に放出したシグナル物質の環境中濃度が閾値より高くなると，細菌は特定遺伝子を発現する現象であり，これは細菌密度に依存した遺伝子発現調節機構である．シグナル物質には，グラム陽性菌のみ，グラム陰性菌のみ，さらにグラム陽性・陰性の両方に認識される物質があり，同種および異種間の情報伝達を担っている（Chen *et al.*, 2002）．クォーラムセンシングは多種類の細菌において種々の現象を引き起こす．コンピテンスの上昇（Suckow *et al.*, 2011），自己あるいは他者の溶菌（Steinmoen *et al.*, 2002; Steinmoen *et al.*, 2003; Dai *et al.*, 2012），溶菌を伴わない菌体外への DNA 放出（Nakamura *et al.*, 2008），またバイオフィルム形成・維持など遺伝子伝播に関わる様々の要因が，クォーラムセンシングの影響を受けており（Labbate *et al.*, 2004; Sela *et al.*, 2006; Spoering *et al.*, 2006），概してクォーラムセンシングは形質転換の頻度を高める（Antonova & Hammer, 2011）．したがって細菌が遺伝的多様性を高め，新たな形質を獲得するうえで，バイオフィルムは重要な場といえる．

8.4 最後に

【枯草菌に関する報告】

1990年にBieleckiらは，リステリア菌（*Listeria monocytogenes*）が産生する溶血毒素の一種であるリステリオリシンOの遺伝子を，枯草菌に人為的に導入・発現させた（Bielecki *et al.*, 1990）．リステリア菌は細胞寄生性であり，宿主の貪食作用から逃れるために，リステリオリシンOを産生する．このタンパク質毒素はファゴソーム膜に孔形成し破壊する．一方，枯草菌はおもに土壌に生息し，細胞内増殖しない．そしてリステリオシンOを産生する枯草菌は，マクロファージ様培養細胞内でファゴソーム膜を破壊し，細胞内で増殖できるようになった．すなわち，たったひとつの遺伝子を獲得することで，土壌細菌が寄生細菌に変身できるのである．

これは人為的に形質転換した結果である．しかし枯草菌は自然形質転換能を有していることから，自然界で細胞寄生性枯草菌が出現する可能性は無いとは言い切れない．すでに病原因子を有する細菌においては，遺伝子伝播によってより高度な病原菌となる可能性もある．たとえば緑膿菌（*Pseudomonas aeruginosa*）は宿主への「付着因子」として線毛を有し，「攻撃因子」として種々の毒素を産生するにも関わらず，日和見感染菌であり健常者には感染症を引き起こさない．日和見感染とは免疫機能などが低下したヒトにのみ感染することであり，それは日和見感染菌が宿主免疫機構に対する抵抗因子を欠いていることを示している．もし緑膿菌が「抵抗因子」としてマクロファージ耐性機構などを獲得すれば，より危険な細菌に変身するかもしれない．

本章ではおもにDNAの移動について述べた．一方，遺伝子の発現，遺伝子産物の機能やプラスミドの複製・不和合性など，遺伝子が伝播したのちの形質発現に至るまでの細菌種間の様々な障壁があり，必ずしも「取り込まれた遺伝子」＝「新しい形質」ではない．しかしながら細菌の全ゲノム解析から，長い年月の間には異種間の遺伝子伝播が起こり，しかも伝播した遺伝子が機能し，現在の細菌の形質に深く関わっていることは明確ある．これからも遺伝子が細菌間を移動し，新たな病原細菌が出現し得るのである．

引用文献

Antonova, E. S. & Hammer, B. K.（2011）Quorum-sensing autoinducer molecules produced by members of multispecies biofilm promote horizontal gene transfer to *Vibrio cholera*. *FEMS Microbiol. lett.*, **322**, 68-76.

Atkinson, S. & Williams, P.（2009）Quorum sensing and social networking in the microbial world. *J. R. Soc. Interface*, **6**, 959-978.

Avery, O. T., MacLeod, C. M. & McCarty, M.（1944）Studies on the chemical nature of the substance inducing transformation of pneumococcal types. *J. Exp. Med.*, **79**, 137-158.

Bergh, O., Børsheim, K. Y., Bratbak, G. & Heldal, M.（1989）High abundance of viruses found in aquatic environments. *Nature*, **340**, 467-468.

Bielecki, J., Youngman, P., Connelly, P. & Portnoy, D. A.（1990）*Bacillus subtilis* expressing haemolysin gene from *Listeria monocytogenes* can grow in mammalian cells. *Nature*, **345**, 175-176.

Brouwer, S. M. M., Roberts, A. P., Hussain, H. *et al.*（2013）Horizontal gene transfer converts non-toxigenic Clostridium difficile strains into toxin producers. *Nat. commun.*, **4**, 2601. doi: 10.1038/ncomms3601.

Chen, X., Schauder, S., Potier, N. *et al.*（2002）Structural identification of bacterial quorum-sensing signal containing boron. *Nature*, **415**, 545-549.

Corinaldesi, C., Danovaro, R. D. & Dell'Anno, A.（2005）Simultaneous recovery of extracellular and intracellular DNA suitable for molecular studies from marine sediments. *Appl. Envir. Microbiol.*, **71**, 46-50.

Czeczulin, J. R., Balepur, S., Hicks, S. *et al.*（1997）Aggregative adherence fimbria II, a second fimbrial antigen mediating aggregative adherence in enteroaggregative *Escherichia coli.*, *Infect. Immun.*, **65**, 4135-4145.

Eden, C. S. & Hansson, H. A.（1978）*Escherichia coli* pili as possible mediators of attachment to human urinary tract epithelial cells. *Infect. Immun.*, **21**, 229-237.

Dai, L., Yang, L., Parsons, C. *et al.*（2012）*Staphylococcus epidermidis* recovered from indwelling catheters exhibit enhanced biofilm dispersal and "self-renewal" through downregulation of *agr*. *BMC Microbiol.*, **12**, 102-110.

de Felipe, K. S., Pampou, S., Jovanovic, O. S. *et al.*（2005）Evidence for acquisition of *Legionella* type IV secretion substrates via interdomain horizontal gene transfer. *J. Bacteriol.*. **187**, 7716-7726.

DeFlaun, M. F., Paul, J. H. & Davis, D.（1986）Simplified method for dissolved DNA determination in aquatic environments. *Appl. Environ. Microbiol.*, **52**, 654-659.

Dell'Anno A., Fabiano, M., Mei, M. L. & Danovaro, R.（1999）Pelagic-benthic coupling of nucleic acids in an abyssal location of the Northeastern Atlantic ocean. *Appl. Envir. Microbiol.* **65**, 4451–4457.

de Vries, J. & Wackernagel, W. (2002) Integration of foreign DNA during natural transformation of *Acinetobacter sp.* by homology-facilitated illegitimate recombination. *Proc. Nalt. Acad. Sci.*, **99**, 2094–2099.

Ephrati-Elizur, E. (1965) Development of competence for transformation experiments in an overnight culture of germinating spores of *Bacillus subtilis. J. Bacteriol.*, **90**, 550–551.

Ephrussi-Taylor, H & Freed, B. A. (1964) Incorporation of thymidine and amino acids into deoxyribonucleic acid and acid-insoluble cell structures in pneumococcal cultures synchronized for competence to transform. *J. Bacteriol.*, **87**, 1211–1215.

Finn, C. W., Silver, R. P., Habig, W. H. *et al.* (1984) The structural gene for tetanus neurotoxin in on a plasmid. *Science*, **224**, 881–884.

Freeman, V. J. (1951) Studied on the virulence of bacteriophage-infected strains of *Corynebacterium diphtheria. J. Bacteriol.*, **61**, 675–688.

Goldberg, M. B. (2001) Actin-based mobility of intracellular microbial pathogens. *Microbiol. Mol. Biol. Rev.*, **65**, 595–626.

Goodman, S & Scocca, J. J. (1988) Identification and arrangement of the DNA sequence recognized in specific transformation of *Neisseria gonorrhoeae. Proc. Nalt. Acad. Sci.*, **85**, 6982–6986.

Goroncy-Bermes, P., Dale, J. B., Beachey, E. H. & Opferkuch, W. (1987) Monoclonal antibody to human renal glomeruli cross-reacts with streptococcal M protein. *Infect. Immun.*, **55**, 2416–2419.

Griffith, F. (1928) The significance of pneumococcal types. *J. Hyg.*, **27**, 113–159.

Groman, N. B. (1953) Evidence for the induced nature of the change from nontoxigenicity to toxigenicity in *Corynebacterium diphtheria* as a result of exposure to specific bacteriophage. *J. Bacteriol.*, **66**, 184–191.

Groman, N. B. & Eaton, M. (1955) Genetic factors in *Corynebacterium diphtheria* conversion. *J. Bacteriol.*, **70**, 637–640.

Horwitz, M. A. & Silverstein, S. C. (1980) Influence of the *Escherichia* coli capsule on complement fixation and on phagocytosis and killing by human phagocytes. *J. Clin. Invest.*, **65**, 82–94.

Hyams, C., Camberlein, E., Cohen, J. M. *et al.* (2010) The *Streptococcus pneumonia* capsule inhibits complement activity and neutrophil phagocytosis by multiple mechanism. *Infect. Immunol.*, **78**, 704–715.

Hochhut, B., Marrero, J. & Waldor, M. K. (2000) Mobilization of plasmids and chromosomal DNA mediated by the SXT element, a constin found in *Vibrio cholera* O139. *J. Bacteriol.*, **182**, 2043–2047.

Lindberg, M., Sjöström, J-E. & Johansson, T. (1972) Transformation of chromosomal and plasmid characters in *Staphylococcus aureus. J. Bacteriol.*, **109**, 844–847.

Johnston, C., Martin, B., Fichant, G. *et al.* (2014) Bacterial transformation: distribution, shared mechanisms and divergent control. *Nat. Rev. Microbiol.*, **12**, 181–196.

Johnson, T. J. & Nolan, L. K. (2009) Pathogenomics of the virulence plasmids *of Escherichia coli. Microbiol. Mol. Biol. Rev.*, **73**, 750–774.

Karl, D. M. & Bailiff, M. D. (1989) The measurement and distribution of dissolved nucleic acids in aquatic environments. *Limnol. Oceanogr.*, **34**, 543–558.

Khalili-Shirazi, A., Hughes, R. A., Brostoff, S. W. *et al.* (1992) T cell responses to myelin proteins in Guillain-Barre syndrome. *J. Neurol. Sci.*, **111**, 200–203.

Knutton, S., Rosenshine, I., Pallen, M. J. *et al.* (1998) A novel EspA-associated surface organelle of enteropathogenic *Escherichia coli* involved in protein translocation into epithelial cells., *EMBO J.* **17**, 2166–2176.

Labbate, M., Queck, S. Y., Koh, K. S. *et al.* (2004) Quorum sensing-controlled biofilm development in Serratia liquefaciens MG1. *J. Bacteriol.*, **186**, 692–698.

Lederberg, J. & Tatum, E. L. (1946) Gene recombination in *Escherichia coli. Nature*, **158**, 558.

Li, K. (1966) Neurotoxin release from *Shigella dysenteriae* by phage infection. *J. Gen. Microbiol.*, **43**, 83–89.

Lin, J., Smith, M. P., Chapin, K. C. *et al.* (1996) Mechanisms of acid resistance in enterohoemorrgagic Escherichia coli. *Appl. Environ. Microbiol.*, **62**, 3094–3100.

Lorenz, M. G. & Wackernagel, W. (1994) Bacterial gene transformation by natural genetic transformation in the environment. *Microbiol. Mol. Biol. Rev.*, **58**, 563–602.

Marshall, K. M., Bradshaw, M. & Johnson, E. A. (2010) Conjugative botulinum neurotoxin-encoding plasmids in Clostridium botulinum. *PloS ONE*, **5**, e11087.

Merino, S., Camprubi, S., Alberti S. *et al.* (1992) Mechanism of *Klebsiella pneumonia* resistance to complement-mediated killing. *Infect. Immun.*, **60**, 2529–2535.

Mobley, H. L. T., Cortesia, M. J., Rosenthal, L. E. & Jones, B. D. (1988) Characterization of urease from *Campylobacter pylori. J. Clin. Microbiol.*, **26**, 831–836.

Nakamura, S., Higashiyama, Y., Izumikawa, K. *et al.* (2008) The roles of quorum-sensing system in the release of extracellular DNA, lipopolysaccharide, and membrane vesicles from *Pseudomonas aeruginosa.* Jpn. *J. Infect. Dis.*, **61**, 375–378.

Newton, H. J., Ang, D. K. Y., van Driel, I. R. & Hartland, E. L. (2010) Molecular pathogenesis of infections caused by Legionella pneumophila. *Clin. Microbiol. Rev.*, **23**, 274–298. doi: 10.1128/CMR.00052-09.

O'Brien, A. D., Newland, J. W., Miller, S. F. *et al.* (1984) Shiga-like toxin-converting phages from *Escherichia coli* strains that cause hemorrhagic colitis or infantile diarrhes. *Science*, **226**, 694–696.

Palsson-McDermott, E. M. & O'Neill, L. J. (2004) Signal transduction by lipopolysaccharide receptor, Toll-like receptor-4. *Immunol.*, **113**, 153–162.

Paul, J. H., Jeffrey, W. H. & DeFlaun, M. F. (1987) Dynamics of extracellular DNA in the marine environment. *Appl. Environ. Microbiol.*, **53**, 170–179.

Paul, J. H., Jiang, S. C. & Rose, J. B. (1991) Concentration of viruses and dissolved DNA from aquatic environments by vortex flow filtration. *Appl. Environ. Microbiol.*, **57**, 2197–2204.

Romanowski, G., Lorenz, M. G. & Wackernagel, W. (1991) Adsorption of plasmid DNA to mineral surfaces and protection against DNase I. *Appl. Envir. Microbiol.*, **57**, 1057–1061.

Salyers, A. A., Shoemaker, N. B., Stevens, A. M. & Li, L-Y. (1995) Conjugative transposons: an unusual and divers set of integrated gene transfer elements. *Microbiol. Rev.*, **59**, 579–590.

Schauder, S. & Bassler, B. L. (2001) The languages of bacteria. *Genes Dev.*, **15**, 1468–1480.

Schmidt, H., & Hensel, M. (2004) Pathogenicity islands in bacterial pathogenesis. *Clin. Microbiol. Rev.*, **17**, 14–56.

Schroeder, G. N., Jannt, N. J. & Hilbi, H. (2007) Intracellular type III secretion by cytoplasmic *Shigella flexneri* promotes caspase-1-dependent macrophage cell death. *Microbiol.*, **153**, 2862–2876.

Sela, S., Franf, S., Belausov, E. & Pinto, R. (2006) A mutation in the luxS gene influences Listeria monocytogenes biofilm formation. *Appl. Envir. Microbiol.*, **72**, 5653–5658.

Smillie, C., Garcillán-Barcia, M. P., Fracia, M. V. *et al.* (2010) Mobility of plasmids. *Micribiol. Mol. Biol. Rev.*, **74**, 434–452.

Smith, H. O., Tomb, J. F., Dougherty, B. A. *et al.* (1995) Frequency and distribution of DNA uptake signal sequences in the *Haemophilus influenza* Rd genome. *Science*, **269**, 538–540.

Spaulding, A. R., Salgado-Pabon, W., Kohler, P. L. *et al.* (2013) Staphylococcal and streptococcal superantigen exotoxins. *Clin. Microbiol. Rev.*, **26**, 422–447.

Spoering, A. L. & Gilmore, M. S. (2006) Quorum sensing and DNA release in bacterial biofilms. *Curr. Opin. Microbiol.*, **9**, 133–137.

Steinmoen, H., Knutsen, E. & Håvarstein, L. S. (2002) Induction of natural competence in *Streptococcus pneumonia* triggers lysis and DNA release from a subfraction of the cell population. *Proc. Nalt. Acad. Sci.*, **99**, 7681–7686.

Steinmoen, H., Teigen, A. & Håvarstein, L. S. (2003) Competence-induced cells of *Streptococcus pneumonia* lyse competence-deficient cells of the same strain. *J. Bacteriol.*, **185**, 7176–7183.

Stewart, G. J. & Sinigalliano, D. J. (1990) Detection of horizontal gene transfer by natural transformation in native and introduced species of bacteria in marine and synthetic sediments. *Appl. Envir. Microbiol.*, **56**, 1818–1824.

Suckow, G., Seitz, P. & Blokesch, M. (2011) Quorum sensing contributes to natural transformation of Vibrio cholera in a species-specific manner. *J. Bacteriol.*, **193**, 4914–4924.

Vandal, O. H., Nathan, C. & Ehrt, S. (2009) Acid resistance in *Mycobacterium tuberculosis*. *J. Bacteriol.*, **191**, 4714–4721.

Waldor, M. K. & Mekalanos, J. J. (1996) Lysogenic conversion by a filamentous phage encoding cholera toxin. *Science*, **272**, 1910–1914.

Waldor, M. K., Tschäpe, H. & Mekalanos, J. J. (1996) A new type of conjugative transposon encodes resistance to sulfamethoxazole, trimethoprim and streptomycin in *Vibrio cholera* O139. *J. Bacteriol.*, **178**, 4157–4165.

Winther-Larsen, H. C., Hegge, F. T., Wolfgang, M. *et al.* (2001) *Neisseria gonorrhoeae* PilV, a type IV pilus-associated protein essential to human epithelial cell adherence. *Proc. Nalt. Acad. Sci.*, **98**, 15276–15281.

Wozniak, R. A. & Waldor, M. K. (2010) Integrative and conjugative elements: mosaic mobile genetic elements enabling dynamic lateral gene flow. *Nat. Rev. Microbiol.*, **8**, 552–563.

第9章 侵入生物としての病原生物

五箇公一

9.1 生物多様性および人間社会を脅かす外来病原体

病原体の分散は，風や水流・海流という自然の流れに乗って病原体自体が移動する以外は，基本的に宿主生物とともに，移動分散する．外来生物の定義を人為的に生息地以外の地域に移送された生物とすると，宿主生物とともに人為的に移送された病原体も外来生物のカテゴリーに含まれる．ウイルスは，生物ではない，という意味では，扱いが難しくなるが，ここではウイルスも含めて人為移送されたものは外来生物とみなして議論することにする．また，いわゆる動物・植物等，目に見える外来生物と区別するために，外来生物としての病原体を「外来病原体」と呼ぶことにする．

近年，外来生物による生態系および人間社会に対する悪影響が重大な環境問題となっている．生物本来の移動能力を超えた短時間での長距離移送が，進化プロセスを無視した生態系の構成要素の変換をもたらし，生態系のバランスを崩壊させる．

例えば，北米原産の肉食淡水魚オオクチバスは，日本国内の内水面で強大な侵略的外来生物として在来魚類の脅威となっているが，原産地の北米では，そこまで猛威をふるうことはない．原産地の生態系では天敵や競合種がオオクチバスとともに進化している．また餌となる生物も，オオクチバスからの捕食からの回避行動・形質を進化させている．そのため，生態系におけるオオクチバスの個体数は自ずと制限される．

このように自然生態系においては構成する生物種どうしが長きにわたる共進化の歴史を経て，お互いの個体数が調節され，安定した生態系ピラミッドを築いている．しかし，ここにひとたび，進化時間を無視した形で，外来生物が人為的に導入されると，生態系ピラミッドの崩壊が生じることとなる．

この外来生物による生態系影響の進化生態学的プロセスは，病原体にもあてはまる．病原体とされる微生物やウイルスも生態系の構成要素であり，本来，病原体と宿主生物との間にも共進化による固有の相互関係が構築されている．病原体の移送は，免疫や抵抗性を進化させていない新たなる宿主との遭遇をもたらし，急速な流行や感染爆発を引き起こして，宿主個体群に壊滅的な被害を及ぼすことにもなる．

現在，外来生物としての病原体は，生物多様性の劣化をもたらす要因の1つとして注目されている．また，家畜や農産物に対する被害，さらには人間の健康影響など人間社会に対しても重大な悪影響が及ぶ問題として，その管理は世界的な課題とされる．外来病原体を人為移送される病原体とすれば，人間をベクター（媒介者）として，人間の移送（移動）に伴って，世界各地に蔓延するインフルエンザウイルスやHIV（AIDSの原因となるウイルス），そして近年，アフリカから世界各地への感染拡大が懸念されているエボラ出血熱ウイルス等，人間の感染症もすべて外来病原体の範疇に含まれる．グローバリゼーションが唱われる現代社会において，実は人間ほど侵略的な生物はおらず，同時に外来病原体のベクターとしてもっとも管理が難しい厄介な生物と言える．

人間社会における感染症の詳細な病理・生態については他章（21～24章）を参照して頂くとして，本章では，野生生物世界，特に野生の動物界と人間社会の間のインターフェースとしての外来病原体の問題について概説してみたい．

9.2 急増する野生生物由来の新興感染症

新興感染症（emerging infectious disease）とは，近年に特に流行が目立ち始めた感染症の総称で，世界保健機関（WHO）が1990年に発表した定義によると，新興感染症は「かつては知られていなかったが，この20年間に新しく認識された感染症で，局地的に，あるいは国際的に公衆衛生上の問題となる感染症」とされる．したがって一般的には1970年以降に発生した病気が新興感染症として扱われている．この新興感染症の病原体こそが，現代社会が生み出した「外来病原体」の代表であり，象徴とも言える．

Jones *et al.* (2008) は，人間社会において初めて報告された感染症を新興感染症と定義して，1940年代から1990年代の間に全世界で論文として報告された「感

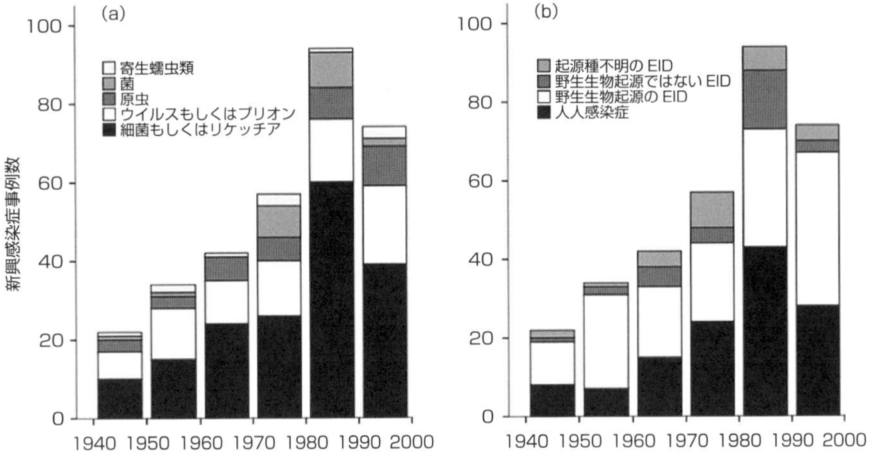

図 9.1　10 年代ごとの新興感染症（EID）事例数
(a) 病原体の分類群別報告数，(b) 病原体の起源別報告数.

染症の初感染事例」＝新興感染症事例数を調査した結果，その数は，世界的に急増しており，1980 年代にピークを迎え，1990 年代でも 1940 年代の 4 倍近い数の新興感染症が報告されていることが示されている（図 9.1）．さらにそのうちの 6 割以上が人獣共通感染症，すなわちヒトおよびヒト以外の動物の両方に感染し得る感染症であった（図 9.1b）．

さらに，これら人獣共通の新興感染症のうち 70% 以上が野生生物起源の病原体によるものとされる（図 9.1b）．野生生物起源の感染症でもっとも有名かつ深刻なものとして，1981 年に初めて症例が報告されたヒト後天性免疫不全症候群（AIDS）がある．

AIDS の病原体となるヒト免疫不全ウイルス（HIV）は，DNA 分析の結果から，もともとアフリカの霊長類に種特異的に感染していたサル免疫不全症候群ウイルス群（SIVs）が宿主転換を繰り返す中で突然変異を起こして，サル類からチンパンジー・ゴリラなどの類人猿への感染を経て，人間に感染するウイルスに進化したと報告されている（Sharp & Hahn, 2011）．アフリカの原住民がこれら霊長類を狩猟の対象として生肉を摂取するなどしたことが感染および流行の契機になったと考えられ，現在世界的に流行している HIV-1 グループ M というタイプが人間社会に初めて進出したのは 1920 年代のコンゴ民主共和国の首都キンシャサに

さかのぼることが示されている（Faria *et al.*, 2014）

重症急性呼吸器症候群（SARS）は2003年に初めて発見されたが，その原因となるSARSコロナウイルスは，ユーラシア大陸に広く分布するキクガシラコウモリ *Rhinolophus ferrumequinum* が自然宿主とされる（Li *et al.*, 2005）．SARSが発見された当時はハクビシン *Paguma larvata* が自然宿主ではないかと疑われたが，その後の調査により，野生下で中間宿主としてキクガシラコウモリから偶然ウイルスを受け取ったハクビシンが中国のマーケットで食用として売買される過程でヒトにウイルスが感染して，大流行を招いたと推測されている（Li *et al.*, 2005；Wang *et al.*, 2006）．

9.3 人間社会の膨張と生物多様性への浸食がもたらす感染症パンデミック

これら新興感染症の1940年代から1990年代における地域別の発症報告件数を調べると，南北中緯度～高緯度地域の経済先進国，すなわち北米，ヨーロッパ，オーストラリア，そして日本を含む東アジア諸国に発生が集中していることがわかる（Jones *et al.*, 2008）（図9.2）．前項で述べたHIV（AIDSの原因ウイルス）も原産地はアフリカ西部と考えられるが，発症例が確認され病名がついたのは北米が最初であった．蚊が媒介し，主にヒトと鳥類の間で感染が生じるウェストナイル熱ウイルスは，1937年に初めて，ウガンダのWest Nile地方で発熱した女性から分離されたが，1990年代に入ってからそれまで感染例のなかったヨーロッパおよびアメリカで流行が相次いだ（Hayes, 2001）．多くの新興感染症が，アフリカを始めとする低緯度地域の野生生物由来であるにも関わらず，その流行が先進国に及んでいる背景には，人間活動の肥大化およびグローバリゼーションの進行があると考えられる．

そもそも，低緯度地域の生物多様性が高いエリアで野生動物を自然宿主として生息していた病原体が人間社会に持ち込まれるきっかけをつくったのは人間活動による生態系の改変，およびそれがもたらす生物多様性の減少であった．すなわち，人間がこれら病原体の自然宿主の生息地を森林伐採や農地開発等によって破壊・分断化した結果，自然宿主である野生動物と家畜や人間の物理的距離を縮小

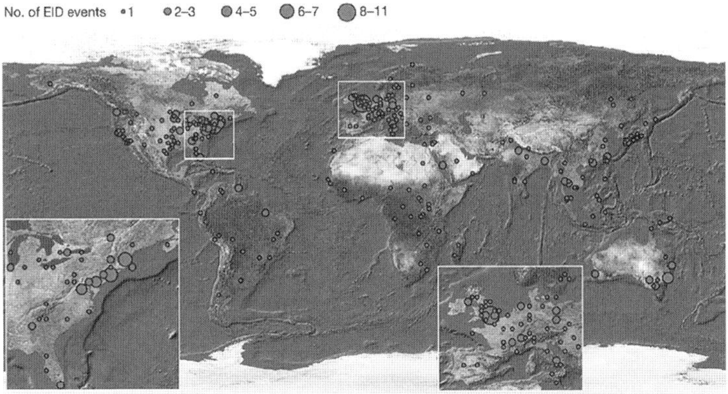

図 9.2　1940 年代から 1990 年代にかけて新興感染症が報告された地域と件数
Jones *et al.*, 2008 より.

し，接触する機会が増大したことで，自然宿主の体内に宿る病原体が宿主転換を起こして人間社会に進出したと考えられる.

同時に，近年のグローバリゼーションの進行にともないヒトおよび媒介動物の移送が活発となり，新興感染症がアフリカ等の低緯度地域から欧米など高緯度の先進国エリアへと，国境線や海峡を超えて拡散することとなった．さらに都市化による人口集中が急速な感染拡大につながっている（Weissenbock *et al.*, 2010).

9.4 野生生物に広がる感染症-生物多様性減少の脅威としての外来病原体

人間による生物多様性への浸食がもたらす新興感染症の発生とその後の流行は，人間社会のみならず，野生生物にとっても大きな脅威となりつつある（McCallum & Dobson, 1995；Real, 1996；Hess, 1996)．特に，ヒト，家畜および野生生物の国際的な移動・移送が，野生生物と外来病原体の遭遇リスクを高めている（Viggers *et al.*, 1993；Woodford, 1993；Cunningham, 1996；Woodroffe, 1999).

タンザニアのセレゲンティ国立公園では，1991 年に野生イヌが絶滅した．その原因とされるのが，人間が持ち込んだ飼育犬が保有するジステンパー・ウイルスや狂犬病ウイルスである（Macdonald, 1992；Kat *et al.*, 1995)．アメリカ合衆国中

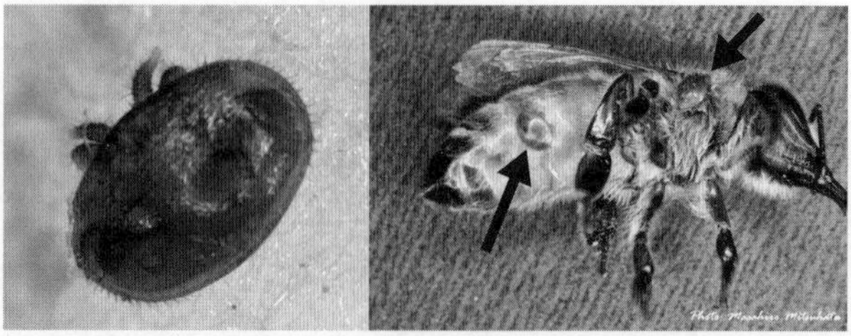

図 9.3　ミツバチヘギイタダニ
写真提供：アリスタライフサイエンス株式会社　光畑雅宏氏．口絵 2 参照．

部大西洋沿岸地域において狂犬病が野生生物の間で流行したのは，南東部の病巣エリアから，狂犬病ウイルスに感染したアライグマを移動したためとされる（Rupprecht *et al.*, 1995）．

セイヨウミツバチの感染症であるバロア病は，ミツバチヘギイタダニ（図 9.3）というダニが寄生することで発症するが，このダニの起源は東アジアで，この地域にヨーロッパ産セイヨウミツバチが持ち込まれたことで，世界各地に感染が拡大した．このダニは，もともと東アジアに生息するトウヨウミツバチを宿主とするが，トウヨウミツバチは本種に対して抵抗力を進化させており，重篤な被害は生じない（Oldroyd, 1999）．

ヒトの感染症が野生生物集団の「外来病原体」となるケースも生じている．例えば，タンザニアのガンボ国立公園では，観光客が持ち込んだはしかウイルスやポリオウイルスが野生のマウンテンゴリラやチンパンジーに感染して，大量死をもたらしている（Hime *et al.*, 1975）．

また，エボラ出血熱は近年，人間社会のみならず，アフリカのニシローランドゴリラ集団にも感染が拡大して，その個体数を急速に減らしていることが問題となっている（Bermejo *et al.*, 2006；Caillaud *et al.*, 2006；Genton *et al.*, 2012）．

北米では，2000 年代以降に昆虫食のコウモリ種の間で，白鼻症候群（White Nose Syndrome）と言われる新興感染症が流行し，多くの地域個体群が絶滅している（Blehert *et al.*, 2009）．分離された新種の病原菌 *Geomyces destructans*（Gargas *et al.*, 2009）が外来種なのか，それとも在来種が何らかの環境の変化に伴って大発生したのかは，まだ明らかにはされていないが，病原菌の分布拡大には，コウモリの生息環境である洞穴への人間や家畜等の出入りが大きく影響しているのではないかと考えられている．

現在，日本を含め，世界中で発生して家禽類に甚大な被害をもたらしている高病原性鳥インフルエンザ H5 型および H8 型は，もともと野生鳥類に寄生していた低病原性のインフルエンザウイルスが家禽に感染することで，家禽体内で高病原性に変異して，集約的に飼育されている養鶏場を中心に感染が拡大している（Banks *et al.*, 2001；Ito *et al.*, 2001）．高病原性鳥インフルエンザは野生の渡り鳥によって運ばれるとともに（伊藤，2009），汚染された人体や器具の移動に伴って分布を拡大しているとされる（Mannelli *et al.*, 2006；Bos *et al.*, 2010）．高病原性鳥インフルエンザは，家禽だけでなく，野生鳥類に対しても有害であることが報告されており（Liu *et al.*, 2005；伊藤，2009），個体群サイズの限られた希少種が高感受性だった場合，重大な被害が出る恐れがある．

9.5 国際および日本国内における外来病原体対策

様々な感染症が世界的な流行につながる現代において，感染症対策は国際協調とともに，各国の厳重な管理が求められる問題である．世界保健機関（WHO）は世界人類の健康向上を目的として設立された国際機関であるが，感染症の流行防止・病原体の撲滅も重要な課題とされている．また動物の衛生管理を目指した国際機関として国際獣疫事務局（OIE）が存在する．OIE では鳥インフルエンザなどの家畜伝染病や狂犬病などの人獣共通感染症の監視と管理基準の策定を行っている．

日本では，これらの国際機関に参加して，国際的な感染症対策を支援するとともに，国内法によって，国内感染症対策をすすめている．HIV やエボラ出血熱等，重大な新興感染症や人獣共通感染症については厚生労働省感染症法および狂犬病予防法によって，国内で発症が確認された場合は患者の隔離や移動制限などの措置がとられる．また，これらの感染症を保菌する恐れがある動物の輸入や飼育にも規制がかかる．例えば，タヌキ，ハクビシン，イタチアナグマ（SARS），コウモリ（狂犬病，ニパウイルス感染症，リッサウイルス感染症），サル（エボラ出血熱，マールブルグ病），プレーリードッグ（ペスト），およびヤワゲネズミ（ラッサ熱）は原則輸入が禁止されており，その他のほ乳類や鳥類については輸入届出が義務づけられている．

また，家畜動物の感染症予防を目的として，牛，豚，やぎ，羊，馬などの家畜哺乳類のほか，鶏，うずら，きじ，あひる・がちょうなどのかも目の鳥類，うさぎ，ミツバチなどの動物を対象に，農林水産省では家畜伝染病予防法に基づく輸出入検査を行っている．ペットとして飼育される犬や猫についても，狂犬病が日本に侵入することを防ぐため，輸出入検査を行っている．

ただし，これら厚生労働省および農林水産省の感染症対策では，その対象動物は，家畜伝染病予防法におけるセイヨウミツバチ以外は，哺乳類と鳥類に限定されており，両生類・爬虫類については輸入検疫の対象から外れている．なお，魚類については，2007 年から家畜伝染病予防法の検疫対象となっている．

一方，環境省では，外来生物による生態系および人間社会への被害を防止することを目的として，2005 年から外来生物法を施行している．この法律では，マングースやオオクチバス等，有害な外来種を「特定外来生物」に指定して，輸入，飼育および野外への放逐が原則禁止する．しかし，この法律では，規制対象は「目で見て種が特定できる」生物種に限定されており，ダニ等の微小な動物や，菌，細菌，およびウイルス等の微生物については規制対象から外されている．

財務省の貿易統計によれば，2010 年だけで，生きている動物の輸入個体総数は 83 億匹を超える（財務省貿易統計）．この膨大な数の輸入動物のうち，検疫対象となる種・個体はごく一部であり，多くの動物が正体不明の寄生生物や微生物をもったまま輸入されていると考えなくてはならない．

9.6 外来動物がもたらす感染症の流行

家畜やペット等，現在でも恒常的に移送が繰り返されている動物については，感染症病原体の持ち込み・持ち出しに対して，監視および検疫のシステムが整っているが，古くに導入されて，すでに野外に定着を果たしてしまっている外来動物については，現状，感染症に関する対策はほとんど何もとられていない．

例えば，環境省外来生物法で特定外来生物にも指定されているアライグマは，1970 年代後半以降テレビアニメの影響で飼育ブームとなり，日本各地で飼育個体の放逐・逸出により野生化が進行した結果，現在日本全国にその分布が拡大して，農林水産業被害や生態系被害が問題となっている．本種は，アライグマ回虫とい

表 9.1 2010 年における狂犬病による死亡者数の推定 WHO, 2013.

アフリカ	中国	インド	その他のアジア諸国	アジア合計	全世界
23,800	7,450	16,450	10,550	34,500	61,000

う寄生性センチュウや狂犬病ウイルスなどの人獣共通感染症病原体の宿主動物となり得る（池田，2000）.

これまでのところ国内で捕獲された野生化個体からはこれらの病原体の感染は確認されていないが，本種がこうした病原体のベクターになるリスクに関する普及啓発が遅れており，万一，病原体が侵入して野生個体群に感染が拡大した場合，不用意な餌付けや捕獲作業によって，ヒトへの感染リスクが高まる恐れがある.

特に狂犬病については，1950 年に狂犬病予防法が制定されるまでは国内でも流行していた感染症であるが，その後，国を挙げて飼育犬の登録，予防注射，野犬等の抑留を徹底したことで，わずか 7 年という短期間のうちに国内から撲滅するに至った．しかし，現在もこの感染症は，隣国の中国・韓国を含めて世界中で発生しており（表 9.1），日本に再侵入してくるリスクは決して低くはない.

沖縄島および奄美大島に定着しているフィリマングースは，サウジアラビア以東，インド，ネパール，中国南部から海南島に生息する雑食性哺乳類であるが，1910 年に毒蛇のハブ駆除目的で意図的に導入され，野生化した外来動物である．両島内で分布拡大とともに，ヤンバルクイナやアマミノクロウサギなどの希少在来種を捕食していることが後に判明して，特定外来生物に指定されている．本種も狂犬病やレプトスピラ症などの人獣共通感染症病原体を保有し得る動物であり，実際に，沖縄島におけるレプトスピラ菌感染率を調査した結果，調査個体の 70% 近くが感染していることが判明している（福村，1984）.

さらに，この外来マングースが保菌しているレプトスピラは，もともと島に生息しているイノシシおよびネズミ類に寄生していた菌が水平伝搬したものであり，マングースが島内の感染症病原体のブースターとなり得ること，その結果，人間社会の病原体を野生生態系に持ち込むことが懸念されている（石橋・小倉，2012）.

9.7 日本から輸出された両生類感染症

近年，世界各地で急速に両生類の多様性低下を引き起こしている要因としてツボカビ症という新興感染症が注目を集めて来た．ツボカビ症とは，カエルツボカビ菌 *Batrachochytrium dendrobatidis*（図 9.4）という両生類の皮膚に特異的に寄生する真菌が病原体となる両生類特有の感染症で，1998 年に Berger *et al.*（1998）によって中米で初めて発見された．その後の標本調査や野外調査から，1990 年代に入ってから世界中に感染が拡大したと考えられている（Weldon *et al.*, 2004；Lips *et al.*, 2006）．その起源は，世界的に実験動物として流通しているアフリカ原産アフリカツメガエルと考えられていた．2006 年 12 月に日本国内に輸入された南米原産のペット用カエルからカエルツボカビが発見され，これがアジア初の感染事例となった．

両生類の世界的脅威とされる感染症の侵入という事態を受けて，日本中の生態学者・両生類学者たちが日本産両生類の絶滅の危機を訴えた．そこで，国立環境研究所が中核機関となって，全国感染実態調査を行った．その結果，室内飼育および野生の両方の両生類集団からカエルツボカビ菌が検出された．また DNA 分析の結果から，日本国内のカエルツボカビ菌の遺伝的多様性が非常に高いことが示された（図 9.5）．さらにオオサンショウウオには起源の古い固有の菌系統が寄生していることも明らかになった．日本国内においてこれまでにカエルツボカビ

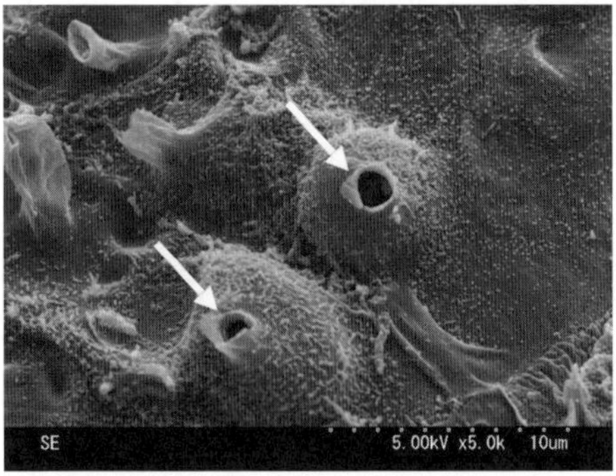

図 9.4　カエル体表におけるカエルツボカビ遊走子嚢の電子顕微鏡写真
写真の矢印部分が遊走子の放出管．麻布大学・宇根有美博士 提供．

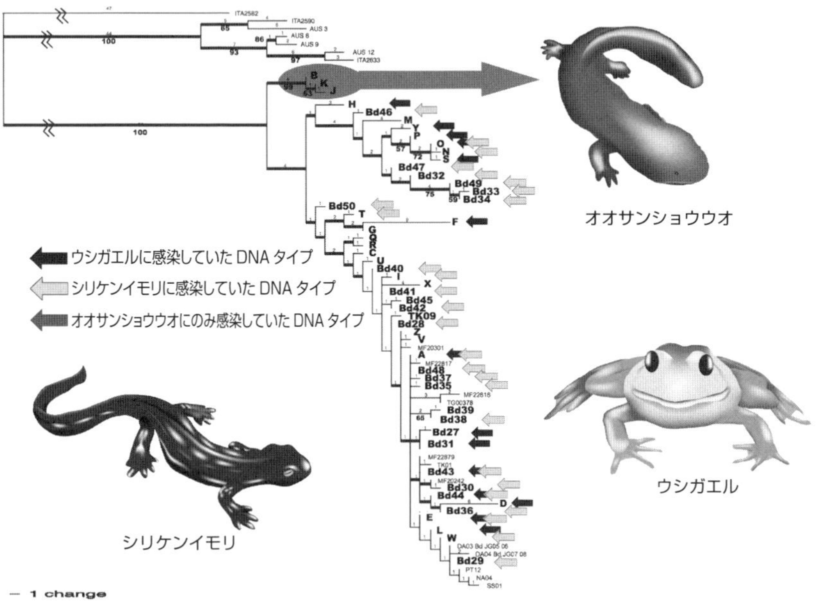

図 9.5　カエルルボカビ菌の ITS-DNA 塩基配列情報に基づく系統樹
Goka *et al*., 2009；2010 に新規データを加えて作図.

による大量死の事例もないことから，本菌の起源は日本を含むアジアにあり，日本国内の両生類は本菌との長きに渡る共進化によって本菌に対する抵抗性を獲得しているものと考えられた（Goka *et al*., 2009；Goka, 2010）.

日本は，戦後に食用目的で北米からウシガエルを輸入しており，休耕田を利用した養殖が盛んに行われていた．その結果，日本は 1950 年代から 1980 年代まで国内で養殖したウシガエルを欧米に輸出するウシガエル輸出大国であった．こうした両生類の国際的なトレードが日本の菌を海外に持ち出し，世界中に菌を蔓延させたのではないかと推察される.

その後も，世界各地でカエルツボカビの起源に関する調査が行われており，日本以外にも地域固有のカエルツボカビ系統が存在すること，多様なカエルツボカビ系統の一部が世界パンデミック系統（global pandemic lineage；GPL）として，世界中に拡散して病気をもたらしていると考えられている（Farrer *et al*., 2011；Schloegel *et al*., 2012；Bataille *et al*., 2013）.

現在，我々は，これらの海外における調査結果および我々の国内調査結果を統

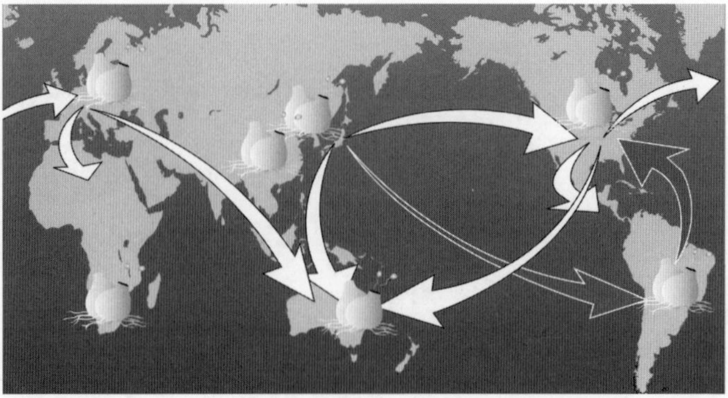

図 9.6　遺伝子情報に基づくカエルツボカビ菌の世界的分布拡大プロセス推定
白い矢印が世界的パンデミック系統（GPL），灰色の矢印がブラジル系統の分布拡大経路を示す．Goka *et al*., 未発表.

合して，カエルツボカビ菌の分布拡大プロセスを再構築している（Goka *et al*., 未発表）．その結果，日本の特に南西諸島に全世界のカエルツボカビ系統が生息しており，ここを起源として，GPL 系統が北米・ヨーロッパ・オセアニアに分散したと推定されている．また，古くから経済のつながりの深かったブラジルには GPL 系統とは異なる系統が移送され，「ブラジル系統」として南米で分布を広げ，その後，近年になって，この「ブラジル系統」が北米にも侵入したものと我々は考えている（図 9.6）．

カエルツボカビ菌の起源については，まだ，各国から諸説が林立していて（Rodriguez, 2014），結論はまとまっていないが，本菌の世界的な分布拡大は人為的な両生類の移送が原因であり，特に食用に利用されたウシガエルが重要な媒介者であることは，国内外の研究報告の共通した結論とされる（Schloegel *et al*., 2012）．

一方，ツボカビ症の深刻な被害は，主に中南米やオセアニアなどの標高が高い密林地帯に生息する希少両生類集団において生じている．カエルツボカビ菌が，外来ウシガエルの生息域である低地の人為的攪乱環境エリアから，原生林エリアに侵入した原因として，エコツーリズムやフィールドトリップなどの目的で，様々な国から多くの人間が訪れて，熱帯林の奥地まで足を踏み入れていることが考えられる．これまで人間世界から隔絶されていた両生類の生息空間に人が足を踏み入れたことによって，下界からカエルツボカビ菌が持ち込まれ，免疫のない両生類の間でこの菌は瞬く間に広がったのであろう．

まさに，ジャングルから人間社会にHIVウイルスやエボラ出血熱ウイルスが進出している事態とは逆方向の事態が野生生物の世界に生じていることを，カエルツボカビ菌のパンデミックは示している．同時に，様々な野生生物の生息域に立ち入り，それら生物を直接触れる機会が普通の人よりも格段に多い我々生物学者・生態学者は，普通の人よりも病原菌を移送させるリスクが高いことを，自戒の念を込めて認識する必要がある．

2014年には，カエルツボカビ菌と同属で新種のイモリツボカビ菌 *B. salamandrivorans* がヨーロッパで発見された．本菌はイモリやサンショウウオ類等，両生類の有尾目にのみ感染する病原菌で，ヨーロッパで固有サンショウウオに対して猛威を振るっているとされ，国立環境研究所を含む欧米・アジアの研究グループが調査した結果，本菌の起源も東アジアにあることが示唆されている（Martel *et al.*, 2014）．日本のアカハライモリは欧米では，ペット生物として人気があり，こうしたアジア産有尾両生類の国際移送が，この新しい両生類感染症のパンデミックに繋がっているとされる．

9.8 病原体多様性の維持・管理–進化生態学的観点の重要性

病原体がもたらす感染症は，今や人間社会のみならず生物多様性にとっても深刻な脅威となっているがその根底には病原体の多様性の攪乱がある．そもそも，病原体とされる微生物やウイルスは，我々人間が登場する遥か太古より地球上に存在し，重要な生態系機能を果たして来たと考えられる．すなわち，病原体は，宿主となる生物集団の抵抗性や免疫の弱い個体を淘汰し，集団サイズを調整するという内なる天敵としての機能をもち，病原体と宿主生物間の共進化が，両者の多様性を育んで来た．長きにわたる共進化の歴史をへて，さまざまな病原体はそれぞれの自然宿主とともに，安定した共生関係を構築して，生物多様性の構成要員となっている．

例えば，SARSコロナウイルスの起源とされるコウモリのコロナウイルスは，中国南部に生息するコウモリの種ごとに，異なる遺伝的系統が分化して，寄生していることがDNA分析の結果から明らかとなっている．さらに，SARSコロナ

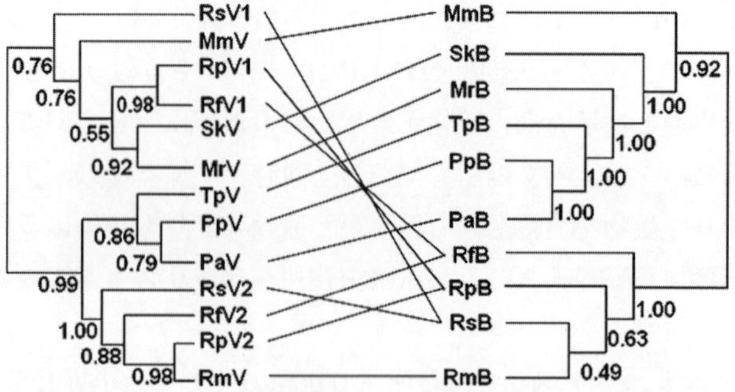

図 9.7　コウモリコロナウィルス（左）および宿主コウモリ種（右）のDNA系統樹，および両者間の共種分化関係

系統樹間の直線が，病原体-宿主の関係を表す．一部，2系統のウイルスの宿主となっているコウモリ種が存在するが（RfB，RpB，および RsB），これはウイルス 3 系統（RsV2，RfV2 および RpV2）が，これら 3 種のコウモリに宿主転換をしたことを示している．Cui *et al.*, 2007.

ウイルスに最も近縁なウイルス系統群が比較的新しい進化年代に，従来の自然宿主コウモリ種から異なるコウモリ種に宿主転換を果たしたと推定されており，この新しい系統群に人間や家畜が接触したことによって，感染症病原体SARSが誕生したと考えられている（図 9.7）（Cui *et al.*, 2007）

「生物多様性科学国際協同プログラム（Diversitas）」が毎年発行する *Diversitas Annual Report* の 2006 年度版において，Peter Daszak 博士を代表とする専門家委員会は，人間が熱帯林のような生物多様性の高い地域に入り込み，開発を進めることは，生物学的「貯蔵庫」の秩序を攪乱し，人間を新興感染症の危険にさらすと報告している（Diversitas, 2006）．生物多様性は人間にとって食糧や医薬品となる遺伝子資源を提供するだけでなく，様々な病原体から人間を保護する役割も果たしているという．

問題をもたらしているのは病原体ではなく，病原体を含む生態系の共生関係を攪乱している人間活動にある．自然環境が破壊され，病原体が移送されることにより，病原体はその生息場所を失い，宿主転換を図り，人間を含む生態系に対して重大な被害を及ぼさざるを得なくなっている．自然共生という言葉が唱われて久しいが，病原体との共生をはかり，人間の安全で健康な社会を守るためにも，病原体の多様性と地域固有性を守るという視点も必要とされる．その意味で，目に見えない外来生物に対しても人為移送を防ぐための早急な法的規制が望まれる．と，同時に我々生態学者も，病原体が織りなす目に見えない生態系にもっと目を向けて，その存在意義と管理を深く考える必要がある．

引用文献

Banks, J., Speidel, E. S., Moore, E. *et al.*（2001）Changes in the haemagglu- tinin and the neuraminidase genes prior to the emergence of highly patho- genic H7N1 avian influenza viruses in Italy. *Arch. Virol.*, **146**, 963-973.

Bataille, A., Fong, J. J., Cha, M. *et al.*（2013）Genetic evidence for a high diversity and wide distribution of endemic strains of the pathogenic chytrid fungus Batrachochytrium dendrobatidis in wild Asian amphibians. *Mol. Ecol.*, **22**, 4196-4209.

Berger, L., Speare, R., Daszak, P. *et al.*（1998）Chytridiomycosis causes amphibian mortality associated with population declines in the rainforests of Australia and Central America. *Proc. Natl. Acad. Sci.*, **95**, 9031-9036.

Bermejo, M., Rodríguez-Teijeiro, J. D., Illera, G. *et al.*（2006）Ebola outbreak killed 5000 gorillas. *Science*, **314**, 564-564.

Blehert, D. S., Hicks, A. C., Behr, M. *et al.*（2009）Bat white-nose syndrome: an emerging fungal pathogen? *Science*, **323**, 227.

Bos, M. E., Nielen, M., Toson, M. *et al.*（2010）Within-flock transmission of H7N1 highly pathogenic avian influenza virus in turkeys during the Italian epidemic in 1999-2000. *Prev. Vet. Med.*, **95**, 297-300.

Caillaud, D., Levrero, F., Cristescu, R.（2006）Gorilla susceptibility to Ebola virus: The cost of sociality. *Current Biology*, **16**, 489-491.

Cui, J., Han, N., Streicker, D. *et al.*（2007）Evolutionary relationships between bat coronaviruses and their hosts. *Emerging Infectious Diseases*, **13**, 1526-1532.

Cunningham, A. A.（1996）Disease risks of wildlife translocations. *Conservation Biology*, **10**, 349-353.

Diversitas（2006）*Diversitas Annual Report.* http: //www. diversitas-international. org/resources/publications/reports-1/annual_report_2006.pdf

Faria, R., Rambaut, A., Suchard, M. A., *et al.*（2014）The early spread and epidemic ignition of HIV-1 in human populations. *Science*, **346**, 56-61.

Farrer, R. A., Weinert, L. A., Bielby, J. *et al.*（2011）Multiple emergences of genetically diverse amphibian-infecting chytrids include a globalized hypervirulent recombinant lineage. *Proc. Nat. Acad. Sci. USA*, **108**, 18732-18736.

福村圭介（1984）沖縄県のレプトスピラ症の疫学的研究第２報　沖縄本島におけるレプトスピラ症およびレプトスピラの血清疫学的研究．山口医学，**33**, 269-277.

Gargas, A., Trest, M. T., Christensen, M., Volk, T. J. & Blehert, D. S.（2009）Geomyces destructans sp. nov. associated with bat white-nose syndrome. *Mycotaxon*, **108**, 147-154.

Genton, C., Cristescu, R., Gatti, S. *et al.*（2012）Recovery potential of a western lowland gorilla population following a major ebola outbreak: results from a ten year study. *PLoS ONE*, **7**, e37106.

Goka, K.（2010）Introduction to the Special Issue for Ecological Risk Assessment of Introduced

Bumblebees; Status of the European bumblebee, Bombus terrestris, in Japan as a beneficial pollinator and an invasive alien species. *Applied Entomology and Zoology*, **45**, 1–6.
Goka, K., Une, Y., Kuroki, T. *et al.* (2009) Amphibian chytridiomycosis in Japan: distribution, haplotypes, and possible entry into Japan. *Molecular Ecology*, **18**, 4757–4774.
Hayes, C. G. (2001) West Nile virus: Uganda, 1937, to New York City, 1999. *Ann. N. Y. Acad. Sci.*, **951**, 25–37.
Hess, G. (1996) Disease in metapopulation models: implications for conservation. *Ecology*, **77**, 1617–1632.
Hime, J. M., Keymer, I. F. & Baxter, C. J. (1975) Measles in recently imported colobus monkeys (Colobus guereza). *Veterinary Record*, **97**, 392.
池田 透 (2000) 移入アライグマをめぐる諸問題. 遺伝, **54**, 59–63.
石橋 治・小倉 剛 (2012) 日本における特定外来生物マングースの現状とレプトスピラ感染の実態. 地球環境, **17**, 193–202.
伊藤壽啓 (2009) 第56回日本ウイルス学会シンポジウム特集1. 高病原性鳥インフルエンザと野鳥の関わり. ウイルス, **59**, 53–58.
Ito, T., Goto, H., Yamamoto, E. *et al.* (2001) Generation of a highly pathogenic avian influenza A virus from an avirulent field isolate by passaging in chickens. *J. Virol.*, **75**, 4439–4443.
Jones, K. E., Patel, N. G., Levy, M. A. *et al.* (2008) Global trends in emerging infectious diseases. *Nature*, **451**, 990–994.
Kat, P. W., Alexander, K, A., Smith, J. S. & Munson, L. (1995) Rabies and African wild dogs in Kenya. *Proc. R. Soc. London Ser. B.*, **262**, 229–233.
Li, W., Shi, Z., Yu, M. *et al.* (2005) Bats are natural reservoirs of SARS-like coronaviruses. *Science*, **310**, 676–679.
Lips, K. R., Brem, F., Brenes, R. *et al.* (2006) Emerging infectious disease and the loss of biodiversity in a Neotropical amphibian community. *Proc. Nat. Acad. Sci. USA*, **102**, 3165–3170.
Liu. J., Xiao, H., Lei, F. *et al.* (2005) Highly Pathogenic H5N1 Influenza Virus Infection in Migratory Birds. *Science*, **309**, 1206.
Macdonald, D. W. (1992) Cause of wild dog deaths. *Nature*, **360**, 633–634.
McCallum, H. & Dobson, A. (1995) Detecting disease and parasite threats to endangered species and ecosystems. *Trends Ecol. Evol.*, **10**, 190–194.
Mannelli, A., Ferre, N. & Marangon, S. (2006) Analysis of the 1999–2000 highly pathogenic avian influenza (H7N1) epidemic in the main poultry- production area in northern Italy. *Prev. Vet. Med.*, **73**, 273–285.
Martel, M., Blooi, M., Adriaensen, C. *et al.* (2014) Recent introduction of a chytrid fungus endangers Western Palearctic salamanders. *Science*, **346**, 630–631
Oldroyd, B. P. (1999) Coevolution while you wait: Varroa jacobsoni, a new parasite of western honeybees. *Trends Ecol. Evol.*, **14**, 312–315.
Real , L. A. (1996) Sustainability and the ecology of infectious disease. *Bioscience*, **46**, 88–97.
Rodriguez, D., Becker, C. G., Pupin, N. C., Haddad, C. F. B. & Zamudio, K. R. (2014) Long-term endemism of two highly divergent lineages of the amphibian-killing fungus in the Atlantic Forest of Brazil. *Mol. Ecol.*, **23**, 774–787.
Rupprecht, C. E., Smith, J. S., Fekadu, M. & Childs, J. E. (1995) The Ascension of Wildlife Rabies: A Cause for Public Health Concern or Intervention? *Emerg. Infect. Dis.*, **1**, 107–114.
Schloegel, L. M, Toledo, L. F, Longcore, J. E. *et al.* (2012) Novel, pan-zootic and hybrid genotypes of

amphibian chytridiomycosis associated with the bullfrog trade. *Mol. Ecol.*, **21**, 5162–5177.

Sharp, P. M. & Hahn, B. H. (2011) Origins of HIV and the AIDS Pandemic. *Cold Spring Harbor Perspectives Med.*, **1**, a006841.

Viggers, K. L., Lindenmayer, D. B. & Spratt, D. M. (1993) The Importance of Disease in Reintroduction Programmes. *Wildlife Res.*, **20**, 687–698.

Wang, L. F., Shi, Z., Zhang, S., Field, H., Daszak, P. & Eaton, B. T. (2006) Review of bats and SARS. *Emerg. Infect. Dis.*, **12**, 1834–1840.

Weissenbock, H., Hubalek, Z., Bakonyi, T. & Nowotny, N. (2010) Zoonotic mosquito-borne flaviviruses: worldwide presence of agents with proven pathogenicity and potential candidates of future emerging diseases. *Vet. Microbiol.*, **140**, 271–280.

Weldon, C., Du Preez, L. H., Hyatt, A. D., Muller, R. & Speare, R. (2004) Origin of the amphibian chytrid fungus. *Emerg. Infect. Dis.*, **10**, 2100–2105.

WHO (2013) WHO Expert Consultation on Rabies. http://apps.who.int/iris/bitstream/10665/85346/1/9789240690943_eng.pdf

Woodroffe, R. (1999) Managing disease threats to wild mammals. *Animal Conserv.*, **2**, 185–193.

Woodford, M. H. (1993) International disease implications for wildlife translocation. *J. Zoo Wild. Med.*, **24**, 265–270.

財務省貿易統計ウェブサイト http://www.customs.go.jp/toukei/info/tsdl.htm

第10章 病原生物と宿主の進化

加茂将史・佐々木顕

10.1 はじめに

アナウサギは食肉として，毛皮としてまたは貴婦人方の狩猟獣として珍重されたアナウサギ属のウサギである．確実な記録が残すところとして，24頭のウサギが1859年にオーストラリアに持ち込まれている（McBride, 1988）．ウサギは猛烈な勢いで生息域を拡大し，農作物を食い荒らした．その経済被害は深刻で，ウサギの駆除計画が持ち上がる．ウサギ戦争の勃発である．

当初，銃殺や重機を用いたウサギ穴破壊による各個撃破を目指したが，効果はほとんどあがらなかった．そこで，生物兵器ミクソーマ（粘液腫）ウイルスが導入されることとなる．各個撃破はウサギの数だけ手間がかかるが，病原体ならいくつかに感染させれば，後は勝手に広がる．感染による死亡率は99.99%．これで戦争は終わると思っただろう．

ミクソーマは期待通り，アナウサギの個体群を壊滅させた．しかしながら，根絶までには至らなかった．なぜか．感染による死亡率の低下が理由の1つとしてあげられる．死亡率は最終的に50%程度にまで下がった（Fenner & Ratcliffe, 1965；Fenner, 1983；May & Anderson, 1983）．

ミクソーマウイルスは中南米のワタオウサギからとられたものだが，ワタオウサギは感染で死ぬことはほとんどない．そのウイルスが，新天地では高い毒性を発揮し，そして時間とともに毒性は低下した．新天地にもたらされた病原体が強毒性を発揮する例は他でも知られている．麻疹（はしか）も，感染経験がほとんどいない地域で流行すると，定常的に流行が見られる地域よりもその死亡率はずっと高い（山本, 2011）．大航海時代，ヨーロッパ人が持ち込んだ病原体により非常に多くのアメリカ先住民が死亡した（Temin, 1993）．

かつては生物集団における病原体の役割は限定的で，攪乱をもたらすとしてもそれは一過性のものにしか過ぎないと考えられていた（Kilpatrick & Altizer,

2012)．Anderson と May が数理モデルを用いて病原体の集団動態を明示的に記述して以降（Anderson & May, 1978, 1979, 1982；May & Anderson, 1978, 1979），病原体がヒト集団および生態系に与える影響について理論的に，実験的に非常に多くの研究がなされている（Tompkins *et al*., 2002）．病原体は個体の行動を変え（Dobson, 1988；Godfray, 1993；Moore, 1995, 2002；Thomas *et al*., 2005；Poulin, 2006；Poulin & Thomas, 1999；Poulin, 2010），群集構造を変化させ（Minchella & Scott, 1991；Mouritsen & Poulin, 2002；Wood *et al*., 2007；Bradley *et al*., 2008；Lefevre *et al*., 2009），生物多様性に影響を与え（Keesing *et al*., 2006, 2010），それらを通じて生物進化にも影響を及ぼし（Fredensborg & Poulin, 2006；Chadwick & Little, 2005；Duncan & Little, 2007；Ohlberger *et al*., 2011），ヒト社会においてはその文明のあり方にも影響を与える（Diamond, 1997；山本，2011）と考えられている．

病原体は時に，生物集団，ヒト社会に破滅的な被害をもたらす．必要以上に恐れる必要はないが，無防備ではいざという時，社会が激しく混乱する．病気が流行する条件とは何か，どういう条件がそろえば病気の致死率は高くなるのか，それら条件を進化論的なアプローチで探るのが，本章の目的である．

10.2 基本再生産数

進化生物学者が知りたいのは，その病原体の基本再生産数または基本増殖率（R_0：アール・ゼロまたはアール・ノウト）はどのぐらいかである（May, 1993）．多くの場合，病原体の数は一感染個体の中でさえ膨大である．そのため，病原体の集団動態を考える場合，病原体の個体数を数えるのではなく，病気が流行している集団を，感染していない個体，感染が生じている個体等に分け，それらの個体数を数える．一人の感染個体から病気をうつされる新たな感染個体（の期待値）を表す数が R_0 であり，病原体の増殖率として扱う．直感的には，一人から一人以上に病気がうつるなら感染が維持されると思われる．それは正しく，$R_0>1$ ならその病原体は集団中に維持され，$R_0<1$ ならやがて消える．

R_0 はモデルを用いて求めることが多い．病原体の種類や感染経路に応じて様々なモデルが構築されている（Anderson & May, 1991；Grenfell & Dobson,

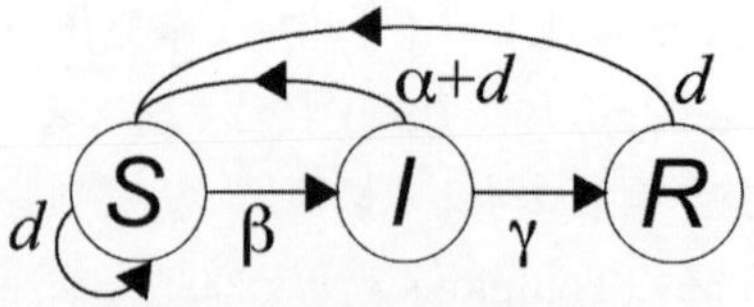

図10.1　宿主を感受性個体（S），感染個体（I），回復個体（R）の状態に分けた SIR モデル
感染症のモデルでは病原体の数ではなく，宿主密度を数える．

1995；Hudson *et al.*, 2002；Nowak, 2006；Keeling & Rohani, 2008；佐々木，2013）．ここでは簡単なモデルを考え，R_0 を求める．病原体がたかる先を宿主と言い，宿主を「感染が可能」，「感染中」，「回復し免疫を獲得した状態」に分け，密度をそれぞれ S（susceptible，感受性個体），I（infected，感染個体）と R（recovered，回復個体）とする（SIR モデル，図10.1）．

単位時間あたりの個体の死亡率は d で，感受性個体と感染個体が接触すれば率 β で感染が起こり，感染個体は率 γ で回復するが率 α だけ死亡が上昇するとする．集団密度の時間変化は

$$\frac{dS}{dt}=-\beta SI-dS+dN+\alpha I \qquad (10.1)$$

$$\frac{dI}{dt}=\beta SI-(d+\gamma+\alpha)I \qquad (10.2)$$

$$\frac{dR}{dt}=\gamma I-dR \qquad (10.3)$$

と書かれる．d, β, γ は，それぞれ死亡率，感染率，回復率と呼ばれ，α は病原性・ビルレンス（感染による超過死亡率）と呼ばれる．集団密度は自然死亡（dN）および感染による死亡（αI）により減少する．ここでは単純化のため，死亡による減少は，感受性個体（S）の誕生により直ちに埋め合わされるとして（つまり，式(10.1）に dN と αI を足すことで)，総密度は一定に保たれるとした．総密度は一定なので $dS/dt+dI/dt+dR/dt=0$（S, I, R の値は変わりうるが，総量として変化はない）となり，平衡密度，(S^*, I^*)，は $dS/dt=0, dI/dt=0$ とおいて連立方程式を解けば，

$$(S^*, I^*) = \left(\frac{d+\gamma+\alpha}{\beta}, \frac{d(N-d-\gamma-\alpha)}{\beta(d+\gamma)} \right) \tag{10.4}$$

と求まる．回復個体の平衡密度は $R^* = N - S^* - I^*$ である．流行しない平衡状態 $(N, 0)$ もあるが，$R_0 > 1$ なら不安定なのでここでは考えない．

かつて流行したことがない病原体だとすると，集団の全個体は感受性なので式 (10.2) の S を N で置き換え[1)]

$$\frac{dI}{dt} = [\beta N - (d+\gamma+\alpha)] I \tag{10.5}$$

と表される．[ ] の中が正であれば感染個体の密度が増加する．整理して，dI/dt が正となる条件を R_0 とすると，

$$R_0 \equiv \frac{\beta N}{d+\gamma+\alpha} > 1 \tag{10.6}$$

となる．分子にある βN は単位時間あたりに獲得できる新たな感染者数で，$1/(d+\gamma+\alpha)$ は感染が持続する平均時間である．感染率 (β) が高いほど，集団密度 (N) が大きいほど，治りにくい病気であるほど (γ が小)，流行が起こりやすいというのは直感通りだろう．

R_0 は感染率や回復率等の病原体の形質の進化の方向も決める．いま，ある在来型の病原体が式 (10.4) の共存平衡解 (endemic な状態) にあるとする．形質がわずかに異なる変異型 (J とする) がごく少数生じるとすると，変異型の初期動態は

$$\frac{dJ}{dt} = [\beta_J S^* - (d+\gamma_J+\alpha_J)] J \tag{10.7}$$

と表される．変異型の密度および形質には添字 J をつけた．変異型の侵入条件はやはり [ ] の中身が正である．式 (10.4) の S^* を代入し整理すると，侵入条件

$$\frac{\beta_J}{d+\gamma_J+\alpha_J} - \frac{\beta}{d+\gamma+\alpha} > 0 \tag{10.8}$$

1) より正確には感染個体の初期密度を非常に小さい数 ε として，侵入初期の感受性個体，感染個体の密度をそれぞれ $S = N - \varepsilon, I = \varepsilon$ とする．これらを式 (10.2) に代入し，ε^2 を 0 と近似して式 (10.5) を得る．

表10.1　R_0 推定値の例

	宿主・場所	R_0	文献
麻疹	ヒト・英国	16-18	Anderson & May (1991)
風疹	ヒト・英国	6-7	Anderson & May (1991)
インフルエンザ	ヒト	3-4	Murray (1989)
口蹄疫	家畜・英国	3.5-4.5	Ferguson *et al.* (2001)
狂犬病	イヌ・ケニア	2.44	Kitala *et al.* (2002)
猫免疫不全ウイルス感染症 (FIV)	ネコ	1.1-1.5	Smith (2001)

が求まる．これはより大きな R_0 を持つ病原体が集団を乗っ取ることを表している．

R_0 は進化の方向だけでなく，流行の最終規模（佐々木，2013）や流行を押さえるのに必要なワクチン摂取率等，病原体の管理・対策に必要な様々な情報を与えてくれる．けれども，R_0 を知るのはかなり難しい．モデル上で R_0 が定義できたとしても，実際の値は，文献調査や疫学調査から推定しなくてはならない．特に，対象が新興感染症である場合，使える情報などほとんどない．R_0 をリアルタイムで推定する手法（例えば Nishiura *et al.*, 2013）にも関心が高まっている．

10.3 たかる側の論理

式（10.8）で見たように，進化は R_0 を高くする方向に働く（Levin, 1993）．R_0 を高くするには感染率 β を高くし，病原性 α と回復率 γ を低くすればよい．しかし，病原体の感染率や病原性，回復率は互いに関連していることが多く（感染率が上がると病原性も上がる等のトレードオフがある），R_0 が最大になる状況は様々である．

直接感染性の病原体は，宿主に動き回ってもらった方が都合がよい．そのため，狂犬病のように宿主をより攻撃的になるよう操作（寄主による宿主操作，host manipulation）する病原体もある（Macdonald, 1980）．病原体が宿主の意思決定権を奪い取り都合の良いように操作するという話は，SF じみているだけに興味深く，非常に詳しく調べられている（Dobson, 1988；Godfray, 1993；Moore, 1995, 2002；Thomas *et al.*, 2005；Poulin, 2006, 2010）．例えば，アリに感染した槍形吸虫は，アリを草の上に移動させ，ヒツジに食べてもらうことでヒツジへの感染を成功させる（Ewald, 1994；Poulin, 1995）．より手の込んだ例は線虫（*Myrmeconema neotropicum*）で，まずはクロアリの腹部を真っ赤に染め上げる．次いで，アリを木の上に登らせ，そこに佇ませる．赤い腹部が果実の擬態となり，果実食のトリに効率よく捕食されるのである（Yanoviak *et al.*, 2008）．これら哀れなアリは病原体が増殖を行えない待機宿主であり，病原体にとっては自らの運搬以外に使い道がない．そのような宿主は容赦なく使い捨てにされる．

昆虫媒介性の病原体は媒介昆虫には無害だが，その他宿主では有害の程度は大きい（Ewald, 1994）．例えばマラリアにとって，カは有性生殖を行う終宿主であると同時にマラリア原虫の拡散者である．カに対してほとんど無害である一方，ヒトに対しては深刻な症状をもたらす．カにとっても弱ったヒトを刺す方がより安全であり，ヒトの症状が深刻であるほど都合が良い．互いの利害関係が一致していれば，協力体制は維持されやすいだろう．

宿主ゲノムから出る能力を失ったレトロウイルスのゲノムが，宿主ゲノムの一部となることも知られている．遺伝子の水平伝播は進化の過程で頻繁に起こってきたらしく，ヒトゲノムの半分は何らかのウイルス由来の反復配列で埋め尽くされている．ウイルスの置き土産とも言える遺伝資源が種の壁を越えて使い回されることもあり，遥か昔ウイルスのエンベロープを構成するタンパクを生成していた遺伝子（シンチシン）は，今ではほ乳類の胎盤形成に重要な役割を果たしている（Mi *et al.*, 2000；武村，2013）．

10.4 病原性の進化

感染による宿主の死亡率の上昇分は病原性と呼ばれる．病原体はなぜ宿主を殺すのか．この疑問に対する関心は高く，多くの研究がなされてきた（Bull, 1994；Frank, 1996；Lipsitch & Moxon, 1997；Ebert, 1999；Day & Proulx, 2004；Froissart *et al.*, 2010；Leggett *et al.*, 2013）．たかる相手を失う「宿主殺し」は，益することは何もないように思える．そのため一般には，高い病原性は長い進化の途上で一時的に生じる混乱のようなもので，病原体はやがてすべからく穏やかなものになるだろうと考えられてきた．Paul Ewald はこうした考え方が未だ支配的であることに怒り心頭で，過ちを正すのに本一冊を必要とした（Ewald, 1994）．病原性の進化をもたらす要因として，病原体生活史形質間のトレードオフ，宿主を巡る競争および非定常状態での進化等があげられている（Frank, 1996）．

トレードオフとは，あちらを立てればこちらが立たずという負の関係を言う．病原体は宿主の資源を搾取することで自らのコピーを増やす．感染率を大きくするにはより多くの資源を搾取しなければならないが，そうすると宿主の被害は大きくなる．様々な種類のトレードオフが考えられており，R_0の最大化を実現する進化的に最適な病原性もそれに応じて様々である（Levin & Pimentel, 1981；Anderson & May, 1982；Read, 1994；Ebert & Herre, 1996；Ebert, 1999；Mackinnon & Read, 1999；Alizon *et al.*, 2009）．例を図10.2に示した．

病原性は感染経路にも依存する（Anderson & May, 1981；Lipsitch *et al.*, 1996）．一般に，垂直感染（親から子への感染）よりも水平感染（宿主集団中の他個体への感染）をする病原体の方が病原性は高い（Yamamura, 1993）．一子相伝的に自らを伝える垂直感染では，子に病原体を伝える前に親を殺すわけにはいかないからである．また，水媒介性の病原体は接触感染性の病原体よりも病原性が

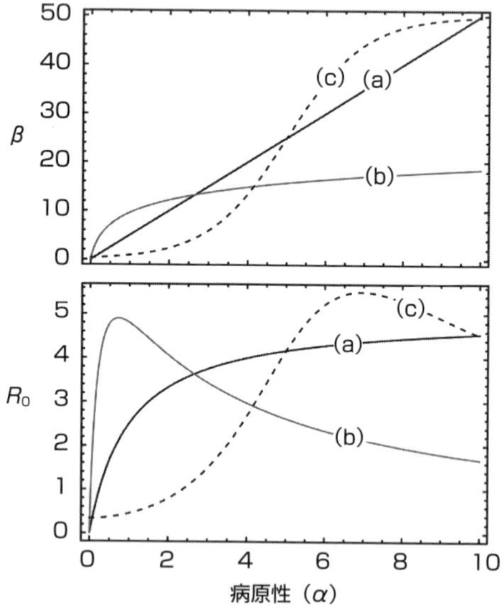

図10.2　病原性（virulence: α）と感染率（β）の関係（上）とR_0（下）
(a) $\beta=5\alpha$．この場合，αが高いほどR_0は高い．(b) $\beta=4\log(1+10\alpha)$．この場合，$a=0.72$でR_0が最大．(c) $\beta=1/(1+\exp[-\alpha+5])$．この場合$\alpha=6.9$で$R_0$が最大．

高いと言われている（Ewald, 1994）．水媒介であればより広く遠くへと自らを拡散させられるので宿主への遭遇率を高く保てる．そのため，宿主枯渇（Sasaki & Iwasa, 1991）のリスクが低くなり，宿主殺しのコストが低くなる（Boots & Sasaki, 1999；Haraguchi & Sasaki, 2000）．感染率の上昇による R_0 の増加が，病原性の増加による R_0 の減少を十分に補填するのであれば，宿主殺しをためらう理由はないのである．同様に，宿主外での生存期間が長い場合も病原性は高くなると考えられている（Gandon, 1998；Bonhoeffer *et al*., 1996；Day, 2002；Kamo & Boots, 2004；Roche *et al*., 2011）．生存期間が長ければ，やはり宿主殺しのコストが相対的に低くなるのである．この説はファラオの呪い仮説としておもしろおかしく，まじめに調べられている．ツタンカーメン王の墓を開いたカーナーヴォン伯爵は，後日謎の死を遂げる．墓所の護りとしてまかれた超長期間生存可能な，それ故超高病原性の病原体に感染したというのである．

同じニッチを巡って競合関係にある生物の共存は難しいという「競争排除則」は，病原体においても成り立つ（Bremermann & Thieme, 1989）．病原体たちの競争が病原性を押し上げるのである（Bremermann & Pickering, 1983；Sasaki & Iwasa, 1991；Knolle, 1989；Nowak & May, 1994）．宿主資源は有限であるため競争が働けば一種の「共有地の悲劇」（Hardin, 1968）が生じる．宿主の生存率が下がり，それが最終的には自らの不利益になるとしても，競合相手に取られる前に取らなければならないのである．競合の強さは病原体間の類縁度にも依存し，類縁度が異なるほど競争が強くなり病原性も高くなる（Frank, 1992）．

病原体の多くは世代時間が短く集団サイズも大きいため，宿主個体群が定常状態（endemic な状態）に達するよりずっと早く進化する可能性も示唆されている．感染者が増えつつある集団ではほとんどが感受性個体密度（$S \approx N$）である．この時の感染個体の密度変化は式（10.5）で与えられる．病原性が α から $\alpha+\Delta\alpha$ に変化したとする．感染率と病原性にトレードオフがあると α が変わると β も変わる．変化量を $\Delta\beta$ と書くと，変化後の値は $\beta+\Delta\beta$ である．式（10.5）にこれらの値を代入して整理すると，

$$\frac{dI}{dt}=[\beta N-(d+\gamma+\alpha)+(\Delta\beta N-\Delta\alpha)]I \tag{10.9}$$

となる．感染個体の増加の早さは［ ］の中身の大きさで決まり，大きいほど早

い．増加率が早い病原体が集団を席巻するので，進化は $\Delta\beta N-\Delta\alpha$ を大きくする方に向かう．$\Delta\alpha$ についている係数が負なので α が増えると $\Delta\beta N-\Delta\alpha$ は減るように感じるが，それ以上に β が増えるなら $\Delta\beta N-\Delta\alpha$ は全体としては増加するため，α は大きくなるよう進化が起きる．もし α と β の増減がバランスすると（$\Delta\beta N-\Delta\alpha=0$），それ以上 α に変化起きないので，その値が進化的に最適である．離散量 Δ を連続量に置き換えてその条件を書くと

$$\frac{d\beta}{d\alpha}=\frac{1}{N} \tag{10.10}$$

である（Bull & Ebert, 2008）．進化的に最適な α と初期個体密度（N）の関係を図10.3に示した．式（10.10）の左辺は図10.2b, cの式から得られる（図10.3の実線）．例えば $N=1000$ なら $1/N=0.001$ なので，この2つの値が一致する点（図

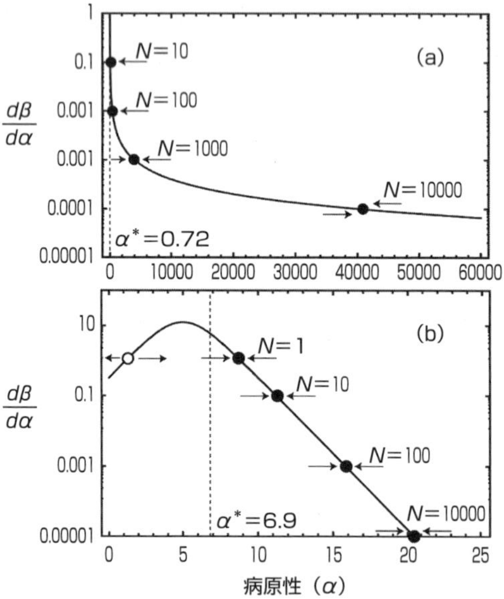

図10.3　式（10.8）で求められる侵入開始初期の進化的に安定な病原性（黒丸）

破線および α^* は平衡状態で R_0 を最大にする病原性を示す．(a) は図10.2bの曲線．この場合，初期個体数が大きくなるにつれ，最適な病原性が急速に大きくなる．(b) は図10.2cの曲線．この場合も初期個体数が大きくなるにつれ大きくなるが，極端には大きくならない．初期密度が少ない場合（例えば $N=1$），進化的双安定が生じ，侵入開始初期の病原性に応じて病原性は高くなる場合と低くなる場合がある．

中の黒丸）が安定解となり進化的に最適な α である．図 10.3b で N が小さいときは安定解が２つあり（図中の白丸と黒丸），白丸は不安定である．侵入開始時での病原体の病原性が白丸より高い値であれば進化の結果病原性は安定解である黒丸に向かうし，少しでも低ければ低い方向に向かう．このように侵入開始の初期条件により進化的な帰結が変わることを進化的双安定という．図 10.3 から，ほとんどの場合，侵入開始時期の N が高いほど病原性は高くなることが見て取れる．高くなることの理由だが，考え方としては r/K 選択理論（MacArthur & Wilson, 1967）と似ている．侵入開始初期では宿主殺しのデメリットよりも自勢力の拡大が優先されるのである．大腸菌（*E. coli*）に感染するバクテリオファージは流行開始初期では病原性が高い変異株が流行の主体をしめる（Berngruber *et al*., 2013）こと，拡散しつつある病原体は拡散の先端で病原性が高い（Phillips & Puschendorf, 2013）こと等，流行開始初期で病原性が高くなることを支持する研究がある．栽培作物や家禽などでは人為的に感受性個体を高密度に保つことが可能だが，その結果，トウモロコシ葉枯病では高病原性が進化したと考えられている（Barret, 1983；佐々木，2006）．

10.5 宿主の進化および病原体との共進化

宿主側も免疫等で武装し，外敵の侵入を防いでいる．例えば，多くの脊椎動物は多様な病原体を認識する機構として主要組織適合遺伝子複合体抗原（MHC）を備えている．MHC が多様であるほど，守備範囲が広くなり外敵の侵入を防ぎやすくなる．そのため MHC 遺伝子座には著しい遺伝的多型が維持されており，ヒトも含めていくつかの生物では MHC の臭いをかぎ分けて異なる抗原型をもつ配偶者を選択する傾向がある（Wedekind *et al*., 1995；Boehm & Zufall, 2006）．多くの場合，宿主に変化が生じると進化速度の速い病原体はその変化に迅速に対応するため，宿主の進化は病原体との共進化という形で調べられている．

共進化の理論的な研究において頻繁に用いられるのが，matching allele model（MAM）（Grossberg & Hart, 2000）および遺伝子対遺伝子モデル（gene for gene model：GFGM）（Thompson & Burdon, 1992）である（Morgan & Koskella, 2010）．感染様式を図 10.4 に示した．いずれのモデルでも集団動態にサイクルが

matching allele

病原体遺伝型	宿主遺伝型 H1	宿主遺伝型 H2
P1	可	不可
P2	不可	可

gene for gene

病原体遺伝型	宿主遺伝型 抵抗性 (R)	宿主遺伝型 非抵抗性 (S)
非病原性 (A)	不可	可
病原性 (V)	可	可

図 10.4　一遺伝子座を仮定した最も単純なモデルでの感染様式

左が遺伝子マッチングモデル（MAM）で，右が遺伝子対遺伝子モデル（GFGM）．可は感染可能，不可は感染不可を表す．GFGMで述べる病原性，というのは感染による感染による死亡率の上昇ではなく，感染可能という意味．Lambrechts *et al.*, 2006による．

生じるが，生じる理由は少し異なる．

MAMは宿主と病原体の遺伝型がマッチした時，感染可能と考える（例えば病原体P1は宿主H1に感染できるが宿主H2にはできない）．このモデルでは少数派が有利となる負の頻度依存淘汰によりサイクルが維持される．例えば，宿主がH1ばかりだと病原体もP1ばかりになる．すると，感染されにくい宿主H2が増えるのだが，それを追いかける形で病原体P2が増加する．P2ばかりになるとH1は感染されにくくなるため，再度増加する．図10.4では遺伝型を二個しか考えていないが，遺伝型が無限にあるとすると，永遠の追いかけっこが維持されるだろう（Hamilton *et al.*, 1990）．

生物多様性の維持には競争排除則を打ち消す何らかの効果が必要となるが，その効果をもたらすのが病原体であるとの説がある（Muller-Landau, 2014）．ある樹木に特異的に感染する病原体がいれば，親木周辺では同種の稚樹の成長は難しい．この局所的に生じる負の頻度依存淘汰が熱帯雨林における植物多様性の維持機構である，とするのがJanzen–Connell仮説であり（Janzen, 1970；Connell, 1971；Benitez *et al.*, 2013），検証も盛んに行われている（Dybdahl & Lively, 1998；Stahl *et al.*, 1999；Koskella & Lively, 2009；Wolinska & Spaak, 2009；Yamazaki *et al.*, 2009；Mangan *et al.*, 2010）．

ミジンコとそれに感染するバクテリアも共進化の例として知られている．ミジンコは環境が悪くなると休眠卵を産む．卵のいくつかは湖底に堆積し，湖底の上層ほど現代，下層ほど昔というように，時を封じ込めた歴史資料となる．ミジンコおよびバクテリアを様々な層から取り出して感染率を比較したところ，同じ層から取り出された組で感染率が最も高く，下層（昔），上層（未来）から取り出されたミジンコに対する感染率はより低かった（Decaestecker *et al.*, 2007）．この結果は時間とともに遺伝子型が変化し続けていることを示す．

植物の病原体に対する抵抗性は単一の遺伝子により制御されており（Flor, 1956），その知見をモデル化したものがGFGMである．GFGMでのサイクル維持機構は軍拡競争（Dawkins & Krebs, 1979）である．GFGMでは，病原体に感染を許す非抵抗性の宿主（S）と抵抗性を持つことで感染を防ぐ宿主（R）と，Sにのみ感染できる非病原性の病原体（A）とRにも感染できる病原性の病原体（V）の進化動態を考える（図10.4）．GFGMで言う病原性とは抵抗性にも感染が可能という意味で，これまでの感染による死亡率の上昇（α）とは異なることに注意が必要である．Vは宿主の抵抗性をぶち抜いて感染するのだから，それ相応のコストがかかるはずである．そのため，Rがいない状況下では，病原性獲得のコストが全く無駄になるためVはAとの競争に勝てない．宿主側も抵抗性で武装するにはコストが生じるため，病原体がいなければSばかりになる．ところが，病原体が増えてくると，抵抗性で武装しているRは感染から逃れられるため有利となる．宿主側に武装が始まれば，病原体も対抗して武装レベルを上げざるを得ない．最終的にはVとRの組に行き着くのだが，そうなると宿主としては何をどうしても感染されてしまうのだから武装に意味がなくなり，武装のコストをかけないSが再び有利となり武装解除が始まる．宿主側の武装解除が始まれば，病原体も病原性で武装する意味がなくなるためAが有利となり，集団は元のAとSの組に行き着く．ここがサイクルの終点であるとともに，新たなサイクルの始点でもある．

GFGMが多遺伝子座モデルに拡張された場合（Sasaki, 2000），武装レベルの際限なき上昇が生じる．宿主は病原体よりも1つだけ多くの抵抗性を保持すればよいのだから，次々と新たな抵抗性を獲得し続ける．しかし，遺伝子の数に比例して抵抗性のコストがかかり，コストがまかなえなくなると軍拡競争が崩壊し振り出しに戻る（Sasaki & Godfray, 1999；Sasaki & Haraguchi, 2000）．病原体は感染を維持するには病原性を獲得し続ける必要があり，スーパーレース（Thompson & Burdon, 1992）と呼ばれる全ての抵抗性品種に感染可能な病原体が出現する．病原体管理ではスーパーレースはできれば避けたいし，出現を押さえることは無理としても可能な限り遅くしたい．例えば稲作での重要な病害であるイネいもち病については，いくつかの抵抗性品種が開発されている．単一品種で作付けするのではなく，いくつかの品種を混合栽培することで多様性を持たしたマルチラインに注目が集まっており（芦澤，2007），どのタイミングでどのような空間パターンで作付けすれば良いかが議論されている（Gilligan, 2008；岩永，2008；Suzuki & Sasaki, 2011）．多くの分集団があり，それら集団が移住でつながっているある程度大きなメタ集団を考えると，集団ごとのサイクルはばらばらになり，抵抗性・非抵抗性の遺伝子頻度が集団間で異なってくる．このような空間的に非同調的な振動は遺伝的多様性の維持につながる（Sasaki *et al.*, 2002）．

際限なき軍拡競争の一例に，バクテリアとそれに感染する溶菌性ファージの実験がある（Buckling & Rainey, 2002）．バクテリア 400 世代連続培養を行い，15 世代ごとに溶液を冷凍庫で凍結させ，時間を止めたサンプルを作る．こうすることで，未来のファージと過去のバクテリアという現実にはあり得ない任意の組み合わせで，感染率や抵抗性の観測が可能となる．未来から取られたファージは現在および過去いずれのバクテリアにも感染可能だが，未来へのバクテリアに感染できないという結果が得られ，これは，感染性，抵抗性が刻一刻と高いレベルへ向けて変化していることを示している．

このように，次々と変化し続けることでのみ存続が可能であるとする考え方は，鏡の国のチェス盤でプロモーションするため最終ランクを目指し駆け抜けるアリスに述べた女王のお言葉「同じ場所にいるには走り続けなければならん．先に行くなら二倍速で走れ」にちなんで，赤の女王仮説と呼ばれている（Van Valen, 1973）．なお，赤の女王は性の進化を説明する有力仮説の 1 つでもある（矢原，1995, 2008；Lively, 2010）．有性生殖を維持するには，有性生殖 2 倍のコストを跳ね返す効果が必要である．単為生殖に比べ，有性生殖では組換えにより遺伝子の多様性をより迅速に高めることができ，急速に進化する病原体により素早く対抗できる．この利点が 2 倍のコストを凌駕し性が維持される（Hamilton, 1980；Hamilton *et al.*, 1990）．有性生殖の進化においても，病原体が果たす役割が重要と考えられるのである．

10.6 つながりの中で

10.2節で紹介した病原体の集団動態モデルは，接触がどの個体とも均一に起こるとする一様な空間を想定している．現実には，個体間の接触は近いほど起きやすく，遠くの個体間では接触はほとんどない．様々なモデルが考案されているが，最も詳しく調べられているのは碁盤状に個体が存在し，隣のマス目同士でしか感染が起きないとする格子モデル（図10.5）である（Sato *et al.*, 1994）．

例えば，感染率と病原性のトレードオフが図10.2aの曲線の場合，感染率は無制限に高くなるはずだが，空間構造を考えると低く抑えることが進化的に安定になる場合がある（Haraguchi & Sasaki, 2000）．あまりにも感染率が高いと自らの周りは瞬く間に感染個体ばかりになるため（自己射影の効果と呼ばれる），それ以上の感染の拡大が困難になるのである．例えば図10.5中央付近にある * をつけたIの周りにはSがおらず，感染率が実質的にゼロである．Boots & Mealor (2007) はガとそれに感染するウイルスを堅さの異なる培地で飼育したところ，堅く動きが制限される培地では感染率がより低くなったと報告している．これは，空間的な制約が感染率を低く抑えたためと考えられる．

空間構造を考えると，感染の流行には集団全体にどれだけ感受性個体がいるか

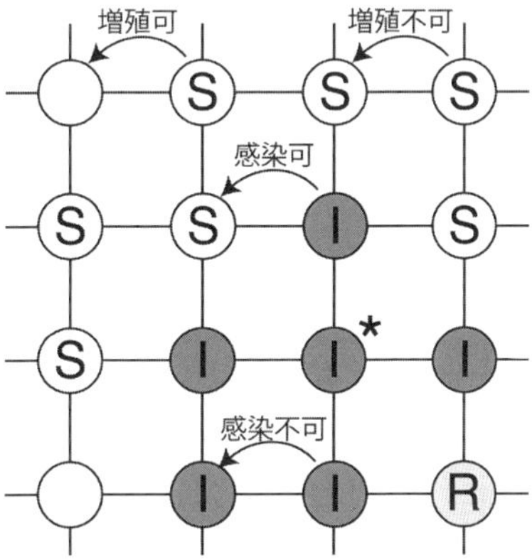

図10.5　格子空間上での増殖，感染の様式
隣の格子としか感染や増殖がおきないとするモデルや，
ある割合で大域的な感染，増殖が起きるとするモデルもある．

ということよりも，自分の周りにどれだけ感受性個体がいるかが問題となる．感染個体の周りに感受性個体がいる確率を $q_{S/I}$ とする．式（10.2）の S を $q_{S/I}$ で置き換えて整理すると

$$\frac{1}{I}\frac{dI}{dt}=\beta q_{S/I}-(d+\gamma+\alpha) \tag{10.11}$$

となり，右辺は感染個体の増殖率を表す．増殖率が早い形質を持つ病原体が集団を席巻するので，進化は

$$q_{S/I}-\frac{1}{R_0} \tag{10.12}$$

を大きくする方向に起きる（Kamo *et al.*, 2007）．$q_{S/I}$ は感染率や病原性等の病原体の形質に応じて変わるし，宿主の増殖率にも依存する．宿主の増殖率が高いほど $q_{S/I}$ は高くなるので，もし病原体が宿主の増殖率を操作できるのなら，それを上昇させるだろう．

1984年の中国で，元々はドイツから輸入されたアンゴラウサギに兎ウイルス性出血病が大流行した（White *et al.*, 2001；Abrantes *et al.*, 2012）．感染後48時間以内の死亡率が95%と，病原性は極めて高かった．この病原体は大陸を駆け抜け，2年後にヨーロッパに到達した．ところが，この病気はかつてヨーロッパでも流行していたのである．多くの個体にこの病気に対する血清反応陽性が見られたことからそう考えられる．野生生物集団における病気の流行は，ばたばたと死んでいくという現象でもない限りそう簡単に気がつくものではない．流行に気がつかなかったのだから，かつての流行では病原性は低かったと考えるのが妥当だろう．つまり，何らかの理由により病原性が急上昇したのである．感染した宿主の回復を許すかそれとも許さずに殺してしまうかという問いに対して，空間的な制約がないならば病原体はどちらでもいいと言うはずである．なぜなら回復した個体も死亡した個体も，病原体にとっては使えない資源に変わりはないからである．ところが空間構造を考えると，病原体としては回復し利用できない個体にいつまでもその場所に留まられては都合が悪く，さっさと新たな感受性個体に置き換わってもらいたい．これが「殺しの動機」になる．Boots *et al.*,（2004）は空間構造があれば，回復を許す状態と確実に殺してしまう状態が進化的双安定とな

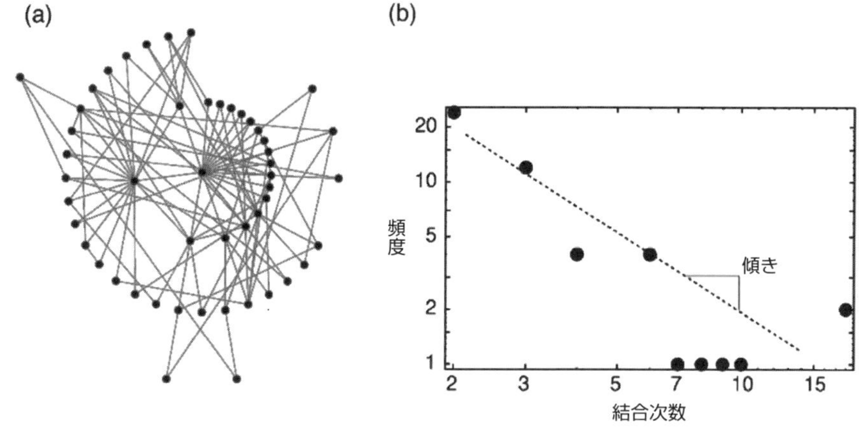

図 10.6 (a) Barabasi と Albert によるネットワークの例と (b) 結合次数の頻度分布

(a) 線でつながれている点同士につながりがあると考える．点はノードと呼ばれ，点から出ている線の数が結合次数と呼ばれる．(b) ほとんどのノードの結合次数は 2 だが，18 の結合次数を持つものが 2 つある．そのような，多くの結合を持つノード（ハブ）を経由して，感染が速やかに拡散する．理論的には破線の傾きが −3 を上回り，より横に寝るようになると R_0 が無限大に発散する．ただし，現実には結合次数が有限な値で打ち止めになるので，発散することはないだろう．

り，動態の人口学的なゆらぎにより，低病原性から高病原性への迅速な進化が起こりうることを示した．この結果は，強病原性兎ウイルスの突発出現をよく説明する（Sasaki, 2008）．

感染経路つまり感染個体から感受性個体への繋がり方は様々であり，繋がり方により集団動態が異なることが知られている．中でも注目されているのが複雑ネットワークだろう（増田・今野，2005）．Watts と Strogatz（Watts & Strogatz, 1998）や Barabasi と Albert（Barabasi & Albert, 1999）等がネットワークを考案しており，ネットワークの性質が数学的に詳しく調べられる一方で，「全く知らない人でも友達の友達を 6，7 人たどればたどり着く」や「論文の共著者を繋げていって数学者 Paul Erdös にたどり着くまでに必要な論文数は何報か（エルデシュ数）[2]」と言った興味深い知見を提供してくれる．Barabasi と Albert によるネットワークの例を図 10.6a に示した．

このような結合次数がばらついている場合での流行の条件は比較的昔から調べ

2）ちなみに本章の著者（MK）のエルデシュ数は 6.

られている（Anderson & May, 1991；佐々木，2013）．次数が i 個である感染者の時間変化は

$$\frac{d}{dt}I_i = S\sum_{j=1}^{\infty}\beta_{ij}I_j - (d+\gamma+\alpha)I_i \tag{10.13}$$

と表される．次数 i 同士の感染だけではなくその他の次数 j を持つ個体からの感染も考えなくてはならないため，j について総和を取らなくてはならない．感染率 β_{ij} は次数が ij 間の感染率を表し，繋がりの数が多いほど大きくなる．次数 i の個体から次数 j の個体へとつながる可能性は i 倍になるし，次数 j の個体から i の個体へとつながる可能性は j 倍ある．そのため，次数 i と j を持つ個体同士がつながる可能性は i と j の両方に比例する．この場合，感染率は

$$\beta_{ij} = \frac{\beta}{\langle k \rangle}ij \tag{10.14}$$

と表される．ただし，β は結合1つあたりの感染率であり，$\langle k \rangle$ はノードあたりの結合次数の平均である（次数にばらつきがなく一律に k であるとすると $i=j=\langle k \rangle=k$ となって $\beta_{ij}=\beta k$ になる）．感染者から出ている結合次数の総数 $Z=\sum_{i=1}^{\infty} iI_i$ の時間変化を考えると

$$\begin{aligned}\frac{d}{dt}Z &= \sum_{i=1}^{\infty} i\frac{d}{dt}I_i = \frac{\beta}{\langle k \rangle}\sum_{i=1}^{\infty} i^2 S_i \sum_{j=1}^{\infty} jI_j - (d+\gamma+\alpha)\sum_{i=1}^{\infty} iI_i \\ &= \left[\frac{\beta}{\langle k \rangle}\sum_{i=1}^{\infty} i^2 S_i - (d+\gamma+\alpha)\right]Z \end{aligned} \tag{10.15}$$

となる．流行開始の初期集団では，ほぼ全個体が感受性個体であり，結合総数（Z）もほぼ0である．病気が流行するには結合総数が増えることであり，その条件は $dZ/dt>0$ である．S_i を結合数 i を持つ感受性個体の頻度だと考えると，$\sum_{i=1}^{\infty} i^2 S_i$ は結合数の二乗を頻度で重み付けしたものの総和であり

$$\sum_{i=1}^{\infty} i^2 S_i = \langle k^2 \rangle \tag{10.16}$$

と表される．結合次数のばらつきの分散を σ^2 と書くと，分散は二乗の平均（$\langle k^2 \rangle$）から平均の二乗（$\langle k \rangle^2$）を引いたものなので $\sigma^2=\langle k^2 \rangle-\langle k \rangle^2$ と表される．以

上をまとめると，流行の条件は

$$R_0(\langle k\rangle+\sigma^2/\langle k\rangle)>1 \qquad (10.17)$$

となる．このようなネットワーク上では，R_0 が 1 を下回っても結合次数のばらつきの分散が大きければ流行が可能となる．図 10.6b に結合数の頻度分布を示した．直線で近似したときの傾きが横になるほど分散が大きくなるので病気流行の阻止が難しくなる．さらに，分布の傾きが -3 より大きくなれば分散に意味がなくなる（無限大になる）ので，たとえどんなに R_0 が小さいとしても流行を押さえることはできない．コンピューターネットワークでは結合次数分布の傾きが -2.5～-2 の間にあり（Barabasi *et al.*, 2000），コンピューターウイルスの駆逐が難しいことの理由であると考えられている．また，性感染症の根絶が困難であることの理由としても考えられている（Anderson & May, 1991；Liljeros *et al.*, 2001）．今後，空港のハブ化がさらに進めば，感染症の管理はより難しくなるだろう．

10.7 おわりに

病原体は時に野外生物やヒトに深刻な被害をもたらす誠にやっかいな存在である．流行開始から慌てて対策を立てたのでは「間に合わない」ことが多い．常日頃からの備えが大切であり，それには，流行の仕組みを理解しておくことが必要である．感染が起こりやすい状況とは何か，病原性が高まりやすい条件は何かを知るには進化論のアプローチは有益である．病原体の管理は，疫学や生態学だけの問題ではない．社会学の問題でもあり経済学の問題でもある．ヒトの移動を完全に止めてしまえば，感染症は制圧可能である．しかし，そんなことは現実的な解決法としてはあり得ない．病原体による被害や経済的な損失など様々な角度からリスクを総合的に判断することが極めて重要となる（Grenfell *et al.*, 2002）．病原体流行・進化の完全な予測はおそらく無理だろう．しかし，答えに近づくことはできるはずだ．

引用文献

Abrantes, J., van der Loo, W., Le Pendu, J. & Esteves, P. J. (2012) Rabbit haemorrhagic disease (RHD) and rabbit haemorrhagic disease virus (RHDV): a review. *Vet. Res.*, **43**, 12.

Alizon, S., Hurford, A., Mideo, N. & Van Baalen, M. (2009) Virulence evolution and the trade-off hypothesis: history, current state of affairs and the future. *J. Evol. Biol.*, **22**, 245–259.

Anderson, R. M. & May, R. M. (1981) The Population Dynamics of Microparasites and Their Invertebrate Hosts. *Phil. Trans. R. Soc. B*, **291**, 451–524.

Anderson, R. M. & May, R. M. (1978) Regulation and stability of host-parasite population interactions. I. Regulatory processes. *J. Anim. Ecol.*, **47**. 219–47.

Anderson, R. M. & May, R. M. (1979) Population biology of infectious diseases: Part I. *Nature*, **280**, 361–367.

Anderson, R. M. & May, R. M. (1982) *Population Biology of Infectious Diseases*, Springer Verlag.

Anderson, R. M. & May, R. M. (1991) *Infectious Diseases of Humans: Dynamics and Control*, Oxford Science Publication.

芦澤武人 (2007) マルチラインにおけるイネいもち病の発病抑制機構とシミュレーションモデルによるその解析．東北農研研報 (*Bull. Natl. Agric. Res. Cent. Tohoku Reg.*), **108**, 1–46.

Barabasi, A.-L. & Albert, R. (1999) Emergence of scaling in random networks. *Science*, **289**, 509–512.

Barabasi, A-L., Albert, R. & Jeong, H. (2000) Scale-free characteristics of random networks: the topology of the world-wide web. *Physica A*, **281**, 69–77.

Barret, J. A. (1983) *Plant-fungus symbioses*. In: *Coevolution*, D. J. Futuyma & M. Slatkin (eds.) 137–160, Sinauer.

Benitez, M-S., Hersh, M. H., Vilagalys, R. & Clark, J. S. (2013) Pathogen regulation of plant diversity via effective specialization. *Trends Ecol. Evol.*, **28**, 705–711.

Berngruber, T. W., Froissart, R., Choisy, M. & Gandon, S. (2013) Evolution of virulence in emerging epidemics. *PLOS PATHOGENS*, **9**, e1003209.

Boehm, T. & Zufall, F. (2006) MHC peptides and the sensory evaluation of genotype. *Trends Neurosci.*, **29**, 100–107.

Bonhoeffer, S., Lenski, R. E. & Ebert, D. (1996) The curse of the pharaoh: The evolution of virulence in pathogens with long living propaglues. *Proc. R. Soc. Lond. B*, **263**, 715–721.

Boots, M. & Mealor, M. (2007) Local Interactions Select for Lower Pathogen Infectivity. *Science*, **315**, 1284–1286

Boots, M., Sasaki, A. & Hudson, P. J. (2004) Large Shifts in Pathogen Virulence Relate to Host Population Structure. *Science*, **303**, 842–844.

Boots, M. & Sasaki, A. (1999) 'Small worlds' and the evolution of virulence: infection occurs locally and at a distance. *Proc. R. Soc. Lond. B*, **266**, 1933–1938.

Bradley, D. J., Gilbert, G. S. & Martiny, J. B. H. (2008) Pathogens promote plant diversity through a compensatory response. *Ecol. Lett.*, **11**, 461–469.

Bremermann, H. J. & Pickering, J. (1983) A game-theoretical model of parasite virulence. *J. theor. Biol.*, **100**, 411–426.

Bremermann, H. J. & Thieme, H. R. (1989) A competitive exclusion principle for pathogen virulence. *J.*

Math. Biol., **27**, 179–190.

Buckling, A. & Rainey, P. B.（2002）Antagonistic coevolution between a bacterium and a bacteriophage. *Proc. R. Soc. Lond. B*, **269**, 931–936.

Bull, J. J.（1994）Virulence. *Evolution*, **48**, 1423–1437.

Bull, J. J. & Ebert, D.（2008）Invasion thresholds and the evolution of nonequilibrium virulence. *Evol. Appl.*, **1**, 172–182.

Chadwick, W. & Little, T. J.（2005）A parasite-mediated life-history shift in Daphnia magna. *Proc. R. Soc. Lond. B*, **272**, 505–509.

Connell, J. H.（1971）On the role of natural enemies in preventing competitive exclusion in some marine animals and in rain forest trees. In: *Dynamics of Populations*, P. J. Boer & G. R. Gradwell（eds.）298–310, Centre for Agricultural Publishing and Documentation.

Dawkins, R. & Krebs, J.（1979）Arms races between and within species. *Proc. R. Soc. Lond. B*, **205**, 489–511.

Day, T.（2002）Virulence evolution via host exploitation and toxin production in spore-producing pathogens. *Ecol. Lett.*, **5**, 471–476.

Day, T. & Proulx, S. R.（2004）A General Theory for the Evolutionary Dynamics of Virulence. *Am. Nat.*, **163**, E40–63.

Decaestecker, E., Gaba, S., Raeymaekers, J. A. M. *et al.*（2007）Host-parasite 'Red Queen' dynamics archived in pond sediment. *Nature*, **450**, 870–873.

Diamond, J.（1997）*Guns, Germs, and Steel: The Fates of Human Societies*, W. W. Norton.［倉骨彰 訳（2012）『銃・病原菌・鉄 1 万 3000 年にわたる人類史の謎』草思社］

Dobson, A. P.（1988）The Population Biology of Parasite-Induced Changes in Host Behavior. *Q. Rev. Biol.*, **63**, 139–165.

Duncan, A. B. & Little, T. J.（2007）Parasite-driven genetic change in a natural population of Daphnia. *Evolution*, **61**, 796–803.

Dybdahl, M. & Lively, C.（1998）Host parasite interactions: infection of common clones in natural populations of a freshwater snail（*Potamopyrgus antipodarum*）. *Proc. R. Soc. Lond. B*, **260**, 99–103.

Ebert, D.（1999）The evolution and expression of parasite virulence. In: *Evolution in Health and Disease*, S. C. Sterns（ed.）161–172, Oxford University Press.

Ebert, D. & Herre, E. A.（1996）The evolution of parasitic diseases. *Parasitol. Today*, **12**, 96–100.

Ewald, P. W.（1994）*Evolution of Infectious Disease*, Oxford University Press.［池本孝哉・高井憲治 訳（2002）『病原体進化論』新曜社］

Fenner, F.（1983）Biological Control, as Exemplified by Smallpox Eradication and Myxomatosis. *Proc. R. Soc. Lond. B*, **218**, 259–285.

Fenner, F. & Ratcliffe, F. N.（1965）*Myxomatosis*, Cambridge University Press.

Flor, H. H.（1956）The complementary genetic systems in flax and flax rust. *Adv. Genet.*, **8**, 29–54.

Frank, S. A.（1992）A kin selection model for the evolution of virulence. *Proc. R. Soc. Lond. B*, **250**, 195–197.

Frank, S. A.（1996）Models of Parasite Virulence. *Q. Rev. Biol.*, **71**, 37–78.

Fredensborg, B. L. & Poulin, R.（2006）Parasitism shaping host life-history evolution: adaptive responses in a marine gastropod to infection by trematodes. *J. Anim. Ecol.*, **75**, 44–53.

Froissart, R., Doumayrou, J., Vuillaume, F. *et al.*（2010）The virulence-transmission trade-off in vector-borne plant viruses: a review of（non-）existing studies. *Phil. Trans. R. Soc. B*, **365**, 1907–1918.

Gandon, S.（1998）The curse of the pharaoh hypothesis. *Proc. R. Soc. Lond. B*, **265**, 1545–1552.

Gilligan, C. A.（2008）Sustainable agriculture and plant diseases: an epidemiological perspective. *Phil. Trans. R. Soc. B*, **363**, 741–759.

Godfray, C.（1993）*Parasitoids: Behavioral and Evolutionary Ecology Monographs in Behavior and Ecology*, Princeton University Press.

Grenfell, B. T., Amos, W., Arneberg, P. *et al.*（2002）Visions for future research in wildfile epidemiology. In: *The Ecology of Wildlife Diseases*, P. J. Hudson, A. Rizzoli, B. T. Grenffell, H. Heesterbeek & A. P. Dobson（eds.）151–164, Oxford University Press.

Grenfell, B. T. & Dobson, A. P. eds.（1995）*Ecology of Infectious Diseases in Natural Populations*, Cambridge University Press.

Grossberg, R. K. & Hart, M. W.（2000）Mate selection and the evolution of highly polymorphic self/nonself recognition genes. *Science*, **289**, 2111–2114.

Hamilton, W. D.（1980）Sex versus non-sex versus parasites. *Oikos*, **35**, 282–290.

Hamilton, W. D., Axelrod, R. & Tanese, R.（1990）Sexual reproduction as an adaptation to resist parasites（A Review）. *Proc. Natl. Acad. Sci. USA*, **87**, 3566–3573.

Haraguchi, Y. & Sasaki, A.（2000）Evolution of parasite virulence and transmission rate in a spatially structured population. *J. theor. Biol.*, **203**, 85–96.

Hardin, G.（1968）The tragedy of the commons. *Science*, **162**, 1243–1248.

Haward, M. T.（1993）The High Rate of Retrovirus Variation Results in Rapid Evolution. In: *Emerging Viruses*, S. S. Morse（ed.）219–215, Oxford University Press.［佐藤雅彦 訳（1999）レトロウイルスの高速度の変異が，高速度の進化をもたらしている．『突発出現ウイルス』海鳴社］

Hudson, P. J., Rizzoli, A., Grenffell, B. T., Heesterbeek, H. *et al.*（2002）*The Ecology of Wildlife Diseases*, Oxford University Press.

岩永亜紀子（2008）抵抗性品種は善か悪か――病原体の進化を見越した植物の作付戦略．『共進化の生態学：生物間相互作用が織りなす多様性』（横山潤・堂囿いくみ 編）種生物学研究，文一総合出版．

Janzen, D. H.（1970）Herbivores and the number of tree species in tropical forests. *Am. Nat.*, **104**, 501–527.

Kamo, M. & Boots, M.（2004）The curse of the pharaoh in space: free-living infectious stages and the evolution of virulence in spatially explicit populations. *J. theor. Biol.*, **231**, 435–441.

Kamo, M., Sasaki, A. & Boots, M.（2007）The role of trade-off shapes in the evolution of parasites in spatial host populations: An approximate analytical approach. *J. thoer. Biol.*, **244**, 588–596.

Keeling, M. J. & Rohani, P.（2008）*Modeling Infectious Diseases in Humans and Animals*, Princeton University Press.

Keesing, F., Holt, R. D. & Ostfeld, R. S.（2006）Effects of species diversity on disease risk. *Ecol. Lett.*, **9**, 485–498.

Keesing, F., Belden, L. K., Daszak, P., Dobson, A. *et al.*（2010）Impacts of biodiversity on the emergence and transmission of infectious diseases. *Nature*, **468**, 647–652.

Kilpatrick, A. M. & Altizer, S.（2012）Disease Ecology. *Nature Education Knowledge*, **3**, 55.

Knolle, H.（1989）Host density and the evolution of parasite virulence. *J. theor. Biol.*, **136**, 199–207.

Koskella, B. & Lively, C. M.（2009）Evidence for negative frequency-dependent selection during experimental coevoution of freshwater snail and sterilizing trematode. *Evolution*, **63**, 2213–2221.

Lambrechts, L., Fellous, S. & Koella, J. C.（2006）Coevolutionary interactions between host and parasite genotypes. *Trends Parasitol.*, **22**, 12–16.

Lefevre, T., Lebarbenchon, C., Gauthier-Clerc, M. *et al.* (2009) The ecological significance of manipulative parasites. *Trends Ecol. Evol.*, **24**, 41-48.

Leggett, H. C., Buckling, A., Long, G. H. & Boots, M. (2013) Generalism and the evolution of parasite virulence. *Trends Ecol. Evol.*, **28**, 592-596.

Levin, S. A. (1993) Some approaches to the modelling of coevolutionary interactions. In: *Coevolution Chicago*, M. H. Nitecki (ed.) 21-65, University of Chicago Press.

Levin, S. A. & Pimentel, D. (1981) Selection of intermediate rates of increase in parasite-host systems. *Am. Nat.*, **117**, 308-315.

Liljeros, F., Edling, C. R., Amaral, L. A. N. *et al.* (2001) The web of human sexual contacts. *Nature*, **411**, 907-908.

Lipsitch, M. & Moxon, E. (1997) Virulence and transmissibility of pathogens: what is the relationship? *Trends Microbiol.*, **5**, 31-37.

Lipsitch, M., Siller, S. & Nowak, M. A. (1996) The Evolution of Virulence in Pathogens with Vertical and Horizontal Transmission. *Evolution*, **50**, 1729-1741.

Lively, C. M. (2010) A review of Red Queen models for the persistence of obligate sexual reproduction. *J. Hered.*, **101**, S13-20.

MacArthur, R. & Wilson, E. (1967) *The theory of island biogeography*, Princeton University Press.

Macdonald, D. W. (1980) *Rabies and Wildlife: A Biologist's Perspective*, Oxford University Press.

Mackinnon, M. J. & Read, A. F. (1999) Selection for high and low virulence in the malaria parasite Plasmodium chabaudi. *Proc. R. Soc. Lond. B*, **266**, 741-748.

Mangan, S. A., Schnitzer, S. A., Herre, E. A. *et al.* (2010) Negative plant-soil feedback predicts tree-species relative abundance in a tropical forest. *Nature*, **466**, 752-725.

増田直紀・今野紀雄 (2005)『複雑ネットワークの科学』産業図書.

May, R. M. (1993) Ecology and Evolution of Host-Virus Associations. In: *Emerging Viruses*, S. S. Morse (ed.) 58-68, Oxford University Press. [佐藤雅彦 訳 (1999) 宿主とウイルスの「生態学」と「進化論」.『突発出現ウイルス』海鳴社]

May, R. M. & Anderson, R. M. (1983) Epidemiology and genetics in the coevolution of parasites and Hosts. *Proc. R. Soc. Lond. B*, **219**, 281-313.

May, R. M. & Anderson, R. M. (1978) Regulation and stability of host-parasite population interactions. II. Destabilizing processes. *J. Anim. Ecol.*, **47**, 249-267.

May, R. M. & Anderson, R. M. (1979) Population biology of infectious diseases: Part II. *Nature*, **280**, 455-461.

McBride, A. (1988) *Rabbits & Hares*, Whitten Books. [斎藤慎一郎 訳 (1988)『ウサギの不思議な生活』晶文社]

Mi, S., Lee, X., Li, X. *et al.* (2000) Syncytin is a captive retroviral envelope protein involved in human placental morphogenesis. *Nature*, **403**, 785-789.

Michella, D. J. & Scott, M. E. (1991) Parasitism: A Cryptic Determinant of Animal Community Structure. *Trends Ecol. Evol.*, **6**, 250-254.

Moore, J. (1995) The Behavior of Parasitized Animals. *BioScience*, **45**, 89-96.

Moore, J. (2002) *Parasites and the Behavior of Animals Oxford Series in Ecology and Evolution*, Oxford University Press.

Morgan, A. D. & Koskella, B. (2010) Coevolution of host and pathogen. In: *Genetics and Evolution of Infectious Disease*, M. Tibayrenc (ed.) 147-171, Elsevier.

Mouritsen, K. N. & Poulin, R.（2002）Parasitism, community structure and biodiversity in intertidal ecosystems. *Parasitol.*, **124**, S101-117.

Muller-Landau, H. C.（2014）Plant diversity rooted in pathogens. *Nature*, **506**, 44-45.

Nishiura, H., Mizumoto, K. & Ejima, K.（2013）How to interpret the transmissibility of novel influenza A（H7N9）: an analysis of initial epidemiological data of human cases from China. *Theor. Biol. Med. Model.*, **10**, 30.

Nowak, M. A. & May, R. M.（1994）Superinfection and the evolution of parasite virulence. *Proc. R. Soc. Lond. B*, **255**, 81-89.

Nowak, M. A.（2006）*Evolutionary Dynamics: Exploring the Equations of Life*, Belknap Press.［中岡慎治・巌佐庸・竹内康博・佐藤一憲 訳（2008）『進化のダイナミクス：生命の謎を解き明かす方程式』共立出版］

Ohlberger, J., Langangen, O., Edeline, E. *et al.*（2011）Pathogen-induced rapid evolution in a vertebrate life-history trait. *Proc. R. Soc. Lond. B*, **278**, 35-41.

Phillips, B. L. & Puschendorf, R.（2013）Do pathogens become more virulent as they spread? Evidence from the amphibian declines in Central America. *Proc. R. Soc. Lond. B*, **280**, 20131290.

Poulin, R.（1995）"Adaptive" changes in the behaviour of parasitized animals: A critical review. *Int. J. Parasitol.*, **25**, 1371-1383.

Poulin, R.（2006）*Evolutionary Ecology of Parasites, 2nd ed.*, Princeton University Press.

Poulin, R.（2010）Parasite Manipulation of Host Behavior: An Update and Frequently Asked Questions. In: *Advances in the Study of Behavior, Vol. 41*, H. J. Brockmann（ed.）151-186, Academic Press.

Poulin, R. & Thomas, F.（1999）Phenotypic Variability Induced by Parasites: Extent and Evolutionary Implications. *Parasitol. Today*, **15**, 28-32.

Read, A. F.（1994）The evolution of virulence. *Trends Microbiol.*, **2**, 73-6.

Roche, B., Drake, J. M. & Rohan, P.（2011）The curse of the Pharaoh revisited: evolutionary bi-stability in environmentally transmitted pathogens. *Ecol. Lett.*, **14**, 569-575.

Sasaki, A. & Godfray, H. C. J.（1999）A model for the coevolution of resistance and virulence in coupled host-parasitoid interactions. *Proc. R. Soc. Lond. B*, **266**, 455-463.

Sasaki, A., Hamilton, W. & Ubeda, F.（2002）Clone mixtures and a pacemaker: new facets of red-queen theory and ecology. *Proc. R. Soc. Lond. B*, **269**, 761-772.

Sasaki, A. & Haraguchi, Y.（2000）Antigenic drift of viruses within a host: a finite site model with demographic stochasticity. *J. Mol. Evol.*, **51**, 245-255.

Sasaki, A.（2000）Host parasite coevolution in a multilocus gene-for-gene system. *Proc. R. Soc. Lond. B*, **207**, 2183-2188.

佐々木顕（2006）共進化.『行動・生態の進化（シリーズ進化学 6)』（石川統・齋藤成也・佐藤矩行・長谷川眞理子 編）岩波書店.

佐々木顕（2008）病原体の進化と疫学動態『感染症の数理モデル』（稲葉寿 編）培風館.

佐々木顕（2013）伝染病と流行『計算と社会（岩波講座計算科学第 6 巻)』岩波書店.

Sasaki, A. & Iwasa, Y.（1991）Optimal growth schedule of pathogens with a host: switching between lytic and latent cycles. *J. theor. Biol.*, **39**, 201-239.

Sato, K., Matsuda, H. & Sasaki, A.（1994）Pathogen invasion and host extinction in lattice structured populations. *J. Math. Biol.*, **32**, 251-268.

Stahl, E., Dwyer, G., Mauricio, R. *et al.*（1999）Dynamics of disease resistance polymorphism at the Rpm1 locus of Arabidopsis. *Nature*, **400**, 667-671.

Suzuki, S. & Sasaki, A.（2011）How does the resistance threshold in spatially explicit epidemic dynamics depend on the basic reproductive ratio and spatial correlation of crop genotypes? *J. theor. Biol.*, **276**, 117-25.

武村政春（2013）『新しいウイルス入門（講談社ブルーバックス）』講談社.

Thomas, F., Adamo, S. & Moore, J.（2005）Parasitic manipulation: where are we and where should we go? *Behav. Process.*, **68**, 185-199.

Thompson, J. N. & Burdon, J. J.（1992）Gene-for-gene coevolution between plants and parasites. *Nature*, **360**, 121-5.

Tompkins, D. M., Dobson, A. P., Arneberg, A. *et al.*（2002）Parasites and host population dynamics. In: *The ecology of Wildlife Diseases*, P. J. Hudson, A. Rizzoli, B. T. Grenfell, H. Heesterbeek & A. P. Dobson（eds.）45-62, Oxford University Press.

Van Valen, L.（1973）A New Evolutionary Law. *Evol. Tehor.*, **1**, 1-30.

Watts, D. J. & Strogatz, S. H.（1998）Collective dynamics of small-world networks. *Nature*, **393**, 440-442.

Wedekind, C., Seebeck, T., Bettens, F. & Paepke, A. J.（1995）MHC-Dependent Mate Preferences in Humans. *Proc. R. Soc. Lond. B*, **260**, 245-249.

White, P. J., Norman, R. A., Trout, R. C. *et al.*（2001）The emergence of rabbit haemorrhagic disease virus: will a non-pathogenic strain protect the UK? *Philos. Trans. R. Soc. Lond. B*, **29**, 1087-1095.

Wolinska, J. & Spaak, P.（2009）The cost of being common: evidence from natural Daphnia populations. *Evolution*, **63**, 1983-1901.

Wood, C. L., Byers, J. E., Cottingham, K. L., Altman, I., Donahue, M. J. & Blakeslee, A. M. H.（2007）Parasites alter community structure. *PNAS*, **104**, 9335-9339.

矢原徹一（2008）生のパラドックスと宿主・病原体間の共進化.『共進化の生態学：生物間相互作用が織りなす多様性』（横山潤・堂囿いくみ 編）文一総合出版.

矢原徹一（1995）『花の性』東京大学出版会.

山本太郎（2011）『感染症と文明』岩波書店.

Yamamura, N.（1993）Vertical Transmission and Evolution of Mutualism from Parasitism. *Theor. Popul. Biol.*, **52**, 95-109.

Yamazaki, M., Iwamoto, S. & Seiwa, K.（2009）Distance- and density-dependent seedling mortality caused by several diseases in eight tree species co-occurring in a temperate forest. *Plant Ecol.*, **201**, 181-196.

Yanoviak, S. P., Kaspari, M., Dudley, R. & Poinar, G. Jr.（2008）Parasite-Induced Fruit Mimicry in a Tropical Canopy Ant. *Am. Nat.*, **171**, 536-544.

Ⅲ部　感染症事例

第11章 藻類の感染症

外丸裕司

「藻類」とは，酸素を発生する光合成を行う生物の中からコケ植物，シダ植物，ならびに種子植物を除いた残り全ての生物群の総称である（千原，1999）．その中には原核生物であるシアノバクテリア（藍藻），珪藻や渦鞭毛藻に代表されるような真核微細藻類，ならびに紅藻，褐藻，緑藻などの大型海藻類等が含まれる．本章では，それらの生長や形態などに影響を与える感染症について概説する．また藻類の感染症を引き起こす原因生物として，ここでは細菌，菌類，ウイルス，原生生物の事例に絞り，それらの生態学的な機能や人間社会にとっての問題点に重きを置く．

11.1 大型藻類の感染症

大型藻類の感染症は，商業的価値の高いノリ，コンブ，ワカメ等，そして学術研究のモデルとなっているシオミドロ等の種類について比較的多くの知見が集積されている．

11.1.1 細菌による感染症

A. スミノリ病

スミノリ病は *Flavobacterium* 属等の細菌がノリ葉状体に感染することにより発症する（川村 & 三根，2009）．感染したノリ葉状体は，一般的には正常なノリ葉状体との区別が困難であり，顕微鏡観察においても細胞の色素体や液胞の褐色化，細胞配列の乱れなどが観察されるものの，著しい死細胞等の発生は確認されない．しかしながら，ノリを製品加工する過程において，このようなノリ葉状体を淡水に浸漬すると細胞の原形質が吐出し，光沢のない製品としてのノリになる．そのためスミノリ病は，人間がノリを製品として仕上げるまで，感染しているかどうか肉眼で判断することはできない病気であると言われている．本感染症において興味深いのは，このスミノリ病を未然に防ぐため，その原因細菌に特異的に感染して溶菌させるバクテリオファージの応用的利用（ファージセラピー）が検討されている点にある．三根（2011）は，ノリ葉状体にスミノリ病原因細菌を感染させた後，24 時間後に本細菌株に特異的に感染するバクテリオファージを接種した場合，スミノリ病の発病抑制効果が得られることを報告している．

B. 穴あき症

この病気はその症名の通り，海藻の藻体部に穴が開く病気である．北海道においてはコンブの穴あき症がまれに発生することが知られている．このような症状を発したコンブからは，非常に強いアルギン酸分解酵素を産生する細菌や，コンブ藻体分解能を持つ細菌が分離されている．北海道では 1985 年の利尻コンブならびに 1998 年のマコンブで穴あき症による甚大な被害が発生しているが，2 つの症例から共通したコンブ藻体分解性細菌が分離されている．この細菌は *Pseudoalteromonas elyakovii* と同定されており，本菌種がコンブ穴あき症発生に大きく関与するものと推察されている．しかしながら穴あき症患部の形成過程においては，同様な分解機能を持つ多様な細菌群による協同的な関与があるものと考えられている（澤辺ら，2000）．

11. 1. 2 原生生物等による感染症

A. 壺状菌病

壺状菌はノリ養殖において葉状体の退色，幼芽・二次芽に対する生長阻害や枯れ死などの重大な被害をもたらす病原菌であり，昭和 30 年代にはその存在が報告されていた（新崎，1960）．壺状菌の感染過程，ノリ細胞中での発達過程，遊走子形成過程の電子顕微鏡観察，ならびに分子系統学的な解析が Sekimoto *et al.* (2008) によって詳細に解析された．ちなみに壺状菌は単独培養できない絶対寄生性の生物であるため，各種顕微鏡観察は本菌とノリとの 2 員培養下で行われている．このような解析の結果，壺状菌はストラメノパイル生物群に属する卵菌綱の新種であることが明らかになり，現在では新種 *Olpidiopsis porphyrae* と命名されている（図 11. 1）．本種の生態に関しては，遺伝子を特異的に増幅させる PCR 法を用いて海洋環境中での出現が調査されている（横尾ら，2005）．ノリの生育時期である冬期に壺状菌の存在が確認されたのをはじめ，ノリ生育時期以外の夏期

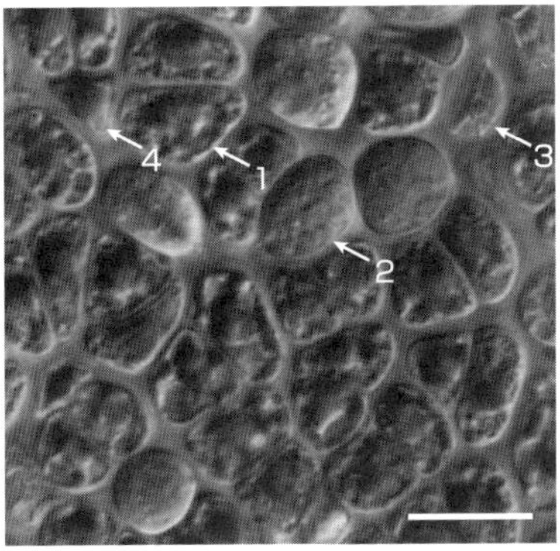

図 11.1　スサビノリ *Porphyra yezoensis* に細胞内寄生する卵菌類の一種，*Olpidiopsis porphyrae* の光学顕微鏡像

(1) *O. porphyrae* 未寄生の *Porphyra* 細胞，(2) *O. porphyrae* の菌体，(3) 遊走子放出後の空の *O. porphyrae* 菌体，(4) *O. porphyrae* の寄生を受けず死滅した *Porphyra* 細胞．スケールバーは 20 μm．写真提供：独立行政法人製品評価技術基盤機構，関本訓士 博士，協力：甲南大学，本多大輔 博士．口絵 3 参照．

においても水中から壺状菌が検出された．壺状菌はノリだけでなく，夏期にもよく生育するウシケノリにも感染が成立することが確認されている．これらのことから壺状菌は，季節的に宿主を変えながら海水中に通年存在する戦略をとる可能性が指摘されている (Sekimoto *et al*., 2008)．

B. アカグサレ病

ストラメノパイル生物群の卵菌綱の一種であるアカグサレ菌 (*Pythium porphyrae*) がノリに感染することで，本疾病が引き起こされる．アカグサレ菌がノリ葉状体に寄生すると，菌糸が伸張しながらノリ細胞を貫通し栄養を吸収するため，感染したノリ葉状体は赤く変色して生長が阻害される．ノリ葉状体の生長時期である冬期においてはアカグサレ菌の存在が水中で確認されるが，防疫という観点から冬期以外の本菌に関する生態学的調査が行われている．有明海の佐賀県海域で行われた調査の結果では，アカグサレ菌はノリ葉状体中に形成された卵胞子がそのまま海底泥中に残り，この形態で夏期を過ごし，秋期に水温が低下して発芽条件が整うと発芽するか，もしくは直接ノリ葉状体に感染するものと推察されている (横尾ら, 2009)．アカグサレ菌は絶対寄生性ではなく寒天培地等でも培養可能なため，その有性生殖や卵胞子の発芽に必要な環境条件などが詳しく調べられている（藤田，1978）．このようにして得られた知見は，本菌の現場における生態の理解に役立っている．

上記の他にも，様々な原生生物による海藻の寄生病も報告されている．例えば，紅藻ヤハズツノマタ（*Chondrus crispus*）の生長や生殖活動を阻害したり，本藻から得られる多糖類の一種であるカラギーナンの収量を低下させたりする，寄生性緑藻 *Acrochaete* 属の存在が明らかになっている（Correa & McLachlan, 1992）．また，ネコブカビ類（Phytomyxea）は陸上植物の根の奇形（根こぶ病）をもたらす寄生性原生生物として発見されたが，近年，海藻であるシオミドロやコンブ類の仲間に感染するそれらの近縁種が新種として発見される事例が相次いでいる（Maier *et al.*, 2000；Goecke *et al.*, 2012）．このように大型海藻の生態に影響を与えている原生生物は多種多様であり，潜在的にはまだ多くの重要種が存在しているものと推察される．

11.1.3 ウイルス感染

これまでに褐藻のシオミドロ類に感染する複数の2本鎖DNAウイルスの存在が明らかになっており，それらは世界の様々な海域に分布していることが確認されている（Wilson *et al.*, 2009）．大型海藻感染性ウイルスの詳細については，シオミドロに感染するウイルスEsVについて最も研究が進んでいる（Müller *et al.*, 1998）．

EsVは，感染した藻体の全ての細胞に潜伏しているが，病理学的な症状が観察されるのは遊走子嚢や配偶子嚢に限定されている．そこで成熟したウイルス粒子は海水中に放出され，細胞壁を持たない遊走子や配偶子に感染し，ウイルスゲノムは宿主ゲノムに統合されていく．ただし，成熟した栄養細胞は堅い細胞壁で覆われているため，ウイルス感染から守られている．このウイルスゲノムの宿主ゲノムへの統合過程は一般に，溶原化と呼ばれている．そして宿主のゲノムにウイルスゲノムが組み込まれた状態で細胞分裂が繰り返され，藻体は発達・生長し，宿主である藻体の細胞全てにウイルスゲノムのコピーが存在する状態になる．ウイルスゲノムは生長した藻体の細胞中では潜伏したままであるが，生殖器である遊走子嚢，配偶子嚢において光や水温による環境刺激があった場合にのみ発現する．このウイルス感染が他の感染症と全く異なる点は，その症状にある．ウイルス感染した藻体は，遊走子や配偶子形成といった生殖活動が阻害されるものの，目に見える明らかな生長阻害や発達上の障害は観察されない．

このEsVを含む大型海藻に感染するウイルスは，分類学的にはPhycodnaviridae科（2本鎖DNAをゲノムに持ち，藻類に感染する大型ウイルス）のメンバーである．余談とはなるが，Nucleocytoplasmic large dsDNA virus（NCLDV）というウイルスグループの進化を理解する上で，このEsVは先祖的な位置にあり，ウイルス進化の研究にも大きな貢献をしている（Delaroque & Boland, 2008）.

11.2 微細藻類の感染症

微細藻類を殺藻または溶藻させる感染源の研究は，微細藻類の死滅に関わる生態過程や，ブルーム（藻類種が個体群を増加させる現象：いわゆる赤潮といった，海水が着色するレベルまで増加しない場合も含む［今井ら，2013］）の人為的コントロールという観点から様々な研究が行われてきた．

11.2.1 殺藻細菌

植物プランクトンを攻撃し死滅させ，その有機物を利用して増殖するような細菌のことを，殺藻細菌と呼ぶ（今井，2011）．このような殺藻細菌は常に環境中に存在し，赤潮など各種植物プランクトンのブルームが崩壊する際に，それらは特異的に増加する．例えば，ラフィド藻類のヘテロシグマ・アカシオは西日本沿岸域で毎年のように初夏に赤潮を形成するが，本種の殺藻細菌は赤潮期間中に急激に密度が増加し，赤潮崩壊後もしばらく水中に高密度に存在し続ける．

殺藻細菌が藻類を殺すメカニズムは直接攻撃型と殺藻物質生産型（＝間接攻撃型）に大別される．直接攻撃型は，細菌が藻類細胞の表面に直接付着し攻撃をするものと考えられている．例えば，有害赤潮原因藻のシャットネラ属の培養に殺藻性滑走細菌を添加すると，シャットネラ培養は数日で全滅し，死細胞の表面に無数の本殺藻細菌が付着している様子が観察される（今井，2000）．殺藻物質生産型はその名の通り，細菌が殺藻物質を生産し周辺に存在する微細藻類を殺藻するものである．ある細菌は，共存する微細藻の種類に応じて異なる殺藻物質を生産して殺藻するため，効果的な殺藻能を持つものと考えられている（北口，2011）.

いずれの殺藻型の場合も何らかの殺藻物質が関与するものと考えられている．殺藻細菌による微細藻類の殺藻機構は未だ十分には解明されていないが，これまでに数種類のタンパク質分解酵素，抗生物質ならびに化学物質が殺藻物質として報告されている（今井，2011）．

近年の殺藻細菌に関わる生態学的研究により，沿岸域のアマモ場や藻場には膨大な量の殺藻細菌群が存在することが明らかになってきた．アマモや海藻の葉上には通常，大量の細菌が付着しているが，その中から赤潮原因藻を殺藻する能力を持つ細菌が数多く分離されている．そのためアマモ場や藻場は，有害有毒藻類ブルームの制御に重要な役割を果たしていると考えられており，沿岸域の保全対策に大きな貢献をするものと期待されている（今井，2008）．

11.2.2 菌類・原生生物等による感染症

微細藻類に感染する菌類・原生生物等も他の例と同様，その存在は古くから知られていた．例えば，湖沼でブルーム形成する藍藻や珪藻に真菌の仲間であるツボカビが寄生している観察事例があり，それらは微細藻類の死滅の主要因ではないかということが議論されてきた．しかしながらその生態学的な重要性が明らかになってきたのは，それらの培養法，染色による検出手法，そして分子生物学的な検出技術の開発が進んだ1990年代以降のことである．

ツボカビの遊走子は宿主細胞表面に感染すると，宿主細胞から仮根を通じて栄養物質を吸収し，菌体となる．そしてそれが成長すると，内部に新しい遊走子を形成し水中に放出する．湖沼において大型珪藻はその大きさゆえ動物プランクトンに捕食されにくく，そのままであれば生食連鎖を通した物質循環から外れていく．ところがこのような大型珪藻にツボカビが感染して死滅すると，珪藻より小さく捕食者に消費されやすい大量の遊走子が放出される．このようなツボカビを介した物質の流れは，マイコループ（mycoloop）と提唱されている（鏡味，2008；Kagami *et al.*, 2014）．ツボカビの珪藻に対する感染には水温が大きな影響を与えていると考えられているが，未だ十分な解明には至らず今後の研究が待たれている．

このような寄生性生物の宿主に対する感染は，一般的に種特異的であり，さらに株特異的であることが明らかになっている（De Bruin *et al.*, 2004）．これは，ある特定生物の個体群の中でも，感染可能な株とそうでない株が存在していることを示している．一方，菌類とは異なるグループであるアルベオラータ群に属する，渦鞭毛藻に寄生する渦鞭毛藻アメーボフーリア（*Amoebophrya*）は，幅広い宿主域をもつことで知られている（堀口ら，2006）．同様に，アルベオラータ群に属する寄生性原生生物の一種である *Parvilucifera sinerae* は，少なくとも渦鞭毛藻 15 属に感染することが報告されている（Garces *et al*., 2013）．さらに，有毒渦鞭毛藻に寄生するツボカビが地中海から見つかり（Lepelletier *et al*., 2014），日本の沿岸域からも新種と思われる藻類寄生性菌類や原生生物が複数発見されつつある（山口，私信）．

11.2.3 ウイルス感染

1960 年代，淡水の藍藻に感染するウイルス（シアノファージ）の発見と分離は，その後の藻類感染性ウイルス研究が発展していく大きなきっかけとなった．その後，様々な分類群に属する藻類に感染する新奇なウイルスが次々に分離され，今なお特徴的な性質をもった新種ウイルス分離の報告が後を絶たない．特に，1980 年代末に海洋におびただしい量のウイルス（海水 1cc 当たりにウイルス粒子が数百万から数億個）が存在することが明らかになると（Bergh *et al*., 1989），植物プランクトンを死滅させる要因としてのウイルス研究に大きな関心が集まり，1990 年代以降に微細藻類ウイルスの生態学的研究が一気に加速した．

上述の通り海洋には膨大な量のウイルスが存在するが，それらは地球規模での物質循環に大きく影響していることが明らかにされている．ウイルスは宿主プランクトンに感染して殺藻することで，宿主が持っていた粒状態の栄養物質を溶存態に変換する．すなわち，バクテリアや従属栄養性鞭毛虫などの微生物にとってそのままでは使うことができなかった宿主細胞の栄養物質が，ウイルスのおかげで利用可能な形に変換される．この作用により，ウイルスに感染しなければ本来はそのまま深海に沈降してしまうはずのプランクトン（死骸成分）を，海洋表層で栄養物質として循環させることができる．この過程はツボカビを介した物質循環に似ているが，ウイルスを介した物質循環は，ヴァイラルシャント（viral shunt：ウイルスによって物質が振分けられる意味）と呼ばれている（Suttle, 2005）．

また，我々にとってより身近な沿岸域においても，ウイルスはその生態系に大きなインパクトを与えている．夏期に発生する赤潮の崩壊は，唐突に消滅する場

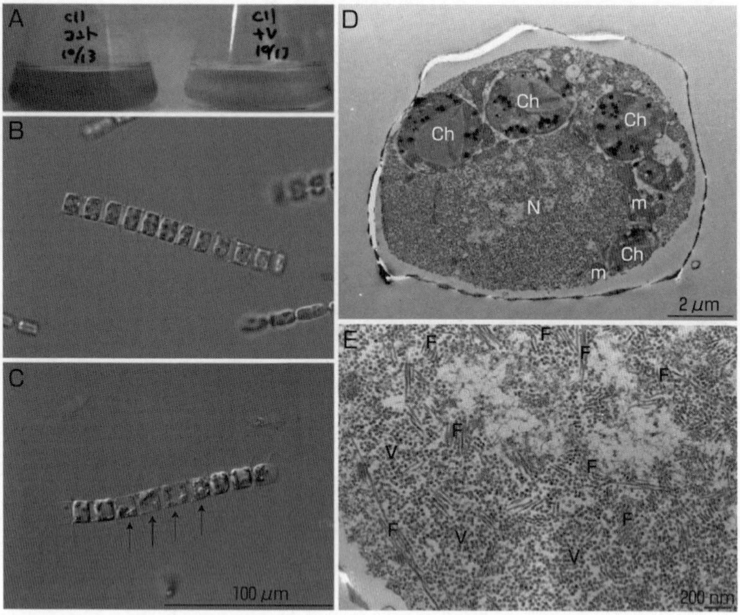

図 11. 2　珪藻感染性ウイルス *Chaetoceros setoensis* DNA virus

（A）ウイルス接種後 7 日後の珪藻 *C. setoensis* の培養フラスコ（右）とコントロール培養（＝ウイルス接種なし）（左），（B）健康な *C. setoensis* 細胞，（C）ウイルス感染して死亡した，または感染途上にある *C. setoensis* 細胞（矢印），（D）ウイルス感染した *C. setoensis* 細胞の電子顕微鏡（日本電子，JEM-1010）画像，（E）ウイルス感染した *C. setoensis* 細胞核内の拡大画像．電子顕微鏡画像内の凡例：Ch，葉緑体；N，細胞核；m，ミトコンドリア；F，発達途上にある繊維状ウイルス粒子；V，成熟したウイルス粒子．

合が多々ある．このような現象には様々な環境要因が働くと考えられているが，赤潮を構成する個体群へのウイルス感染の蔓延も藻類種によっては重要な要因と考えられている（Tomaru *et al*., 2008）．電子顕微鏡を用いたある観察事例では，赤潮が崩壊する直前に，個体群内の 80％ 以上の細胞が，ウイルス様粒子を細胞内に保持していたという報告もある（Nagasaki *et al*., 2004）．図 11. 2 に珪藻赤潮原因種に感染する珪藻ウイルスの例を示した．このウイルスの場合，無菌培養下では宿主珪藻培養を 2 日程度で全滅させる．ウイルス感染が個体群ブルームの崩壊に大きな影響を与えている可能性が指摘されている代表的なグループとして，ハプト藻，渦鞭毛藻，ラフィド藻，珪藻等が知られており，個々のグループについて宿主個体群とウイルスの生態学的知見が蓄積しつつある．

11.3 今後の展望

本章では種々の藻類の感染症事例を紹介したが，それらは自然界で実際に起きていることのほんの一部でしかない．感染症の原因生物に関しても毎年のように多くの新種が分離され，その分類学的な検討だけでも多大な研究労力が投入されている．それ故，感染症を駆動する詳細な機構解明や，物質循環における定量的な評価は圧倒的に不足している．本分野における研究は未だ黎明期にあり，水圏生態系を総合的に理解する上で今後解明されるべき最重要課題の１つである．

引用文献

新崎盛敏（1960）アマノリ類に寄生する壺状菌について．日本水産学会誌，**26**, 543-548.

Bergh, O., Borsheim, K. Y., Bratbak, G., Heldal, M.（1989）High abundance of viruses found in aquatic environments. *Nature*, **340**, 467-468.

千原光雄 編（1999）『バイオディバーシティ・シリーズ３　藻類の多様性と系統』裳華房.

Correa, J. A., McLachlan, J. L.（1992）Endophytic algae of *Chondrus* crispus（Rhodophyta）. IV Effects on the host following infections by *Acrochaete operculata* and *A. heteroclada*（Chlorophyta）. *Mar. Ecol. Prog. Ser.*, **81**, 73-87.

De Bruin, A., Ibelings, B. W., Rijkeboer, M. *et al.*（2004）Genetic variation in *Asterionella formosa*（Bacillariophyceae）: is it linked to frequent epidemics of host-specific parasitic fungi ? *J. Phycol.*, **40**, 823-830.

Delaroque, N., Boland, W.（2008）The genome of the brown alga *Ectocarpus siliculosus* contains a series of viral DNA pieces, suggesting an ancient association with large dsDNA viruses. *BMC Evol. Boil.*, **8**, 110.

藤田雄二（1978）有明海のり漁場から分離したあかぐされ病原菌 *Pythium* に関する研究—V．日本水産学会誌，**44**, 15-19.

Garces, E., Alacid, E., Bravo, I. *et al.*（2013）*Parvilucifera sinerae*（Alveolata, Myzozoa）is a generalist parasitoid of dinoflagellates. *Protist*, **164**, 245-260.

Goecke, F., Wiese, J., Nunez, A. *et al.*（2012）A novel phytomyxean parasite associated with galls on the bull-kelp *Durvillaea antarctica*（Chamisso）Hariot. *PloS one*, **7**, e45358.

今井一郎（2008）環境への負荷が少ない微生物を用いた赤潮防除策．養殖，**45**, 26-29.

今井一郎（2000）海洋植物プランクトンと細菌の関係．月刊海洋 号外，**21**, 169-177.

今井一郎（2011）有害有毒赤潮の生物学（15）殺藻細菌による赤潮プランクトンの殺藻機構—1．海洋と生物，33，254-259.
今井一郎，笠井亮秀，小路　淳（2013）赤潮と内湾環境：瀬戸内海を事例として．水産海洋研究，77, 39-45.
川村嘉応，三根崇幸（2009）スミノリ病の病徴と発生機序．海洋と生物，31, 621-626.
北口博隆（2011）微生物による赤潮の除去 1.2 細菌による殺藻．『増補改訂版 海の環境微生物学』（石田祐三郎・杉田治男 編），195-200，恒星社厚生閣.
鏡味麻衣子（2008）ツボカビを考慮に入れた湖沼食物網の解析．日本生態学会誌，58, 71-80.
Kagami, M., Miki, T., Takimoto, G.（2014）. Mycoloop: chytrids in aquatic food webs. *Front. Microbiol.*, 5, 166. doi: 10.3389/fmicb.2014.00166
Lepelletier, F., Karpov, S. A, Alacid, E. *et al.*（2014）Dinomyces arenysensis gen. et sp. nov.（Rhizophydiales, Dinomycetaceae fam. nov.）, a chytrid infecting marine dinoflagellates. *Protist, 165*, 230-44. doi: 10.1016/j. protis.2014.02.004
Maier, I., Parodi, E., Westermeier, R., Müller, D. G.（2000）*Maullinia ectocarpii* gen. et sp. nov.（Plasmodiophorea）, an intracellular parasite in *Ectocarpus siliculosus*（Ectocarpales, Phaeophyceae）and other filamentous brown algae. *Protist*, **151**, 225-238.
三根崇幸（2011）海苔スミノリ病の発症要因解析と防除法開発に関する研究．佐賀県有明水産振興センター研究報告，25, 41-76.
Müller, D. G., Kapp, M., Knippers, R.（1998）Viruses in marine brown algae. *Adv. Virus Res.*, **50**, 49-67.
Nagasaki, K., Tomaru, Y., Nakanishi, K., Katanozaka, N., Yamaguchi, M.（2004）Dynamics of *Heterocapsa circularisquama*（Dinophyceae）and its viruses in Ago Bay, Japan. *Aquat. Microb. Ecol.*, **34**, 219-226.
澤辺智雄・成田幹夫・田中礼士ほか（2000）マコンブ穴あき症藻体からの *Pseudoalteromonas elyakovii* 菌株の分離．日本水産学会誌，66, 249-254.
Sekimoto, S., Yokoo, K., Kawamura, Y., Honda, D.（2008）Taxonomy, molecular phylogeny, and ultrastructural morphology of *Olpidiopsis porphyrae* sp. nov.（Oomycetes, stramenopiles）, a unicellular obligate endoparasite of *Bangia* and *Porphyra* spp.（Bangiales, Rhodophyra）. *Mycol. Res.*, **112**, 361-374.
Suttle, C. A.（2005）Viruses in the sea. *Nature*, **437**, 356-361.
Tomaru, Y., Shirai, Y., Nagasaki, K.（2008）Ecology, physiology and genetics of a phycodnavirus infecting the noxious bloom-forming raphidophyte *Heterosigma akashiwo*. *Fisheries Sci.*, **74**, 701-711.
Wilson, W. H., Van Etten, J. L., Allen, M. J.（2009）The Phycodnaviridae: the story of how tiny giants rule the world. *Curr. Top. Microbiol. Immunol.*, **328**, 1-42.
横尾一成・関本訓士・川村嘉応・本多大輔（2005）養殖ノリに被害を与える壺状菌 *Olpidiopsis* sp.（卵菌綱，クロミスタ界）の PCR による早期検出．日本水産学会誌，71, 917-922.
横尾一成・川村嘉応・東條元昭（2009）アカグサレ菌の越夏生態と菌の検出．海洋と生物，31, 614-620.
堀口健雄・原田　愛・大塚　攻（2006）日本沿岸の寄生性渦鞭毛藻類の分類学的研究の現状と課題．日本プランクトン学会報，53, 21-29.

第12章 野生植物の感染症

佐橋憲生・田中千尋

山々には緑の木々が繁り，その麓の田畠には，作物が青々としてすくすく育っている．これは，みなさんが思い浮かべる日本の原風景かもしれない．しかし，一度，それらの植物をよく観察してほしい．さすがに，生育旺盛な時期の管理がよく行き届いた作物には当てはまらないかもしれないが，自然状態にある木々を詳しく見てみると，葉に斑点が生じていたり，生きた幹の一部が朽ちて，そこからきのこが生えていたりする．また，路傍や畦畔の雑草でも，斑紋の生じた葉や，葉脈に沿って葉先から茶色く枯死しつつある葉を日常的にみることができる．これらの症状は，大抵の場合，植物が病原（体）に罹病し，その結果生じたものである．

植物も，我々同様しばしば病気に罹るが，その主な病因は，我々動物の場合とやや異なっている．病因の種類としてはウイルス・ウイロイドなどの増殖性核酸や細菌，真菌類などの生物因子と，栄養・土壌水分などの過不足，あるいは環境由来の物理・化学ストレスなどの非生物因子が挙げられ，動物の疾病と植物の病気の間で大きな差はない．しかし，動物の感染症を引き起こす病原（体）の大多数はウイルス・細菌であるが，植物の感染症の約80％は菌類（真菌類と真菌様生物[1]）によって引き起こされている点が異なっている．植物が病気に罹るとその細胞，組織，器官に何らかの異常を生じ，最終的には肉眼的に識別できる外部形態の変化を生じる（病徴）．場合によっては，病原（体）そのものが標徴として罹病植物体に現れることがある（例えば，先に挙げた生木の腐朽部分から発生したきのこ）．物言わぬ植物が病気に罹っているか否かを知るためには，人間がこれらの植物体の変化を注意深く調べる必要があることは言うまでもない．

1） 菌界（Kingdom of Fungi）の生物群として従来扱われてきた生物（菌類）には真の真菌類（文中では単に真菌類と表示）に属するものとそれ以外の生物分類群（Straminipiles や Cercozoa など）に属するものが含まれている．それ以外の生物分類群が系統的に多岐にわたるため，本章では真菌様生物と便宜的に表した．なお，Cercozoa にはアブラナ科植物を宿主とする絶対寄生菌 *Plasmodiophora brassicae*（アブラナ科野菜根こぶ病を引き起こす），Stramenopiles には *Phytophthora* spp.（ジャガイモ疫病等各種植物の疫病を引き起こす）や，*Pythium* spp.（各種植物の重要土壌病害の原因として知られるほか，日和見病害の原因菌としても知られる）などの植物病原体が含まれる．

12.1 植物の感染症における3要素

一般に，植物は微生物の侵入を阻止したり，体内で増殖しようとする微生物を排除したりする機構（抵抗性，防御機構）を有している．一方，病気を引き起こすことができる微生物はこの抵抗性を何らかの方法で抑制あるいは打破し，その体内に侵入・増殖する能力（病原性）を獲得しているものと考えられている．しかし，この両者（宿主植物と病原体）が出会うだけで病気がおこるわけではない．この両者に，もう1つの要素，すなわち発病に適した環境が作用しなければならない．つまり，発病の有無や病気の激しさ及び蔓延の程度は，3要素：主因（病原体の病原性の有無，さらには病原力の強弱），素因（宿主の抵抗性の強弱，生理状況など），誘因（発病に適した環境条件）の相互作用によって決まると考えられている［発病のトライアングル（disease triangle）；図12.1，第1章，第5章も参照］．基本的に，植物疾病に関する知識は，栽培植物の病害研究から多くが得られてきた．しかし，栽培植物，野生植物の如何を問わず，植物の感染症を理解する上で，この3要素は極めて重要である．また，野生植物の感染症と栽培植物の感染症では，これら3要素のうち，素因と誘因がそれぞれにおいて大きく異なっており，それについて紹介していきたい．

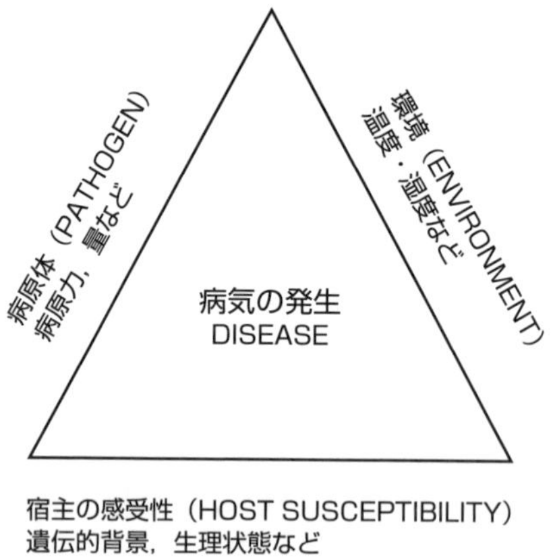

図12.1　発病のトライアングル

病原体（主因），宿主（素因），環境（誘因）の3要因が発病に好適な条件に傾いたとき，病気が発生する．

12.1.1 野生植物と栽培植物における素因の違い

植物の病原体に対する抵抗性メカニズムとして，物理的ならびに化学的な機構が知られている．例えば，表皮のクチクラ層の発達や細胞壁の木化は物理的な抵抗性因子として知られている．また，フェノール性化合物などの先在性抗菌物質や病原体の感染により新規に合成・蓄積が誘導される抗菌性物質であるファイトアレキシン，あるいはPRタンパク質[2)]などは化学的な抵抗性因子と考えられている．このような形質や化合物は，植物が侵入者から身を守るために必要不可欠な働きを有しているが，我々が植物を食物として利用する上で決して好ましいものではない．厚いクチクラをもつ葉や木化した組織は食感が劣り，抗菌性物質の多くはいわゆる灰汁の主成分として食味を害する．我々は野生植物を栽培化する過程で，食材として適したものを選抜してきたが，結果として，病害抵抗性を犠牲にしてきた事実がある[3)]．一方，これらの人為的選抜を受けず，ヒトの庇護無しに生育している栽培植物の野生種あるいは野生植物では，常に病気による淘汰を受けており，これらの集団（個体群）においては，病原体に対して一定の抵抗性を有する個体が十分な数存在しているものと期待される．

12.1.2 誘因としての野生植物の生育環境と栽培植物の栽培環境の違い

表12.1に示すように，野生植物の生育する自然生態系（非農耕地環境）と栽培植物の栽培環境である農業生態系（農耕地環境）は著しく異なっている．遺伝的に均質な栽培植物品種だけが高密度で繰返し栽培される農耕地環境は，病原体にとっては，質の良い栄養基質が高密度で永続的に供給され続ける環境といえよう．また，絶え間ない農作業は生態系を常に攪乱し，栽培植物の生育増進のための施肥は過剰であれば植物の抵抗性を減ずる．すなわち農耕地環境とは基本的に植物の病気の発生により適した環境であり，特定の病原体が蔓延しやすい環境で

---

2) PRタンパク質（pathogenesis-related proteins；感染特異的タンパク質）とは，植物が病原体に感染した際に産生される一群のタンパク質の総称である．種の壁を越えて広く保存されており，現在，PR-1からPR-17の17グループに分類されている．PRタンパク質には，キチナーゼやグルカナーゼ活性を有し病原性真菌類の細胞壁に作用して直接抗菌性を示す，あるいは作用の結果生じる病原体細胞壁成分が病原体特異的シグナルとなり宿主植物のさらなる動的な抵抗性誘導を担うと考えられるもの，タウマチンやディフェンシン類似タンパク質など広範囲の微生物に阻害効果を示すもの，ペルオキシダーゼ活性をもち植物細胞壁の木化に関与すると考えられているものなどが含まれている．

3) 現在では，育種目的の1つに耐病性の強化が挙げられ，様々な病害に対する抵抗性品種が育成・利用されている．

表 12.1　自然生態系と農業生態系との差異　　田中，奥野（2008）を一部改変.

	自然生態系（非農耕地環境）	農業生態系（農耕地環境）
非生物的要素の安定性	徐々に変化	急激に変化
物質循環	系内で循環	収穫物として系外に収奪
植物群集の多様性		
構成種の種類	多様	きわめて単純（単一種）
種の遺伝子構成	多様	単純（単一品種＝クローン）
二次元構造（種の分布）	パッチ状に分散	均一分布
三次元構造（立体空間）	あり	なし
時間的遷移	あり	遷移の初期段階にとどまる

栽培植物（作物）の特徴：一般に肥料要求性大．種子の休眠を欠く．病虫害抵抗性因子＝各種二次代謝産物産生能や組織の物理強度が劣るため，食味良好で軟弱な改良種.

ある．逆説的に考えれば，野生植物の生育する非農耕地環境は，特定の病気の大流行がおこりにくい環境であるといえる.

しかし，現実には，野生植物においても，流行病がしばしば発生している．例えば，ニレ類立枯病［宿主：*Ulmus* spp.（ニレ属樹種）；病原体：*Ophiostoma ulmi*（Buisman）Melin & Nannf., *O. novo-ulmi* Brasier（子嚢菌）；流行地：欧州，北米]，クリ胴枯病［宿主：*Castanea dentata*（アメリカグリ），*C. sativa*（ヨーロッパグリ）；病原体：*Cryphonectoria parasitica*（Murrill）Barr（子嚢菌）；流行地：北米，欧州]，五葉松類の発疹さび病［宿主：*Pinus strobus*（ストローブマツ），*P. aristata*；病原体：*Cronartium ribicola* A. Dietr.（担子菌）；流行地：北米］などが例として挙げられる．これらはいわゆる侵入（外来）病原体による感染症であり，大流行の原因としては，医科学領域の新興感染症蔓延と同じ原因，すなわち，1. 人間活動による病原体の拡散，2. 元来抵抗性を有していない宿主集団への新たな病原（体）の侵入，3. 侵入地における発病・蔓延に適した環境変化などが考えられている．また，ニレ類立枯病では，侵入病原体集団における遺伝的変化（種の置換わり）なども継続的大流行の原因の 1 つに指摘されている（Brasier & Buck, 2001）．本邦においても，このような侵入病原体による流行病の発生は認められており，その代表としてマツ材線虫病が挙げられる（第 13 章）．また，最近日本各地のマダケ林で再流行しているてんぐ巣病の病原（体）*Aciculosporium take* I. Miyake（子嚢菌）も侵入種の可能性が指摘されている（田中ら，2002）．宿主を急速に枯死させるような劇症型の流行病は，宿主植物集団の規模や遺伝子組成に大きな影響を及ぼすことが知られている（例えば，材線虫病によるアカマツ集団の影響).

一般に，病気は宿主集団の動態や遺伝子組成に影響を及ぼし，その結果，宿主の分布やその宿主が存在する生態系の多様性，あるいは宿主集団の遺伝的多様性を促進する機構の進化等を引き起こしてきたのではないかと考えられている(Futuyma, 2013). また，当然，病原（体）自体も適応的な進化につながる影響(寄生性の分化や無性生殖の進化)を，宿主から受けているものと考えられている(Leslie & Klein, 1996). 病原（体）と栽培植物の研究成果からは，そのような仮説を支持するデータも得られている（第15章参照）. しかし，研究対象となったのは，生理・生態的に宿主依存性が高い病原（体）とそれらに対する高度な抵抗性の分化が生じたような宿主である．野生植物と病原（体）の関係においては，病原(体)の宿主特異性や依存度，あるいは宿主における抵抗性分化の有無などが詳細に調べられた例は比較的少ない．そのため，自然生態系に存在する野生植物とその病原（体）を対象とした実証はあまり進んでいない．さらに，植物病原菌の中には，宿主への特異性や依存性が低いと考えられる多犯性の病原（体）や日和見感染的に宿主植物を侵す[4)]ものも多く存在している．特に，自然生態系においては，このような病原（体）が引き起こす病害そのものについてもあまり知られていないのが現状である．

以下に，森林生態系内で多犯性の病原体により静かに病気が進行する絹皮病と，同じく多犯性の病原体で，流行が警戒されている南根腐病を取り上げて紹介したい．

12.2 絹皮病

絹皮病（きぬかわびょう）は担子菌の一種，*Cylindrobasidium argenteum* (Kobayasi) N. Maek. をその病原とし，ツブラジイ，アラカシ，マテバシイなど常緑広葉樹を中心に，様々な樹木に発生する多犯性の病害で，関東地方南部から沖縄地方まで広くその発生が報告されている．本病に罹病した樹木は枝や樹幹が銀

4) 真菌類は，植物遺体を対象に腐生栄養的に生活する分解者あるいは生きた植物の寄生者・共生者として陸域生態系で多様に進化したと考えられている．本来，分解者として植物遺体をすみかとする腐生菌も，植物組織に侵入する能力を有していれば，環境要因や生理的要因で抵抗性が著しく低下した植物体に感染し，病気を引き起こすことがある．

図 12.2　絹皮病に罹病した樹木
左，中：幹を覆う白色菌糸膜；右：罹病枝の接触による初期感染.

白色の菌糸膜（標徴）で覆われ，特異的な症状を呈する（図 12.2）．直径 20 cm を超える樹木でも 10 年程度で枯れてしまう．また本菌は木材腐朽菌で，材を腐朽させるために，幹の物理的強度が低下し，しばしば幹折れの原因となる．幹折れによって発生したギャップは光環境が改善され，様々な樹木実生の良好な生育サイトとなる．また，倒木は昆虫など様々な動物にその生息場所を提供する．

本病は，胞子による人工接種が極めて困難なことから，胞子による伝搬が病気の拡大に寄与しないとされてきた．通常，本病は罹病した枝の近隣樹木への接触や，罹病枝等が風などにより折れて，他の健全な樹木に運ばれることで，その分布を拡大する（図 12.2）（Sahashi *et al.*, 2010a）．また，希な例ではあるが，ヒヨドリ等の鳥類が罹病枝を営巣材料として利用することで，その分布を拡大することも知られている（Kusunoki *et al.*, 1997）．

近年，熊本県菊池渓谷における本病原菌のジェネット（クローン，遺伝的に同一な菌）分布の調査結果から，担子胞子が本菌の分布拡大に大きな役割を果たしていることが明らかになった（Sahashi *et al.*, 2010a）．渓谷沿いの遊歩道に沿って設けた 2 本のセンサスラインと森林斜面上に設置した 4 つのプロットで，それぞれ罹病木から菌を分離し，そのジェネット分布を，体細胞不和合性（図 12.3）を用いて調査したところ，遊歩道に沿って設けたセンサスライン上の罹病木から分離された菌は，2 例を除き，ほとんどが別々のジェネットであった（図 12.4）．このことは，このライン上にある罹病木は，有性生殖によって作られた担子胞子の

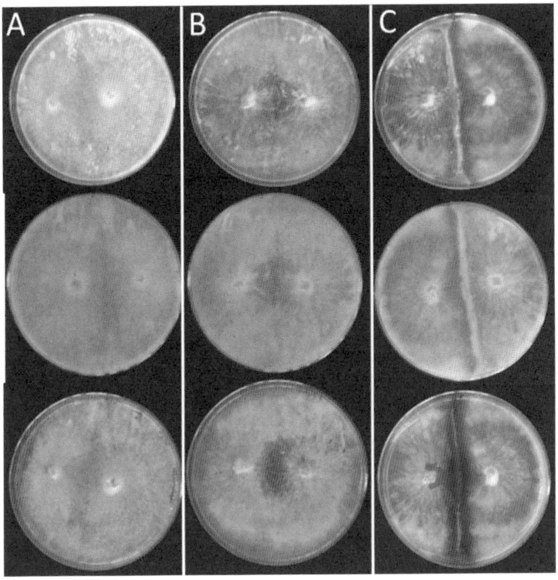

図 12.3　培地上での絹皮病菌の対峙培養（体細胞不和合性テスト）
A：同一菌株，B：和合性の組み合わせ（同一のジェネットと判断），C：不和合性の組み合わせ（異なるジェネットと判断）．上，中，下段はそれぞれ培養表面，培養裏面，特殊な試薬で染色後の写真．異なるジェネット間の対峙培養では菌そうの接触面で明瞭な帯線が形成される．

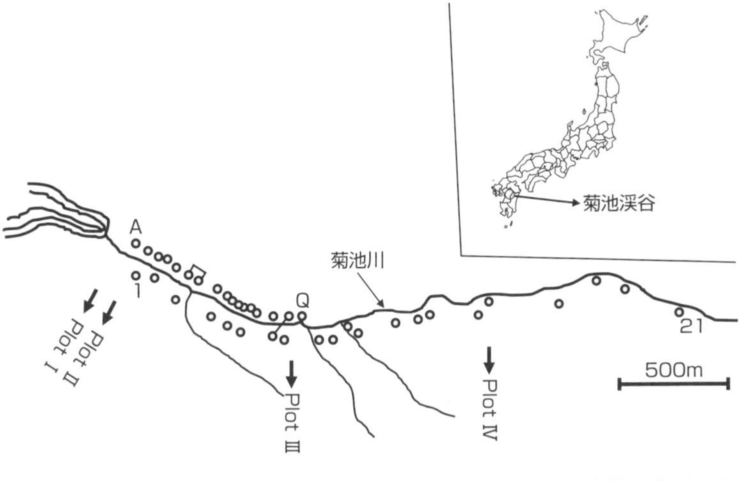

図 12.4　調査地および渓谷下部に設置した 2 本のセンサスラインに沿った絹皮病菌のジェネット分布
同一のジェネットと判定された罹病木は線で結んである．矢印は森林斜面に沿って設置された調査プロットの位置．

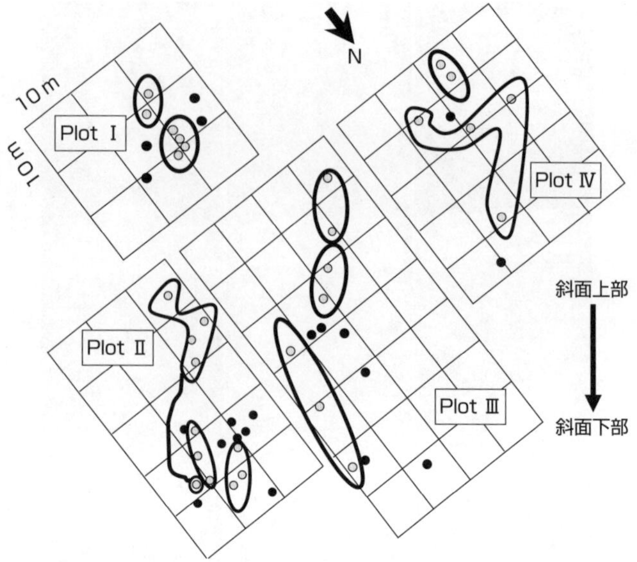

図 12.5　森林斜面上に設置された4つの調査プロットにおける絹皮病菌のジェネット分布
同じジェネットと判定された罹病木は線で囲ってある.

飛散によって感染したことを示している.

一方, 森林斜面上に設定したプロットでは, 同一のジェネットに感染した罹病木の割合が高いことがわかった (図 12.5). すなわち, 斜面上では, 担子胞子の飛散による伝搬に加え, 近隣の罹病木との接触や, 折れた罹病木が移動し, 健全な木に接触することによる伝搬が頻繁に起こっていることが明らかになった. 森林斜面では様々な原因で折れたりした罹病枝が, 斜面上部から下部方向に物理的に移動しやすい. このことが, 森林斜面でクローナルな感染が多い原因であると考えられている. このように, 絹皮病菌はその分布拡大において, 担子胞子による伝搬と罹病枝などが健全な樹木に接触することによる伝搬の2種類の伝搬様式を採用している. 担子胞子の飛散は本菌の長距離分散に貢献していると考えられている.

12.3 南根腐病

南根腐病 (みなみねぐされびょう) は, *Phellinus noxius* (Corner) G. Cunn. に

図 12.6　南根腐病の典型的な病徴（地上部）
A：トベラ（初期の萎れ），B：ヤブニッケイ，C：ガジュマル，D：シャリンバイ（左方向に被害が拡大している），E：ソウシジュ，F：モクマオウの防風林（本病により大きなギャップができている）．矢印は病気の拡大方向．口絵 5 参照．

よって引き起こされる病気で，東南アジア，オセアニア，中央アメリカ，アフリカなどの熱帯・亜熱帯地域に広く分布する（Ann *et al.*, 2002；Ivory, 1996）．本病に罹病した樹木は生育が劣るとともに葉の変色や落葉，枝枯などが起こり，やがて枯死する（図 12.6）．本菌は宿主特異性を示すことなく（Sahashi *et al.*, 2010b）様々な宿主に病気を引き起こす多犯性の菌であると考えられており（Bolland, 1984；Ivory, 1996），樹木を中心に 200 種以上の植物にその発生が確認されている（Ann *et al.*, 2002）．

わが国においては 1988 年に，沖縄県石垣島において，耕地防風林として植栽されたモクマオウ（*Casuarina equisetifolia*），イヌマキ（*Podocarpus macrophylla*），テリハボク（*Calophyllum inophyllum*）などで初めてその発生が確認された．その後の調査で，宮古島，西表島，沖縄本島，奄美群島など南西諸島の多くの島々で，様々な樹木において発生していることが確認されている（小林ら，1991；Sahashi *et al.*, 2012）．現在のところ，奄美大島が北半球における本病の分布の北限であるとされる（病原菌の子実体は鹿児島県大隅半島で確認されているが，病気の発生は確認されていない）．近年，世界自然遺産に登録されている小笠原諸島で原因不明な樹木の枯死が頻発し，詳細な調査の結果，これらの樹木の異常枯死は本病が主要な原因であることが明らかになった（島田ら，2013；Sahashi *et al.*, 2015）．

本病に罹病すると，地際部や根系に特徴的な症状（病徴あるいは標徴）が見られる（Sahashi *et al.*, 2012）．通常，茶褐色から黒色の菌糸膜が地際部に観察される（図12.7A, B）．この菌糸膜は，場合によっては地上1m程度にまで進展する．また，地下部の根も土や砂礫を巻き込んだ黒色の菌糸膜で覆われる（図12.7C）．罹病木の材は腐朽（白色腐朽）し，茶褐色の菌体がライン状に入り込んだ蜂の巣状の様相となる（図12.7D）．

本菌の伝搬は，感染が一旦成立すると，罹病した根が近隣の健全木の根と接触することにより起こる．そのため，本病による被害は数本ないし多数の樹木が集

図12.7　南根腐病の典型的な病徴（地際及び地下部）
A，B：地際部に這い出した茶褐色の菌糸膜（地上高1m以上に達する場合がある）
C：土や砂礫を巻き込んだ菌糸膜で覆われた根，D：蜂の巣状を呈した腐朽材

団で枯死し，ギャップ（パッチ）が形成される．民家の生け垣や防風林に発生した場合は，罹病樹と隣接した樹木が次々に枯れていく（図 12.6D, F）．ギャップサイズは大きいものでは長さ 30 m 以上，面積約 400 m^2 に達する（図 12.8）．ギャップ内の植生がどのように遷移していくかは不明であり，今後その動向に十分な注意を払う必要がある．

本病の被害は人為の影響を受けた場所（道路やレクリエーションのための遊歩道，登山道の周辺，街路樹，公園，農地の周辺等）で頻繁に認められる．公園や遊歩道周辺では，大きな樹木が折れたり，倒れたりする場合があり，非常に危険である（図 12.8）．また，農地周辺に植栽された防風林が被害を受けると，その機能が失われ農業上大きな損失を引き起こす．

本菌は人為の影響の少ない森林内にも生息するが，通常，倒木などに依存して生存しており，周辺の樹木に感染し，ギャップを形成することは希である．なぜ

図 12.8 南根腐病によって生じたギャップ（パッチ）と倒木
上：南根腐病によって形成されたギャップ，下：本病による倒木被害（根や地際部を黒色菌糸膜が覆っている）．口絵 4 参照．

本菌が森林内では広がらず，被害が拡大しないかについては不明な点が多い．また，担子胞子による伝搬も示唆されており，実際，小笠原では，担子胞子が子実体から放出されていることが確認されている．しかしながら，本菌の子実体が野外で確認されることは希である．したがって，担子胞子が本病の伝搬にどの程度関与しているかについては，今のところ不明である（Sahashi *et al.*, 2012）．本菌の伝搬に関しては，マイクロサテライト遺伝子などの分子マーカーを駆使した研究が進行中である．

前述したように，わが国における本病の発生は南西諸島と小笠原諸島に限られている．本病は，南西諸島では32科53種の樹木種に，また小笠原では，28科40樹木種および1科1草本植物種に確認されている（日本全体では41科81植物種）（Sahashi *et al.*, 2012；島田ら，2013；Sahashi *et al.*, 2015）．これらの樹木の中には，新宿主であると確認されたものも多く含まれている．小笠原諸島は海洋島であり，貴重な固有種が多数存在する．本病の宿主として確認されたものの中にも，シマイスノキ（*Distylium lepidotum*），ムニンヒメツバキ（*Schima mertensiana*），ムニンアオガンピ（*Wikstroemia pseudoretusa*），オガサワラグミ（*Elaeagnus rotundata*）など小笠原の固有種も多い．また，絶滅危惧種であるアカガシラカラスバトの餌木であるキンショクダモ（*Neolitsea sericea*）なども，本病によって枯死していることが確認されている．このように，本病による被害は小笠原の生態系に直接または間接的に影響を及ぼす可能性がある．本病原菌の宿主範囲は極めて広いため，今後希少種も含めた多くの固有種に被害を引き起こす可能性もある．また今後，観光客などの増加が予想され，さらに開発が進む可能性がある．これに伴う人為的な攪乱が本病の拡大にどのような影響を及ぼすかを注意深く見守る必要がある．

前述したように，本病の宿主範囲は極めて広く，人工接種によって，スギ，ヒノキなど，わが国の主要な造林樹種にも感染し，病気を引き起こすことが明らかになっている（Sahashi *et al.*, 2014）．近年，輸送手段の進歩に伴い多くの樹木苗が，諸外国や沖縄などから持ち込まれる機会が増えている．また，地球温暖化による気温の上昇は，本病の分布域に影響を及ぼすかも知れない．もし，本病が本州などに持ち込まれた場合，大きな被害を引き起こす可能性もある．したがって，本病に対する検疫など，その監視体制を強化する必要がある．

12.4 まとめ

自然界には動物，植物，菌類など様々な生物群が生息しており，相互に影響を及ぼしながら，生態系という極めて複雑かつ精緻なシステムを構築している．感染症を引き起こす微生物（病原体）も，生態系の構成者として確固たる役割を担っており，そのシステムが健全に維持され，機能するためにはなくてはならない重要な存在である．上に紹介した例のように，生態系を構成する様々な植物も様々な病原体に侵され病気に罹る．初めにも述べたように罹病しているか否かは，人間が診断しなければならず，病徴が目立たない病気や，産業的に重要でない，あるいは興味の対象となっていない野生植物では，十分に調査・研究が進んでいないのが実情である．しかし，菌類などの植物病原体が引き起こす感染症は，生態系を構成する草本や樹木，あるいは人間の生活環境に，直接あるいは間接に様々な影響を与えている．また，産業的に重要な栽培植物の病気の多くも元を糺せばその野生種植物とそれを利用しようとする微生物の出現に端を発しているはずである．その後，ヒトが積極的に関与して濃密に両者が接触する環境を作り，その中で両者の相互関係が進化していったものと思われる．自然界に存在している目立たない植物の感染症に関する知見や理解，特に宿主範囲，病原力などの病原体の性状，あるいは宿主の抵抗性や，発病環境の解明が進み，病原体ならびに宿主集団の動態変化が明らかになっていけば，自然生態系における病気の生態学的意義だけでなく宿主-病原体の進化的な相互作用をもより明らかにできるものと考えられる．

引用文献

Ann, P. J., Chang, T. T. & Ko, W. H.（2002）*Phellinus noxius* brown root rot of fruit and ornamental trees in Taiwan. *Plant Disease*, **86**, 820–826.

Bolland, L.（1984）*Phellinus noxius*: cause of significant root-rot in Queensland hoop pine plantations. *Aust. For.*, **47**, 2–10.

Brasier, C. M. & Buck, K. W.（2001）Rapid evolutionary changes in a globally invading fungal pathogen（Dutch Elm Disease）. *Biological Invasions*, **3**, 223-233.

Futuyma, D. J.（2013）*Evolution 3rd ed.*, Sinauer Associates.

Ivory, M. H.（1996）Diseases of forest trees caused by the pathogen *Phellinus noxius*. *Forest Trees and Palms: Diseases and Control.*（Raychaudhuri, S. P. & Maramorosch, K. eds.）pp. 111-133, Scientific Publishers.

小林享夫・阿部恭久・河邉祐嗣（1991） 南根腐病――沖縄県下の防風林に発生した新たな脅威. 林業と薬剤, **118**, 1-7.

Kusunoki, M., Kawabe, Y., Ikeda, T. & Aoshima K.（1997）Role of birds in dissemination of the thread blight disease caused by *Cylindrobasidium argenteum*. *Mycoscience*, **38**, 1-5.

Leslie, J. F. & Klein, K. K.（1996）Female fertility and mating type effects on effective population size and evolution in filamentous fungi. *Genetics*, **144**, 557-567.

Sahashi, N., Akiba, M., Ishihara, M., Miyazaki, K. & Seki, S.（2010a）Distribution of genets of *Cylindrobasidium argenteum* in a river valley forest as determined by somatic incompatibility, and significance of basidiospores for its dispersal. *Mycological Progress*, **9**, 425-429.

Sahashi, N., Akiba, M., Ishihara, M., Miyazaki, K., & Kanzaki, N.（2010b）Cross inoculation tests with *Phellinus noxius* isolates from nine different host plants in the Ryukyu Islands, southwestern Japan. *Plant Disease*, **94**, 358-360.

Sahashi, N., Akiba, M., Ishihara, M., Ota, Y. & Kanzaki, N.（2012）Brown root rot of trees caused by *Phellinus noxius* in the Ryukyu Islands, subtropical areas of Japan. *Forest Pathology*, **42**, 353-361.

Sahashi, N., Akiba, M., Takemoto, S., Yokoi, T., Ota, Y. & Kanzaki, N.（2014）*Phellinus noxius* causes brown root rot on four important conifer species in Japan. *Eur. J. Plant Pathol.*, **140**, 869-873.

Sahashi, N., Akiba, M., Ota, Y., Masuya, H., Hattori, T., Mukai, A., Shimada, R., Ono, T. & Sato, T.（2015）Brown root rot caused by *Phellinus noxius* in the Ogasawara（Bonin）Islands, southern Japan - current status of the disease and its host plants. *Australasian Plant Disease Notes*, DOI: 10.1007/s13314-015-0183-0.

島田律子・向哲嗣・小野剛・大林隆司・佐藤豊三・佐橋憲生・秋庭満輝・太田祐子・升屋勇人・服部力（2013）父島・母島における南根腐病の発生状況および宿主植物. 小笠原研究年報, **36**, 71-77.

田中千尋・奥野哲郎（2008）植物を病気から守る.『生物資源から考える21世紀の農学3 植物を守る』（佐久間正幸 編）pp. 195-241, 京都大学学術出版会.

田中栄爾・田中千尋・津田盛也（2002）タケ類てんぐ巣病菌の伝播および種内変異. 森林研究, **74**, 13-20.

参照文献

Agriros, G.（2005）*Plant Pathology 5th ed.*, Elsevier Academic Press.

Moore, D., Robson, G. D. & Trinci, A. P. J 著, 清水公徳・白坂憲章・鈴木彰・田中千尋・服部力・堀越孝雄・山中高史 訳（2016）『現代菌類学大鑑』共立出版.

佐橋憲生（2004）『日本の森林／多様性の生物学シリーズ2 菌類の森』東海大学出版会.

第13章　マツ材線虫病

二井一禎

13.1 はじめに

マツノザイセンチュウ（*Bursaphelenchus xylophilus*）は成虫の体長が1ミリメートルほどの小さな生物で，両性生殖で増殖する（図13.1）．シャーレに用意した灰色かび病菌 *Botrytis cinerea* の菌叢上で1頭の交尾雌成虫が死ぬまでに産む卵数は79～216個と報告されている（Mamiya & Furukawa, 1977）．胚発生を終えた1齢幼虫はさらに卵内で脱皮し，2齢幼虫として孵化し，その後3回の脱皮を繰り返し成虫になる．卵から成虫までの生育に要する時間は適温条件（25～28℃）で4日ほどであるから上記の産卵数も併せ考えると潜在的な増殖速度はきわめて大きい．この線虫が発見されたのは1969年のことで，さらに，このマツノザイセンチュウが，第二次世界大戦前から西日本を中心に各地のマツ林に被害を拡げていた「マツ枯れ」の病原体であることが明らかにされたのはその2年後のことであった（Kiyohara & Tokushige, 1971）．

この森林流行病のわが国における最初の報告は1905年の長崎からのもので，その後の調査により，この病原線虫が北米からの輸入材に紛れて日本に持ち込まれた侵入外来ペスト（有害生物）であることが明らかになった．

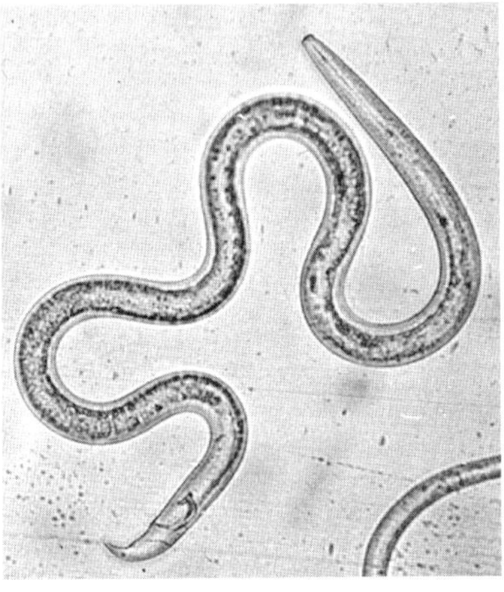

図13.1　マツノザイセンチュウ

13.2 感染サイクル

13.2.1 伝播共生（便乗：phoretic relation）

マツ枯れ被害の拡がりは毎年 3～4 km にも及ぶ．体長 1 mm ほどのマツノザイセンチュウの運動量ではこの被害の広がりを説明することはできない．病原線虫の発見に続いて直ちに媒介者（ベクター）の探索が行なわれ，マツノマダラカミキリ（*Monochamus alternatus*）がほとんど唯一の媒介者であることが明らかにされた（Mamiya & Enda, 1972）．このカミキリムシは枯死木材内に穿孔した孔道の端部に比較的大きな部屋（蛹室）を穿ち，老熟 4 期幼虫として越冬する（図 13.2a）．翌春から初夏にかけて気温が上昇すると 1～3 週間の蛹期（図 13.2b）を経て羽化する（図 13.2c）．幼虫飼育により得られたデータによると，発育零点は 11℃付近で，越冬後 50% 羽化までの有効積算温量は 400～800 日度と産地により変異があり，暖地ほど休眠が深く休眠からの覚醒が遅い傾向があった（遠田, 1976）．羽化後 3～7 日間マツノマダラカミキリは蛹室内にとどまるが（図 13.2c），この間に蛹室の周囲に集まっていたマツノザイセンチュウは，羽化により呼吸活性が高まり，盛んに二酸化炭素を排出するマツノマダラカミキリに誘引され，その気門から体内に広がる気管系に潜り込む．

マツノザイセンチュウは寄主であるマツ樹が健全なときはその柔細胞を摂食し，寄主が枯死した後は，材内で速やかに繁殖を開始する青変菌等の菌糸細胞を摂食して増殖する．この時期の線虫は増殖型と呼ばれ寄主樹体内で増殖を繰り返し個体数を増加させる．しかし，やがて材内のマツノザイセンチュウ密度が過剰になると餌不足や排泄物などによる環境劣化，さらには材の乾燥が進み，個体数は減少に向かう．同じ頃，個体群内に分散型 3 期幼虫と呼ばれる，腸内に中性脂質を溜め込んだため黒っぽくみえる特殊なステージの線虫の割合が増える．翌春から初夏にマツノマダラカミキリが蛹化する頃までには，蛹室の周辺部にはこのステージの線虫が集合・定着し，やがて羽化したマツノマダラカミキリから出される化学シグナルによって分散型 3 期幼虫はもう一度脱皮して分散型 4 期幼虫になり（Maehara & Futai, 2001），マツノマダラカミキリに乗り移る（図 13.2c：カミキリムシの周囲の点は線虫）．

マツノマダラカミキリは羽化脱出する時点ではまだその生殖腺が未発達の状態

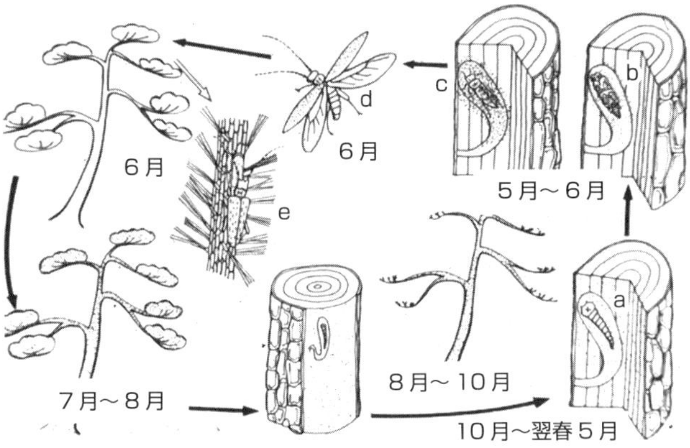

図 13.2 “マツ枯れ”の生活環　紺谷修治（未発表）を一部修正.

図 13.3 クロマツの新梢を後食するマツノマダラカミキリ

にある（図 13.2d）．そこで，枯死木から脱出したマツノマダラカミキリは健全な寄主マツに飛来し，その若い枝の樹皮をかじることにより栄養を補給し（図 13.2e：これを“後食”と呼ぶ），生殖腺の発達を促す（図 13.3）．このときにできた傷口，“後食痕”からマツノマダラカミキリの体内（気管系）に潜んでいたマツノザイセンチュウが寄主樹体内に侵入する．

マツノザイセンチュウが寄主樹体内に侵入すると，約1ヶ月で旧葉が褐変し，萎凋の進行を示唆するが，さらに1ヶ月も経つと，1年葉，当年葉も含め全体が褐色に変化するため，誰の目にもこの樹の枯死が明らかになる．5月末から6月にかけて蛹化したマツノマダラカミキリは6月から7月にかけて羽化脱出し，その後1週間ほどの間は線虫は離脱しないが，10日も経つとマツノマダラカミキリの体からの離脱が始まり，寄主への侵入，感染が起こる．したがって，寄主マツ樹の野外における本線虫の感染は6月後半以降に起こり，それから約2ヶ月を経て発病し枯死症状を示すマツが多発することになる．

このように“マツ枯れ”をめぐる生物間の相互関係には，寄主であるマツ属樹種，病原体のマツノザイセンチュウ，そしてこの病原線虫を媒介するマツノマダラカミキリの3者の生活環の精妙な同調性が含まれており，さらにマツノザイセンチュウ本来の食餌源である菌類など微生物の影響も考慮しなくてはならない．

13.2.2 マツ枯れにおける微生物（菌類）の役割

枯死木から羽化脱出するマツノマダラカミキリが保持する線虫の数は，そのカミキリムシの病原力と捉えることが可能で，ある林分における枯死本数を左右する重要な因子である．ところが，野外で採取されるマツノマダラカミキリが保持している線虫の数はカミキリムシ1頭あたり0〜20万頭と大きなばらつきがある．寄主マツの個体間でマツノマダラカミキリの保持線虫数に違いがあるだけでなく，同じマツから羽化脱出するマツノマダラカミキリの個体間にも大きな違いがある．その原因を探るために多くの研究がなされたが，長い間その原因は解明されなかった．簡単な人工蛹室と，卵から人工培養したマツノマダラカミキリの幼虫を用いることにより，Maehara & Futai (1996) は，マツノマダラカミキリの蛹室周辺に優占している菌類の種類の違いによってマツノマダラカミキリの保持線虫数が違うことを明らかにした．つまり，蛹室の周辺にマツノザイセンチュウの増殖に適した青変菌のような菌が優占していると，この部位の線虫密度が上がり，ひいてはこの蛹室から羽化脱出するカミキリムシの保持線虫数が多くなる．一方，この部位に線虫増殖に不適な *Trichoderma* spp. のような菌類が繁殖していると，蛹室周辺のマツノザイセンチュウの密度が下がり，この蛹室から羽化するカミキリムシの保持線虫数が少なくなる．このように，蛹室周辺に繁殖している菌類の種類がその蛹室から羽化脱出するマツノマダラカミキリの保持線虫数を決定し，そのことを介して流行病の動向に重要な役割を演じているのである．

13.3 マツ枯れの感染サイクルに影響する環境因子

13.3.1 気温と降水量

病原体のマツノザイセンチュウも媒介者であるマツノマダラカミキリもその成長や，増殖，行動は温度に支配される．したがって，この森林流行病の伝播者マツノマダラカミキリの行動や繁殖が可能な温度範囲が“マツ枯れ”の被害分布を決定する．その詳細は他書（岸，1988）にゆずるが，このカミキリムシの移動分散適温が18～28℃であること，発育零点や有効積算温量は地域により変化すること（前述），辺材部に穿った蛹室で越冬する幼虫は低温に耐性があり，温度順化の過程を経た場合，−20℃でも生存が可能である点などは被害分布を考える上で重要であろう．現在本病は本州北限の青森県内までその分布を拡大しつつある．春から夏の期間が短くとも，充分な温量さえあればマツ枯れは激化する可能性があることを東北地方の被害が教えている．

一方，寄主であるマツ樹の光合成が水分条件により左右され，特に，感染後の病徴進展が土壌水分条件により左右されることを考慮すると，春から夏にかけての降水量もこの複雑系の動向を支配する重要な環境因子である．

13.3.2 菌根共生の役割

ここで，我々は本病の動向を決定づける，微生物のもう1つの役割に目を向けなければならない．マツ属樹種は代表的な外生菌根性樹種で，多くの外生菌根菌類と菌根を形成する．そのため，マツ属樹種は痩せ地や山の尾根部のような養水分が乏しくなりがちなニッチにも生育が可能である．共生菌根菌から養水分の補給を受けるからである．様々な地域系統のアカマツ，クロマツが一斉に斜面に沿って植栽された斜面に“マツ枯れ”被害が及んだ場合，地域系統を問わず，枯死率は斜面下部で高く，斜面中部がこれに続き，斜面上部（尾根近く）で低かった．菌根発達度を比較すると，枯死率に反比例するように，上部で良く発達しており，中部，下部に行くと貧弱な菌根しか見当たらなかった（Akema & Futai, 2005）．近年，都市近郊の山腹を覆っていたアカマツ林は“マツ枯れ”のためその多くが壊滅し，植生が一変している．しかし，そんな山々でも山頂の尾根部にアカマツが残っていることに気づくことがある．いずれも，共生する菌根菌が養水分の補

図 13.4　山の尾根部に生残するアカマツ

給によって“マツ枯れ”からマツ樹を守った好例と考えることができる.

13.4 マツノザイセンチュウの病原力・マツ属樹種の感受性

13.4.1 ベクターの乗り換え

マツノザイセンチュウは北米原産で20世紀初頭に日本に侵入した外来のペストである. 当時輸入され, 港湾に持ち込まれた外国産材から北米産の *Monochamus* 属カミキリが羽化脱出し, 近くにあったマツ樹に飛来, 後食した. そのとき, 保持していたマツノザイセンチュウが樹体内に侵入し, やがて発病した個体に日本産のマツノマダラカミキリが産卵する. 翌春蛹化し, さらに羽化脱出した次世代のマツノマダラカミキリに乗り移った線虫が周囲のマツ樹に感染, 発病を繰り返し, 被害を拡大したものと考える. それでは, 日本にこの線虫が侵入したのは1回限りの出来事であったのであろうか. 日本各地から採取されたマツノザイセンチュウを北米産や中国産, カナダ産などの系統とともに, そのリボソームRNA遺伝子の塩基配列を比較したところ, 日本で採取されたマツノザイセンチュウの中に, 少なくとも2系統が存在することが明らかになった (Iwahori *et al.*, 1998). したがって, この線虫が日本に持ち込まれたのは2回以上であったことが伺える. また, この2系統の一方は病原力が強く, 他方はほとんど病原力がない. この病原力の弱い系統が採取された地域では両系統の交雑が進んでいるが，現在も弱病原力系統の遺伝子が地域個体群の中に存在していることが確かめられている（Takemoto & Futai, 2007）.

13.4.2 本来は菌食性の衰弱～枯死木利用者

北米にはこの線虫のベクターとなる *Monochamus* 属カミキリが数種類知られており，衰弱した，あるいは枯死直後のマツ属樹木に産卵し，繁殖している．北米原産のマツ属樹種はほとんどが“マツ枯れ”に対して抵抗性であるため，マツノザイセンチュウはカミキリムシが健全木を後食するときにはこの木には乗り移らない．なぜならこれらの樹は抵抗性であるためマツノザイセンチュウがこのタイミングで健全木に乗り移っても，繁殖できず，寄主も発病しない．そのためカミキリムシが産卵することもない．実はマツノザイセンチュウの原産地北米では，衰弱枯死木にカミキリムシが産卵するときに線虫もこれら衰弱枯死木に乗り移る．こうすることによって線虫は繁殖が可能となり，翌年カミキリムシが羽化脱出するとき確実に次の寄主樹木へ伝播されることになる．このように枯死木を利用し，そこに繁殖する菌類を餌に生活する形がこの仲間（*Bursaphelenchus* 属）の線虫の本来のありかたなのだろう．この考えを支持する事実がある．クワ科の植物を食害するキボシカミキリという昆虫が日本各地に広く分布するが，このカミキリムシに便乗（伝播共生）するクワノザイセンチュウ（*B. conicaudatus*）というマツノザイセンチュウに近縁な線虫が知られている（Kanzaki & Futai, 2001）．この線虫の場合も寄主に対して病原性は無く，したがって寄主植物への乗り移りはベクターが産卵するタイミングで行われる．

13.4.3 寄主範囲と寄主の感受性

マツノザイセンチュウにより激害を被った各地のマツ林の中にも少数の個体が生き残ることがある．そのような個体からさし穂を集め，多数の接ぎ木苗を作成し，これらに2回以上マツノザイセンチュウを接種し抵抗性を確かめるという努力を重ねて抵抗性アカマツ，同クロマツ系統の選抜が行なわれて来た．しかし，これまでの抵抗性選抜育種事業ではマツノザイセンチュウを接種した個体が枯損するか否かを唯一の基準として抵抗性を評価してきたため，抵抗性のメカニズムに基づく基準策定が遅れていたが，ようやく遺伝子のレベルで抵抗性のメカニズムが明らかにされようとしている（Hirao *et al.*, 2012）.

マツノザイセンチュウに感染する寄主範囲はマツノマダラカミキリの後食選好性により決まる．このカミキリムシは針葉樹，中でもマツ科樹木だけを選好するので，マツ属樹木の他に，トウヒ属，モミ属，ヒマラヤスギ属，カラマツ属などに野外における枯損例が知られる．また，同じマツ属樹種の中でも，種により感受性に大きな違いがある．先にも述べたように北米産の多くのマツ属樹種には抵抗性があり，なかでもテーダマツ，リギダマツ，スラッシュマツなど Critchfield & Little (1966) のマツ属分類体系における Australes 亜節の樹種には強い抵抗性のものが多い（二井・古野，1979）．一方，日本に自生するマツ属7種はハイマツを除いてすべて感受性である．ハイマツは高い標高に分布するため“マツ枯れ”を免れているが人工的にマツノザイセンチュウを接種すれば枯死する可能性が高い．つまり，日本産のマツ属樹種はいずれも感受性で，100年余り前に日本に新たに侵入した外来性ペストに過剰に反応し，自ら枯死に至っているとものと考えられる（Futai, 2013）．

13.5 防除努力とその結果

マツ枯れを防ぐために国はこの樹病が伝播共生に基づく流行病である点に着目し，その媒介昆虫，マツノマダラカミキリに照準を合わせた“殺虫剤の空中散布”を防除法の中心に据えて防除を推進して来た．しかし，各地で空中散布に対する反対に遭遇し，当初の防除戦略は破綻をきたした．それに代わる方法として，生物的防除法や単木処理を原則とする樹幹注入法，あるいは枯死木丸太を山積みし，これをビニールシートで被覆し，内部で殺虫燻蒸剤を充満させる方法などが実施されて来た．いずれも一長一短があるが，特に経費や方法の簡便さに問題があり，山林に生育する多数のマツ樹に応用することが難しい．流行病，特に侵入病害の場合，発生初期の素早い対応と，徹底した処置が不可欠であるが，“マツ枯れ”に関してはこのような対応に失敗し，里山の代表的な存在であったアカマツ林や，海岸の防風，防潮，防砂林などとして，あるいは白砂青松の景観要素として重要な役割を担ってきたクロマツ林を日本の各地から消滅させてしまった．それはとりもなおさず，マツタケに象徴されるマツ林の生態系の喪失をも意味し，日本における生物多様性の重要な1つの要素の消滅にもつながっている．

なお，本章で述べた内容にあわせて，マツ枯れの全体を包括的に理解するために二井（2003）を参考にしていただきたい．

引用文献

Akema, T. & Futai, K. (2005) Ectomycorrhizal development in a *Pinus thunbergii* stand in relation to the location on a slope and their effects on tree mortality from pine wilt disease. *J. For. Res.*, **10**, 93-99.

Critchfield, W. B. & Little, E. L. (1966) *Geographic Distribution of the pine of the World*. Washington, DC. *U.S. Dep. Agric. For. Serv.*

遠田暢男（1976）マツノマダラカミキリの生活史．森林防，**25**，182-185.

二井一禎（2003）『マツ枯れは森の感染症――森林微生物相互関係論ノート』文一総合出版.

Futai, K. (2013) Pine Wood Nematode, *Bursaphelenchus xylophilus*. *Ann. Rev. Phytopathol.*, **51**, 61-83.

二井一禎・古野東洲（1979）マツノザイセンチュウに対するマツ属の抵抗性．京大演報，**51**，23-36.

Hirao, T., Fukatsu, E., Watanabe, A. (2012) Characterization of resistance to pine wood nematode infection in *Pinus thunbergii* using suppression subtractive hybridization. *BMC Plant Biol.*, **12**, 13-27.

Iwahori, H., Tsuda, K., Kanzaki, N., Izumi, K., Futai, K. (1998) PCR-RFLP and sequencing analysis of ribosomal DNA of *Bursaphelenchus* nematodes related to pine wilt disease. *Fundam. Appl. Nematol.*, **21**, 655-666.

Kanzaki, N. & Futai, K. (2001) Life history of *Bursaphelenchus conicaudatus* (Nematoda: Aphelenchoididae) in relation to the yellow-spotted longicorn beetle, *Psacothea hilaris* (Coleoptera: Cerambycidae). *Nematology*, **3**, 473-479.

岸 洋一（1988）『マツ材線虫病松くい虫――精説』トーマス・カンパニー.

Kiyohara, T. & Tokushige, Y. (1971) Inoculation experiments of a nematode, *Bursaphelenchus* sp., onto pine trees. *J. Jpn. For. Soc.*, **53**, 210-218.

Maehara, N. & Futai, K. (1996) Factors affecting both the numbers of the pinewood nematode, *Bursaphelenchus xylophilus* (Nematoda: Aphelenchoididae), carried by the Japanese pine sawyer, *Monochamus alternatus* (Coleoptera: Cerambycidae), and the nematode's life history. *Appl. Entomol. Zool.*, **31**, 443-452.

Maehara, N. & Futai, K. (2001) Presence of the cerambycid beetles *Psacothea hilaris* and *Monochamus alternatus* affecting the life cycle strategy of *Bursaphelenchus xylophilus*. *Nematology*, **3**, 455-461.

Mamiya, Y. & Enda, N. (1972) Transmission of *Bursaphelenchus lignicolus* (Nematoda: Aphelenchoididae) by *Monochamus alternatus* (Coleoptera: Cerambycidae). *Nematologica*, **18**, 159-162.

Mamiya, Y. & Furukawa, M. (1977) Fecundity and reproductive rate of *Bursaphelenchus lignicolus*. *Jap. J. Nematol.*, **7**, 6-9.

Takemoto, S. & Futai, K. (2007) Polymorphism of Japanese isolates of the pinewood nematode, *Bursaphelenchus xylophilus* (Aphelenchida: Aphelenchoididae), at heat-shock protein 70A locus and the field detection of polymorphic populations. *Appl. Entomol. Zool.*, **42**, 247-253.

第14章 ナラ枯れ病

伊藤進一郎

14.1 はじめに

ブナ科樹木は，世界の熱帯から温帯までの広い地域に約600種が分布している．多くの樹種は，材としての利用価値が高いだけでなく，世界の森林を構成する主要な樹種である．また，その堅果は食用となる樹種が多く，縄文や弥生時代の遺跡からは，トチノキやオニグルミの果実と一緒にクリなどブナ科樹木の堅果が多数出土しており，人類の重要な食料であった．同様に，森林に生息する動物にも，その堅果は重要な食料資源である．

ブナ科の樹木の中で，ナラ類と総称されるコナラ属（*Quercus* spp.）の樹木は分布域が広く，その衰退や枯死に関する記録は20世紀初頭から報告されている．しかし，他の多くの樹種と同様に，広域的にナラ類の衰退や枯死の現象が顕在化したのは1970年以降である．世界各地で発生しているブナ科樹木の衰退や枯死被害の原因として，例えば乾燥害，病害，虫害，大気汚染物質などが議論されてきた．しかし，その原因は国や地域によって異なっており，それぞれの地域で原因を明らかにするための研究が現在も進められている（伊藤，2002）．

日本では，北海道から沖縄までに5属約20種のブナ科樹木が分布している．1980年以前には，これらブナ科樹木に大規模な衰退や枯死被害の記録は残されていない．しかし1980年代末以降，日本海側の地域では特にナラ類が集団的に枯死する被害が発生し，その被害地域は現在も拡大している（伊藤・山田，1998）．この被害は，カシノナガキクイムシ（*Platypus quercivora*）によって伝搬される菌類 *Raffaelea quercivorus* によって発生することが，病理学的に証明された（伊藤ら，1998）．

14.2 被害の特徴とこれまでの経緯

6月中旬から，前年度に枯死した木からカシノナガキクイムシの新成虫が脱出し，健全木に穿入を始める．穿入が始まって約1カ月で急激に萎凋（しおれ）・枯死する．葉が赤変したナラ類は，マツ材線虫病（pine wilt）によるマツ類の枯死と同様に，遠くから確認することができる．短期間に萎凋・枯死するこの被害は，マツ材線虫病と似た全身的な萎凋症状である．

枯死したナラ類の幹には，例外なく約1 mmの小さい穴が多数認められる（図14.1）．そこにはナガキクイムシ科（Platypodidae）の甲虫カシノナガキクイムシが穿入し，枯死木の周囲には多数のフラス（虫糞，図14.1）がみられる．これまでの研究から，枯死木やカシノナガキクイムシから *R. quercivora* が検出され，この菌がナラ類を枯死させる能力があることが実験的に証明された（Kubono & Ito, 2002）．この被害は通称ナラ枯れと呼ばれているが，病理学的にはブナ科樹木の萎凋病（いちょうびょう）（Japanese oak wilt）と命名されている．

1980年以前には，カシノナガキクイムシの被害として7県に記録が残されている（伊藤・山田，1998；表14.1）．記録上一番古いと考えられていたのは，1934年に宮崎県で発生したカシ・シイ類の被害である．一方ナラ類で一番古い記録は，1952年に兵庫県城崎郡で発生した被害である．しかし最近，長野県で古文書が解

（マテバシイ）　（ミズナラ）

図14.1　カシノナガキクイムシの加害とフラス

表14.1　1980年以前の被害記録　　伊藤・山田（1998）より

発生年	発生場所			樹種	樹齢	被害量
1934	宮崎	西諸懸郡	高原町	イチイガシ，ウラジロガシ		
	鹿児島	肝属郡	田代村	アカガシ，アラカシ，ウバメガシ，マテバシイ		
1945	鹿児島	都城営林署		カシ，シイ，タブ		311本
1950	高知	川崎営林署		ウラジロガシ，アラカシ，ツクバネガシ		300本
1952	兵庫	城崎郡	西気村	ナラ，クリ，ブナ，シデ	50-60年以上	7,000本
1952	高知	幡多郡	大正村	アラカシ，ウラジロガシ，アカガシ， イチイガシ，スダジイ，ツクバネガシ		2,373ha
1953	兵庫	城崎郡	西気村	カシ，マラ，アカガシ，クリ，シデ	40-70年	70,000本
	鹿児島県	姶良郡	霧島村	カシ，マテバシイ，コジイ	40年	1,4町
1954	兵庫	城崎郡	日高町	ナラ，クリ	50-80年	920本
	鹿児島	姶良郡		カシ	20-60年	8,4町
1955	兵庫	城崎郡	日高町	クヌギ，ナラ，クリ	60年	100本
	鹿児島	姶良郡		カシ	40年	292本
1956	兵庫	城崎郡	日高町	ナラ	20-60年	200本
		美方郡	温泉町	ナラ	20-70年	900本
1958	山形	西田川郡	温海町	コナラ，ミズナラ，クリ	40-50年以上	300ha
1959	山形	西田川郡	温海町	ミズナラ，コナラ，クリ	5年	2,100本
1960	山形	西田川郡	温海町	ナラ	41-100年	451本
1964	福井	敦賀市		クヌギ	40-50年	500本
1973	新潟	岩船郡	朝日町	ナラ	40-60年	3ha
1974	兵庫	城崎郡	竹野町	ナラ	60-150年	400ha
1979	山形	東田川郡	朝日村	ナラ		2ha
	山形	東田川郡	櫛引町	ナラ		1ha

析され，1750年に長野県北部で現在と同じと考えられる被害が発生していたことが明らかとなった（井田・高橋，2010）．一方，病原菌に関しては，調査されてこなかった．

1980年以前の記録では，被害は数年続いた後終息している．例えば山形県では1958年から1960年まで被害記録があるがその後記録はなく，1979年に隣の郡で記録されている．その当時は，被害は急速に拡大することはなく，ほぼ同じ地域で繰り返し発生していたようである（伊藤・山田，1998）．

1980年代末以降，被害は山形県，鳥取県，石川県，滋賀県，京都府，兵庫県，鳥取県，島根県の1府7県で発生し，さらに1999年以降は三重県，奈良県，和歌山県，岐阜県，福島県，富山県，長野県でも被害が発生し，被害地域は急速に拡大していった．現在までに被害が報告されているのは，1都2府28県に達している（林野庁資料；図14.2）．

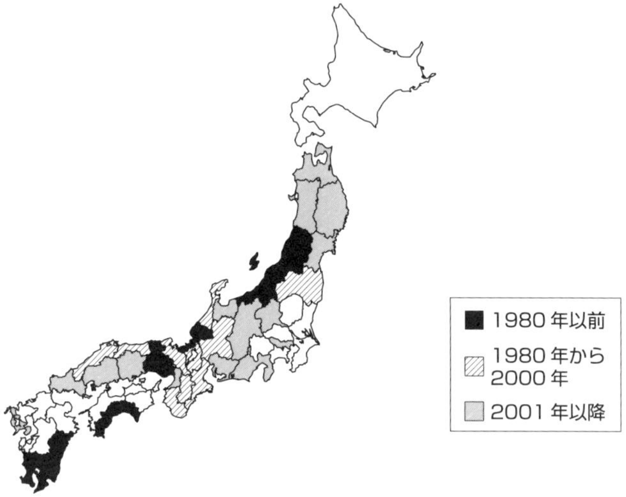

図 14.2　被害の推移　（林野庁資料より）

14.3 伝搬者カシノナガキクイムシ

植物の病気発生に，昆虫が関与している事例は多い．特に最近，昆虫が森林病害の発生に関与する事例が多く報告されている（たとえば Appel, 1994；Harrington *et al.*, 2008）．日本では，マツノマダラカミキリ（*Monochamus alternatus*）がアメリカから侵入したマツノザイセンチュウ（*Bursaphelenchus xylophilus*）を伝播し，アカマツやクロマツの枯死を引き起こすマツ材線虫病が全国的に問題となってきた．

キクイムシ類は，ナガキクイムシ科とキクイムシ科に属する甲虫類の仲間である．体長数 mm の小さな虫で，世界の熱帯から寒帯の森林に約 8000 種が分布している．キクイムシの由来は「木食い虫」であり，樹木の材部に孔を掘る．穿孔性昆虫は産卵した後は子供（幼虫類）の世話はしないが，カシノナガキクイムシなどナガキクイムシ科の昆虫は，親と子供が坑道で一緒に生活する．また，カシノナガキクイムシが属するナガキクイムシ科の昆虫は，自分達が坑道内で培養した菌類を食べて生活する．このような昆虫は，アンブロシアビートル（養菌性キクイムシ）と呼ばれている．このグループの成虫は，主に雌が菌のう（マイカンギア，図 14.3）と呼ばれる特別な器官を持っており，成虫が坑道を掘るときに，菌を植えつけていく．幼虫は，坑道内で培養された菌を食べて成長する（梶村，2002）．

カシノナガキクイムシは，1921 年に宮崎県と新潟県で採取された標本によって新種として発表されているが，その後この虫が採集されている地域は，ほとんどが被害の発生地と一致している．日本では，本州，四国，九州，沖縄に分布し，日本以外ではインド，インドネシア，ニューギニア，台湾でも記録されている．最近，タイやベトナムでも採集された（鎌田，2002）．

カシノナガキクイムシは，スギ，サクラ，ツバキなど多種の樹木に加害（材部に穿入）するが，枯死被害の発生はブナ科樹木だけである．九州や紀伊半島では，ブナ科の常緑樹，アカガシ，イチイガシ，ウラジロガシなどのカシ類，スダジイやツブラジイなどシイ類とマテバシイに加害があり，枯死する場合もある．その他の地域では，コナラ（*Q. serrata*），ミズナラ（*Q. crispula*），クヌギなどナラ類とクリなどの落葉性の樹種が加害の対象になっている．

成虫は光沢のある暗褐色の円筒形で，体長は雄が 4.5 mm，雌が 4.6–4.7 mm である．雄が最初，好みの樹木に穿入孔を掘り，中心に向かって掘り進み，雌の受け入れ準備が整った雄は，穿入孔に飛来する雌と交尾し，交尾後の雌は，雄より先に坑道内に入り，坑道を完成させる．巣を完成させた雌は，菌のうの中の菌を

図 14.3　カシノナガキクイムシとその菌のう

坑道壁に植え付けて随所に産卵する．卵化幼虫は親が植え付けた菌を摂食して生活し，ほとんどは幼虫のまま越冬する．幼虫から成虫になるまでの間，雌は坑道内の菌類を管理し，雄は穿入孔付近で外敵や雑菌の侵入を防ぎ，また腹部を細かく動かして坑道の換気を行っている．

最近の研究から，日本に生息するカシノナガキクイムシは，本州北東部と南西部では，遺伝的組成が異なっていることが明らかになってきた．現在，アジアに分布する個体群も含めて，系統解析が進められている（升屋・山岡，2009）．

14.4 病原菌

カシノナガキクイムシに近い甲虫類の中には，病原菌を伝搬して樹木を枯らす，例えばニレ立枯病（Dutch elm disease）を起こす種類がいることが知られている．そこで，被害の発生に対する菌類の関与の可能性について検討するため，病原菌の探索が行われた．穿入被害木や枯死木の辺材部に形成されるカシノナガキクイムシの坑道部から拡がった変色域（病原菌の進展によって形成される，通水機能が停止した組織）樹皮，カシノナガキクイムシの坑道壁からは多種の菌類が検出されたが，優占的に検出される *Raffaelea* 属菌の存在が明らかとなった（伊藤ら，1998）．*Raffaelea* 属菌はそれまでに世界で 10 種が報告されていたが，いずれも樹木を枯死させる病原性はない菌類とされてきた．日本で発見された菌と 10 種とを比較検討した結果，明らかに形態的に異なることから新種 *Raffaelea quercivora* と命名された（図 14.4）．この菌の病原性を明らかにするため，健全なミズナラに対して接種試験（健全な個体に人工的に菌類を入れ，その後の変化を観察する試験）が行われた．その結果，野外での枯死過程と同様に，接種後約 10 日で急激に萎凋症状が発生し，約 1 ヵ月で枯れることが確かめられた．*Raffaelea* 属菌には病原性がないとされてきたが，大規模な樹木の枯死を引き起こす種が存在することが，世界で初めて明らかとなった（伊藤ら，1998）．枯れのメカニズムは，病原菌が材部で蔓延することによって通水組織の機能が失われ，全身的な萎凋症状が発生するというものである．また，ミズナラ，コナラなどブナ科樹木 6 樹種に対する接種試験では，ミズナラやコナラは感受性が高く（枯れやすい），常緑性の樹種は枯れにくいことが明らかにされた．この差異は，病原菌

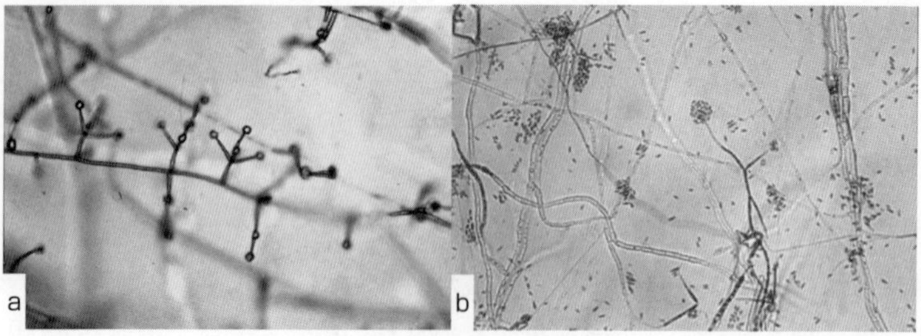

図 14.4 病原菌 *affaelea quercivora* の形態
a：分生子柄，b：2 分生子.

の材部での進展を阻害する要因が関与していると考えられている（Murata *et al.*, 2005；Takahashi *et al.*, 2010；Torii *et al.*, 2011）.

ナガキクイムシ科の昆虫はアジアにも広く分布していることから，それらに付随する *Raffaelea* 属菌に関する調査が行われている．例えば，タイのブナ科樹木の森林およびそこに生息するナガキクイムシ科の昆虫から検出された *Raffaelea* 属菌は，分子生物学的な研究から，少なくとも 5 種類に分かれる可能性が示唆されている．また，その中には，ミズナラを枯死させる能力がある菌が存在することも，接種試験で明らかにされつつある（伊藤，未発表）.

14.5 ブナ科樹木に発生する類似被害

ヨーロッパでは 20 世紀初頭から，気象環境，昆虫，菌類（土壌病害）などによる複合病害と考えられるブナ科樹木の衰退や枯死が発生し，アメリカでは，1930 年以降甲虫類によって伝搬されるナラ・カシ類萎凋病（oak wilt，病原菌 *Ceratocystis fagacearum*）が，また *Phytophthora* 属菌によるナラ類の枯死・衰退現象がヨーロッパ南部で問題となり，アメリカでは 1995 年以降シイ・カシ類突然死（病原菌 *Phytophthora ramorum*）によるブナ科の *Notholithocarpus densiflorus* やコナラ属樹木の大量枯死が発生している．さらに，アフリカのアルジェリアでは近年，コルクガシ（*Q. suber*）の枯死被害が問題となっている（伊藤，2002）.

Raffaelea 属菌による森林被害としては，日本で1980年代以降に被害の顕在化と新たな地域への拡大が続く中，2003年に韓国で，*Platypus koryoensis* が伝搬する病原菌 *R. quercus-mongolicae* によるモンゴリナラ（*Quercus mongolica*）やコナラに枯死被害が発生した（Kim *et al.*, 2009）．また，アメリカでは2004年以降，アジアから侵入したと考えられているハギキクイムシ（*Xyleborus grabratus*）が伝搬する病原菌 *R. lauricola* により，クスノキ科樹木の大量枯死が起こっている（Harrington *et al.*, 2010）．さらに，地中海西部でも1980年代から *P. cylindrus* によるコルクガシへの加害が確認され，ポルトガルでは *P. cylindrus* が伝搬する *Raffaelea* 属菌によるコルクガシの枯死被害が発生している．また，アメリカのカリフォルニア州では *R. canadensis* によるアボカド（*Persea americana*）の被害も報告されている（Eskalen & McDonald, 2011）．

14.6 なぜナラ枯れ被害が発生・拡大しているのか？

一般的に，養菌性キクイムシは衰弱木や倒木に穿入するため，カシノナガキクイムシも何らかの原因で衰弱した樹木に穿入すると考えられてきた．しかし被害地では，虫の穿入以前，樹木の水分生理や土壌水分状況は被害を受けなかった樹木と差異がなく，外観上健全な個体も加害されている．そのため，何らかの原因で個体数密度が上昇した場合には，生立木にも穿入するタイプではないかと考えられるようになった．

それでは，カシノナガキクイムシの個体数密度が上昇する要因は何であろうか？　今までに，ならたけ病説（土壌病害のならたけ病に感染して衰弱した個体にカシノナガキクイムシが穿入），雪の影響説（被害発生地の斜面は，残雪の多い北東方向に多いことから，残雪中に濃縮された酸性物質による根の衰弱と菌根菌の枯死により，樹木が衰弱），温暖化説（温暖化によってカシノナガキクイムシの分布域が拡大し，病原菌に対して抵抗力がないミズナラとカシノナガキクイムシの分布が重なったことが原因），倒木発生説（周辺に被害がない地域に突然被害が発生する事例が多いことから，ナラ類の伐採や倒木の発生が被害の引き金），病原菌またはカシノナガキクイムシの海外から侵入説（カシノナガキクイムシまたは病原菌が外国から侵入）のような仮説が提案されてきた（伊藤，2002）．しかし，いずれの説も1980年以降の被害の急激な進展をすべて説明することができていない．最近では，マツ類の樹木と同様に，ナラ類を薪炭材として利用する機会が減少したためナラ類の林を放置してきたことが，一番大きな原因ではないかと考えられるようになってきた．

14.7 おわりに

今までの知見を総合すると，カシノナガキクイムシが病原菌を伝播し，ナラ類に穿孔する時にこの菌を植え付け，そのため通水組織の機能が失われて萎凋・枯死すると考えられている．カシノナガキクイムシが加害するためには何らかの前提条件が関与しているとの議論もあり，日本で発生しているブナ科樹木の枯死被害に関しては，まだ解明しなければならない点が多く残されている．

被害の拡大様式は，1980年を境としてやや異なった様相を呈している．ナラ類の林を取り巻く環境条件が大きく変わってしまったのか？　それとも，我々人間とナラ類の林との接し方が変わってしまったのが，被害を大きくしている原因なのか？　燃料革命以前に行われていた薪炭林施業の伐採サイクルは，15～20年程度とされているが，カシノナガキクイムシは細い木では繁殖できないことから，薪炭林施業が継続されていれば，現在のような激害には至らなかった可能性が高い．ナラ類の大径木が次々と枯れる現象は，放置された広葉樹二次林で発生していることから，燃料革命と無関係でないこと，またその後の被害の拡大には地球の温暖化が関与している可能性が高いことも指摘されている（Kamata *et al.*, 2002）．

引用文献

Appel, D. N.（1994）The potential for a California oak wilt epidemic. *J. Arbor.*, **20**, 79–85.

Brasier, C. M., Robredo, F., Frerraz, J. F. P.（1993）Epidemic for *Phytophtora cinnamomi* involvement in Iberian oak decline. *Plant Path.*, **42**, 140–145.

Collins, B. R., Parke, J. L., Lanchenbruch, B., Hansen, E. M. (2009) The effects of *Phytophthora ramorum* infection on hydraulic conductivity and tylosis formation in tanoak sapwood. *Can. J. For. Res.*, **39**, 1766–1776.

Davidson, J. M., Wickland, A. C., Patterson H. A. *et al.* (2005) Transmission of *Phytophthora ramorum* in mixed-evergreen forest in California. *Phytopathology*, **95**, 587–596.

Eskalen, A. & McDonald, V. (2011) First report of *Raffaelea canadensis* causing laurel wilt disease symptoms on avocado in California. *Plant Dis.*, **95**, 1189–1189.

Fredrich, S. W., Harrington, T. C., Rabalia, R. J. *et al.* (2008) A fungal symbiont of the redbay ambrosia beetle causes a lethal wilt in redbay and other Lauraceae in the Southeastern United States. *Plant Dis.*, **92**, 215–224.

Grünwald, N. J., Goss, E. M., Press, C. M. (2008) *Phytophthora ramorum*: a pathogen with a remarkably wide host range causing sudden oak death on oaks and ramorum blight on woody ornamentals. *Mol. Plant Pathol.*, **9**, 729–740.

Harrington, T. C., Aghayeva, D. N., Fraedrich, S. W. (2010) New combinations in *Raffaelea, Ambrosiella*, and *Hyalorhinocladiella*, and four new species from the redbay ambrosia beetle, *Xyleborus glabratus*. *Mycotaxon*, **111**, 337–361.

Harrington, T. C., Fraedrich, S. W., Aghayeva, D. N. (2008) *Raffaelea lauricola*, a new ambrosia beetle symbiont and pathogen on the Lauraceae. *Mycotaxon*, **104**, 399–404.

伊藤進一郎 (2002) 現在問題となっているブナ科樹木の衰退, 枯死. 森林科学, **35**, 4–9.

伊藤進一郎・山田利博 (1998) ナラ類集団枯損被害の分布と拡大. 日林誌, **80**, 229–232.

伊藤進一郎・窪野高徳・佐橋憲生・山田利博 (1998) ナラ類集団枯損被害に関連する菌類. 日林誌, **80**, 170–175.

井田秀行・高橋 勤 (2010) ナラ枯れは江戸時代にも発生していた. 日林誌, **92**, 115–119.

Juzwik, J., French, D. W. (1983) *Ceratocystis fgacearum* and *C. piceae* on the surfaces of free-flying and fungus-mat-inhabiting Nitidulids. *Phytopathology*, **73**, 1164–1168.

梶村 恒 (2002) 養菌性キクイムシ類の生態と森林被害. 森林科学, **35**, 17–25.

鎌田直人 (2002) カシノナガキクイムシの生態. 森林科学, **35**, 26–34.

Kamata, N., Esaki, K., Kato, K. *et al.* (2002) Potential impact of global warming on deciduous oak dieback caused by ambrosia fungus *Raffaelea* sp. carried by ambrosia beetle *Platypus quercivorus* (Coleoptera: Platypodidae). *Bull. of Entomol. Res.*, **92**, 119–126.

Kim, K. H., Choi, Y. J., Seo, S. T., Shin, H. D. (2009) *Raffaelea quercus-mongolicae* sp. nov. associated with *Platypus koryoensis* on oak in Korea. *Mycotaxon*, **110**, 189–197.

Kinuura, H. & Kobayashi, M. (2006) Death of *Quercus crispula* by inoculated with adult *Platypus quercivorus* (Coleoptera: Platypodidae). *Appl. Entomol. Zool.*, **41**, 123–128.

Kubono, T. & Ito, S. (2002) *Raffaelea quercivora* sp. nov. associated with mass mortality of Japanese oak, and the ambrosia beetle (*Platypus quercivorus*). *Mycoscience*, **43**, 255–260.

Murata, M., Yamada, T., Ito, S. (2005) Changes in water status in seedlings of six species in the Fagaceae after inoculation with *Raffaelea quercivora* Kubono et Shin-Ito. *J. For. Res.*, **10**, 251–255.

Murata, M., Matsuda, Y., Yamada, T., Ito S. (2009) Differential spread of discoloured and non-conductive sapwood among four Fagaceae species inoculated with *Raffaelea quercivora*. *For. Path.*, **39**, 192–199.

升屋勇人・山岡裕一 (2009) 菌類とキクイムシの関係. 日林誌, **91**. 433–445.

Rizzo, D. M., Garbelotto, M., Davidson, J. M., *et al.* (2002) *Phytophthora ramorum* as the cause of extensive mortality of *Quercs* spp. and *Lithocarpus densiflorus* in California. *Plant Dis.*, **86**, 205–214.

Takahashi, Y., Matsushita, N., Hogetsu, T. (2010) Spatial distribution of *Raffaelea quercivora* in xylem of naturally infested and inoculated oak trees. *Phytopathology*, **100**, 747–755.

Thomas, F. M., Blank, R., Hartmann, G. (2002) Abiotic and biotic factors and their interactions as causes of oak decline in Central Europe. *For. Path.*, **32**, 277–307.

Torii, M., Matsuda, Y., Murata, M., Ito, S. (2011) Spatial distribution of *Raffaelea quercivora* hyphae in transverse sections of seedlings of two Japanese oak species. *For. Path.*, **41**, 293–298.

第15章 栽培植物の感染症

水本祐之

15.1 はじめに

初夏に見られる青々とした水田とそれをとりまく自然環境は，日本の原風景の1つである．この水田などの耕地は，周囲の自然環境とは異なる生態系から構成されている．耕地の生態系は農業生態系（Agro-Ecosystem）と呼ばれており，1）遺伝的に均一な栽培植物が高密度に定植されている点，2）ヒトによる栽培管理のために環境が均一化されている点で，自然環境の生態系（自然生態系）とは大きく異なる．

これまでの章で述べられてきたように，植物には様々な病原体が感染する．多様な植物が混在する自然生態系において，病原体の感染により植物は生育の抑制を受け，時には枯死する場合がある．しかし生態系全体としてみれば，病原体の感染は種構成の多様性を維持するはたらきも有している（Janzen-Connell 仮説）（Janzen, 1970; Connell, 1971；谷口・大園，2011）．一方で，遺伝的に均一な栽培植物が高密度に定植されている農業生態系は，病原体の感染と蔓延に適した環境であり，栽培植物は病害により壊滅的な被害を受けることがある．農業生態系で安定に植物を栽培するためには，様々な手段を用いて病害の防除を行う必要がある．本章では，農業生態系における栽培植物と病原体およびヒトの関係について概説する．

15.2 栽培植物とは？

栽培植物と病原体の生態学的関係を述べるまえに，栽培植物とはどのようなものであるか簡単に解説する．地球上には25万種の植物が存在していると考えられている．この中で，栽培植物として用いられているものが2500種ほどであり，その中のわずか20種類に満たない植物に，食料の90%以上を依存している(FAO, 1995)．栽培植物は野生植物からヒトの手により現在のような形質に改良されてきた．野生種から栽培種への変化は，農耕の起源とされる1万年前から始まったとされる．旧ソビエト連邦の植物学者Vavilovは，栽培植物の変異の程度とその地理的分布を全世界で解析し，栽培植物の起源地は地球上の数カ所に局在していることを見出した(Vavilov, 1980)．起源地に自生する野生種は，栽培化にともなう優良形質の選抜や交雑育種により，現在のように多収量で栽培に適した形質を持つ栽培種に変化していった．また栽培植物は，ヒトの往来や交易などにより，起源地から世界各地へと伝播していった．例えばイネ（*Oryza sativa*）は，栽培起源地が1万～7千年前の中国珠江中流域であると考えられている（Huang *et al.*, 2012)．当時のイネは栽培に不向きな強い脱粒性や休眠性を示し，種子の数や大きさなども現在のイネとは比べものにならないほど貧弱であったが，栽培化により現在のような形質に改良された．またイネの栽培地域は全大陸の110カ国以上に広がり，耐寒性の付与や栽培技術の向上により，本来ならイネの生育に適さない北海道などの高緯度地域でも栽培が可能となり，世界人口の半数以上の主食となっている（佐藤，2008)．

15.3 栽培作物に感染する病原体の起源

先にも述べたように栽培植物は，農耕の開始から現在にいたるわずか1万年でヒトの手によって形質が大きく改良された．また，人口の拡大や耕地の整備により，起源地を離れて世界各地で栽培されるようになった．このようなヒトと栽培植物の密接な関係は，栽培植物とその病原体の関係にも大きな影響を与えてきた．

15.3.1 栽培化による病原体の分化

栽培化による野生種の選抜は，特定の病原体の選抜とその進化を伴った．イネとその病原糸状菌であるイネいもち病菌（*Pyricularia oryzae*）の関係は，その良い例である．いもち病菌は寄生性分化が進んでおり，様々なイネ科植物に感染する菌群から構成されている．例えば，イネから分離されたイネ菌群はイネに強い病原性を示すが，キビやシコクビエなどの他のイネ科植物に感染しないか非常に弱い病原性しか示さない．Couch ら（2005）は，イネやその他のイネ科雑草から497 の菌株を分離し 10 遺伝子座の配列を元に系統解析を行った．その結果，イネ菌群は単一の系統を形成することを明らかにした．また，イネ菌群はアワ菌群と最も近縁であることも明らかにした．興味深いことに，このようないもち病菌の分化は，イネの栽培化時期と重なる 5000–7000 年前に起こったと推測されている．これらのことは，イネの栽培化とイネいもち病菌の分化が密接に関係していることを示唆するものである．

15.3.2 栽培化による病原体の拡散

卵菌類であるジャガイモ疫病菌（*Phytophthora infestans*）は宿主であるジャガイモ（*Solanum tuberosum* L.）とともに全世界に拡散した病原体である．ジャガイモは南米の標高 4000 m を超えるアンデス高地が起源地とされている．ジャガイモ疫病菌は低温多雨の年に大発生し，ジャガイモ生産に大きな被害を与えることがある．なかでも 1845 年から 1846 年にかけて起こったアイルランドにおけるジャガイモ疫病の大発生は最大のものであった．このときの飢饉による衛生環境の悪化は，腸チフスや赤痢などの感染症の流行を引き起こし，最終的には 150 万人が死亡し，100 万人が移民として国外に逃れたとされている．Gomez-Alpizar ら（2007）は，南北中央アメリカ各地からジャガイモ疫病菌 94 分離株を収集し，核 DNA の 2 遺伝子座とミトコンドリア DNA の 2 遺伝子座を用いて系統解析を行った．その結果は，ジャガイモ疫病菌の起源地は宿主であるジャガイモと同じ南アメリカのアンデス高地である可能性を示唆するものであった．

15.3.3 栽培植物への宿主域の拡大

ヒトによる栽培地域の拡大は，栽培植物と病原体の新たな出会いをもたらすことにもなった．メキシコから南米北部が起源地とされているトウモロコシ（*Zea mays* L.）は，サブサハラアフリカ（サハラ砂漠より南の地域）でおよそ 400 年前から栽培が開始され，現在ではおよそ 1500 万 ha（1ha は 10000 m^2）で栽培されている．*Maize streak virus*（MSV）はトウモロコシの病原ウイルスであるが，これまでにサブサハラアフリカでしか発生が確認されていない．MSV はトウモロコシ以外の様々なイネ科雑草に感染することができ，*Cicadulina* 属のヨコバイによって特異的に媒介される．*Cicadulina* 属のヨコバイ 22 種のうち 18 種がアフリカに生息していることから，*Cicadulina* 属の起源地はアフリカであると考えられる．このことから，MSV はもともとサブサハラアフリカ地域の雑草に感染するウイルスであったが，ヒトによってこの地域に持ち込まれたトウモロコシに宿主域を広げたと推測されている（Bosque-Pérez, 2007）．

15.4 農業生態系における病害防除

遺伝的に均一な植物が高密度に栽培されており，しかも環境が均一化されている農業生態系は，病原体の蔓延に適した環境である．しかし，病原体が存在すれば，常に病害が発生するわけではない．感染症の原因となる病原体（主因）が存在し，感染症に侵される体質を持った植物（素因）が存在し，さらに病原体の感染と増殖および発病に適した環境（誘因）があってはじめて病害が発生する（図 15.1）．言い換えれば，これら 3 要因がすべてそろわなければ，病害は発生しない．あらゆる手段を用いてこれら 3 要因を抑制することが，農業生態系における病害を防除するための基本的な考え方となる．ここでは，3 要因の抑制がどのように行われているのかについて触れる．

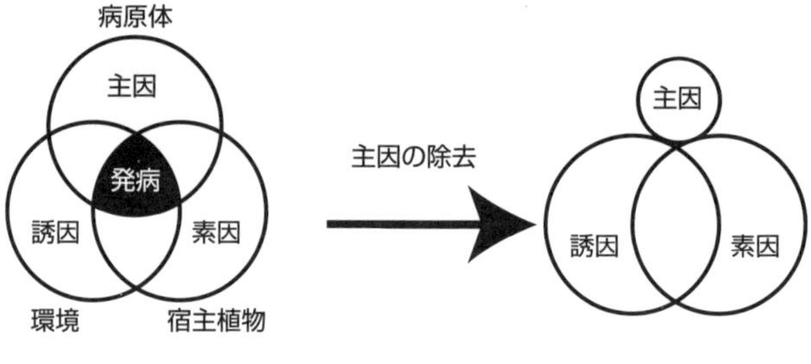

図 15.1　栽培植物の病害を防除するための基本的な考え方

15.4.1 主因（病原体）の除去

A．化学農薬

主因（病原体）を抑制する最も直接的な方法は，化学農薬の使用である．戦後おもに用いられていた有機水銀剤などは，栽培植物に発生する病害を大幅に減少させ，食料生産の飛躍的増産に貢献した．しかし有機水銀剤などは，環境中での残留性が高く人畜に対しても毒性が強いため，大きな社会問題ともなった（Carson, 1985）．現在では，環境中での残留性が低く，糸状菌や細菌の特定の代謝経路を阻害する，選択性の高い農薬の使用が主流となっている．選択性の高い農薬は人畜や環境に対する悪影響は少ないが，薬剤耐性菌の発生が問題となっている．病原体の集団内には，突然変異などで農薬に耐性をもつ個体が常に存在すると考えられている．このような耐性菌は，同一の農薬の使用を続けることで集団内での割合を増し，やがてその農薬は病害防除効果を示さなくなってしまう．一方で多くの場合，このような耐性菌は薬剤耐性を持たないものと比較して環境中での適応能が低く，その農薬が使用されなければ，耐性菌の環境中での割合は低下する．イネ育苗時の苗腐敗症と出穂以降の稔実不良を引き起こす細菌である *Burkholderia glumae* は，その一例である．本菌の防除には，細菌の DNA ジャイレースのはたらきを特異的に阻害するオキソリニック酸が卓効を示す農薬として使用されてきた．しかし，DNA ジャイレースの変異によりオキソリニック酸に耐性を獲得した菌が出現し，問題となった．そこでオキソリニック酸の使用を中止したところ，環境中の耐性菌の割合は急速に減少した．実験室内における研究から，オキソリニック酸への耐性獲得に関与する DNA ジャイレースへの変異は，細菌の増殖能などに負の影響をあたえることが確認されている（Maeda *et al.*, 2006）．

B. 生物的防除

病原体以外の生物を用いて病原体の感染や増殖を弱め，病害を防除する手法を生物防除（Biological control）という（百町・對馬，2009）．生物防除には弱毒ウイルスや拮抗微生物などが用いられている．

弱毒ウイルスを用いた防除とは，病原性が弱まったウイルスをあらかじめ健全植物に接種することで，強毒株の感染や病徴を抑制するものである．植物ウイルスに対する数少ない防除手段のひとつとなっている．

ある種の微生物は，抗菌物質を生産することで病原体の増殖を抑制し，結果として病害の発生を抑制することがある．また，ある種の微生物は，増殖や感染の場などの生態的地位（ニッチェ）をめぐり病原体と競合することで，病害の発生を抑制することがある．これらの微生物は拮抗微生物と呼ばれている．枯草菌で

ある *Bacillus subtilis* は拮抗微生物の良い例であり，イネいもち病やトマトやナスなどの灰色かび病などの発生抑制のために利用されている．拮抗微生物の利用は農薬を用いた防除ほど卓効性はなく効果も限定されているが，環境への影響が少なく，耐性菌の出現の危険性が少ないとされている．

C. 物理的防除

熱を用いることで，病原体を殺菌もしくは不活化する手法は，古くから用いられてきた．種子伝染性の病原体は，種子を温湯に浸漬することで不活化することができる．しかし，この方法は種子表面に付着する微生物相をいったん全滅させるために，外部から侵入した病原体の多発を招くこともある．植物においては，有効な抗ウイルス薬が非常に少ないので，感染個体からウイルスを除去することは非常に難しく，物理的防除が効果的である．例えば接ぎ木で繁殖する果樹においては，感染個体の新芽を50℃程度の温湯に数時間漬けることで，ウイルスフリーの穂木が得られている（福士，1986）．

15.4.2 素因（宿主植物）の制御

植物が本来持つ抵抗性を利用することは，最も効果的で経済的な病害防除手段である．植物がもつ抵抗性には，大きく分けて垂直抵抗性（vertical resistance）と水平抵抗性（horizontal resistance）の2つがある（図15.2）．

A. 垂直抵抗性

垂直抵抗性（真正抵抗性ともよばれる）は，環境による影響をあまり受けない高い抵抗性である．垂直抵抗性は単一もしくは2～3の少数の遺伝子により支配されているため，交雑育種により栽培品種への導入が容易である．しかし，垂直抵抗性の利用には大きな問題点がある．それは，病原体の変異により，抵抗性が打破されやすいことである．一例として，ピーマン栽培におけるウイルス病害防除の例を挙げる（図15.3）．ピーマンやシシトウがもつトバモウイルス抵抗性遺伝子 L^3 は，トウガラシ微斑ウイルス（PMMoV）の外被タンパク質を認識し，感染組織に細胞死を誘導することでウイルスの感染拡大を抑制する．近年，L^3 遺伝子をもつピーマンに感染するPMMoVの変異体（$P_{1,2,3}$）が分離された（Hamada *et al.*, 2007）．そこで，この変異PMMoVに対しても抵抗性を示す L^4

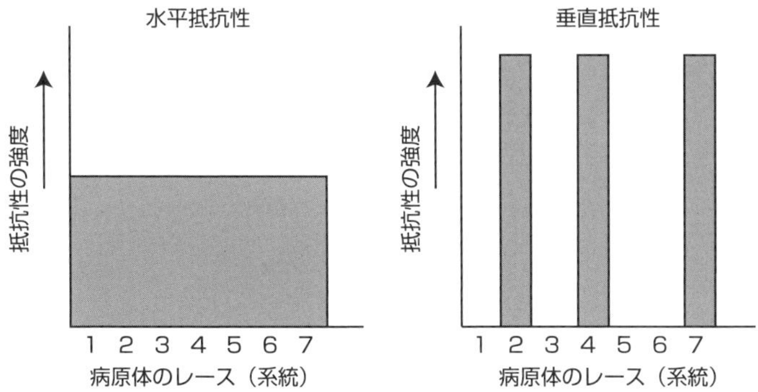

図 15.2　水平抵抗性と垂直抵抗性の概念図

水平抵抗性は病原体のほとんどのレース（系統）に有効であるが，抵抗性は低い．一方，垂直抵抗性が示す抵抗性は高いが，それを打破する病原体のレース（系統）が出現することがある．

	抵抗性遺伝子				
Tobamovirus	−/−	L^1/L^1	L^2/L^2	L^3/L^3	L^4/L^4
ToMV TMGMV	S	R	R	R	R
PaMMV	S	S	R	R	R
PMMoV ($P_{1,2}$)	S	S	S	R	R
PMMoV ($P_{1,2,3}$)	S	S	S	S	R
PMMoV ($P_{1,2,3,4}$)	S	S	S	S	S

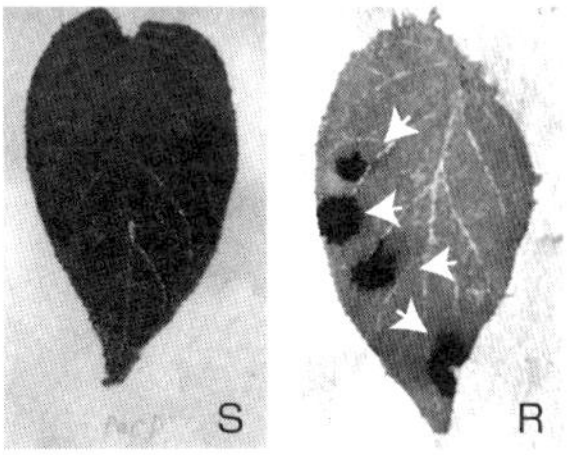

図 15.3　ピーマンがもつ真性抵抗性遺伝子 L (L^1-L^4) とトバモウイルスとの関係

ウイルスと抵抗性遺伝子は階層的な関係を示している．これはウイルスと宿主の軍拡競争（arms race）を示唆するものである．(S) ウイルスは植物体全体に感染する．(R) ウイルスは感染部位（矢印）から拡大しない．

遺伝子がピーマンに導入されたが，数年後に新たな変異体（$P_{1,2,3,4}$）が発生した (Genda *et al.*, 2007)．このような病原体と宿主の軍拡競争（arms race）の結果，病原性の異なるさまざまな系統の病原体が生み出されることとなった．このような系統は，糸状菌や細菌の場合はレース（race），ウイルスの場合はストレイン（strain）と呼ばれている．

B. 水平抵抗性

水平抵抗性（圃場抵抗性ともよばれる）は，垂直抵抗性と比較して抵抗性が低く，病原体の感染をある程度許してしまう．しかし水平抵抗性は，病原体の全てのレースに有効である（図15.2）．これは，水平抵抗性が抵抗性の効果があまり大きくない複数の遺伝子座の加算的作用により示されているためである．このような利点のために，比較的強い水平抵抗性をもつ栽培品種の育種が進められてきたが，垂直抵抗性ほど広く利用されていない．これは，現在の栽培品種の食味などの有用形質を維持したまま，水平抵抗性に関与する複数の遺伝子座を導入することが困難であったためである．ゲノム情報を用いたマーカー選抜を利用した育種は，この問題を解決する手段として期待されている（農林水産省農林水産技術会議 編，2007）．

15.4.3 誘因（環境）の制御

A．栽培環境の改善

施設栽培などにおいては，病原体の侵入に不適な環境を作り出すことで，病害の防除が試みられている．例えば，糸状菌である *Corynespora cassiicola* の感染によって発病するピーマン黒枯病の防除の取り組みはその一例である．本病は，施設栽培のピーマンでの多発が認められている．これまでの研究から，葉面の結露が本病を多発させる要因であることが明らかになっている（下元，2010）．そのため，本病の防除においては，施設内の温度上昇や換気により葉面の結露を防ぎ，本菌の感染を抑制する試みがなされている．

土壌および肥料条件も病害の発生と密接に関わっている．イネいもち病においては，土壌の窒素過多によりイネの抵抗力が低下し，さらに過繁茂による湿度の増加を招くことで，発病が多発する．この場合は，一般的にケイ酸の施用により病害が軽減されることが知られている．土壌伝染性糸状菌 *Phomopsis sclerotioides* によるウリ科植物のホモプシス根腐病は，土壌の pH が低い（pH7.0 以下）ときに多発することが知られている．施肥改善や土壌改良により病害の発生を抑制することができる（農研機構東北農業研究センター編，2013）．

B．伝染環の遮断

同一の栽培植物を連続して栽培することで，土壌病害による被害が増加することが知られている．これは，土壌中の特定の病原体の密度が，宿主となる植物の連作により増加するためである．異なる種類の植物と輪作することで，土壌中の病原体密度を下げ，発病を抑えることができる．また，病害に感染した植物の根などの残渣を放置することは，翌年の病原体発生原因となる．このため，感染個体の残渣を適切に処理することは，病害の防除に有効である．

植物が高密度に栽培されている農業生態系においては，感染個体から隣接した健全個体へ病原体の伝搬は起こりやすい．このような個体間の伝播を遮断することで，発病の抑制が行われている．コナジラミやアザミウマなどの吸汁性昆虫はウイルス病を媒介する．このような虫媒伝染性ウイルスの蔓延を防ぐために，天敵昆虫や殺虫剤を用いての媒介昆虫の除去が行われる．また，汁液により容易に感染するトバモウイルス属のウイルスなどは，摘果作業で汚染されたハサミを使いまわすことで感染が拡大するため，使用する器具を消毒することはウイルス病害の抑制に効果的である（本田ら，2005）．

15.5 これからの植物病害防除に向けて

栽培植物は人為的に作られた植物であり，高度に管理された環境で最大の収量を得られるように「設計」されている．これまで見てきたように，栽培植物の病原体は，栽培植物とともにヒトが創りだしたものと言っても過言ではない．このような病原体による病害を防除するために，効果の高い農薬や植物の垂直抵抗性が利用されているが，ほとんどの場合にそれらを打破する株が出現し，防除効果が弱まる結果となっている．このことから，農薬や垂直抵抗性だけに頼った病害防除は，ヒトと病原体のいたちごっこに終わる可能性が高い．

栽培技術の進歩は栽培植物の生育範囲をますます広げ，高度に発達した輸送網は地球規模での病原体の伝播を可能にしている．さらに地球温暖化などの気象変動は，病原体の生息域をさらに広げる要因となっている．一方で，地球の人口は今後も増え続けることが予想されるため，食料の増産は喫緊の課題となる．

このような状況において，単一の防除法に頼らず，現行の様々な防除法を組み合わせることで，病害の発生を経済被害が生じるレベル以下に抑えることを目的とした総合的有害生物管理（integrated pest management：IPM）という考えが注目されている．IPM を効果的に行っていくために，環境中における病原体の生態や栽培植物との関係を解明することが，今後ますます期待される．

引用文献

Bosque-Pérez, N. A.（2000）Eight decates of Maize streak virus research. *Virus Res.*, **71**, 107–121.

Brown, J. K., & Tellier, A.（2011）. Plant-parasite coevolution: bridging the gap between genetics and ecology. *Annu. Rev. Phytopathol.*, **49**, 345–367.

Carson, R. 著，青木簗一 訳（1985）『沈黙の春』新潮社.

Connell, J. H.（1971）On the role of natural enemies in preventing competitive exclusion in some marine animals and in rain forest trees. In: *Dynamics of Populations*. den Boer P. J. and Gradwell G. R.（eds.）298–312, Centre for Agricultural Publishing and Documentation.

Couch, B. C., Fudal, I., Lebrun, M. H. *et al.*（2005）Origins of host-specific populations of the blast pathogen *Magnaporthe oryzae* in crop domestication with subsequent expansion of pandemic clones on rice and weeds of rice. *Genetics*, 170, 613–630.

Food and Agriculture organization of United Nation（1995）*Dimensions of need: An atlas of food and agriculture*. http://www.fao.org/docrep/u8480e/U8480E00.htm#

福士貞吉（1986）『植物のウイルス病』養賢堂.

Genda, Y., Kanda, A., Hamada, H. *et al.*（2007）Two amino acid substitutions in the coat protein of *Pepper mild mottle virus* are responsible for overcoming the L^4 gene-mediated resistance in *Capsicum* spp. *Phytopathology*, **97**, 787–793.

Gomez-Alpizar L., Carbone I., Ristaino J. B.（2007）An Andean origin of *Phytophthora infestans* inferred from mitochondrial and nuclear gene genealogies. *Proc. Natl. Acad. Sci. USA.*, **104**, 3306–3311.

Hamada, H., Tomita, R., Iwadate, Y. *et al.*（2007）Cooperative effect of two amino acid mutations in the coat protein of *Pepper mild mottle virus* overcomes L^3-mediated resistance in *Capsicum* plants. *Virus Genes*, **34**, 205–214.

Huang, X., Kurata, N., Wei, X. *et al.*（2012）A map of rice genome variation reveals the origin of cultivated rice. *Nature*, 490, 497–501.

本田要八郎・大木健広・久下一彦・細川 健（2005）消毒液自動噴霧ハサミを利用したピーマンモザイク病の接触伝染防止．関東病虫研報，**51**, 176.

百町満朗・對馬誠也 編（2009）『微生物と植物の相互作用：病害と生物防除』ソフトサイエンス社.

Janzen, D. H.（1970）Herbivores and the number of tree species in tropical forests. *Am. Nat.*, **104**, 501–528.

Maeda Y., Kiba A., Ohnishi, K., Hikichi, Y.（2006）Amino acid substitutions in GyrA of *Burkholderia glumae* are implicated in not only oxolinic acid resistance but also fitness on rice plants. *Appl. Environ. Microbiol.*, **73**, 1114–1119.

Norris, R. F., Caswell-Chen, E. P. & Kogan, M. 著，小島重郎・小島晴子 訳（2006）『IPM 総論　有害生物の総合的管理』築地書館.

農研機構東北農業研究センター 編（2013）『ウリ科野菜ホモプシス根腐病被害回避マニュアル』http://www.naro.affrc. go. jp/publicity_report/publication/files/phomopsis-manual.pdf

農林水産省 農林水産技術会議 編（2007）ゲノム情報の品種改良への利用――DNA マーカー育種――．農林水産研究開発レポート，No. 21.

佐藤洋一郎（2008）『イネの歴史』京都大学学術出版会.

下元祥史（2010）ピーマン黒枯病の発病に及ぼす湿度および温度の影響．四国植防，**45**, 1–5.

谷口武士・大園享司（2011）共生菌・病原菌との相互作用が作り出す植物の種多様性.『微生物の生態学（シリーズ現代の生態学 11)』（日本生態学会 編）101-116, 共立出版.
Vavilov, N. I. 著，中村英司 訳（1980）『栽培植物発祥地の研究』八坂書房.

第16章　動物寄生虫

佐藤　宏

16.1 寄生虫が引き起こす問題

かつて日本には特定地域の住民に重篤な健康被害を引き起こし，時に致命的な感染を引き起こす寄生虫病が存在した．風土病とも呼ばれて恐れられた病気には，山梨県甲府盆地や広島県片山地方，福岡県・佐賀県の筑後川流域などの日本住血吸虫症，新潟県信濃川流域や阿賀野川流域，秋田県雄物川流域，山形県最上川流域の古典型ツツガムシ病などを筆頭に，国内に広く見られたフィラリア症（象皮病）やマラリア（三日熱マラリア）など，今日では想像もつかない寄生虫病の分布があった．これらの撲滅のために，寄生虫の生物学が解明され，媒介者の生態学に関する知見が集積され，正確な診断と疫学情報に基づいた社会的対策が講じられた（小林, 1994：宮入慶之助記念誌編集委員会, 2005：小島, 2010）．この対策により，ヒトを主たる宿主とする寄生虫病は現代日本ではほとんど見られない．一方で，地球上ではいまだ住血吸虫に2億人以上のヒトが感染し，アフリカでは1年間に20万人が亡くなっている（Macpherson & Craig, 1991）．また，衛生状態が大きく改善された先進国を含めた世界各地で，動物を主たる宿主として，時にヒトに感染する寄生虫病が今日的な問題となり注目を集めている．

非固有宿主で問題を引き起こす寄生虫病を「幼虫移行症（Larva migarans）」と呼び，感染動物との直接的あるいは間接的接触や喫食に際して感染する（佐藤, 2010 & 2012a）．北海道の風土病ともいえるエキノコックス症（*Echinococcus multilocularais* を原因とする多包虫症）は，20世紀半ばに流氷に乗った外来キツネが北海道東部に持ち込んだ体長数ミリの条虫であり，'90年代には北海道全域に分布を拡げて多くの患者が発生している．本来は，キツネ（成虫が小腸に寄生する「終宿主」）と野鼠（幼虫が腹腔臓器に寄生する「中間宿主」）との間で生活環が維持される寄生虫であるが，感染キツネの糞便に汚染された土壌や沢水に混入した虫卵を経口的に取り込むと，5年～10数年をかけて増殖性と転移性をもつ幼虫（包虫）が「がん」のように内臓をむしばむ（山下・神谷, 1997）．この外来寄生虫の定着成功には，終宿主キタキツネの個体数増加が大きく関わっている．エキノコックスの分布拡大にみられるように，動物寄生虫は静かに変わることのないように思える山野でそれぞれがダイナミックな生き残りを賭け，感染機会を伺っている．

ヒトの経済活動や娯楽を目的とした安易な動物移動が，そこに分布する類縁の在来動物に大きな健康被害を引き起こすことがある．地域ごとに，そこに分布する動物宿主と寄生虫の間で致命的な感染に至らない感染レベルが維持されるように免疫が機能しているのであろう．全く感染機会のなかった新たな寄生虫に対して免疫が機能せずに重度の感染を招いたり，あるいは過度に機能して，健康を害するまでに免疫応答が進んでしまうことがある．宿主となる外来脊椎動物とともに持ち込まれた寄生虫が，在来動物ひいては生態系構成に大きな影響を与えることが実際に報告されている（佐藤, 2012b）．近年，アジア産ニホンウナギとともに欧州に持ち込まれた鰾（うきぶくろ）寄生の線虫 *Anguillicolla crassus* がヨーロッパウナギに重度の感染を引き起こし，その河川回帰率の低下を招いている可能性が憂慮されている．瞬く間に全欧州に分布を拡げる条件が揃い，一気に問題化した．また，狩りを目的とした外来シカの導入に伴って，欧州の在来シカに拡がった北米原産のアメリカ大肝蛭 *Fascioloides magna* や極東産の線虫 *Ashworthius sidemi* は，シカ類や絶滅危惧種であるバイソンに深刻な影響を与えていることが指摘されている．

自身の生物学的特徴に基づいて，宿主となる動物種の分布や構成など生態学的要因をうまく利用する寄生虫は，生態系の構成員の相互関係を探る絶好の研究対象ともなりえる．

16.2 動物寄生虫理解のための基本知識

16.2.1 寄生虫の生活史と生態

単細胞性寄生虫である原虫には，①土壌に糞便と共に出た嚢子型虫体（オーシストを含む）が再び特定の動物（宿主 host）に取り込まれて栄養型虫体となって生活環が維持されるもの（消化管寄生の Apicomplexa 門の原虫や寄生性アメーバなど)，②蚊やマダニなど媒介者（ベクター）が宿主間の感染伝播に係わるもの（住血性 Apicomplexa 門の原虫やトリパノソーマなど）が区別される．ベクターの体表に嚢子型虫体が付着して新たな宿主に到達する機械的伝播と，ベクター体内での発育を経て新たな宿主に感染する生物学的伝播が知られている．多細胞性寄生虫である蠕虫には，① 1 種のみの宿主が生活環の維持に係わる直接伝播（direct life cycle）をとるもの，② 2 種以上の動物が終宿主（final host），中間宿主（intermediate host），待機宿主（paratenic host）として係わる間接伝播（indirect life cycle）をとるものに分けられ，国内に分布する寄生蠕虫の生活環維持に係わる動物は莫大な数に及ぶ．しかし，その係わりは無秩序ではなく，かなり厳格な宿主との関係（宿主特異性）・寄生臓器や組織との関係（臓器・組織特異性）が成り立っており，寄生虫ごとに固有宿主（definitive host）あるいは自然宿主（natural host）として理解が進められてきた（寄生虫病学共通テキスト編集委員会，2014：目黒寄生虫館＋研究有志一同，2009：宮崎・藤，1988）．また，1 つあるいは限られた固有宿主しかもたない少宿主性（stenoxenous）の寄生虫と広汎な動物を固有宿主とする多宿主性（euryxenous）な寄生虫が区別されている．

寄生虫の地理学的分布は，異なる生物間の相互関係（宿主–寄生虫関係）に加えて，宿主の地理的分布や自然あるいは人為的環境要因，宿主動物間の相互関係（捕食者–被食者関係や競合）といった生態系要因に大きく影響を受けて成り立っている．異なる宿主域をもっている個々の寄生虫種の感染動態を，限られた生態系要因で明快に説明することは難しい．

16.2.2 宿主の生態と寄生虫の生活史との関係

複数の動物が生活環の維持に係わる寄生虫の場合，そのいずれが欠けても寄生虫は生存・繁殖できない．終宿主となる動物が分布を拡げても，適切な中間宿主が分布しなければ新たな感染動物は確保できずに，いずれはその寄生虫の命運は尽きる．また，直接伝播型の寄生虫であっても，新たな分布地での固有宿主の分布が疎であれば，新たな宿主への感染機会が保てずに，動物集団としての寄生虫感染のレベルは減衰する．感受性動物を欠いた新天地に移入され分布密度が低かった外来種，個体数の激減を経て再び個体数を増した在来動物の寄生虫相は貧弱で，国内で爆発的な個体数増加が見られるアライグマやハクビシン，ヌートリアなどでは，ほとんど固有の寄生虫が見られない．国内輸入直後の寄生虫調査では，北米産アライグマ個体の一部には重篤な人獣共通寄生虫症の原因となるアライグマ回虫（*Baylisascaris procyonis*）の感染が確認されていたが，現在，国内各地に定着した野生化アライグマにこの危険な回虫の寄生は確認されていない（Sato & Suzuki, 2006；Sato *et al.*, 2006）．野生化アライグマの母体となった個体が，個人飼育動物の逸走もしくは放逸であったことが大きな要因として考えられる．複数個体を飼育していた国内動物園では，アライグマ回虫の寄生がしばしば確認され，施設外で野生化した個体への感染が起こらないための駆虫と施設内の汚染を除くための清浄化が行われた．欧州で野生化した北米産アライグマは，その起源が集団の放獣であったこともあり，アライグマ回虫の寄生がしばしば確認されている（佐藤，2010）．

16.2.3 分類の重要性（寄生虫の伝搬，宿主域の変化）

寄生虫は，その生活ステージにより形態を大きく変化させる．条虫の成虫は長い紐状で，頭節とストロビラ（たくさんの片節と呼ばれる単位が連なった構造）から構成されるが，幼虫は球状の嚢尾虫である．まったく形態が異なることから，当初は，成虫期と幼虫期に異なる生物名が与えられた．感染実験を通して1つの寄生虫種であることが徐々に明らかにされて，今日のように，生活期により異なる形態をとることが一般的に理解されることとなった．また，ミクソゾア（Myxozoa）門寄生虫では，1984年以前には魚類の寄生虫である粘液胞子虫綱（Myxosporea）と環形動物の寄生虫である放線胞子虫綱（Actinosporean）が分けられてきたが，感染実験を通して，形態に基づいて異なる分類群に分けていた生物が同一種の異なる生活期であることが理解されるようになった（Wolf & Markiw, 1984；Lom & Dyková, 2006）．複数の動物を異なる生活期の宿主とする寄生虫には分類の困難が伴い，断片的な生活環しか把握できていない寄生虫も多く残されている．寄生虫の伝播に係わる動物種が解明されず，目前で突然に流行する寄生虫病にどのような要因が関与しているのかが分からないこともしばしばである．2000年以降，阿武隈山系北部の複数の水系に生息するサンショウウオで皮下メタセルカリア症（幼虫期吸虫の皮下寄生例）がしばしば目撃され始めた．感染実験と塩基配列確認に基づき，テンやアナグマの小腸に寄生する小吸虫 *Euryhelmis costaricensis* であることが判明した（Sato *et al.*, 2010）．メタセルカリアは第2中間宿主に寄生する幼虫期であり，第1中間宿主となる巻貝の解明が残されている．突然に，なぜサンショウウオでの感染個体が頻発するようになったのだろうか．寄生虫の伝播に係わるすべての宿主の生態学的変化が寄生虫流行を説明する上で必要であり，現在のところ，突然の感染流行の理由は判明していない．

過去に寄生虫の分類は形態学的特徴に基づいて行われてきた．種内変異として理解される一定の形態学的ばらつきと，種鑑別において重要と判断すべき形態学的特徴の選別において経験が積まれ，記載された種をシノニムとして整理する努力が進められた．反芻動物寄生の毛様線虫では，雄虫で優勢な形態型（major morph）と同時に，限られた数の劣勢な形態型（minor morph）が観察されることが知られ，当初，形態分類の上で重要な交接刺等の違いでもあったことから別種として区別されてきた．そこで，優勢な形態型をもつ雄虫と処女雌虫を選んで交尾させることが試みられたところ，再び同様の2つの形態型が得られた．このことから，宿主内での寄生環境の影響を受けて，同一種が異なる形態型を示すことが判明した．のちに，異なる形態型が同一の塩基配列をもつことも示されて，複数の種で同様の現象が起こっている事実が明らかになってきた．同じ動物のほぼ同じ寄生部位でもこのような形態学的な変異がみられる（Sultan *et al.*, 2013）．宿主域の広い寄生虫では，宿主動物により成長が異なり，形態学的に区別されるかのような印象を与えることもある（佐藤, 2009）．ウシの食道粘膜に寄生する美麗食道虫（*Gongylonema pulchrum*）は大きく成長するが，シカの食道粘膜に寄生する美麗食道虫の体長は半分以下である．絶対値としての計測値ではなく，体構造の計測値を体長等に対する比率として評価することで，種分類に際しての形態学的指標とすることが有効な場合もある．

さらに消化管寄生の条虫や線虫では，同一宿主内での寄生数により虫体サイズが大きな影響を受ける．少数寄生の場合には大きな虫体として寄生し，多数寄生の場合には小さな虫体として検出される（crowding effect と呼ぶ現象）．これら形態変異を考慮して種として特定することは，生活環維持に係わる動物での感染動態を把握していく上で重要である．しかしながら実際には，経験を積まないと形態学的な種同定は難しい．このような局面で正確な種鑑別に威力を発揮できる方法として遺伝子マーカーの利用が盛んになってきている．

16.2.4 分類の方法（形態，塩基配列解析）

寄生虫の形態に基づく分類体系が工夫されてきたが，上述の通り，形態は寄生部位の微小環境の影響を受けるため，その変異の意義を正確に説明することは難しい．また，形態比較の対象となる重要点が，寄生虫分類群や発育段階，あるいは雌雄異体である線虫であれば寄生虫の性により異なる．さらに形態学的指標に富んだ分類群では細かな種分けがなされ，一方の形態学的特徴に乏しい分類群では種分けが進まない傾向にある．たとえば毛様線虫の体表となる角皮には縦走する襞（ひだ）が形成されるが，その襞の数と相対的大きさのタイプ（シンローフパターン）を用いて，あるいは雄虫の尾端部に位置する膜状の交接嚢を支える複数の肋について，その数と長短のパターンにより，さらには交接刺と副交接刺の形状と大きさにより細かな種分けが進んでいる．一方，数ミクロンサイズの原虫や単純な構造をもち形態学的指標に乏しい寄生虫を形態から分類することは難しい．

このような状況もあって，宿主特異性あるいは組織特異性，地域局在性，病原性といった副次的な差異が種分類において重視される傾向もあった．しかしその後，いわば主観的な評価が入る余地の大きい形態学に基づく種の分類に対して，より客観性を考慮した種分類あるいは種鑑別法として分子系統学に基づく種の分類法が近年導入され，成果をあげている．用いられる分子指標は，核 DNA（nuDNA）あるいはミトコンドリア DNA（mtDNA）にコードされる各種遺伝子，特にリボソーム RNA 遺伝子の各種領域やチトクローム *c* サブユニット I 領域（*cox-1*）であり，また最近ではマイクロサテライト遺伝子解析も試みられている．分類群により用いられる遺伝子マーカーが異なること，また，種分けの基準となる塩基配列同一性のレベルに議論があることなど，分子系統学に基づく分類もこれからさらに知見を蓄積して種分類法として確立されていかねばならない．形態学に基づく分類との乖離の一部は多系統性として説明されているが，今後，単系統性を重視しつつ，あるべき種分類体系が模索されなければならない．

16.3 寄生虫の研究紹介

寄生虫の生殖には有性生殖と無性生殖が区別されるが，有性生殖を行う分類群であっても，単為生殖を行うことでクローナルな増殖が行われる種もある（宮崎・藤，1988）．国内の反芻動物（ウシやシカなど）の肝臓に寄生する肝蛭 *Fasciola* sp. は精子が形成されずに単為生殖する．世界的な分布をもつ肝蛭 *Fasciola hepatica* と巨大肝蛭 *Fasciola gigantica* の交雑虫体を起源として，日本だけでなく東アジアに広く分布している．これら各種肝蛭については nuDNA および mtDNA の各種遺伝子マーカーを用いて遺伝子型が分けられ，宿主の地理的分布や家畜の移動と寄生虫系統の拡散性と局在性との相関性が探られている（市川・板垣，2013）．

遺伝子マーカーに基づいて寄生虫系統を確認できることで，各種寄生虫の宿主域の理解や動物間での伝播に新たな展開がみられるようになってきた．たとえばセンコウヒゼンダニ *Sarcoptes scabiei* によって引き起こされる疥癬が，海外と同様に国内の野生動物でも近年流行している．センコウヒゼンダニは宿主特異性を異にする系統（variety）をもつと理解されてきたが，最近の国内野生動物での疥癬流行は動物種を問わずにその地域の各種動物に広く発生が見られている．そこで遺伝子マーカーを用いた研究が行われたところ，宿主特異性の高い系統と低い系統の存在が明らかになるとともに，「被食者–捕食者関係」の中で感染伝播が起こること，イヌなどの家畜の移動に伴い世界的な分布をもつ系統と野生動物を主たる宿主として地域的な分布をもつ系統が区別されることが明らかになってきた．特定地域で数年間にわたり持続する疥癬の流行であっても，複数の系統が混在して一見すると1つの流行を形成していることも示されている（Makouloutou *et al*., 2015）．

さらに，反芻動物の食道粘膜に寄生する美麗食道虫では，mtDNA *cox-1* に基づくハプロタイプに基づきウシに寄生する2系統と，シカ，イノシシ，サルなどの野生動物に寄生する系統が区別されている（Makouloutou *et al*., 2013；Setsuda *et al*., 2016）．同一種でありながら宿主特異性が異なる系統が区別されるのは，寄生虫自体がもつ何らかの要因によるのか，中間宿主となる甲虫類の終宿主への特異性によって副次的に起こっているのか，その機序は不明である．同様の宿主特異性を異にする種内系統の存在は，ジアルジアやクリプトスポリジウムといった原虫，糞線虫などでも報告されている．

このように，遺伝子マーカーによって系統が特定された寄生虫では，その伝播に係わるすべての宿主動物が明らかにされ，生態系の中で異なる動物個体間あるいは種間での相互関係を明確に示すことが可能になってくるだろう.

16.4 これから必要とされる研究

戦後70年, 経済発展に伴う生活環境の整備と衛生意識の高まりの中で, 国内からヒトに専ら寄生する寄生虫が消滅するとともに, 寄生虫学は過去の学問であるかのように一般的には考えられがちである. また, 家畜寄生虫も有効な治療薬や予防薬が開発される中で, あたかも寄生虫病はもう問題とならないかのような錯覚があるが, 実際には, かろうじて発症コントロールされているだけで, いつ再び制御できない事態が訪れるともしれない. 外来動物の自然繁殖による国内定着や在来野生動物の生息圏の変化, ヒトが及ぼす自然環境の変化など生態系の変化が, 野生動物を宿主とする寄生虫の生き残り戦略にも大いに影響を与えている. 遺伝子マーカーの導入で寄生虫の種や系統の特定が容易に行える状況になり, 生態系を構成する様々な動物種間や個体間を伝播する寄生虫を指標として, 生態系の構成員（動物）が互いにどのような影響を他者に与えているのかを探ることもできそうである. 生態学的指標の1つとして寄生虫が活用されるためには, 寄生虫学において更に種や系統の特徴づけが行われることが求められる. 現在はまだ一部の寄生虫において研究が進展するにとどまり, 生態系理解に供するには情報は断片的である. 今後の益々の研究の発展が待たれる.

引用文献

市川まどか・板垣 匡（2013）アジアにおける単為生殖型肝蛭の伝播. 獣医寄生虫誌, **11**, 71-79.

寄生虫病学共通テキスト編集委員会（2014）『寄生虫病学』緑書房.

小林照幸（1994）『フィラリア――難病根絶に賭けた人間の記録』阪急コミュニケーションズ.

小島荘明（2010）『寄生虫病の話――身近な虫たちの脅威』中公新書.

Lom, J. & Dyková, I.（2006）Myxozoan genera: definition and notes on taxonomy, life-cycle, terminology and pathogenic species. *Folia Parasitol.*, **53**, 1-36.

Macpherson, C. N. L. & Craig, P. S.（1991）*Parasitic helminthes and zoonoses in Africa*. Unwin Hyman.

Makouloutou, P., Setsuda, A., Yokoyama, M. *et al.*（2013）Genetic variation of *Gongylonema pulchrum* from wild animals and cattle in Japan based on ribosomal RNA and mitochondrial cytochrome *c* oxidase subunit I genes. *J. Helminthol.*, **87**, 326–335.

Makouloutou, P., Suzuki, K., Yokoyama, M. *et al.* (2015) Involvement of two genetic lineages of *Sarcoptes scabiei* mites in a local mange epizootic of wild mammals in Japan. *J. Wildl. Dis.*, **51**, 69–78.

目黒寄生虫館＋研究有志一同（2009）『寄生虫のふしぎ――脳にも？意外に身近なパラサイト』技術評論社.

宮入慶之助記念誌編集委員会（2005）『住血吸虫症と宮入慶之助――ミヤイリガイ発見から90年』九州大学出版会.

宮崎一郎・藤 幸治（1988）『図説 人畜共通寄生虫症』九州大学出版会.

佐藤 宏（2009）美麗食道虫（*Gongylonema pulchrum* Molin, 1857）とその伝播――宿主域は本当に広いのか？山口獣医誌，**36**, 31–54.

佐藤 宏（2010）外来野生動物の寄生蠕虫――アライグマ回虫ほか．JVM（獣畜新報），**63**, 915–919.

佐藤 宏（2012a）最近話題の人獣共通寄生虫病．病理と臨床，**30**, 2–6.

佐藤 宏（2012b）随伴侵入生物としての脊椎動物寄生蠕虫．地球環境，**17**, 183–192.

Sato, H. & Suzuki, K. (2006) Gastrointestinal helminths of feral raccoons (*Procyon lotor*) in Wakayama Prefecture, Japan. *J. Vet. Med. Sci.*, **68**, 311–318.

Sato, H., Suzuki, K., Osanai, A. *et al.* (2006) Identification and characterization of the threadworm, *Strongyloides procyonis*, from feral raccoons (*Procyon lotor*) in Japan. *J. Parasitol.*, **92**, 63–68.

Sato, H., Ihara, S., Inaba, O. & Une, Y. (2010) Identification of *Euryhelmis costaricensis* metacercariae in the skin of Tohoku hynobiid salamanders (*Hynobius lichenatus*) distributed in northeastern Honshu, Japan. *J. Wildl. Dis.*, **46**, 832–842.

Setsuda, A., Da, N., Hasegawa, H. *et al.* (2016) Intraspecific and interspecific genetic variation of *Gongylonema pulchrum* and two rodent *Gongylonema* spp. (*G. Aegypti* and *G. neoplasticum*), with the proposal of *G. nepalensis* n. sp. for the isolate in water buffaloes from Nepal. *Parasitol. Res.*, **115**, 787–795.

Sultan, K., Omar, M., Makouloutou, P. *et al.* (2013) Molecular genetic conspecificity of *Spiculopteragia houdemeri* (Schwartz, 1926) and *S. andreevae* (Dróżdż, 1965) (Nematoda: Ostertagiinae) from wild ruminants in Japan. *J. Helminthol.*, **88**, 1–12.

Wolf, K., Markiw, M. E. (1984) Biology contravenes taxonomy in the Myxozoa: new discoveries show alternation of invertebrate and vertebrate hosts. *Science*, **225**, 1449–1452.

山下次郎・神谷正男（1997）『増補版　エキノコックス――その正体と対策』北海道大学図書刊行会.

第17章 貝類の感染症

良永知義

17.1 野生水生動物における寄生・感染の特徴

野生水生動物には多くの寄生体が存在しているが，そのほとんどは病気を引き起こすことなく寄生している．一方で，病原性が強く宿主個体群の減少を引き起こす寄生体も珍しくない．寄生体が野生水生動物の個体群減少を引き起こすケースとしては，大きく2つを挙げることができる．1つは，もともとその地域に分布していた寄生体が何らかの環境の変化に伴って大発生するケースである．もう1つは，宿主生物の人為的移動に伴って本来病原性の低い寄生体が新しい水域に運搬され，そこで新しい宿主に宿主転換し，強い病原性を示す場合である．

魚病の分野では，Sniezko（1974）が提唱した「魚類の感染症の成立は病原体，環境，宿主の生理の3つの要素で構成される」という概念がしばしば引き合いに出される．この概念は基本的には養殖魚類を対象としているが，野生水生動物にもしばしばあてはめられる．養殖魚は養殖場という閉鎖的な環境に高密度で飼育されるため，細菌などの病原体の伝播が容易になり，病気になりやすい．これは環境の変化が発症を引き起こす例である．野生水生動物では，寄生体が時として大発生した後終息したというような例が多い．このような場合，何らかの環境の変化が発生ならびに終息の原因となっていると考えられる．しかし，大発生につながる環境要因は解明されていないことがほとんどである．

一方，宿主転換の例も非常に多い．宿主特異性の高い寄生体では，宿主を殺すことは多くの場合寄生体そのものの死亡につながるため，進化の過程で寄生体の病原性は弱くなり，宿主-寄生体関係は片利共生的になることが多い．しかし，このような寄生体が元々の宿主に近縁ではあるが異種の宿主に出会った場合，新しい宿主に対して強い病原性を示すことがある．

野生水生生物の場合，多様な近縁種が大陸や海域をこえて存在している．そのため，宿主の運搬によって，それぞれの種に固有の寄生体が別の海域に生息する近縁種に伝播し高い病原性を示す危険性が高い．病原体の運搬・拡散には養殖という人的活動が大きな要素となっている．養殖を目的として世界中で水生生物の種苗や魚卵が運搬されており，この運搬に伴って病原体が拡散している．また，活きた食用水生生物や観賞魚の運搬も病原体の運搬につながる．

本章では，様々な野生水生動物の中でも貝類個体群に影響を与えているいくつかの寄生虫病を紹介する．

17.2 アメリカガキの原虫症

アメリカ東海岸ではかつて年間20万トンを超えるアメリカガキが主として漁獲によって生産されていた．しかし，*Perkinsus marinus* 感染症と *Haplosporidium nelsoni* 感染症という2つの原虫症により資源が激減し，現在生産量は年間1万トン程度に推移している（図17.1）．

P. marinus によるアメリカガキの大量死は1940年代にメキシコ湾岸域で最初に発生した．最初は原因がわからず，1946年には，油田や製油所などからの汚水が大量死の原因だとして当地の石油資本は巨額の賠償請求訴訟をうけた．これに伴って研究が開始された結果，未知の原虫症が原因であることが明らかにされた（Ray, 1996）．この原虫はその後メキシコ湾岸から東海岸に蔓延し，カキ漁業に大きな影響を与えている．しかし，この突然現れた原虫の起源は全くわかってい

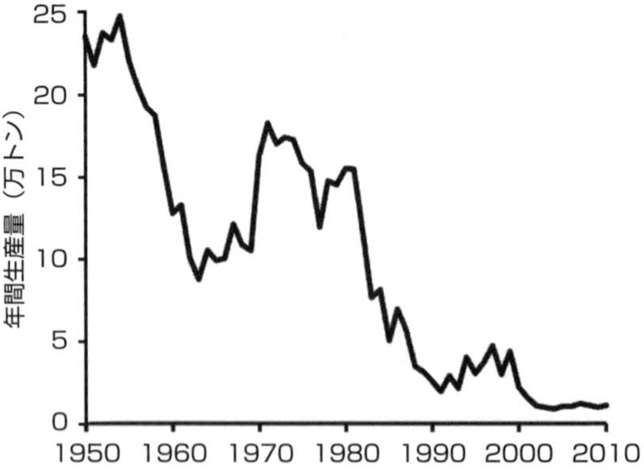

図17.1　米国東岸におけるアメリカガキの生産量の推移（FAO統計）

ない．アメリカガキ以外に，様々なカキ類にも寄生が認められているが，病害はアメリカガキに限定されている（Office International Epizooties, 2013）．

Perkinsus 属原虫はこれまでに 8 種類が二枚貝類と巻貝類から報告されており，その生活環は基本的に 2 つの相によって構成されている．栄養体は宿主体内で分裂増殖をくりかえし，宿主が死亡し，腐敗によって嫌気的な環境になると，栄養体は大型化し遊走子嚢に発達する．この遊走子嚢のなかに数 μm の大きさの遊走子が形成される．遊走子は感染ステージであり，新しい宿主に侵入する（図 17.2）．しかし，*P. marinus* では，栄養体，遊走子のどちらもが感染能力をもち，水を介して直接伝搬する（Villalba *et al.*, 2004）．

Haplosporidium nelsoni によるアメリカガキの大量死は 1957 年にデラウェア湾で最初に未知の原虫による死亡として報告され，1959 年にはチェサピーク湾にも拡大し，その後被害が拡大した（Ford & Haskin, 1982）．1970 年代には形態的に *H. nelsoni* に類似した原虫が極東のマガキに存在していることが確認された．かつて日本からアメリカ西海岸に大量のマガキ種苗が輸出されていたこと，1950 年代にマガキがデラウェア湾に移植されたことなどから，本種はもともとマガキの寄生虫でマガキ種苗の移入とともにアメリカ東海岸に持ち込まれたと疑われた．その後，分子生物学的手法によってマガキに寄生する種が *H. nelsoni* であることが確認されたが，マガキへの病害性はほとんど認められなかった（Burreson

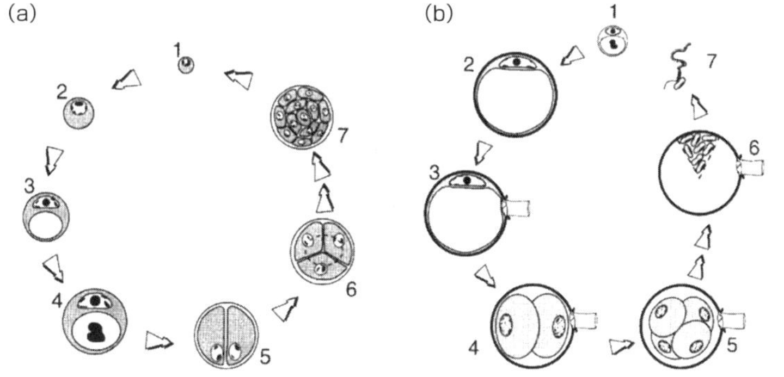

図 17.2 *Perkinsus* 属原虫の生活環

(a) 宿主体内での栄養増殖．1-7：栄養体の増殖過程．

(b) 遊走子形成過程．1：栄養体，2：前遊走子，3：遊走子放出管形成，4-6：遊走子形成，7：遊走子．

Perkins, 1996 より改図．

et al., 2000；Kamaishi & Yoshinaga, 2002)．以上のことから，本種は北米においてマガキからアメリカガキに宿主転換したと考えられている．なお，本種は他の種類の宿主からの報告はない．

H. nelsoni は体内の結合組織の細胞外で多核のプラスモジウムとして増殖し，消化管上皮組織内で胞子形成を行い，胞子は消化管腔中に放出される．本種は直接伝搬はせず，伝搬には何らかの中間宿主が必要であると考えられているが，生活環は明らかになっていない．

17.3 アサリの *Perkinsus olseni* 感染症

Perkinsus olseni は，オーストラリアのアワビ類，ヨーロッパのヨーロッパアサリ *Ruditapes decussatus*，東アジアのアサリに病害性を示し，宿主の死亡原因となっているとされている．これら以外にも，北米を除く広範な海域の様々な二枚貝や巻貝類から報告されている．ただし，すべての種に対して病原性があるわけでなく，病害性は宿主と環境によるとされている（OIE, 2013)．本種は他の *Perkinsus* 属と同様，宿主の死亡により嫌気的環境にさらされると，栄養体から遊走子嚢に発達し，その中で遊走子が形成され遊走子嚢から放出される（図 17.2)．

P. olseni は，日本国内では，アサリに高い強度で感染が認められているにもかかわらずアワビ類への感染は認められていない．日本のアサリから報告されている株とオーストラリアのアワビ類から報告されている株が同じ宿主範囲と病原性を持つのか疑問が残る．これらの株の病原生物学的特性の異同は今後の検討課題であろう．

日本のアサリ資源は 1980 年代以降全国的に減少し，それに伴い漁獲量も減少した．かつては 12〜16 万トン程度あった漁獲量は，最近は 2〜3 万トンを推移している（図 17.3)．その原因としては，乱獲，環境変化，埋め立てやダム建設に伴う干潟の減少，食害生物など様々な説が提唱されている．しかしながら，いずれの説も全国的な減少，特に環境の異なる様々な海域でほぼ同じ時期に生じた減少を説明するに至っていない．

そのような中，*Perkinsus* 属原虫の感染が 1998 年に国内のアサリで初めて確認

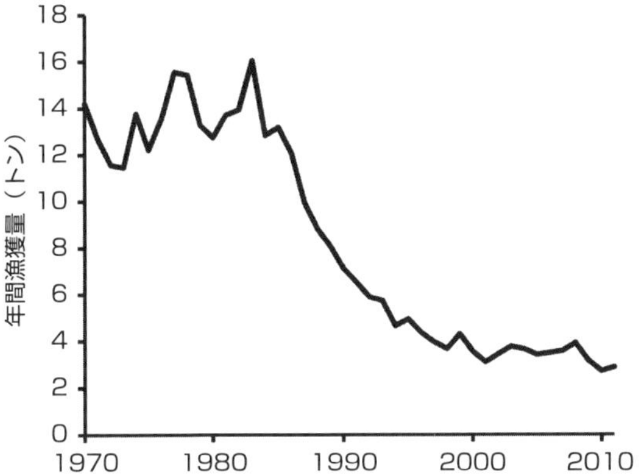

図 17.3　日本におけるアサリ漁獲量の推移（農林水産統計）

され，さらに，その後の調査で北海道の道東・オホーツク沿岸を除くほぼ全国に感染が広がっていることが確認された（浜口ら，2002）．中には，80～100% という非常に高い寄生率の海域も見られた．このことから，この感染が 1980 年代からつづくアサリの低資源水準の原因の 1 つとして疑われるようになった．

P. olseni のアサリに対する強い病原性が攻撃試験により実験的に証明された．また，実験的には，感染強度がおよそ 10^6 cells/g 軟体部湿重量（WST）を超えるとアサリに致死的になる（Waki & Yoshinaga, 2013）．加えて，アサリ資源の減少が著しく寄生率 100% に達する有明海定点での調査では，実験室内で求められた致死的感染強度 10^6 cells/g WST を超える個体がほとんどなく，感染強度 10^6 cells/g WST に近いアサリが出現する 9 月から 11 月にかけてアサリ個体群に顕著な減少が観察された（東京大学 脇司，私信）．これらから，少なくとも感染強度の高い海域では *P. olseni* がアサリの減耗要因になっていることが強く示唆される．一方，*P. olseni* の寄生強度，寄生率は海域によって大きく異なる．海域による寄生率，感染強度の違いの原因についてはさらに検討が必要である．

17.4 アサリのカイヤドリウミグモ寄生

2007 年夏，東京湾木更津沖のアサリが大量死し，死亡したアサリにはカイヤドリウミグモ *Nymphonella tappetis* の寄生が確認された．アサリ 1 個体に数十個体みられることもある．この寄生により木更津沖のアサリ漁業ならびに潮干狩りは壊滅的影響を受けた（宮崎ら，2010）．この寄生は盤洲干潟からさらに南の富津干潟にまで拡大した．

カイヤドリウミグモは，アサリ以外にシオフキ，マテガイにも寄生し，これらの二枚貝を死亡させている．貝類の外套腔に寄生しているカイヤドリウミグモは幼体で，宿主の体液を栄養として体長（脚部を除く）が1 cm 程度まで成長したのち成体として貝を離れ，干潟上で自由生活を行う．宿主を離れるとメスは産卵し，オス個体が抱卵し孵化まで保育する．孵化幼生はプロトニンフォン幼生と呼ばれ，体長約50 μm である．これが宿主のおそらく入水管を経由して外套腔内に侵入し，鰓に定着して寄生生活を開始する（図17.4）（宮崎ら，2010）．

カイヤドリウミグモに関する最大の疑問は，東京湾で突然大発生をした理由である．本種は1926年に博多湾で最初の報告があり，その後も国内で散発的に発生が報告されている．従って，本種は日本の在来種である．もともと東京湾にも細々と生息していたものが，環境が生息に好適な状況になり大発生したのであろうか．環境が好適になったために大発生した寄生生物は比較的短期間で発生が終息することが多いが，大発生してすでに8年が経過しても発生が継続している．なにが大発生を招いたのか大きな疑問となっている．

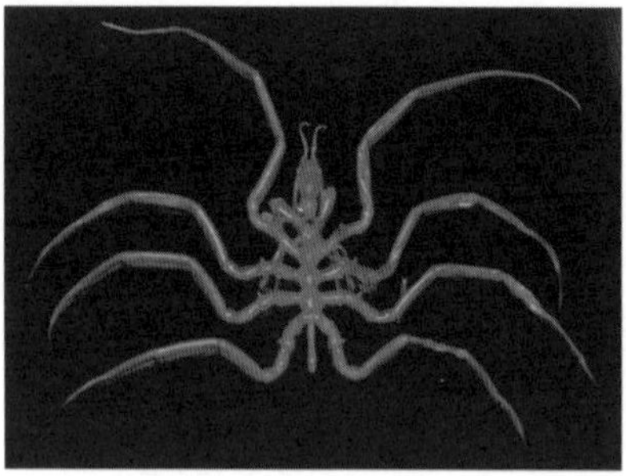

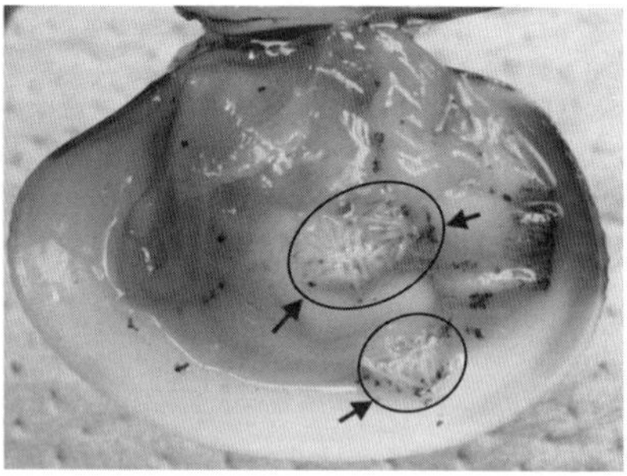

図17.4　カイヤドリウミグモ
左：成体雌，右：アサリ外套体腔内の幼体．千葉県 小林豊氏 提供．口絵6参照．

引用文献

Burreson, E. M., Stokes, N. A. & Friedman, C. S.（2000）Increased virulence in an introduced pathogen: *Haplosporidium nelsoni*（MSX）in the eastern oyster Crassostrea Virginia. *J. Aquat. Anim. Health*, **12**, 1–8.

Ford, S. E. & Haskin, H. H.（1982）History and epizootiology of *Haplosporidium nelsoni*（MSX）, an oyster pathogen in Delaware Bay, 1957–1980. *J. Invertebr. Pathol.*, **40**, 118–141.

浜口昌巳・佐々木美穂・薄 浩則（2002）日本国内におけるアサリ *Ruditapes philippinarum* の *Perkinsus* 原虫の感染状況．日本ベントス学会誌，**57**，168–176.

Kamaishi T. & Yoshinaga T.（2002）Detection of *Haplosporidium nelsoni* in Pacific oyster *Crassostrea gigas* in Japan. *Fish Pathol.*, **37**, 193–195.

宮崎勝己・小林豊・鳥羽光晴・土屋 仁（2010）アサリに内部寄生し漁業被害を与えるカイヤドリウミグモノの生物学．日本動物分類学会誌：タクサ，**28**，45–54.

Office International Epizooties（2013）*Manual of Diagnostic Tests for Aquatic Animals 2013.* http://www.oie.int/international-standard-setting/aquatic-manual/access-online/

Perkins, F. O.（1996）The structure of *Perkinsus marinus*（Mackin, Owen and Collier, 1950）Levine, 1978 with comments on taxonomy and phylogeny of *Perkinsus* spp., *J. Shellfish Res.*, **15**, 67–87.

Ray, S. M.（1996）Historical perspective on *Perkinsus marinus* disease of oysters in the Gulf of Mexico. *J. Shellfish Res.*, **15**, 9–11.

Snieszko, S. F.（1974）. The effects of environmental stress on outbreaks of infectious diseases of fishes. *Journal of Fisheries Biology*, **6**, 197–208.

Villalba, A., Reece, K. S., Ordas, M. C., Casas, S. M. & Figueras, A.（2004）Perkinsosis in molluscs: a review. *Aquat. Living Resour.*, **17**, 411–432.

Waki, T. & Yoshinaga, T.（2013）Experimental challenges of juvenile and adult Manila clams with the protozoan *Perkinsus olseni* at different temperatures. *Fish. Sci.*, **7**, 779–786.

第18章 魚介類の感染症

湯浅 啓

18.1 魚病学の目的

現在の魚病学の意義は増養殖産業に貢献することにあり，種苗生産場あるいは養殖場で発生する疾病被害の低減を目的としている．国内での魚病学に携わる多くの研究者が水産学出身である理由は，魚病学の位置づけが増養殖学の傘下にあるためである．これに対して，観賞魚を対象動物とした場合には臨床研究が中心となり，獣医学の領域とも言える．観賞魚業界が繁栄すれば，臨床医学としての魚病研究も発展する余地がある．一方，天然資源に影響を及ぼす魚病事例が近年散見されることから，生態学としての魚病も今後の重要な研究分野である．なお，魚病学の対象動物には魚類の他に甲殻類，貝類，軟体動物が含まれるが，鯨やイルカ等の海獣類は除外される．

18.2 魚病の原因

ほ乳類における病因は，環境因子，栄養性因子，病原体因子を含む外因性疾患の他，遺伝疾患，内分泌機能障害，免疫疾患等の内因性疾患が重要となる．一方，魚類では養殖業に影響を及ぼす病気が研究対象となるため，発生頻度が低い内因性疾患の研究はほとんど実施されていない．外因性疾患の中でも，特に病原体因子による疾病（感染症）の研究が発展してきた．一方，環境因子には水温および水質（pH，溶存ガス量，塩分濃度，アンモニア濃度，亜硝酸塩濃度，硬度，毒物等）が含まれる．魚類は変温動物のため，水温の変化でストレスを受ける．温水魚であるコイは 4～30℃の範囲で生息可能であるが，その温度域内であっても，急激な温度変化により死亡する．pH や硬度も魚種（生息域）により至適値が異なり，例えば東南アジアの淡水熱帯魚は軟水を好み，アフリカ大陸の湖沼に生息する熱帯魚は硬水を好む．溶存酸素要求量も魚種や魚体の大きさより異なる．同一魚種では魚体が大きいほど，酸素要求量が多い．ナマズやウナギ類は皮膚からも空気中の酸素を取り込むことが可能で，またドジョウ類は空気を飲み込むことで，腸管より酸素を取り込める．従って，溶存酸素が低い水質でも生存できる．水中に溶存する酸素または窒素が過飽和になると鰭や鰓弁などに気泡が発生するガス病を発症することがある．止水・循環水槽内では魚から排泄されたアンモニアが硝酸に変化しなかった場合にアンモニアあるいは亜硝酸中毒を起こす．アンモニア中毒では筋肉痙攣を起こし，亜硝酸中毒では血液がチョコレート色に変色する．また，水中に有機リン系農薬が混入すると筋肉の痙攣による脊椎脱臼を伴う．これら環境要因の変化は魚類が死亡しなくてもストレスとなり，感染症が発生する要因となる．一方，餌料性疾病では特徴的な症状を示す場合が多い．養殖ブリではビタミン B1 欠乏症により体表の点状出血や狂奔遊泳が見られ，ビタミン E 欠乏症では筋肉組織の壊死により背こけの症状が発現する．

18.3 感染経路・感染環

魚類は水中に生息することから，病原体が体表や鰓から体内に侵入する経路（経皮感染，経鰓感染）が主であるが，アユのグルゲア症やウナギのベコ病原因体である微胞子虫やトラフグやせ病の原因体である粘液胞子虫は経口感染することが知られている．これら世代間を問わず個体間で伝播する様式を水平伝播という．経皮・経鰓感染は環境水中の病原体量を減らすことで予防でき，経口感染は病原体の含まないあるいは不活化した餌の使用で防除できる．

親から子へ卵・精子を介して病原体が伝播する経路（経卵感染）を垂直伝播といい，海産魚のウイルス性神経壊死症（VNN），サケ科魚類の伝染性造血器壊死症（IHN），伝染性膵臓壊死症（IPN）および細菌性冷水病などで認められる．仔魚が発病する場合には垂直伝播の可能性が高い．これらの感染症の防除には，病原体フリーの親魚選別，受精卵の消毒・洗浄が有効である．また，病原体が魚体内と環境中とで異なる形態（発育段階）をとる場合，あるいは2種類以上の宿主を介して成熟する場合に，その感染経路を感染環と呼び，寄生虫病に見られる．例えば，白点病の感染幼虫（セロント）は体内に侵入して成長するが体内では分裂増殖せず，宿主を離脱後に環境水中でシスト化し，シスト内細胞が分裂して感染幼虫となる．この場合，環境中での生活期間より短い間隔で池替えをすれば，増殖した感染幼虫からの感染を避けることができる．一方，粘液胞子虫は魚類と貧毛類の両宿主を交互に必要とすることから，貧毛類のいない場所で飼育すれば新たな感染は起こらない．このように感染経路や感染環を理解することは病害防除を考える上で大変重要なことである．

18.4 感染症成立に関与する3要素

魚類感染症が成立するためには病原体の存在が不可欠であるが，その他に宿主の病原体に対する感受性，そして病原体が増殖できる環境あるいは宿主にストレスを与えるような環境要因が必要となる．例えばコイヘルペスウイルス（KHV）病は感受性魚種であるコイが生息しない水系では発生せず，また通年水温30℃以上の熱帯地域ではウイルスに感染したコイでも発症しない．また，ウナギ養殖形態が加温ハウス式に変わったことにより，低水温で発病するシュードモナス症（赤点病）が発生しなくなり，高水温で発病するエドワジエラ症（パラコロ病）が増加した．また，病原体はその毒力により，偏性病原体と条件性病原体（日和見病原体）に分かれ，実験感染により両者を区別できる．すなわち，病原体を含む飼育水に宿主を浸漬する浸漬法で感染が成立する場合を偏性病原体とし，注射により病原体を体内に接種する注射法でのみ感染が成立する場合を条件性病原体と定めることができる．条件性病原体による感染を日和見感染とも言い，環境の悪化（18.2節を参照）により宿主がストレスを受けた際に，免疫力低下などにより発病する．

18.5 魚病対策

細菌性疾病に対しては，長年抗菌剤投与による治療が主であったが，1988年に我が国初の水産用不活化ワクチンがニジマスおよびアユのビブリオ病に対して認可された．近年，ハタ類のウイルス性神経壊死症（VNN），ブリ類のラクトコッカス症，ヒラメのレンサ球菌症，海水魚のマダイイリドウイルス（RSIV）病等に対する不活化ワクチンが認可され，魚病被害の軽減に貢献している．不活化ワクチンは培養した病原体の感染性をホルマリン等で不活化したワクチンで，不活化を行わない弱毒生ワクチンと比べ，安全性が高いが効果は低い．これまで，国内で認可された水産用弱毒生ワクチンは無い．その他，一部の寄生虫に対する駆虫薬も認可されている．養殖魚を対象に認可された薬剤は水産用医薬品と呼ばれ，その使用基準・使用規制について，「薬事法」に基づく「動物用医薬品の使用の規制に関する省令（農林水産省）」により，対象動物，用法・用量，使用禁止期間等について規制されている．

近年，水生動物分野においても輸出入に伴う病原体の国際的な拡散が問題となっており，「国際獣疫事務局（World Organisation for Animal Health：OIE）」は世界の動物衛生の向上を目的とした重要な政府間機関と位置づけされている．OIEは重要な疾病をリスト疾病と定め，それらの診断マニュアルや各国の汚染状況について情報を提供している（OIE, 2014）．国内では「持続的養殖生産確保法（1999年制定）」で指定する「特定疾病」を対象に，国内侵入時のまん延防止の実施が関係者に義務づけられている．また，「特定疾病」を対象とした輸入防疫が「水産資源保護法」に基づき実施されている．クルマエビ属のホワイトスポット病，アユのエドワジエラ　イクタルリ感染症，海産魚のネオベネデニア症あるいはコイのKHV病のように，海外から持ち込まれた疾病は養殖産業に大きな損害を与えるだけでなく，天然の生態系に少なからず影響を及ぼす可能性があり（Uchii *et al.*, 2013），海外伝染病の侵入を阻止することが重要である．

18.6 魚病診断法

天然魚または，養殖魚に魚病がみられた場合には，まず実施すべきことは魚病診断である．なぜなら，原因により対処法が異なるからである．また，天然域への病原体拡散状況を把握するための野外調査にも診断は欠かせない．診断法はウイルス病，細菌病，真菌病および寄生虫病により異なる．ウイルス病はウイルス粒子が光学顕微鏡下では観察できないため，培養細胞の細胞変性効果（cytopathec effect：CPE）を観察するウイルス分離法，中和試験，蛍光抗体法，病理組織検査により診断する．また近年，遺伝子診断法の飛躍的な進歩により，多くのウイルス病でPCR（polymerase chain reaction）法による同定が可能となっている．細菌病の診断の基本は寒天平板を用いた菌分離とその同定である．菌の同定法で最も簡易で正確な方法は抗血清を用いたスライド凝集反応であるが，近年PCRによる同定法も開発されている．ただし，カラムナリス病，滑走細菌症および細菌性鰓病のように特徴的な運動と形態を示す病原菌，またフランシセラ症やエピテリオシスチス症のように培養が困難で時間を要する病原体の検出には，患部組織小片をスライドガラスとカバーグラスで圧扁して光学顕微鏡で観察する方法（直接鏡検）が一般的である．真菌病の診断は，細菌病と同様に寒天平板による菌分離と，その形態的特徴から同定を行うのが基本である．卵菌類は水中で遊走子（胞子の一種）を産生するので，水又は海水中で菌糸体を培養して遊走子嚢の形態や遊走子産生様式を観察する．不完全菌では寒天平板上で胞子を形成するので，寒天上の菌集落の一部を掻き取り，直接鏡検により胞子の形態や胞子形成様式を観察する．一方，ほとんどの寄生虫は培養困難であるため，直接患部から寄生虫を摘出してその形態を観察して同定を行う．

18.7 病原体の毒力評価

病原体の毒力は自然発生例や人為感染試験により評価される．正しく病原性を評価するにはコッホ（R. Koch）の原則に従うべきである．すなわち，病魚から原因微生物を分離し，その純培養微生物を健康魚に感染させ，同じ症状を再現させ，さらに同一の微生物を再分離する．ただし，魚類以外のウイルス病あるいは多くの寄生虫病のように原因微生物を培養できない場合にはコッホの原則は適用できない．そのため，甲殻類や貝類のウイルス病では，患部の摩砕ろ液を用いた感染実験を行い，寄生虫病では自然感染時の寄生強度や病理組織によって病原性を判定する．感染実験によって養殖場での発生状況を再現でき，病原体の毒性を評価できる．一方，天然資源への影響は魚介類の死亡状況や感染状況から推測されている．

18.8 天然水域で発生した魚病事例

18.8.1 エドワジエラ イクタルリ感染症

本病は1970年代に米国のアメリカナマズ養殖場で発生した*Edwardsiella ictaluri*による細菌感染症であり，ナマズの腸内細菌性敗血症と呼ばれた．一時期，OIEリスト疾病であったが，抗菌剤やワクチンで防除できるとして2005年に削除された．2000年にはベトナムのパンガシウス（ナマズの一種）養殖場で本病が猛威を振るい，2002年にはインドネシア，スマトラ島のパンガシウス種苗生産場や養殖場でも発生し，感染種苗を通じてスマトラ島全土の養殖場にまん延した．だたし，本病はナマズ以外の魚種には発生が見られなかった．ところが，2007年に本病が一部の日本国内河川のアユに認められ，その遺伝子型はインドネシア分離株と近似していた（Sakai *et al.*, 2009）．以後，本病は全国の河川にまん延する傾向にある．本病はアユに対する病原性がそれほど強くなく，大量死亡には至らない．また，本病は原因菌が25℃以上の高水温期に増殖するため，夏季の天然河川に限定して見られる．一方，アユ養殖場では通年20℃以下の地下水を用いるため，本病は発生していない．本病の真の宿主はナマズ類であることから，天然河川に生息する天然記念物でもあるネコギギへの感染が危惧されている．

18.8.2 イワシ，マグロ，ハタ類受精卵およびふ化仔魚のイクチオディニウム感染症

1950年代，アルジェリアのアルジェ湾で採取された大西洋イワシの卵内に原虫の寄生が見つかり，*Ichthyodinium chabelardi*と命名された．感染を受けた受精卵は正常に発育して仔魚となるが，ふ化仔魚卵黄のう内で原虫が分裂・増殖し，やがて仔魚は破裂して死亡する．アルジェ湾では原虫の寄生率が30～80%に達したこともあり（Hollande & Cachon, 1952），イワシの再生産を減少させる一要因と考えられている．また，本原虫の感染はポルトガル海域での大西洋イワシ受精卵でも確認されている．一方，バルト海のタラやターボットの仔魚卵黄のう内でも本原虫が観察されるが，寄生数が少ないため，両種では死亡に至らない．インドネシアではキハダ種苗生産中に本病が発生し，寄生を受けた受精卵はふ化後24～48時間後には原虫の増殖を受け，破裂して死亡した（Yuasa *et al.*, 2007）．国内では，種苗生産中のクロマグロやスジアラのふ化仔魚に本原虫の寄生が確認さ

れており，いずれの魚種においても感染を受けた仔魚は原虫の増殖により破裂して死亡した．キハダおよびスジアラでは受精後に海水中の原虫が卵門から感染すると考えられている．

18.8.3 アワビのキセノハリオチス感染症

本病は OIE に収載されているリスト疾病であり，その症状から Withering Syndrome（やせ症候群）とも呼ばれている．原因はリケッチア様細胞内寄生細菌 *Xenohaliotis californiensis* が食道後部の上皮細胞に感染し，そこで楕円形の菌塊を形成することを特徴とする．感染が進行すると，消化盲嚢上皮が食道後部上皮に置き換わる現象（メタプラジア）がおき，消化吸収機能を失いやせていく．本原因菌はアワビの多くの種に感染するが，感受性は種により異なる．本疾病は 1985 年にカリフォルニア州のサンタクイズ島沿岸に生息していたブラックアバロン（＝スルスミアワビ，*Haliotis cracherodii*）で初めて見つかった．以来，やせ症状を伴うブラックアバロンの大量死が中央カリフォルニア沿岸で発生した．そして，1992 年から 1995 年にかけて，州最南端沿岸で 95% 以上の天然ブラックアバロンの減耗があり，アワビ業界に大打撃を与えた（Neuman *et al.*, 2010）．現在，ブラックアバロンは米国絶滅危惧種法（2009）で絶滅危惧種に指定されている．

国内では 2011 年に種苗生産中のクロアワビ稚貝に本病が観察されたが，死亡との因果関係は証明されていない（Kiryu *et al.*, 2013）．それ以降，国のガイドラインに基づき，種苗生産稚貝の保菌検査が行われており，無症状の貝から原因菌が PCR により検出される場合もあるが，死亡事例はない．天然での野外調査ではクロアワビ以外にエゾアワビ，トコブシおよびフクトコブシから原因菌ゲノムが検出されているが，天然域においても死亡例はない．クロアワビを使った実験感染では，感染貝と未感染貝の同居飼育により，確実に未感染貝への感染が認められる．しかし，感染により死亡した証拠は得られていない．このように，米国と日本での事例には死亡状況に大きな差があり，その原因が環境由来であるのか，宿主由来であるのかは不明である．

18.8.4 マガキのマガキヘルペス 1 型（OsHV-1）感染症

フランスでは 1990 年代以降，養殖マガキにヘルペスウイルス Ostreid herpes-virus 1（OsHV-1 標準株）感染症が知られていたが，大量死には至らなかった．

しかし，2008 年に OsHV-1 標準株の遺伝子の一部が変異した変異株（OsHV-1 μVar 株）を原因とする大量死がフランス全土のマガキ養殖場で発生し，カキ養殖業界に大打撃を与えた（Segarra *et al.*, 2010）．翌年，フランスの種苗を輸入したアイルランドで，OsHV-1 μVar 株感染による養殖マガキの大量死が発生した．一方，2009 年のイギリスでは μVar 株に近似したウイルス（OsHV-1 μVar 近縁ウイルス）による死亡事例が認められた．同年，ニュージーランドで μVar 株近縁ウイルスによる養殖マガキの大量死が，翌年にはオーストラリアの養殖マガキにも発生した．こうした発生状況から，OIE では OsHV-1 μVar 株ならびにその近縁ウイルス（総称 OsHV-1 microvariant）を本病の原因ウイルスと定めた（OIE, 2014）．その他ヨーロッパ諸国ではイタリア，スペイン，スウエーデンで μVar 株近縁ウイルスの検出を伴う大量死が認められているが，ウイルスが検出されても大量死が発生しない事例も報告されている．さらに，大量死を伴わない事例として標準株または μVar 株近縁ウイルス感染が，ブラジル，中国，韓国，モロッコ，メキシコおよび日本で確認されている．

国内での OsHV-1 の野外調査により，主要なカキ養殖場海域には本ウイルスが存在するが，それらに OIE の指定する OsHV-1 microvariant が含まれているか否かは，いまだに見解が分かれている．しかし，これまで国内で OsHV-1 感染による大量死は起きていない．これまで検出された遺伝子型は，2007 年に 10 タイプ，2011 年に 13 タイプあるが，各年毎の主要な遺伝子型は異なっている（Shimahara *et al.*, 2012）．つまり，これまで国内では単一株による全国レベルでの流行は起こっていないと考えられ，この点で，フランスで起きている事象とは大きく異なっている．一方，OIE リファレンスラボラトリーからの情報では，養殖場では稚貝・幼貝が死亡し，実験では浮遊幼生と 1 歳以下の稚貝に限定して感受性が見られる．また，養殖海域では 20℃ 以上の高水温で発生し，実験的には 18～26℃ で死亡が観察される．さらに，人為感染試験ではカキの系統による感受性の差が見られることがわかっている．今後，フランスと日本での発生状況の違いが，病原体，環境あるいは宿主の何れに起因しているのかを検討していく必要がある．

18.8.5 その他の疾病

アユの細菌性冷水病は，アユの放流事業や遊漁産業における重要な疾病である

（井上，2000）．グラム陰性桿菌フラボバクテリウム・サイクロフィルム（*Flabovacterium psychrophilum*）を原因とする本病は，1987年に初めて国内のアユ養殖場で発生し，1993年以降は全国の河川で発生が確認されるようになった．アユは年魚であり，河川に宿主が存在しない時期があるが毎年発生がみられることから，その感染ルートの解明が求められている．対策としては無病種苗あるいは抗病性種苗の生産および放流が試みられている．

ウイルス性神経壊死症（VNN）の原因ウイルスはノダウイルス科に分類され，仔稚魚から幼魚期の海産魚に感染して高い致死性を示すが，成魚には病原性を示さず，感染耐過した親魚はウイルスキャリアーとなる．本病は垂直感染することを特徴とする．そのため，種苗生産場では親魚選別や受精卵洗浄により，親魚から仔魚への感染を阻止する対策をとっている．また，多くの天然海産魚種が本ウイルスの保菌魚（キャリアー）であることが示唆されている（Sakamoto *et al*., 2008）．

ヒラメのネオヘテロボツリウム症は1990年代半ばから，天然ヒラメで確認されるようになり，養殖場でも発生している．単性類ネオヘテロボツリウム・ヒラメ（*Neoheterobothrium hirame*）が，鰓や口腔壁に寄生し，吸血することで魚が貧血状態に陥る．ヒラメ資源量への影響も懸念されている（虫明ら，2001）．

アコヤガイ赤変病は1996年以降に真珠養殖場で発生したアコヤガイの疾病で，病原体がいまだに確認されていないものの，日本魚病学会では主原因はろ過性病原体による感染症としている．近年は，耐病性を有するアコヤガイを使用することで被害を軽減している．

クルマエビ属のホワイトスポット病（WSD＝クルマエビ急性ウイルス血症：PAV）は，1992年に台湾で初めて認められた疾病で，国内には1993年に中国より輸入した稚エビと共に侵入した．本病はOIEリスト疾病であり，国内外のエビ養殖で最も脅威とされている．ニマウイルス科（Nimaviridae）の原因ウイルスは多くの甲殻類に病原性を示す．天然クルマエビから頻繁に原因ウイルスが検出されるため，種苗生産に用いる親エビはPCR検査でウイルスフリーを確認する必要がある（虫明ら，1998）．

アサリのパーキンサス症はパーキンサス（*Perkinsus*）属原虫が鰓や外套膜に感染する疾病で，国内では北海道以外の沿岸域のアサリに見られる（浜口ら，2002）．近年のアサリ資源量の減少との関連性が議論されている．

マボヤの被嚢軟化症は，2007年に韓国から輸入したマボヤが原因となり，国内マボヤ養殖場にまん延した鞭毛虫（*Azumio hoyamushii*）による感染症である．その後，天然マボヤにおいても本病が確認され，資源量への影響も危惧されている（Kumagai *et al.*, 2013）．

ズワイガニの血リンパ白濁症は2000年代より白ガニとして漁業者間で知られていた疾病であったが，近年ウイルスによる感染症であることが明らかになった（Kon *et al.*, 2011）．しかし，資源量への影響については不明である．

18.9 今後望まれる生態学からの魚病研究へのアプローチ

冒頭の18.1節で述べた通り，現在の魚病学は主に増養殖産業への貢献を目指してきたため，迅速診断法の開発，病原体に対する抗菌剤やワクチンの開発等の分野で発展してきた．これらの開発のためには，養殖場で起きている事象をできるだけ単純化する必要があり，主病原体とその宿主に焦点を当てた学問であったと言える．養殖場という限られた環境における魚病研究において，今後もこの考え方に変わりない．

一方，魚介類の輸出入が近年盛んになり，魚介類感染症の原因微生物が世界的に拡散する傾向にある．そのため，病原体拡散防止に向けたOIEの役割は年々増している．そのOIEがリスト疾病を選定する際の基準として天然資源への影響も挙げている．しかし，天然資源に与える影響を評価する手法はまだ確立されていないのが現状である．天然水域が病原体に汚染された際に，その後病原体が拡散・まん延するか否かを判断するのに必要な要因として，その水域に生息する感受性宿主の種類および尾数（量），それら各種に対する病原体の毒性（致死性），宿主が感染を受けた際の病原体排出量，宿主に感染が成立するために必要な病原体量，病原体の環境中での生存期間，保菌動物や媒介動物（ベクター）の存在，環境要因（特に水温や他の微生物との競合），水流等による病原体の物理的拡散，人の手による生物の移動等による病原体の拡散等が含まれる．天然水域での感染事象を解明するためには，これら多岐にわたるデータを収集し，解析することが必要となり，これまでの魚病学の範囲を超えた学問と言える．今後，天然水域で発生している魚病を解明するためには，生態学からのアプローチも必要であろう．

引用文献

江草周三 監修（2004）『魚介類の感染症・寄生虫病』恒星社厚生閣.

浜口昌巳・佐々木美穂・薄 浩則（2002）日本国内におけるアサリ *Ruditapes philippinarum* の *Perkinsus* 原虫の感染状況. 日本ベントス学会誌, **57**, 168-176.

Hollande, A. and Cachon, J.（1952）Un parasite des oeufs de sardine: l'*Ichthyodinium chabelardi*, nov. gen., nov. sp. *C. R. Acad. Sci., Paris*（Ser. D）, **235**, 976-977.

井上 潔（2000）アユの冷水病. 海洋と生物, **126**, 35-38.

Kiryu, I., Kurita, J., Yuasa, K. *et al.*（2013）First detection of *Candidatus* Xenohaliotis californiensis, the causative agent of withering syndrome, in Japanese black abalone *Haliotis discus discus* in Japan. *Fish Pathol.*, **48**, 35-41.

Kon, T., Isshiki, T., Miyadai, T. and Honma, Y.（2011）Milky hemolymph syndrome associated with an intranuclear bacilliform virus in snow crab *Chionoecetes opilio* from the Sea of Japan. *Fish Sci.*, **77**, 999-1007.

Kumagai, A., Ito, H., Sakaki, R.（2013）Detection of the kinetoplastid *Azumiobodo hoyamushi*, the causative agent of soft tunic syndrome, in wild ascidians *Halocynthia roretzi*. *Dis. Aquat. Org.*, **106**, 267-271.

虫明敬一・有元 操・佐藤 純・森広一郎（1998）天然クルマエビ成体からのPRDVの検出. 魚病研究, **33**, 503-509.

虫明敬一・森広一郎・有元 操（2001）天然ヒラメにおける貧血症の発生状況. 魚病研究, **36**, 125-132.

Neuman, M., Tissot, B. and Vanblaricom, G.（2010）Overall status and threats assessment of black abalone（Haliotis cracherodii leach, 1814）populations in California. *J. Shellfish Res.*, **29**, 577-586.

OIE（2014）*Manual of diagnostic tests for aquatic animals 2014*. http://www.oie.int/international-standard-setting/aquatic-manual/access-online/

Sakai, T., Yuasa, K., Ozaki, A. *et al.*（2009）Genotyping of *"Edwardsiella ictaluri"* isolates in Japan using amplified-fragment length polymorphism analysis. *Lett. Appl. Microbiol.*, **49**, 443-449.

Sakamoto, T., Okinaka, Y., Mori, K. *et al.*（2008）Phylogenetic analysis of betanodavirus RNA2 identified from wild marine fish in oceanic regions. *Fish Pathol.*, **43**, 19-27.

Segarra, A., Pepin, J. F., Azul, I. *et al.*（2010）Detection and description of a particular Ostreid herpesvirus 1 genotype associated with massive mortality outbreaks of Pacific oysters, *Crassostrea gigas*, in France in 2008. *Virus Res.*, **153**, 92-99.

Shimahara, Y., Kurita, J., Kiryu, I. *et al.*（2012）Surveillance of type 1 Ostreid herpesvirus（OsHV-1）variants in Japan. *Fish Pathol.*, **47**, 129-136.

Uchii, K., Okuda, N., Minamoto, T., Kawabata, Z.（2013）An emerging infectious pathogen endangers an ancient lineage of common carp by acting synergistically with conspecific exotic strains. *Animal Conservation*, **16**, 324-330.

Yuasa, K., Kamaishi, T., Mori, K. *et al.*（2007）Infection by a protozoan endoparasite of the genus *Ichthyodinium* in enbryos and yolk-sac larvae of yellowfin tuna *Thunnus albacares*. *Fish Pathol.*, **42**, 59-66.

第19章 コイヘルペスウイルス

内井喜美子・川端善一郎

19.1 コイヘルペスウイルスの出現

コイ（*Cyprinus carpio*）は食用および観賞用として重要な水産魚である．1990年代後半より，世界各地の養殖場でコイやニシキゴイ（コイの観賞用改良品種）の大量死が起こるようになった（図 19.1）．その多くは水温が 20-24℃の時に起こり，死亡した個体にはエラの壊死や表皮の病変といった共通の症状が認められた（Hedrick *et al*., 2000）．養殖池に新たなコイ個体を導入した後に病気が発生することから，当初から感染症が原因であることが強く疑われたが，1998 年にアメリカおよびイスラエルの養殖場で大量死したコイからついに病原ウイルスが単離された（Hedrick *et al*., 2000）．このウイルスは，カプシド（ゲノムを包むタンパク質の殻）が膜によって包まれるといったヘルペスウイルスに典型的な構造を持つことより，コイヘルペスウイルス（koi herpesvirus：KHV）と名付けられ，遺

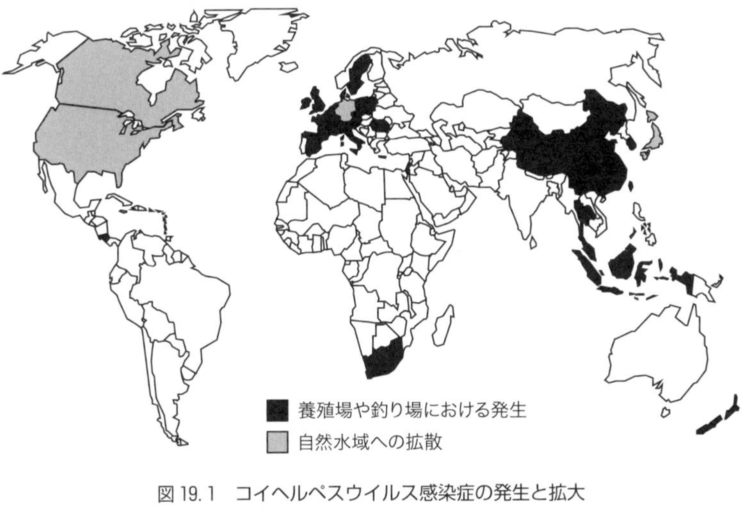

図 19.1　コイヘルペスウイルス感染症の発生と拡大

伝子解析により新しいウイルスであることがわかった（Gilad *et al.*, 2002）．2007年に全ゲノム配列が解読された結果，295 kbp の二本鎖 DNA をゲノムとする，ヘルペスウイルスの仲間であることが確認された（Aoki *et al.*, 2007）．現在は，ヘルペスウイルス目（*Herpesvirales*）アロヘルペスウイルス科（*Alloherpesviridae*）に分類され（Waltzek *et al.*, 2009），*Cyprinid herpesvirus 3*（以下 CyHV3）という学名が付けられている．

2005 年までに発生した CyHV3 の塩基配列比較によると，CyHV3 は大きく 2 つの系統に分けられた．ヨーロッパ（アメリカとイスラエルを含む）地域に分布するヨーロッパ型と，アジア地域に特異的なアジア型である（Aoki *et al.*, 2007; Kurita *et al.*, 2009）．つまり，CyHV3 はヨーロッパとアジアに別々に導入され（もしくは発生し），それぞれの地域内で広がったと考えられる．しかし 2006 年以降は，フランスやオランダにおいてアジア型が（Bigarre *et al.*, 2009），2011 年には中国においてヨーロッパ型が検出されており（Dong *et al.*, 2013），地域を越えた CyHV3 の拡散が始まっている．

19.2 コイヘルペスウイルスの特徴

19.2.1 宿主域

CyHV3 が病気を引き起こすことが報告されている魚類は，現在まで，コイに限られている．CyHV3 感染症の集団発生が起こっている最中でも，同じ池にいるコイ以外の魚に病気は発生しない（Fabian *et al.*, 2013）．他種においては，アメリカの養殖場で近縁種キンギョ（*Carassius auratus*）が CyHV3 によって死亡したと疑われるケースが一件報告されているだけだ（Sadler *et al.*, 2008）．この宿主特異性は，CyHV3 に感染させたコイと未感染魚の同居実験の結果からも支持される．すなわち，感染コイとの同居により，未感染コイは CyHV3 感染症の集団発生により死亡する．しかし，キンギョを含む他魚種に病気は発生しない（Perelberg *et al.*, 2003）．

一方，感染コイとの同居実験では，コイ以外の魚からも CyHV3 由来 DNA が検出される．さらに，CyHV3 由来 DNA が検出された魚種と未感染コイを同居させると，未感染コイからも CyHV3 由来 DNA が検出されるようになる場合がある（Fabian *et al.*, 2013）．つまり，コイ以外の魚がCyHV3を媒介する可能性がある．潜在的な媒介者には，キンギョやソウギョ（*Ctenopharyngodon idella*）などのコイ科魚類に加え，ヨーロッピアンパーチ（*Perca fluviatilis*）やノーザンパイク（*Esox lucius*）といった他の科の魚種も含まれる．CyHV3由来DNAが検出されたキンギョと未感染コイの同居実験からは，未感染コイ30個体のうち2個体が死亡したことが報告されている（El-Matbouli & Soliman, 2011）．死亡した2個体の組織からはCyHV3由来DNAとCyHV3遺伝子発現が検出された一方，CyHV3感染症に特異的な臨床的症状は認められていない．今のところ，他種との同居により未感染コイが病気を発症したことを示す確かな証拠はない．

19.2.2 増殖活性

CyHV3の増殖活性は温度に強く依存する．コイ由来培養細胞中では，培養温度が15～25℃（許容温度）の時には増えることができるが，10℃以下や30℃以上（非許容温度）の時にはほとんど増殖しない（Gilad *et al.*, 2003）．したがって，病気の発症も水温に大きく左右される．CyHV3感染実験によると，16℃～28℃の水温下でCyHV3に暴露されたコイは病気により死亡し，死亡率は23℃付近で最も高くなる（Gilad *et al.*, 2003; Yuasa *et al.*, 2008）．一方，13℃や30℃の水温下でCyHV3に暴露されたコイはほとんど死亡しない（Gilad *et al.*, 2003; Perelberg *et al.*, 2005）．養殖場におけるCyHV3感染症の集団発生が，水温の低い冬や，水温の高い夏には起こらないことは，温度によってCyHV3の増殖活性が制御されることとよく一致する．

19.2.3 潜伏感染

潜伏感染とは，宿主に症状は現れないが，病原体が増殖能力を維持したまま宿主細胞に持続感染することである．潜伏感染と再活性化はヘルペスウイルスの仲間に共通する特徴だが，CyHV3も同様の性質を持つと考えられる．まず，CyHV3感染後も生き残ったコイが，数ヶ月後にCyHV3感染症を発症し死亡することが実験的に示されている（St-Hilaire *et al.*, 2005）．また，生き残ったコイの組織から一年後もCyHV3由来DNAが検出されることより，CyHV3が宿主中に持続的な感染を維持することが示唆される（Yuasa & Sano, 2009）．さらに，コイ由来培養細胞に感染したCyHV3は，細胞温度が22℃から30℃へと上昇すると増殖と遺伝子発現を停止するが，温度が22℃に戻ると増殖と遺伝子発現を再開することがわかっている（Dishon *et al.*, 2007）．このようなCyHV3の潜伏感染により，生き残ったコイはCyHV3保因者となると考えられる．

19.2.4 感染経路

CyHV3は水系伝播（水を媒体とする感染）をする．CyHV3は，感染コイの糞や脱落した上皮細胞などと共に水中に放出されると考えられ，特に，糞には感染力のあるCyHV3が含まれることが証明されている（Dishon *et al.*, 2005）．感染媒体となる水の中で，CyHV3は少なくとも4時間，感染力と増殖能力を維持できる（Perelberg *et al.*, 2003）．しかし，水中のCyHV3は比較的速やかに劣化し，水温30℃で1日後，15～25℃では3日後には感染力を失う（Shimizu *et al.*, 2006）．遺伝子組み換えにより発光を誘導できるようにしたCyHV3を用いた実験からは，CyHV3が水を介し，表皮から宿主体内に侵入することが証明されている（Costes *et al.*, 2009）．

別の感染経路も存在するかもしれない．コイにCyHV3を経口投与した実験から，CyHV3が口腔粘膜から侵入することが示されている（Fournier *et al.*, 2012）．つまり，感染性物質（例えば感染宿主より放出された糞）を摂食することにより，CyHV3感染が起こる可能性がある．コイ同士の体の接触により，表皮からCyHV3が直接伝染する可能性も指摘されている（Raj *et al.*, 2011）．

19.3 宿主コイの免疫反応

許容温度下（23℃）で数日間CyHV3に暴露された後，非許容温度下（30℃）に移されたコイ集団は，許容温度下でCyHV3に再暴露された時，未感染コイ集団に比べて死亡しにくくなる（Ronen *et al.*, 2003）．これらのコイは，CyHV3に特異的な抗体（抗CyHV3抗体）を生産することにより免疫を獲得している．一方，CyHV3への暴露後直ちに非許容温度下（27℃）に移されたコイは抵抗性を獲得できない（Perelberg *et al.*, 2005）．免疫獲得には，コイ体内で一度ウイルス増殖が起こる必要があると考えられる．

抗CyHV3抗体は水温が高いほど効率よく生産される（Perelberg *et al.*, 2008）．

CyHV3 弱毒株の腹腔内注射後，許容温度下に 5 日間おいたコイを，それぞれ 31℃，24℃，14℃の水温下に移した時，血中抗体濃度は，31℃では接種後 10 日でピークに達するが，24℃ではピークに達するまで約 20 日，14℃においては 1 ヶ月以上を要する．さらに，14℃での血中抗体レベルは，31℃や 24℃の時と比べ半分程度に留まる．

感染から一年経ったコイから抗 CyHV3 抗体が検出されることもあるが（Adkison *et al.*, 2005），血中抗体濃度は，CyHV3 への再暴露がなければ，ピークに達した後徐々に低下する（Perelberg *et al.*, 2008）．許容温度下では，CyHV3 接種後 280 日後には半数の個体から抗体が検出されなくなる．しかし，抗体が検出されなくなった個体も，免疫記憶によって CyHV3 への抵抗性を保持すると考えられる（Perelberg *et al.*, 2008）．まず，CyHV3 への暴露経験が増えると，再び CyHV3 に晒された時，抗 CyHV3 抗体が素早く生産される．さらに，抗体が持つ CyHV3 抗原への結合力も強くなるため，より効率よく CyHV3 を破壊できると考えられる．

宿主が病原体に対する抗体を保有するかどうかは，感染の有無を判定する有効な指標となる．抗 CyHV3 抗体を持つコイは，CyHV3 への感染経験があると判定できる．一方，抗体が検出されない個体は，近い過去に CyHV3 感染を受けていない可能性が高い．

19.4 自然水域におけるコイヘルペスウイルスの生態

19.4.1 自然水域への拡散

急速に世界中に拡散した CyHV3 は，養殖場に留まらず，自然水域に生息する野生コイへと広がった（図 19.1）．日本では，2003 年 10 月よりコイ養殖の一大産地である霞ヶ浦において養殖コイの大量死が起こりはじめ，死んだコイから CyHV3 が初めて検出された（飯田，2005）．11 月初旬に，霞ヶ浦における CyHV3 感染症の発生が正式に発表されたが，それ以前に，種苗や活魚が霞ヶ浦から出荷された結果，CyHV3 は急速に全国の養殖場や釣り堀へ広がった（飯田，2005）．この時，放流や逸出により，感染コイが自然水域に導入された可能性が高い．水温の低くなる 10 月以降に導入された感染コイは病気を発症しないまま冬を越したが，翌2004年の春，水温上昇とともに感染コイの中でCyHV3が活性化し，一気に野生コイに広がったと考えられる．日本各地でCyHV3感染症による野生コイの大量死が発生した．

CyHV3の拡散過程をよく表すのが多摩川の例である．2004年5月にCyHV3による野生コイの大量死が起こった多摩川では，2003年10月に霞ヶ浦産コイが放流されていた（農林水産省，2004）．多摩川では，2003年4月から翌年3月まで，水系感染性ウイルス検出を目的として，定期的に水サンプルが採取されていた．これらのサンプルにおけるCyHV3由来DNAの有無をPCRにより確認したところ，2004年の1月と2月のサンプルよりCyHV3由来DNAが検出された（Haramoto *et al.*, 2007）．つまり，2004年の大量死以前に，感染コイの放流に伴いCyHV3が侵入していたと推測できる．

2005年以降も，新たな水域において，CyHV3感染症の集団発生が散発している（Minamoto *et al.*, 2009b）．2008年に全国109の一級河川を対象に行われた調査からは，90河川の水からCyHV3由来DNAが検出されており，日本中の自然水域にCyHV3汚染が定着したことが窺える（図19.2）．

19.4.2 環境中における分布

CyHV3感染症の集団発生が起こった水域の水や堆積物からは，発生が収束し

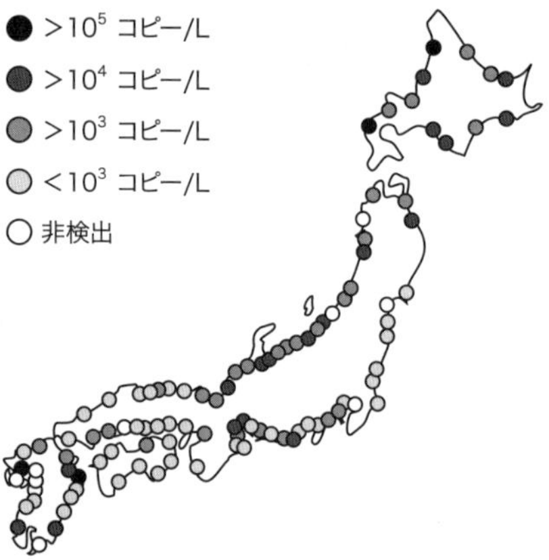

図19.2　日本の一級河川におけるCyHV3由来DNAの分布
Minamoto *et al.*, 2012を改変．

た後も継続的にCyHV3由来DNAが検出される．琵琶湖では，2004年4月から7月にかけ10万尾以上もの野生コイが死亡したが（飯田，2005），初発生から数年経った後も，湖のほぼ全域において，水からCyHV3由来DNAが検出されている（Minamoto *et al.*, 2009a）．水中DNA濃度は春から夏にかけて増大し，冬に減少するという季節的な増減を示しており，CyHV3が湖沼生態系に存続し続けていることが窺い知れる．また，CyHV3由来DNAが水から検出されなくても，同地点の堆積物からは検出されることがある（Honjo *et al.*, 2012）．水中に比べ，堆積物中ではCyHV3の生残性が高まる可能性が示唆される．

19.4.3 野生コイ個体群における流行の特徴

野生コイ個体群におけるCyHV3感染症の集団発生は，日本のほかにアメリカやカナダの湖沼河川において報告されている（Grimmett *et al.*, 2006; Garver *et al.*, 2010）．これらの集団発生には共通の特徴がある．まず，ほとんどの集団発生が，水温が非許容温度から許容温度へと上昇する春から夏にかけて起こっていること，そして，死んだコイのほとんどが体長300 mmを超える成魚であることだ．

図19.3に，抗CyHV3抗体保有率から見た，琵琶湖コイ個体群のCyHV3感染率を示す．感染率は，コイの体長が350 mmを超えると大きく上昇している．同様の結果は，コイ組織を用いたPCR検査からも得られている（Uchii *et al.*, 2009）．面白いことに，体長350 mmというのは，コイが繁殖を開始するサイズと

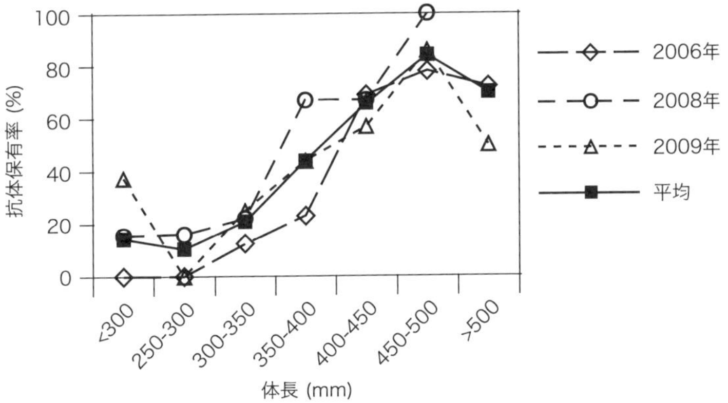

図19.3 琵琶湖の野生コイの抗CyHV3抗体保有率
Uchii *et al.*, 2009; Uchii *et al.*, 2011よりデータを引用して作成．

一致する（宮地ほか，1976; Barus *et al.*, 2002）．この傾向が2006年から2009年まで一貫していることは，成熟に達した個体が毎年新たにCyHV3に感染することを示している．CyHV3感染実験からは，体長が10 mmに満たない仔魚を除き，どの成長段階にあるコイもCyHV3に感染することがわかっている（Ito *et al.*, 2007）．では自然水域において主に成魚が感染するのはなぜだろうか．

19.4.4 野生宿主間におけるウイルスの伝播メカニズム

野生コイ個体群におけるCyHV3流行の特徴から，CyHV3が成魚間を伝播する経路が存在することが示唆される．コイは春季，水温が18℃が超える頃，岸辺の繁殖場に集まって産卵・放精を行う（宮地ほか，1976）．この時の繁殖場におけるコイの個体密度は，非繁殖期や，非繁殖場に比べて増大する．加えて，水温はCyHV3の増殖に好適である．したがって，コイの集団繁殖は，CyHV3が感染コイから未感染コイへと伝播する絶好の舞台となると予測される．繁殖場と非繁殖場の水中CyHV3由来DNA濃度の動態を比べると，繁殖場では，集団繁殖時に水中CyHV3濃度が急激に上昇する（図19.4）．つまり，繁殖場は，産卵・放精のために集まったCyHV3感染成魚から放出されたCyHV3の蓄積により，一時的なCyHV3伝播のホットスポットとなると考えられる．一方，非繁殖場では，繁殖期前後を通して水中CyHV3濃度の顕著な増減は見られない．繁殖に参加しない未成魚の感染リスクは小さく抑えられるだろう．

CyHV3感染歴があることが明らかなコイ（抗CyHV3抗体を保有する個体）の組織中におけるCyHV3遺伝子の発現パターンを見てみよう．ウイルス複製に関わるDNAポリメラーゼと主要膜タンパク質の遺伝子は，コイの繁殖期と重なる春から初夏の間にのみ発現している（図19.5）．つまりCyHV3は，宿主繁殖期に合わせ，保因者の中で再活性化していることが示唆される．CyHV3は宿主繁殖生態を利用した巧みな伝播戦略を持っているようだ．

19.4.5 野生宿主個体群に及ぼす影響

コイは元来，東ヨーロッパからアジアにかけて分布していた（Barus *et al.*, 2002）．近年のミトコンドリアDNA（mtDNA）分析により，日本のコイは，ユーラシア大陸産のコイとは170-250万年前に分岐した日本固有の系統であることが証明された（Mabuchi *et al.*, 2005）．しかし，日本の淡水生態系はすでに，人為導

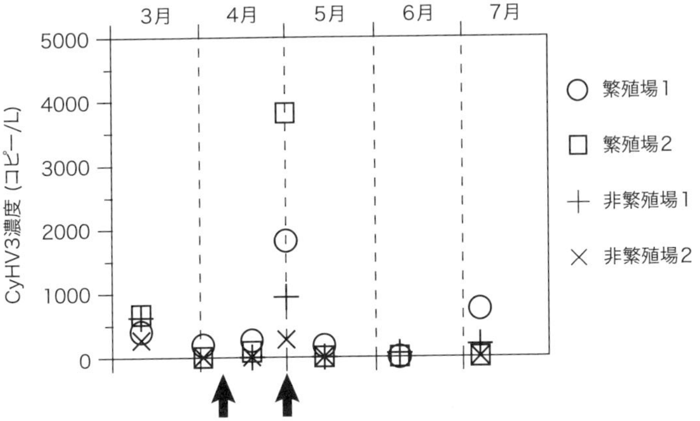

図 19.4　繁殖場および非繁殖場の水中 CyHV3 由来 DNA 濃度
調査地では，矢印で示す二回の集団繁殖が観察された（ただし，4 月初旬の集団繁殖時の DNA 濃度データ無し）．Uchii *et al.*, 2011 を改変．

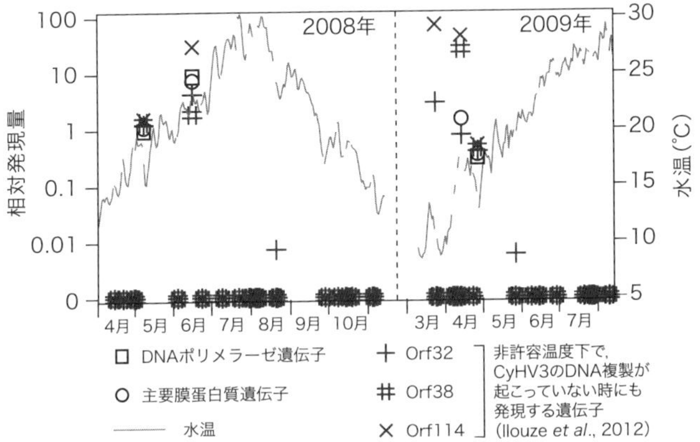

図 19.5　抗 CyHV3 抗体を保有するコイ個体の組織中における CyHV3 遺伝子発現活性
ウイルス複製に必須となる DNA ポリメラーゼ遺伝子や主要膜タンパク質遺伝子の発現が，許容水温となる春〜初夏にのみ観察されるのに対し，CyHV3 の持続感染や潜伏感染に関わる可能性のある遺伝子（Orf32, Orf38, Orf114; Ilouze *et al.*, 2012）は，水温の低い初春や，水温の高い夏にも発現している．なお，異なる遺伝子および年の間の相対発現量は比較できない．Uchii *et al.*, 2014 を改変．

入されたユーラシア系統コイによる広汎な侵入を受けている（Mabuchi *et al.*, 2008）．

驚くべきことに，2004 年，琵琶湖において CyHV3 により死亡したコイの約

90% が，日本在来の mtDNA ハプロタイプを持っていた（Mabuchi *et al.*, 2010）．生き残ったコイにおける在来ハプロタイプ頻度がそれよりずっと低かったことを考えると，ユーラシア系統のハプロタイプを持つ個体に比べ，在来ハプロタイプを持つ個体が多く死亡したと推定できる．CyHV3 感染実験からも，ユーラシア系統に比べ，日本在来系統の CyHV3 に対する抵抗性が低いことが示唆されている（Ito & Kurita, 2014）．宿主集団間で病原体に対する感受性が異なる場合，より抵抗性の高い集団がリザーバー（病原体が長期間存続できる場所，感染源となる）の役割を果たし，抵抗性の低い集団の衰退を促進することが知られる（De Castro & Bolker, 2005）．琵琶湖コイ個体群では，CyHV3 感染症の発生以降，在来ハプロタイプ頻度の減少が観察されており（図 19.6），ユーラシア系統コイの侵入と CyHV3 感染症発生の相乗効果による，日本在来系統コイの衰退が危惧される．

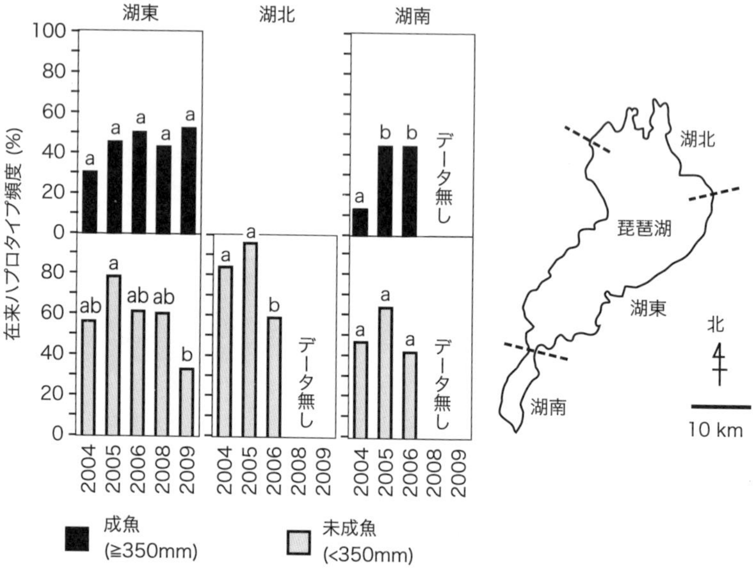

図 19.6　琵琶湖のコイの地域個体群（成魚・未成魚別）における mtDNA ハプロタイプ頻度

各パネル内における異なるアルファベットは，ハプロタイプ頻度が統計的に有意に異なる（$P<0.05$）ことを示す．湖東未成魚個体群では 2009 年に，湖北未成魚個体群では 2006 年には在来ハプロタイプ頻度の低下が認められた．湖南成魚個体群において 2005 年に在来ハプロタイプ頻度が上昇しているのは，2004 年の CyHV3 集団発生の影響をあまり受けなかった未成魚が成魚個体群へと導入されたためと考えられる．Uchii *et al.*, 2013 を改変．

19.5 おわりに

近年の野生生物における新興感染症の増加は生物多様性への脅威となっている（Daszak *et al.*, 2000）．新興感染症は，宿主の繁殖力を低下させたり，死に至らしめることによって宿主個体群を圧迫する．さらにやっかいなのは，多くの新興感染症が複数種に感染し，種間の感受性の違いにより，抵抗性の高い種が長期間病原体をばらまき続けるリザーバーとなることだ．この現象は，カエルツボカビ（*Batrachochytrium dendrobatidis*）症をはじめとした様々な新興感染症に当てはまると考えられる．新興感染症はしばしば外来種と共に持ち込まれるが，外来種がリザーバーとなることで，在来種と置き換わってしまうこともある．日本在来系統コイも，同様のメカニズムでCyHV3感染症による脅威にさらされていると考えられ，その保全の必要性が高まっている．今後は，CyHV3が宿主集団に引き起こす影響の将来予測と解決に向け，自然水域におけるCyHV3の長期的な時空間ダイナミクスや，CyHV3感染症を介した在来系統コイと外来系統コイの相互作用を解き明かしていく必要があるだろう．

引用文献

Adkison, M. A., Gilad, O. & Hedrick, R. P.（2005）An enzyme linked immunosorbent assay（ELISA）for detection of antibodies to the koi herpesvirus（KHV）in the serum of koi *Cyprinus carpio*. *Fish Pathol.*, **40**, 53-62.

Aoki, T., Hirono, I., Kurokawa, K. *et al.*（2007）Genome sequences of three koi herpesvirus isolates representing the expanding distribution of an emerging disease threatening koi and common carp worldwide. *J. Virol.*, **81**, 5058-5065.

Barus, V., Penaz, M. & Kohlmann, K.（2002）*Cyprinus carpio*（Linnaeus, 1758）. In: *The Freshwater Fishes of Europe. Vol. 5/III*, Banarescu, P. M. & Paepke, H.-J.（eds.）, AULA-Verlag.

Bigarre, L., Baud, M., Cabon, J. *et al.*（2009）Differentiation between Cyprinid herpesvirus type-3 lineages using duplex PCR. *J. Virol. Methods*, **158**, 51-57.

Costes, B., Raj, V. S., Michel, B. *et al.*（2009）The major portal of entry of koi herpesvirus in *Cyprinus carpio* is the skin. *J. Virol.*, **83**, 2819-2830.

Daszak, P., Cunningham, A. A. & Hyatt, A. D.（2000）Emerging infectious diseases of wildlife-Threats to biodiversity and human health. *Science*, **287**, 443-449.

De Castro, F. & Bolker, B.（2005）Mechanisms of disease-induced extinction. *Ecol. Lett.*, **8**, 117-126.

Dishon, A., Davidovich, M., Ilouze, M. *et al.*（2007）Persistence of cyprinid herpesvirus 3 in infected cultured carp cells. *J. Virol.*, **81**, 4828-4836.

Dishon, A., Perelberg, A., Bishara-Shieban, J. *et al.*（2005）Detection of carp interstitial nephritis and gill necrosis virus in fish droppings. *Appl. Environ. Microbiol.*, **71**, 7285-7291.

Dong, C., Li, X., Weng, S. *et al.*（2013）Emergence of fatal European genotype CyHV-3/KHV in mainland China. *Vet. Microbiol.*, **162**, 239-244.

El-Matbouli, M. & Soliman, H.（2011）Transmission of *Cyprinid herpesvirus-3*（CyHV-3）from goldfish to naive common carp by cohabitation. *Res. Vet. Sci.*, **90**, 536-539.

Fabian, M., Baumer, A. & Steinhagen, D.（2013）Do wild fish species contribute to the transmission of koi herpesvirus to carp in hatchery ponds? *J. Fish Dis.*, **36**, 505-514.

Fournier, G., Boutier, M., Raj, V. S. *et al.*（2012）Feeding *Cyprinus carpio* with infectious materials mediates cyprinid herpesvirus 3 entry through infection of pharyngeal periodontal mucosa. *Vet. Res.*, **43**, 6.

Garver, K. A., Al-Hussinee, L., Hawley, L. M. *et al.*（2010）Mass mortality associated with koi herpesvirus in wild common carp in Canada. *J. Wildl. Dis.*, **46**, 1242-1251.

Gilad, O., Yun, S., Adkison, M. A. *et al.*（2003）Molecular comparison of isolates of an emerging fish pathogen, koi herpesvirus, and the effect of water temperature on mortality of experimentally infected koi. *J. Gen. Virol.*, **84**, 2661-2668.

Gilad, O., Yun, S., Andree, K. B. *et al.*（2002）Initial characteristics of koi herpesvirus and development of a polymerase chain reaction assay to detect the virus in koi, *Cyprinus carpio koi*. *Dis. Aquat. Org.*, **48**, 101-108.

Grimmett, S. G., Warg, J. V., Getchell, R. G. *et al.*（2006）An unusual koi herpesvirus associated with a mortality event of common carp *Cyprinus carpio* in New York State, USA. *J. Wildl. Dis.*, **42**, 658-662.

Haramoto, E., Kitajima, M., Katayama, H. *et al.*（2007）Detection of koi herpesvirus DNA in river water in Japan. *J. Fish Dis.*, **30**, 59-61.

Hedrick, R. P., Gilad, O., Yun, S. *et al.*（2000）A herpesvirus associated with mass mortality of juvenile and adult koi, a strain of common carp. *J. Aquat. Anim. Health*, **12**, 44-57.

Honjo, M. N., Minamoto, T. & Kawabata, Z.（2012）Reservoirs of *Cyprinid herpesvirus 3*（CyHV-3）DNA in sediments of natural lakes and ponds. *Vet. Microbiol.*, **155**, 183-190.

飯田貴次（2005）コイヘルペスウイルス病．日本水産学会誌，**71**, 632-635.

Ilouze M., Dishon A. & Kotler M.（2012）Down-regulation of the cyprinid herpesvirus-3 annotated genes in cultured cells maintained at restrictive high temperature. *Virus Res.*, **169**, 289-295.

Ito T., Sano M., Kurita J. *et al.*（2007）Carp larvae are not susceptible to koi herpesvirus. *Fish Pathol.*, **42**, 107-109.

Ito T. & Kurita J.（2014）Differences in the susceptibility of Japanese indigenous and domesticated Eurasian common carp（*Cyprinus carpio*）, identified by mitochondrial DNA typing, to cyprinid herpesvirus 3（CyHV-3）. *Vet. Microbiol.*, **171**, 31-40.

Kurita J., Yuasa K., Ito T. *et al.*（2009）Molecular epidemiology of koi herpesvirus. *Fish Pathol.*, **44**, 59-66.

Mabuchi K., Senou H. & Nishida M.（2008）Mitochondrial DNA analysis reveals cryptic large-scale invasion of non-native genotypes of common carp（*Cyprinus carpio*）in Japan. *Mol. Ecol.*, **17**, 796-809.

Mabuchi K., Senou H., Suzuki T. *et al.*（2005）Discovery of an ancient lineage of *Cyprinus carpio* from

Lake Biwa, central Japan, based on mtDNA sequence data, with reference to possible multiple origins of koi. *J. Fish Biol.*, **66**, 1516-1528.

Mabuchi K., Senou H., Takeshima H. *et al.* (2010) Distribution of native Japanese mtDNA haplotypes of the common carp (*Cyprinus carpio*) in Lake Biwa. *Jpn. J. Ichthyol.*, **57**, 1-12.

Minamoto T., Honjo M. N. & Kawabata, Z. (2009a) Seasonal distribution of cyprinid herpesvirus 3 in Lake Biwa, Japan. *Appl. Environ. Microbiol.*, **75**, 6900-6904.

Minamoto, T., Honjo, M. N., Uchii, K. *et al.* (2009b) Detection of cyprinid herpesvirus 3 DNA in river water during and after an outbreak. *Vet. Microbiol.*, **135**, 261-266.

Minamoto, T., Honjo, M. N., Yamanaka, H. *et al.* (2012) Nationwide *Cyprinid herpesvirus 3* contamination in natural rivers of Japan. *Res. Vet. Sci.*, **93**, 508-514.

宮地傳三郎・川那部浩哉・水野信彦（1976）『原色日本淡水魚類図鑑，全改訂新版』保育社.

農林水産省（2004）http://www.maff.go.jp/j/syouan/tikusui/koi/pdf/07_summary.pdf

Perelberg, A., Ilouze, M., Kotler, M. *et al.* (2008) Antibody response and resistance of *Cyprinus carpio* immunized with cyprinid herpes virus 3 (CyHV-3). *Vaccine*, **26**, 3750-3756.

Perelberg, A., Ronen, A., Hutoran, M. *et al.* (2005) Protection of cultured *Cyprinus carpio* against a lethal viral disease by an attenuated virus vaccine. *Vaccine*, **23**, 3396-3403.

Perelberg, A., Smirnov, M., Hutoran, M. *et al.* (2003) Epidemiological description of a new viral disease afflicting cultured *Cyprinus carpio* in Israel. *Isr. J. Aquacult. Bamidgeh*, **55**, 5-12.

Raj, V., Fournier, G., Rakus, K. *et al.* (2011) Skin mucus of *Cyprinus carpio* inhibits cyprinid herpesvirus 3 binding to epidermal cells. *Vet. Res.*, **42**, 92.

Ronen, A., Perelberg, A., Abramowitz, J. *et al.* (2003) Efficient vaccine against the virus causing a lethal disease in cultured *Cyprinus carpio*. *Vaccine*, **21**, 4677-4684.

Sadler, J., Marecaux, E. & Goodwin, A. E. (2008) Detection of koi herpes virus (CyHV-3) in goldfish, *Carassius auratus* (L.), exposed to infected koi. *J. Fish Dis.*, **31**, 71-72.

Shimizu, T., Yoshida, N., Kasai, H. *et al.* (2006) Survival of koi herpesvirus (KHV) in environmental water. *Fish Pathol.*, **41**, 153-157.

St-Hilaire, S., Beevers, N., Way, K. *et al.* (2005) Reactivation of koi herpesvirus infections in common carp *Cyprinus carpio*. *Dis. Aquat. Org.*, **67**, 15-23.

Uchii, K., Matsui, K., Iida, T. *et al.* (2009) Distribution of the introduced cyprinid herpesvirus 3 in a wild population of common carp, *Cyprinus carpio* L. *J. Fish Dis.*, **32**, 857-864.

Uchii, K., Minamoto, T., Honjo, M. N. *et al.* (2014) Seasonal reactivation enables *Cyprinid herpesvirus 3* to persist in a wild host population. *FEMS Microbiol. Ecol.*, **87**, 536-542.

Uchii, K., Okuda, N., Minamoto, T. *et al.* (2013) An emerging infectious pathogen endangers an ancient lineage of common carp by acting synergistically with conspecific exotic strains. *Anim. Conserv.*, **16**, 324-330.

Uchii, K., Telschow, A., Minamoto, T. *et al.* (2011) Transmission dynamics of an emerging infectious disease in wildlife through host reproductive cycles. *ISME J.*, **5**, 244-251.

Waltzek, T. B., Kelley, G. O., Alfaro, M. E. *et al.* (2009) Phylogenetic relationships in the family *Alloherpesviridae*. *Dis. Aquat. Org.*, **84**, 179-194.

Yuasa, K., Ito, T. & Sano, M. (2008) Effect of water temperature on mortality and virus shedding in carp experimentally infected with koi herpesvirus. *Fish Pathol.*, **43**, 83-85.

Yuasa, K. & Sano, M. (2009) Koi herpesvirus: status of outbreaks, diagnosis, surveillance, and research. *Isr. J. Aquacult. Bamidgeh*, **61**, 169-179.

第20章　鳥インフルエンザ

長　雄一・大橋和彦・村田史郎

20.1 鳥インフルエンザの生物学的・公衆衛生学的定義および畜産衛生上の区分

RNA ウイルスであるインフルエンザウイルスは，内部タンパク質の抗原性の違いなどにより，発見順に A 型・B 型・C 型と区分されており，鳥インフルエンザウイルスは A 型インフルエンザウイルスとして *Orthomyxoviridae, Influenzavirus* A 属に分類されている．さらに A 型インフルエンザウイルスは，ウイルス粒子表面のタンパク質に突起があり，宿主細胞表面にある受容体（レセプター）と結合して感染を引き起こすヘマグルチニン（Hemagglutinin：HA）と，宿主細胞からの複製ウイルスが遊離する際に作用するノイラミニダーゼ（Neuraminidase：NA）の抗原性により H1～H17 と N1～N9 の亜型の組合せで区別される（Wright *et al.*, 2013）．そのうち，H5N1 亜型のインフルエンザウイルスが，1997 年中国の生鳥市場（生きた鳥類を扱う市場で，ニワトリのほか，アヒル等の家禽も扱う）で 18 名の人間に感染し，6 名の死者を出した．これらの事例は，家禽等の鳥類から人間へウイルスが伝播して引き起こされたと考えられている．このように，人間の感染症という視点でいうと鳥インフルエンザは新興感染症（emerging infectious disease）かつ人獣共通感染症（zoonosis）の 1 つである．また，高病原性鳥インフルエンザはニワトリの大量死を引き起こす病原体として「家畜伝染病予防法」の対象となっており，その意味においては，鳥インフルエンザの「鳥」はニワトリ等の家禽を表している．

また，インフルエンザウイルスのすべてが，ニワトリへの高病原性を示すわけではなく，農林水産省の「高病原性鳥インフルエンザ及び低病原性鳥インフルエンザに関する特定家畜伝染病防疫指針」では，疾病としての鳥インフルエンザを以下の 3 つで区分している（図 20.1，一部の表現を変更）．

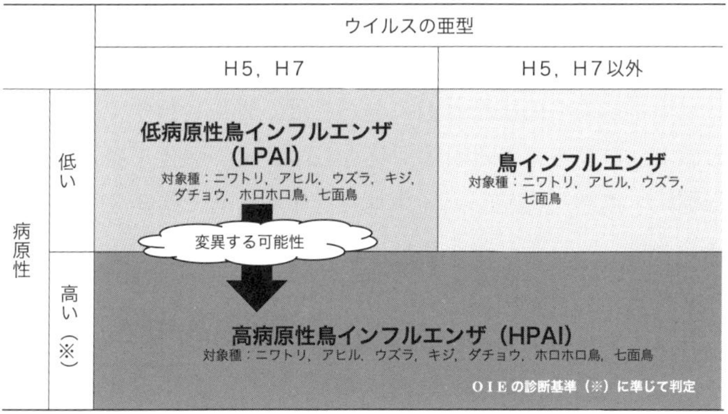

図 20.1　農林水産省による鳥インフルエンザの区分

※次に示す OIE の診断基準（高病原性鳥インフルエンザ）のいずれかを満たした場合に，病原性が高いと判断．①6週齢鶏の静脈内接種試験で病原性指標（IVPI）が 1.2 以上または 4～8 週齢鶏の静脈内接種試験で 75% 以上の致死率を示す．②H5 または H7 亜型のウイルスで，特定部位のアミノ酸配列が既知の HPAI ウイルスと類似している．
農林水産省ウェブサイトより一部改変．

(1)　高病原性鳥インフルエンザ（highly pathogenic avian influenza：HPAI）

国際獣疫事務局（l' office international des épizooties：OIE，フランス語）が作成した診断基準により高病原性鳥インフルエンザウイルスと判定された A 型インフルエンザウイルスの感染によるニワトリ，アヒル，ウズラ，キジ，ダチョウ，ホロホロ鳥および七面鳥（以下「家禽」という）の疾病．強毒型鳥インフルエンザという場合もあり．

(2)　低病原性鳥インフルエンザ（low pathogenic avian influenza：LPAI）

H5 または H7 亜型の A 型インフルエンザウイルス（高病原性鳥インフルエンザウイルスと判定されたものを除く）の感染による家禽の疾病．弱毒型鳥インフルエンザという場合もあり．

(3)　鳥インフルエンザ（avian influenza：AI）

高病原性鳥インフルエンザウイルスおよび低病原性鳥インフルエンザウイルス以外の A 型インフルエンザウイルスの感染によるニワトリ，アヒル，ウズラおよび七面鳥の疾病．

これらの定義は，あくまで「家畜伝染病予防法」内での定義であるが，理解しやすく，誤解が生じにくいため，本章ではこれに沿って説明を行う．また，「家畜伝染病予防法」によって，(1)および(2)は家畜伝染病，(3)は届出伝染病に規定されている．なお，家畜伝染病予防法上は，家禽に感染した場合でのみ届け出等の対象となるが，前述の「高病原性鳥インフルエンザ及び低病原性鳥インフルエンザに関する特定家畜伝染病防疫指針」においては，野生鳥類等で高病原性鳥インフルエンザの感染が確認された場合の対応として，その個体を発見した場所の消毒および通行制限・遮断を実施し，発生地点を中心とした半径3キロメートル以内の区域にある農場（ニワトリ等を100羽以上飼養する農場に限る）に対する速やかな立入検査を行うとしている．

また，高病原性の判定基準として，6週齢鶏の静脈内接種で病原性指標[1)]が基準値1.2以上，または4〜8週齢鶏の静脈内接種で高率（75％以上）に致死率を示すこと，あるいはH5またはH7亜型のウイルスで，HAタンパクの開裂部位のアミノ酸配列が既知の高病原性鳥インフルエンザウイルスと類似していることが挙げられる（環境省，2011）．HAは，宿主のタンパク分解酵素で開裂され，病原性を発揮する．過去に分離されている高病原性鳥インフルエンザウイルスでは，開裂部位にK（リジン）やR（アルギニン）の塩基性アミノ酸の連続した配列（多くの場合4残基以上）が認められ，この配列はフリンなどの全身の臓器に存在するタンパク分解酵素により開裂されるため，ウイルスは全身感染し，結果として感染個体を死に至らしめる．一方で，典型的な低病原性鳥インフルエンザのHA開裂部位における塩基性アミノ酸の連続は通常1〜2残基であり，トリプシンのような腸管や呼吸器などの局所で発現しているタンパク分解酵素によってのみ開裂を受け，ウイルスは局所感染のみ示す（小澤・河岡，2006）．このように鳥インフルエンザの病原性の違いは，ニワトリへの接種試験の結果あるいはHA開裂部位のアミノ酸配列にて定義される．

20.2 鳥インフルエンザのバイオセキュリティとエコロジー

高病原性鳥インフルエンザは，国際連合食糧農業機関（FAO）などの国際機関が「国境を越えてまん延し，発生国の経済，貿易及び食料の安全保障に関わる重要性を持ち，その防疫には多国間の協力が必要となる疾病」と定義する「越境性

1）【病原性指標】試料を接種した発育鶏卵の希釈尿膜腔液0.1 mlを6週齢鶏に静脈内接種して，症状を24時間毎に10日間観察したスコアの平均値．スコアは正常であれば0，死亡すれば3．

動物疾病」の代表例とされている（農林水産省, 2011）. このように日本国内での高病原性鳥インフルエンザの発生リスクは, 2013年現在においても高いと考えられる. ただ, 国内に常在する（国内にて生活環：life cycleが完結している）ウイルスではないため, 海外からの伝播を防ぐことが, 防疫の要と考えられる. しかしながら, 人や物はある程度の検疫が可能であるが, 渡り鳥に対する検疫システムは存在しない.

冒頭で述べたとおり, 鳥インフルエンザとは, ニワトリ等の家禽の疾病を示すが, それを含めたA型インフルエンザウイルスは, もともとにおいて自然宿主である野生の水鳥類（多くが渡り鳥）あるいはカモメ類などの海鳥類に広く分布しており, 特にカモ類からは全ての亜型のウイルスが分離されている（Wright *et al*., 2013）. カモ類では, 腸管内で増殖したウイルスが, 排出行為により繁殖域にある湖沼等の水系に分散し, 他の個体へと経口感染していると考えられている. このようにカモ類は多様なインフルエンザウイルスを保存するリザーバー（reservoir, 感染巣）の1つであり, インフルエンザウイルスはカモ類を自然宿主として, その生活環を保持している. しかし, いったん, 自然宿主であるカモ類などから家禽などに伝播すると低病原性鳥インフルエンザウイルスにおいても感染を繰り返すうちに病原性を獲得し, 高病原性鳥インフルエンザウイルスに遺伝的に変異する可能性がある. ただし, 高病原性鳥インフルエンザでは, 感染したニワトリなどで, 元気消失, 衰弱, 咳, くしゃみ, 下痢などの症状を示し, 臓器および筋肉のうっ血, 充出血および壊死などが観られるため, 農場において発見されやすい. 日本国内においては, 飼育舎内のニワトリをすべて淘汰するなどの適切な防疫体制があれば, 感染の拡大を防ぐことが可能である. しかしながら, 中国や東南アジア諸国では, その封じ込めが徹底されていない. このため, 1996年に中国で発生したH5N1亜型の高病原性鳥インフルエンザウイルスの末裔が, 未だにアジア各地で分離されているのが現状である（山本・追田, 2012）.

また, 高病原性鳥インフルエンザ以外の鳥インフルエンザでは, 活動性低下, 食欲等の減退, 産卵率の低下などが起こることがあるが, これらは特異的な症状ではなく, 農場での発見が困難である. 高病原性鳥インフルエンザの確定診断として, まずは, 発症鳥の呼吸器および総排泄腔の拭い液や呼吸器, 腸管などの臓器乳剤を発育鶏卵に接種することでウイルス分離を行う. 分離したウイルスの鶏赤血球凝集能を検査し, 陽性のときは赤血球凝集能抑制反応およびNA抑制試験でHAとNAの抗原亜型を決定し，H5およびH7亜型の場合は，遺伝子検査等により病原性の確定を行う必要がある（20.1節参照）．迅速診断キットなども市販されているが，高病原性鳥インフルエンザウイルス以外のA型インフルエンザウイルスにも反応し，検出精度も高くないので（環境省，2011），あくまで参考程度にしか使用できない．特にカモ類は，ある一定頻度でインフルエンザウイルスを保有するため，生体捕獲時に陽性を検出しても，高病原性鳥インフルエンザと判断することはできない．

20.3 遺伝子情報から見た高病原性鳥インフルエンザの感染経路の推定

国内では，高病原性鳥インフルエンザは1924年の発生以降，認められていなかったが，2004年1月および2月に山口県，大分県，次いで京都府の養鶏場で発生し，H5N1亜型の高病原性鳥インフルエンザウイルスが分離された．また，京都および大阪で発見されたハシブトガラスの死体9個体からH5N1亜型の高病原性鳥インフルエンザウイルスが分離された．カラス類の死体発見は養鶏場の発生後であったことから，家禽から留鳥への伝播があったと推察された（伊藤，2012）．さらに2007年1月に宮崎県および岡山県の養鶏場にてH5N1亜型ウイルスによる高病原性鳥インフルエンザが発生し，熊本県で発見されたクマタカからもH5N1亜型の高病原性鳥インフルエンザウイルスが分離された．これらの2004年および2007年の試料について，ウイルス遺伝子の比較解析を行った結果，先に韓国で発生したウイルスと極めて近縁であり，大陸からの伝播経路が強く疑われた（Sakoda *et al.*, 2012；山本・迫田，2012；伊藤，2012）．さらに2010年10月に北海道稚内市でカモ類の糞便から高病原性鳥インフルエンザウイルスが分離された（Kajihara *et al.*, 2011）．その後，2011年3月までには，図20.2に示した全国17道府県の野生鳥類，飼育されていたハクチョウ類，9県の24養鶏場のニワトリからH5N1亜型の高病原性鳥インフルエンザウイルスが分離された．分離されたウイルスのうち34株について遺伝子解析を行ったところ，2010年の春および夏にモンゴルおよびロシアのハクチョウ類等の水鳥類から分離されたウイルスのHA遺伝子と近縁であり，さらには韓国のカモ類から分離されたウイルス

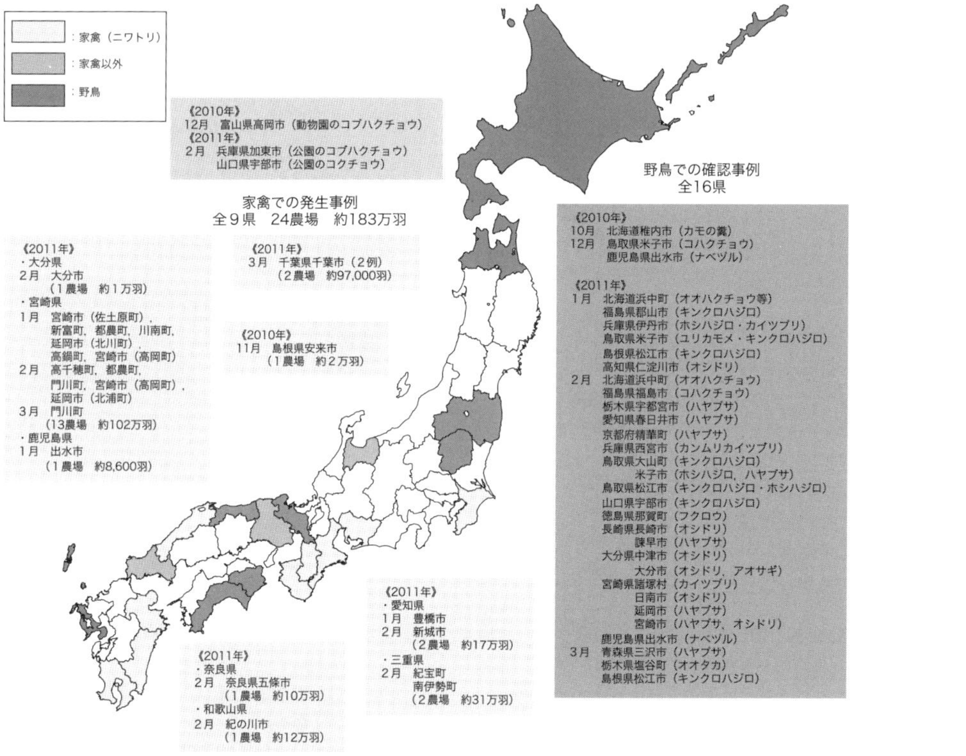

※ 現在，性状を検査して判明しているものについては，全てH5N1型（強毒）である．

図 20.2 2010 年から 2011 年における HPAI の発生状況
農林水産省ウェブサイトより一部改変．

の HA 遺伝子とも近縁であった（図 20.3）．日本国内で分離されたウイルス株は，3 つに区分されたことから，外部（おそらくシベリア等の極東）からの侵入経路は 3 つ以上あったと推察された．これらの遺伝子解析から，中国および東南アジアの高病原性鳥インフルエンザ発生地域から，家禽類からウイルスを伝播された渡り鳥が，長距離キャリアーとして春においては大陸を北上し，繁殖域であるシベリア等に至り，さらにその地域の湖沼等の水系にて，夏の間もウイルスが維持され（環境水内でもウイルスはある期間中は活性を保つことが可能である），秋の渡り鳥の南下に伴い，日本国内に到達したことを示している（図 20.4，Sakoda *et al.*, 2010；Sakoda *et al.*, 2012；山本・迫田，2012；伊藤，2012）．

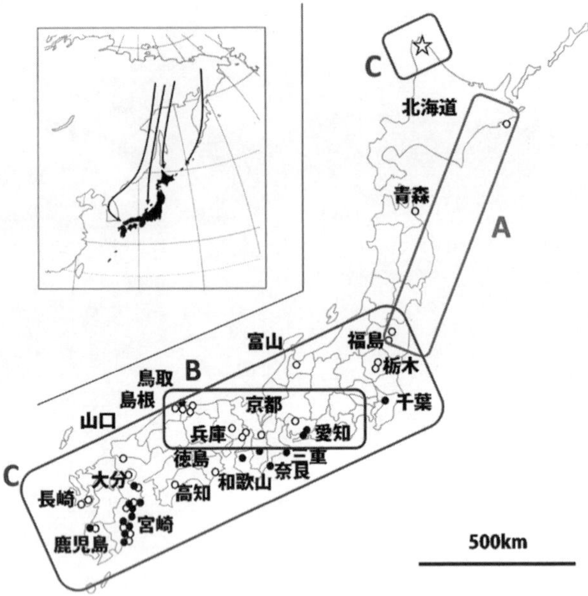

図 20.3　2010 年から 2011 年に発生した高病原性鳥インフルエンザの位置と HA 遺伝子配列の解析により遺伝的に区分されたグループ
矢印は秋から冬にかけて渡り鳥がシベリアの営巣湖沼から日本へ渡る主な飛行経路を示す．○は野鳥と飼育管理されたコブハクチョウとコクチョウ，●はニワトリから H5N1 高病原性鳥インフルエンザウイルスが分離された場所を示す．☆は最初の分離地である稚内を示す．四角は HA 遺伝子分子系統解析により分類されたグループ A から C を示す．山本・迫田，2012 より．

20.4 生態学研究者自身の鳥インフルエンザへのバイオセキュリティ

これまで述べたとおり，野生動物を扱う場合において「鳥インフルエンザ」は，3 つに区分して考える必要がある．つまり，高病原性鳥インフルエンザは，人間を含む他種多様な動物へ感染することから，野生動物を扱う生態学研究者・行政担当者・環境 NGO 職員にとっては，自分自身あるいは同僚・家族・地域住民の健康を害し，畜産業・観光業等の産業に多大なる打撃を与える存在であることは忘れてはいけない．

その一方で，カモ類等の水鳥類が保有するインフルエンザウイルスのほとんど

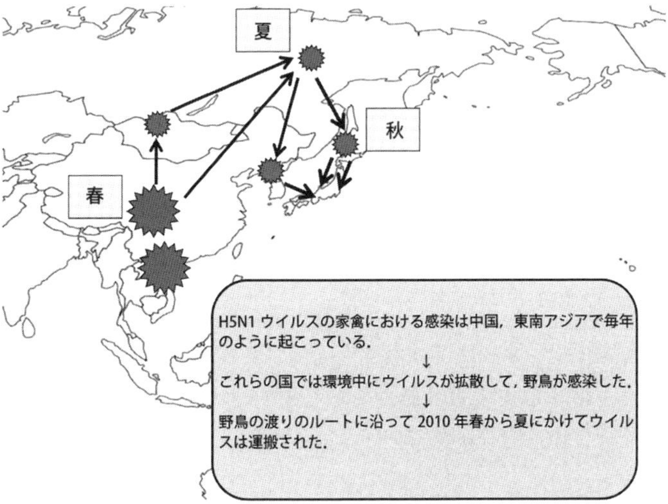

図 20.4　2010 年から 2011 年の感染事例から予測される高病原性鳥インフルエンザウイルスの感染経路
山本・迫田，2012 より．

は，野生鳥類にとっても，人間や家畜・家禽・ペットに対しても重篤な病原性を示すことはまれである．ただし，インフルエンザウイルスのうち，低病原性鳥インフルエンザウイルスに関しては，ニワトリ等の家禽の間で感染を繰り返すうちに高病原性へ変異する可能性があるため，野生鳥類を扱った場合は，たとえ健康体であっても，手および靴底を洗う，服を洗濯することが重要である．家畜・家禽を扱う畜産系の教育・研究機関に所属している場合は，特に注意を払うべきであろう．鳥インフルエンザの発生状況は，環境省および農林水産省のウェブサイトに公開されているので，国内にて高病原性鳥インフルエンザ発生時には，死体回収を行わず，地方自治体の自然環境保全部門に連絡し，指示を仰ぐことが必要である．これらの対応に関しては，環境省がまとめた「野鳥における高病原性鳥インフルエンザに係る対応技術マニュアル」がある．主に地方自治体行政職員向けの内容であるが，参考にすると良いだろう（環境省，2011）．

20.5 生態学・医学・獣医学・疫学・情報学の融合領域

人間や家畜・家禽・ペットにおける高病原性鳥インフルエンザの発生・流行を防ぐためには，リザーバーあるいはキャリアーとなり得るカモ類・ガン類・ハクチョウ類へのサーベイランス（surveillance，疫学的監視病原体検査）が必要である．しかしながら，野生鳥類がリザーバーあるいはキャリアーとなり得る感染症はインフルエンザのみならず，マレック病・ニューカッスル病・日本脳炎・ウェストナイル熱・サルモネラ症・病原性大腸菌感染症と多種多様である．広域における体系的な糞便採取や生体捕獲あるいは継続的な野生鳥類の死体回収を通じて，これらの病原体の保有状況を把握することが，野生鳥類の健康を守り，個体群を存続させ，人間社会と野生動物が継続的に共存するために重要である．一般にいう公衆衛生（public health）とは「国民の健康を保持・増進させるため，公私の保健機関や地域・職域組織によって営まれる組織的な衛生活動」（広辞苑第六版，2008）であるが，それに必要な情報を得る分野が疫学（epidemiology）であり，「疾病・事故・健康状態について，地域・職域などの多数集団を対象とし，その原因や発生条件を統計的に明らかにする学問」（広辞苑第六版，2008）と定義される．しかしながら，野生動物がリザーバーあるいはキャリアーとなる新興感染症や人獣共通感染症を取り扱う場合には，人間集団のみを対象とするのでは限界がある．このため，生態学的知識・情報をも包括的に扱う野生動物対応型の疫学分野が不可欠であろう．このように人間，動物および環境が相互に関わりあっている新興感染症や人獣共通感染症等の問題は，様々な分野の関係者が協力して解決すべきであるとして，2004年にWildlife Conservation Societyは“One World, One Health”という概念を打ち出している．つまり，ヒトに対する高病原性鳥インフルエンザの防疫を考える場合において，多少遠回りの感があっても，結局のところは野生動物の健康を守り，健全な生態系を保全することが重要となるのである．

では，生態学研究者あるいは自然環境保全担当者は，One Healthを守るためという「共通認識」に対して，どのように寄与できるのであろうか？　野生動物が保有するウイルス類は，それ自体が生態系を形作る構成要素の1つであり，他の生物群あるいは物質のように環境を循環し，自分の遺伝子を維持するとともに，淘汰圧に対しては，進化し，それを乗り越えようとするだろう．生態学研究者が対象とする野生動物や生態系が，インフルエンザウイルスの循環（生活環）に大きく影響を与えているならば，医学研究者・獣医学研究者・公衆衛生学研究者・社会学研究者とタッグを組み，ともに知恵と情報を交換していく融合領域が，今後求められていくと考える．

上記のような融合的研究の先行事例としては，カスピカイアザラシに対する形態，生活史，遺伝学的情報，病理学的情報の収集およびアザラシ類が蓄積している有機塩素系化合物（PCBs, DDTs, HCHs など）や重金属類の分析を含む総合研究（Miyazaki, 2001）の一環として行われた疫学調査があった．1993, 1997, 1998, 2000 年にカスピ海パールアイランドにおいて採取されたカスピカイアザラシの血清から，インフルエンザ A 型ウイルスに特異的な血清抗体が，1993 年では 54%（7/13），1997 年では 57%（4/7），1998 年で 40%（6/15），2000 年で 20%（11/42）の陽性率で検出された（これは，採血時点でのウイルス保有でなく，過去の感染経歴を示すことに注意）．また，2000 年の 42 頭のうち 4 頭の血清に，鳥インフルエンザが属する A 型とは異なる B 型インフルエンザウイルスに対する特異抗体が検出された（Ohishi *et al.*, 2003）．これらのインフルエンザウイルスは，アザラシ類の大量死を引き起こす要因として認識されることから，保全生物学的にも重要な示唆を与えると考える．

また，著者らを含む研究者は，2003 年から 4 年間で環境省環境技術開発等推進費事業「野生鳥類の大量死の原因となり得る病原体に関するデータベースの構築」を実施した（長，2007；長・金子・浅川，2007）．その一環として北海道宮島沼でマガンを生体捕獲し，野生鳥類の大量死の原因となり得るマレック病ウイルスの検査を行ったところ，28～45% で陽性反応が観察され，ガン類でのマレック病ウイルスの感染が広範であることが強く示唆された．また，これまでに報告されている強毒株のマレック病ウイルスと比較した結果，超強毒性の株に類似していることが判明した（Murata *et al.*, 2007）．ただし，捕獲の際の観察では健康状態は良好であった．これらの調査は，山階鳥類研究所や東京大学との共同調査であり，個体識別用の標識の装着も同時に行った（Moriguchi *et al.*, 2010）．このように野生動物の生態調査と疫学調査を同時に行うことで，その種の保全に役立つ情報が得ることが可能となる．

さらに 2011 年から 3 年間，著者らを含む研究グループは，北海道立総合研究機構重点研究「野生鳥類由来感染症の伝播リスク評価及び対策手法の開発」を実施し，畜産地帯を中心に野生鳥類（渡り鳥および留鳥）に対する疫学調査と生態調査を体系的に行い，野生鳥類由来感染症の伝播経路と各種リスクの予測手法の開発を行った．このために，リザーバーあるいはキャリアーである留鳥（カラス類等）および渡り鳥（カモ類等）の飛来数等の推定を行い，有害鳥獣駆除個体の収集や糞便採取等による疫学調査と組み合わせ，畜産農場（今回は酪農場中心）へのサルモネラ等の細菌類およびウイルス類の伝播リスク推定を試みた（長ら，未発表）．

また，日本国内への鳥インフルエンザウイルスの侵入リスクは，国立環境研究所にて地図化されている．これらのリスクは，標高や土地利用などの環境条件や宿主となるカモ類の個体数データを用い推定されており，カモ類の推定個体数が多い地域ほど侵入リスクが高くなるという結果が得られ，過去のインフルエンザウイルスの検出地点データと比較した結果，予測の信頼性が高いことも検証された（図20.5，Moriguchi *et al.*, 2013）．

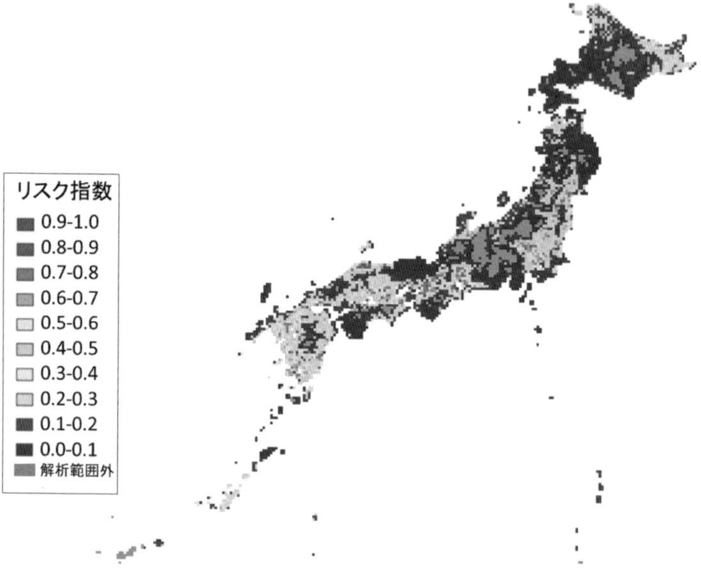

図20.5　日本国内への鳥インフルエンザウイルスの侵入リスクマップ
Moriguchi, S., Onuma, M. & Goka, K.（2013）*Diversity and Distributions* より改変．
カラー版は，https://www.nies.go.jp/whatsnew/2012/20121115/20121115.html を参照．

高病原性鳥インフルエンザの侵入リスクが存在する状況においては，生態学研究者と獣医学研究者等が共同チームを組み，野生鳥類に対する飛来数把握等の生態調査と疫学調査を継続性を持って実施されることが求められる．特に渡り鳥等を研究対象にする場合においては，感染症を扱う獣医学研究者等との連携を，第一に考えるべき時代であると考える．これは，野生動物からの伝播・感染リスク（研究者自身がキャリアーとなる可能性も否定できない）に備えるという受動的な必要性とともに，野生動物あるいは生態系内における病原体（寄生体）の動態解析といった学問的に魅力あるフロンティア領域を，能動的に指向することにつながっていくと考える．

引用文献

伊藤壽啓（2012）高病原性鳥インフルエンザの野鳥および野生動物での発生状況．獣医畜産新報，**65**, 895-899.

Kajihara, M., Matsuno, K., Simulundu, E., *et al.*（2011）An H5N1 highly pathogenic avian influenza virus that invaded Japan through waterfowl migration. *Japanese Journal of Veterinary Research*, **59**, 89-100.

環境省（2011）野鳥における高病原性鳥インフルエンザに係る対応技術マニュアル．

環境省ウェブサイト「高病原性鳥インフルエンザに関する情報」http://www.env.go.jp/nature/dobutsu/bird_flu/

Miyazaki, N.（2001）A review of studies on the ringed, Caspian, and Baikal seals（*Pusa hispida, P. caspica*, and *P. sibirica*）. *Otsuchi Marine Science*, **26**, 1-6.

Moriguchi, S., Amano, T., Ushiyama, K., Fujita, G. & Higuchi, H.（2010）Seasonal and Sexual Differences in Migration Timing and Fat Deposition in the Greater White-Fronted Goose. *Ornithological Science*, **9**, 75-82.

Moriguchi, S., Onuma, M. & Goka, K.（2013）Potential risk map for avian influenza A virus invading Japan. *Diversity and Distributions*, **19**, 78-85.

Murata, S., Chang, K-S., Yamamoto, Y. *et al.*（2007）Detection of the Marek's disease virus genome from feather tips of wild geese in Japan and the Far East region of Russia. *Archives of Virology*, **152**, 1523-1526.

農林水産省（2011）高病原性鳥インフルエンザ及び低病原性鳥インフルエンザに関する特定家畜伝染病防疫指針．

農林水産省ウェブサイト「鳥インフルエンザに関する情報」http://www.maff.go.jp/j/syouan/douei/tori/

Ohishi, K., Ninomiya, A., Kida, H. *et al.*（2003）Influenza virus infection in seal（Phocidae）: seroepidemiological survey of influenza virus in Caspian seals（*Phoca caspica*）. *Otsuchi Marine

Science, **28**, 39-44.

長 雄一（2007）平成 18 年度環境技術開発等推進費に係る実施課題：野生鳥類の大量死の原因となり得る病原体に関するデータベースの構築．生活と環境，3 月号.

長 雄一・金子正美・浅川満彦（2007）環境省環境技術開発推進費「野生鳥類の大量死の原因となり得る病原体に関するデータベースの構築」．全国環境研会誌，**32**，194-200.

小澤 真，河岡義裕（2006）インフルエンザパンデミック―今そこにある危機―．感染症学雑誌，**80**，1-7.

Sakoda, Y., Sugar, S., Batchluun, D. *et al.*（2010）Characterization of H5N1 highly pathogenic avian influenza virus strains isolated from migratory waterfowl in Mongolia on the way back from the southern Asia to their northern territory. *Virology*, **406**, 88-94.

Sakoda, Y., Ito, H., Uchida, Y. *et al.*（2012）Reintroduction of H5N1 highly pathogenic avian influenza virus by migratory water birds, causing poultry outbreaks in the 2010-2011 winter season in Japan. *Journal of General Virology*, **93**, 541-550.

山本直樹・追田義博（2012）2010-2011 年の冬季に国内で分離された H5N1 高病原性鳥インフルエンザウイルスの遺伝子と抗原性．獣医畜産新報，**65**，901-906.

Wildlife Conservation Society ウェブサイト http://www.wcs.org/

Wright, P. F., Neumann, G., & Kawaoka, Y.（2013）*"Orthomyxoviruses" in Fields Virology. 6th ed.*, Knipe, D. M. & Howley, P. M.（eds.）, 1186-1243, Lippincott Williams & Wilfins.

第21章 ヒトの真菌感染症

広瀬　大

菌糸や酵母として生きる真菌は地球上に150万種存在していると推定されており（Hawksworth, 2001），現在9万9000種ほど記載されている（Kirk *et al*., 2008）．これらのうちヒトに寄生・定着し，組織内に侵入して感染を引き起こす病原真菌は約530種が知られており，それらの分類群は多岐にわたる（de Hoog *et al*., 2011）．病原真菌に起因する感染症を真菌症とよぶが，これを制圧することをめざし医真菌学の分野では病原因子とその発現調節メカニズムの解析や遺伝子診断法，治療薬の探索に関する研究が盛んに進められている．その一方，病原真菌の多くの種は主たる生息場所がヒト体内や体表ではないにも関わらず，意外にも野外環境での病原真菌の理解は乏しいのには驚かされる．自然環境中では肉眼的に菌糸や酵母の種同定を行うことができない上，病徴や大型の子実体の形成といった菌の存在をしる手掛かりが乏しいことが理由として挙げられる．幸いにも病原真菌の多くは腐生能力を有し分離培養技術は確立している種が多い．このことに加え，近年の分子生物学的手法の普及や分子系統学や集団遺伝学的解析の向上により，代表的な病原真菌に関してヒト体外における生活様式の理解を目指した研究が増加傾向にある．本章では，病原真菌に関し概説した後，*Aspergillus fumigatus* と *Cryptococcus gattii* を例に自然環境におけるヒト病原真菌の生態を垣間見たいと思う．

21.1 ヒト病原真菌と真菌症

近年のメタゲノム解析の結果からヒトの体表には100種もの常在菌が生息し，体の部位ごとで群集構造が異なることが明らかにされた（Findley *et al*., 2013）．このことはヒトの体も1つの複雑な生態系として捉えられることを示しているが，我々はこれと共に自然生態系との関連性も含め理解していく必要がある．その際，一口に病原真菌といってもその生き方は多様であることから，菌種ごとの生活様式を理解することが必要であろう．例えば，上記の Findley *et al.* (2013) の調査によりヒトの体表で優占することがわかった *Malassezia* 属菌は脂質好性酵母である．この生態的特徴からヒトを含む哺乳類の体表に適応したため，*Malassezia* 属菌はヒトの体内や自然環境中で土壌中に生息している可能性は低いことが推測できる．本節では，医真菌学による真菌症の区分 (21.1.1)，病原真菌の分類と生態 (21.1.2)，病原真菌と宿主との関係 (21.1.3)，および真菌症の進化 (21.1.3) を簡単に説明する．

21.1.1 医真菌学による真菌症の区分

医真菌学においては，病原真菌の分類群とは関係なく病巣が形成される解剖学的部位に基づき，深在性真菌症，表在性真菌症，深部皮膚真菌症という 3 つに区分される（表 21.1）．

深在性真菌症は一般に重篤な感染症である．疫学的，病因論的点から日和見感染型と地域流行型に分けられる．これらの病原真菌は常在菌としてヒトや動物の体内に生息するか，自然環境中で腐生菌として広く生息している．毒力は比較的低く，多くの場合，易感染宿主にのみ感染を引き起こす．しかし感染が成立した場合には，重篤となる可能性が高い．日和見感染症型の深在性真菌症は，世界各地でみられ，発生率は年々上昇しているといわれている．加えて，適切な治療がなされなければ死亡することも珍しくない．地域流行型の深在性真菌症は，特定の地理的，気候的条件の地域に分布が限定する真菌に起因する真菌症である．地域流行型真菌症については，いずれの疾患の原因菌も本邦には生息していないことから輸入真菌症ともよばれる．

表在性真菌症は，皮膚の表層（表皮特にその角質），爪，毛髪または皮膚に隣接する扁平上皮粘膜の表層に留まり，皮下組織や粘膜下組織に侵入しない真菌症のことをいう．表在性真菌症の人口あたりの発生率は，深在性真菌症よりもはるかに高く，特に皮膚糸状菌症（白癬）の発生頻度はあらゆる真菌症の中で最も高いといわれている．

深部皮膚真菌症は，皮膚の穿刺や創傷により偶発的に生体組織内に環境中の菌が侵入することにより引き起こされる感染症である．感染が表皮に留まらず，皮下組織，まれに血液にのって脳などに侵入することもある．

表 21.1　真菌症の区分と病原菌種の特徴

区分		主な真菌症	主な原因菌	分類群			生長型	有性生殖能	生活型*
深在性真菌症		カンジダ症	*Candida albicans*	子嚢菌門	サッカロミケス綱	サッカロミケス目	酵母	無	常在
		アスペルギルス症	*Aspergillus fumigatus*	子嚢菌門	エウロチウム綱	エウロチウム目	菌糸	有(ヘテロタリック)	環境
	日和見感染型深在性真菌症	クリプトコックス症	*Cryptococcus neoformans*	担子菌門	シロキクラゲ綱		酵母	有(ヘテロタリック)	環境
		接合菌症	*Rhizopus oryzae*	ケカビ亜門			菌糸	有(ヘテロタリック)	環境
		トリコスポロン症	*Trichosporon asahii*	担子菌門	シロキクラゲ綱	シロキクラゲ目	酵母	無	環境
		ニューモシスチス感染症	*Pneumocystis jirovecii*	子嚢菌門	ニューモシスチス綱	ニューモシスチス目	酵母	有？	常在
	地域流行型真菌症(輸入真菌症)	コクシジオイデス症	*Coccidioides immitis*	子嚢菌門	エウロチウム綱	ホネタケ目	二形性	無	環境
		ヒストプラズマ症	*Histoplasma capsulatum*	子嚢菌門	エウロチウム綱	ホネタケ目	二形性	有	環境
		パラコクシジオイデス症	*Paracoccidioides brasiliensis*	子嚢菌門	エウロチウム綱	ホネタケ目	二形性	無	環境
		マルネッフェイ型ペニシリウム症	*Penicillium marneffei*	子嚢菌門	エウロチウム綱	エウロチウム目	二形性	有？	環境
表在性真菌症		皮膚糸状菌症(白癬)	*Trichophyton rubrum*	子嚢菌門	エウロチウム綱	ホネタケ目	菌糸	無	常在
		表在性カンジダ症	*Candida albicans*	子嚢菌門	サッカロミケス綱	サッカロミケス目	酵母	無	常在
		皮膚マラセチア症	*Malassezia furfur*	担子菌門	モチビョウキン綱	マラセチア目	二形性	無	常在
深部皮膚真菌症		スポロトリクス・シェンキー感染症	*Sporothrix schenckii*	子嚢菌門	フンタマカビ綱	オフィオストマ目	二形性	有？	環境
		黒色真菌感染症	*Fonsecaea pedrosoi*	子嚢菌門	エウロチウム綱	カエトチリウム目	菌糸	無	環境

* 主たる生息場所の違いを生活型として区別した.「環境」は主たる生息場所が宿主外であるとされるタイプ,「常在」は主たる生息場所が宿主内であるといわれているタイプを示す.

山口, 2007 を改変.

21.1.2 病原真菌の分類群と生長型，生殖，生活型

主要な真菌症の原因菌を表21.1に示した．これをみると子嚢菌門エウロチウム綱に属する菌が多いものの，それらの目レベルでの分類群は多岐にわたっていることがわかる．また，日和見感染型深在性真菌症の原因菌は子嚢菌門，担子菌門，ケカビ亜門の広い分類群にまたがっているのに対し，地域流行型真菌症の原因菌は子嚢菌門エウロチウム綱に限定されている．真菌がヒトの体で生存するための必要条件として，ヒトの体温に近い37℃での成長できることが挙げられる．多くの真菌はこの温度での成長能力がないことから，ヒト病原真菌は菌界の中においては多系統であり，ヒト病原真菌は菌界の中で独立にヒトに対し適応進化してきたと考えられる．

真菌では栄養を摂取して生長する細胞は無性的な有糸細胞分裂によって増殖する．この生長型には2つあり，1つは菌糸，もう1つは単細胞の酵母である．病原真菌もその例外ではない（表21.1）．*Candida albicans*のように主に酵母で生長するものもいる一方，*Aspergillus fumigatus*のように菌糸で生長するものもいる．この他にも，病原真菌には，腐生的条件下では菌糸，寄生的条件下では酵母で生長する種がいる．この様な菌を二形性真菌とよぶ．地域流行型真菌症の原因菌の1つである*Penicillium marneffei*は，温度依存性の二形性真菌で，30℃で菌糸，37℃で酵母で生長する（Campbell *et al.*, 2013）．このような二形性は進化的には派生的な形質で，ヒトの組織内環境への適応進化の1例として挙げられる．二形性は病原性と密接に関係しているとも言われている．

真菌の生殖様式には，無性的な胞子形成により増殖する無性生殖と，有性的な胞子を生産する有性生殖がある．遺伝的多様性の保持や存続には有性生殖が大きく関わっているが，有性生殖能を失った真菌や有性生殖が確認されていない種も多く知られている．上述の*P. marneffei*は熱帯地域の土壌中では無性的に生活し，タケネズミの体内で有性生殖を行うことで遺伝的多様性を維持しているといわれている（Henk *et al.*, 2012）．真菌の有性生殖では，異なる交配型をもつ株間で交配が成立するヘテロタリックなものと，同一株の菌糸の中で雌雄の生殖器官が分化して自家交配が行われるホモタリックなものがある．同じ属であっても種が異なると有性生殖のパターンが異なることが知れられている．例えば*Aspergillus*属ではこれら2つのタイプが混在し，本属の進化の過程でホモタリックな種からヘテロタリックな種が生じたと言われている（Geiser *et al.*, 1996；

1998).

病原真菌の主たる生活型は2つある．ヒトなど哺乳類に常在するか，ヒト以外の環境中で生活するかである．深在性真菌症は死の危険性があることから臨床上特に問題となっているが，その原因菌には環境型のものが意外と多いことが表21.1からわかる．これらの生活型の違いは病原真菌の進化のプロセスや繁殖パターンの違いに反映されることから，病原真菌を生態学的に理解する上で重要である．

21.1.3 病原真菌と宿主との関係性

de Hoog *et al.* (2011) は，病原真菌と宿主の関係から，病原真菌を6つに区分した（表21.2）．すなわち，腐生者，片利共生者，内部腐生者，条件的病原体，絶対的病原体，ヒト適応性感染体である．腐生者と片利共生者としての病原真菌は，これらの真菌がヒトという環境で生存できるかどうかだけが重要であることから，真菌症は真菌自身の適応度に関係しないと考えられる．一方で，条件的病原体や絶対的病原体，ヒト適応性感染体はヒトを含む哺乳類を媒介者とすることで真菌自身の適応度が増していると考えられる．病原真菌におけるこのようなカテゴリー分けは医真菌学の分野では一般的ではないが，病原性の進化や宿主との相互作用といった進化学的もしくは生態学的に病原真菌を理解する上では重要であ

表21.2 病原真菌と宿主との関係

区分	特徴	宿主の反応	例	
腐生者	ニッチ：ヒト以外	健常な宿主：強い防御機構．易感染性宿主：日和見主義．	*Aspergillus fumigatus*, *Cryptococcus neoformans*	真菌症は適応度に関与しない：生存可能要因
片利共生者	ニッチ：ヒトの体表	免疫システムを働かせていない．	*Malassezia furfur*	
内部腐生者	ニッチ：哺乳類の体内	健全な宿主：免疫システムをほとんど働かせていない．易感染性宿主：日和見主義．	*Candida albicans*	
条件的病原体	戦略：哺乳類と環境間で伝播	健全なヒト：中位の病原性．低下した細胞性免疫：内因性再燃．	*Histoplasma capsulatum*, *Penicillium marneffei*	哺乳類を媒介者とすることで適応度が増す：病原性要因
絶対的病原体	戦略：哺乳類と哺乳類間で伝播	健全なヒト：高い病原性．	*Trichophyton verrucosum*	
ヒト適応性感染体	戦略：ヒトとヒト間で伝播	健全なヒト：低い病原性．低下した細胞性免疫：病変が広く拡張．	*Trichophyton rubrum*	

de Hoog *et al.*, 2011 を改変．

ろう.

21.1.4 病原性の進化：特にホネタケ目を例にして

病原性の進化について，地域流行型真菌症の原因菌でもある子嚢菌門エウロチウム綱のホネタケ目を例に考えてみたい．ホネタケ目には，病原真菌の *Coccidioides immitis* や *Paracoccidioides brasiliensis* が含まれるホネタケ科と病原真菌の *Trichophyton rubrum* が含まれるアルスロデルマ科，セルロース分解能を有し病原真菌を含まないギムノアスクス科が知られている．18S rRNA 遺伝子の塩基配列に基づく分子系統解析の結果，本目は4つのクレードからなり，アルスロデルマ科とギムノアスクス科の単系統性は支持された一方，ホネタケ科は *C. immitis* が含まれるクレードIVと *P. brasiliensis* が含まれるクレードIに分けられる多系統な分類群であることがわかった（Sugiyama *et al.*, 2002；図 21.1）．クレードIをもう少し詳しくみてみると，クレード内での深在性真菌症原因菌の単系統性が支持され，ヒトへの適応は比較的最近に起きたイベントであると推測された（図 21.1 下図）．

腐生性と皮膚病原性が含まれるアルスロデルマ科（図 21.1 のクレードIII）に属する菌について少し細かくみてみる（図 21.2）．皮膚糸状菌症もしくは白癬の原因菌として知られる皮膚糸状菌は世界で30菌種以上知られており，いずれも系統分類学的にはアルスロデルマ科の *Arthroderma* 属に所属する近縁な種である．ケラチン分解能を有する共通した生理的特性をもち皮膚，爪，毛髪に定着・侵入し感染し白癬を引き起こす．*Arthroderma* 属は有性生殖を行う属であるあるが，*Trichophyton* 属，*Microsporum* 属，*Epidermophyton* 属は無性生殖しか行わない．皮膚糸状菌は，生息環境や宿主に対する親和性の点から，①土壌好性皮膚糸状菌，②動物好性皮膚糸状菌，③ヒト好性皮膚糸状菌，という3つのグループに分けられる．これらの進化の流れを 18S rRNA 遺伝子の塩基配列による分子系統解析の結果を基に推測すると，土壌好性菌が生きた動物やヒトの表皮角層と特異的な関係をもつようになり，それぞれ，動物好性菌，ヒト好性菌として宿主への侵襲性を獲得するようになったと考えられる（図 21.2）．また，このような進化のプロセスの中で，ヒトや動物との関係が強くなった種の中に有性生殖能の喪失がおこったと推測される（図 21.2）．

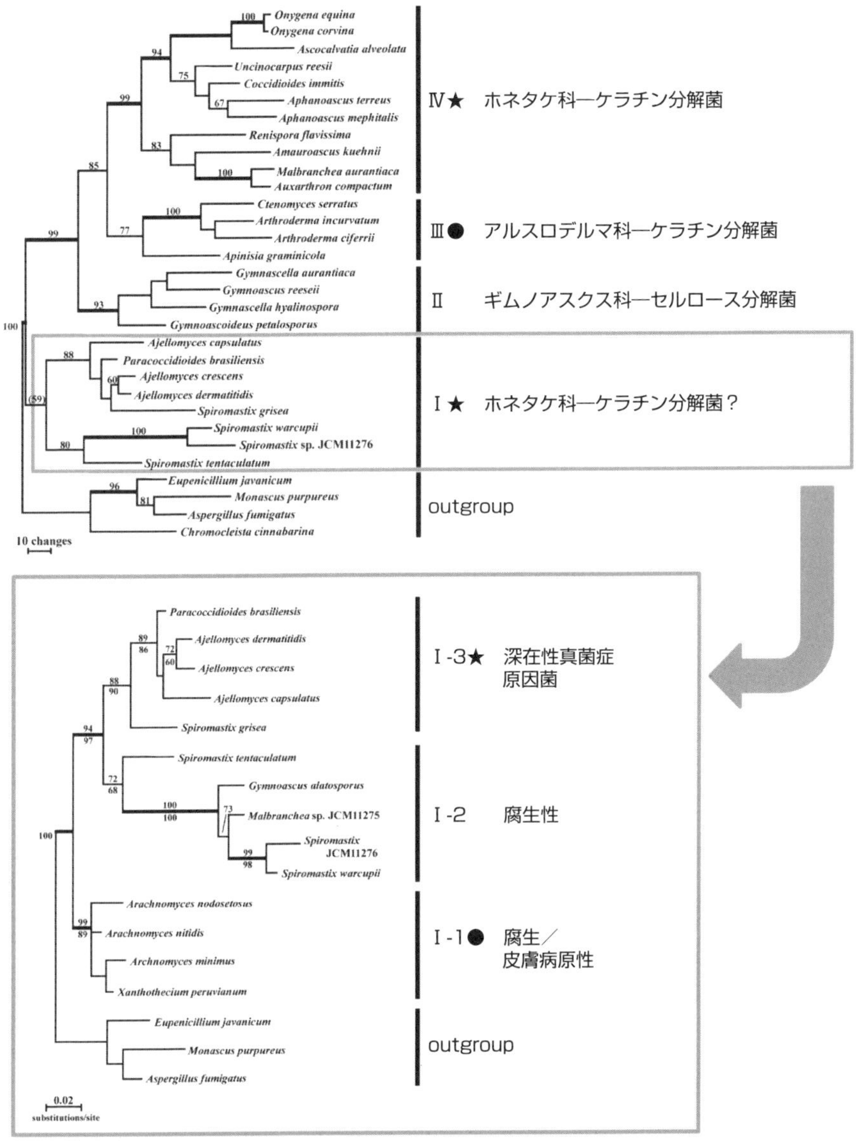

図 21.1　rRNA 遺伝子の塩基配列に基づくホネタケ目の分子系統樹
星印は深在性真菌症原因菌，黒丸は皮膚病原性真菌を含むクレードを示す．

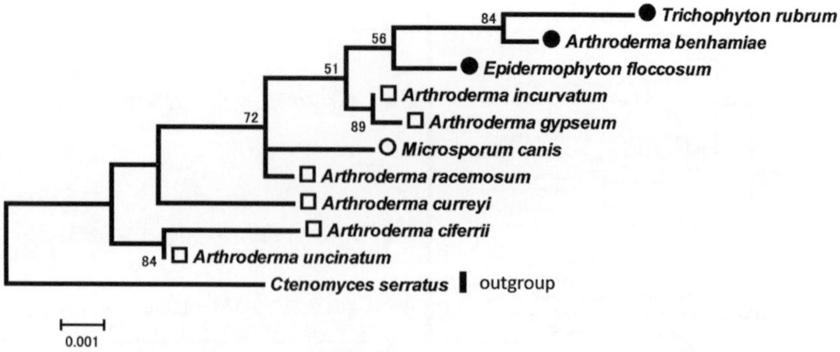

図 21.2　18SrRNA 遺伝子の塩基配列に基づく *Arthroderma* 属とその関連種の最尤系統樹
黒丸がヒト好性菌，白丸が動物好性菌，四角が土壌好性菌．
Arthroderma 属以外は無性生殖のみしか知られていない属である．

21.2 主に自然環境で生きる病原真菌の生活様式

医真菌学の分野では，診断法やヒトと病原体との相互作用に関しては多くの情報が蓄積されてきた．一方で，伝播様式や生活様式は長い間謎に包まれていた．このような状況は遺伝的分化や繁殖様式といった遺伝的構造を解き明かす研究の進展に伴い変わりつつある．本節では，自然環境を主たる生活場所としていて腐生的に生きる一方で，日和見感染型深在性真菌症の原因菌として臨床上重要であることから研究例が豊富にある *A. fumigatus* と *C. gattii* を例にして，それらの生態的な特性を概説する．

21.2.1 *Aspergillus fumigatus*

深在性真菌症の中でもアスペルギルス症は，特に免疫不全患者における死亡率が極めて高いため，世界中の臨床現場において重大な脅威であり続けている（Maschmeyer *et al.*, 2007）．また近年発生率が上昇する傾向にあり，最も重要な深在性真菌症の1つであるとされている（山口，2007）．*A. fumigatus* は，アスペルギルス症の原因菌として最も重要な種である．本菌は主に土壌中に生息し，中緯度の森林に多い傾向があるが，バイオームや緯度に関係なく汎世界的に分布することが知られている（Klich, 2002；Domasch *et al.*, 2007）．

A. 生活環

A. fumigatus は近年まで有性生殖能力を失い無性生殖のみで生活する種として考えられてきた（Geiser *et al.*, 1996）．その根拠の 1 つとして挙げられていたのが，本種の遺伝的変異の量が他種に比べ少ないことであった．しかし，本菌のゲノム解析の結果から減数分裂に関連する遺伝子が損傷を受けていない状態で存在していることがわかったこと（Rokas & Galagan, 2008）や交配型遺伝子 *MAT1* における異なる交配型（*MAT1-1* と *MAT1-2*）が粗同頻度で存在していることの発見（Paoletti *et al.*, 2005）から有性生殖の可能性が示唆されるようになった．2009 年にはついに，培養条件件下の交配実験により有性生殖器である閉鎖子嚢果の誘導に成功した（O'Gorman *et al.*, 2009）．最近では異なる交配型であれば全て交配する訳ではなく，遺伝的に比較的近縁な株間で速やかに交配することが培養実験で明らかにされている（Sugui *et al.*, 2011）．現在のところ自然環境中で有性生殖器官は発見されてないが，ヘテロタリックな交配システムにより有性生殖を行っていると考えられている（図 21.3）．

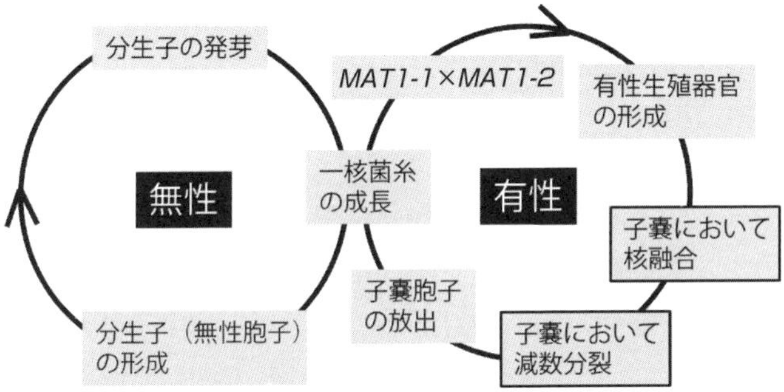

図 21.3　*Aspergillus fumigatus* の生活環
実線で囲まれた過程は有性繁殖を示す．

B. 遺伝的構造

真核微生物においては分散体が風によって長距離分散するのが可能であるため，地球規模での分布範囲が可能である．つまり汎世界的に分布する真核微生物の種では遺伝的分化がないと長い間考えられてきた（"everything is everywhere" 仮説；Finlay 2002）．近年分子マーカーを用いた分析が進み，ヒト病原真菌を含む多くの真菌で遺伝的分化が報告されてきたが，2000 年代まで *A. fumi-*

gatus に関しては大陸スケールでの比較でも遺伝的分化がないという報告がほとんどであった（Debeaupuis *et al.*, 1997；Pringle *et al.*, 2005；Rhydholm *et al.*, 2006）．遺伝的分化がないというこれらの報告は，*A. fumigatus* の汎世界的な分布や，土壌中に高頻度で存在していること，乾性の分生子（無性胞子）を空気中に飛ばしやすいという特徴と矛盾していなかったため比較的容易に理解された．そのような状況の中，Klaassen *et al.*（2012）は，これまでの研究で用いられた分子マーカーやサンプリングデザインに問題があったと批判した．彼らはより解像度の高いゲノムワイドな分子マーカーを用い，オランダ13地域の環境中と臨床から分離された菌株を対象とした集団遺伝学的研究を行い，*A. fumigatus* には遺伝的分化があることを明らかにした．5つの集団に分けられること，これらの集団は地理的位置とは相関がないことから，生態学的ニッチ選択により遺伝的分化が生じていると考えられる．また5集団のうち4集団では遺伝的組換えはまれ，もしくは起こっておらず，有性生殖が行われていないと考えられた．一方，1つの集団では有性生殖か擬似有性により組換えが起きていることが明らかになった．これらの結果から，遺伝的分化と生殖様式により *A. fumigatus* の遺伝的構造が形成されていると結論付けられた．

C. 薬剤耐性

近年，*A. fumigatus* において，アゾール系抗真菌薬の1つであるイトラコナゾールに耐性のある株が北ヨーロッパ各地において発見された．そのため，主に臨床における疫学的研究や薬剤耐性獲得のメカニズムに関する研究がヨーロッパを中心に盛んに行われている（例えば，Howard *et al.*, 2009；Arendrup *et al.*, 2010）．耐性株の存在は当初ヨーロッパでのみ報告されていたが，最近ではアメリカ，カナダ，中国などでも相次いで発見されている（Lockhart *et al.*, 2011）．日本においても Japan Antifungal Surveillance（JAS）Program により行われた調査から，11施設の臨床から分離された26菌株中1菌株（4%）でイトラコナゾール耐性株が発見されている（山口，2010）．

この耐性化は，チトクローム P450 ステロール 14α-デメチラーゼをコードする遺伝子（*cyp51A*）の変異であるとされている．ヨーロッパにおける調査では，耐性株は臨床でアゾール系薬剤に暴露し急速な自然淘汰で広がる場合と，野外環境における農薬（殺菌剤）の使用による急速な自然淘汰で広がる場合があるといわれている（Verweik *et al.*, 2009；Snelders *et al.*, 2008, 2009, 2011；Chowdhary *et al.*, 2013）．特に，後者の場合，多くの施設で感染の機会が増すことが想定されるため深刻な問題である．トリアゾール系薬剤に対する耐性株の頻度が世界的に増加傾向にある一方，耐性株の分散プロセスに関してはよくわかっていないため，薬剤耐性株が何処で発生し，どう分布を広げるかを知る上でも上述した遺伝的構造に関する理解は，近年，益々重要性を増してきている（Klaassen *et al.*, 2012）．

有性生殖に伴う組換えはストレス環境で有利であると言われていた（Goddard *et al.*, 2005；Zeyl *et al.*, 2005）．これを *A. fumigatus* に置き換えてみると，ヒトの体内で生活する事や殺菌剤や抗真菌薬が存在する環境というのはストレス環境にあたると考えられることから，Klaassen *et al.*（2012）は有性生殖が薬剤耐性株の発生や分散を促進しているという仮説を立てた．しかし，アゾール耐性株は全て1つの集団に属すことが判明し，その集団は有性生殖が行われていないと考えられる集団であったため，仮説は棄却された．このような交配の制限により，オランダにおいては薬剤耐性株が予想以上の分布の広がりを見せていないのではないかと考えている研究者もいる（Fisher & Henk, 2012）．

21.2.2 *Cryptococcus gattii*

Cryptococcus neoformans と *C. gattii* は肺や中枢神経を侵すクリプトコックス症の主要原因菌である担子菌類である．これら2種はごく近縁であり，腐生的生活する近縁な分類群から派生的にヒトに病原性のあるこれらの種が生まれた（図21.4）．*C. neoformans* は汎世界的に分布する種であるが，*C. gattii* は近年まで熱帯や亜熱帯地域に分布が限定されると考えられてきた種である（Kwon-Chung & Bennett, 1984）．1999年に温帯地域であるカナダのバンクーバー島東海岸で高病原性の *C. gattii* 感染の集団発生による死亡例が報告された（Galanis *et al.*, 2010）．これを機に，分子疫学的調査はさることながら本菌の自然環境中での生活様式を解き明かす生態学的調査や移入経路の解明を目指した集団遺伝学的調査が精力的に行われている．

A. 分子型

C. gattii は複数遺伝子座の塩基配列に基づくタイピング（multilocus sequence typing：MLST）と分子系統学的解析によるグルーピングにより VGI, VGII,

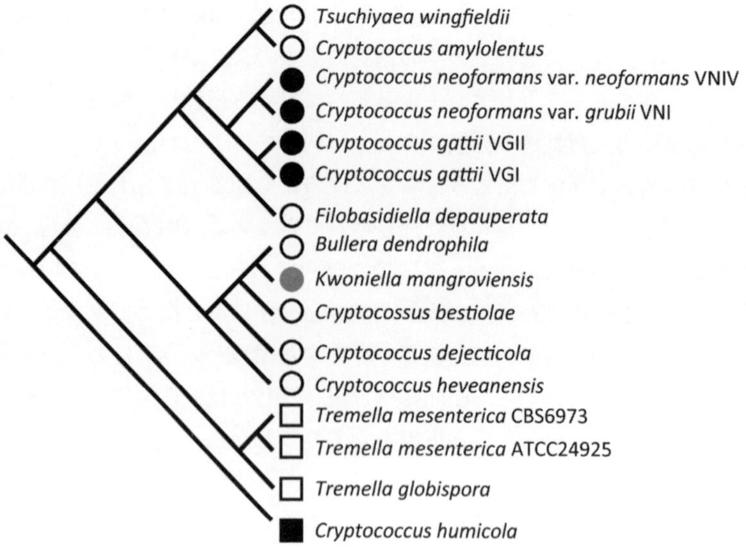

図 21. 4 *Cryptococcus* 属の系統進化
白丸：腐生性，白四角：菌寄生性，黒四角：土壌生息性，灰丸：水生，黒丸：動物病原性.
Findley *et al*., 2009 を基に作図.

表 21. 3 *Cryptoccocus gattii* の 4 つの分子型の特徴

分子型	臨床での特徴	環境での特徴	分布
VGI	ヒトや動物体内で最も普通な型で高いクローン性	通常ユーカリ属の樹木と関係している（特にオーストラリアにおいて）	世界的に分布するが，オーストラリアで特に多く分布する
VGII	北米の太平洋側北西部のアウトブレイクの原因	土着の樹種と関係している	世界的に分布し，バンクーバー島における温帯地域初のアウトブレイクの原因タイプ
	アウトブレイク地域ではクローナルだが世界的には多様	ブリティッシュ・コロンビア州ではダグラスモミやハンノキ属の樹種から通常分離される	
	高病原性の遺伝子型（VGIIa, VGIIc）が同定されている		
VGIII	HIV や AIDS の患者への感染と関係していることが多い	分離株は高稔性	世界的に分布するが，南カリフォルニア，メキシコ，南アメリカで高頻度で確認されている
		コロンビアではレッド・フラワリング・ガム（*Corymbia ficifolia*），カリフォルニアではユーカリ属でみつかっている	
VGIV	HIV や AIDS の患者への感染と関係していることが多い	殆ど分かっていないが，アーモンドから一菌株分離されている	アフリカ，インド，南アメリカで報告されているがレア

Byrnes *et al*., 2011 を改変.

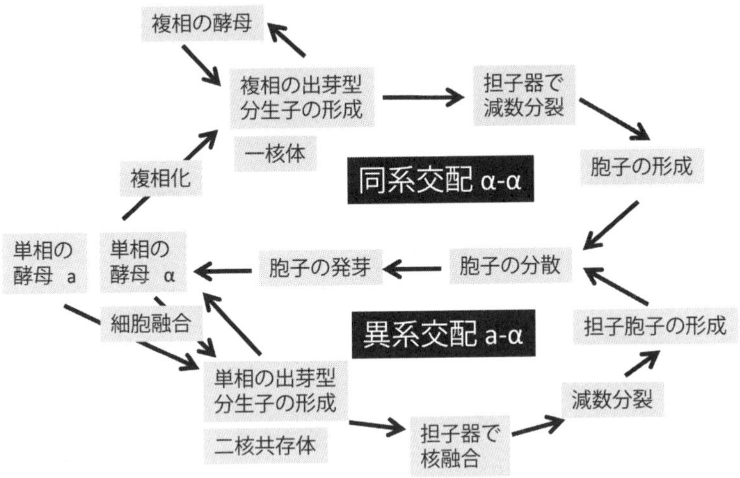

図 21.5 *Cryptococcus neoformans* の生活環
Heitman *et al*., 2011 を基に作図.

VGIII, VGIV という 4 つの分子型に分類される（表 21.3）. VGI 型はユーカリ属を基質とすることが多い最も普通のタイプであり，病原性は低い．バンクーバー島で猛威を振るったのは VGII 型である．VGII 型に関してはさらに VGIIa, VGIIb, VGIIc に分類される．高病原性のタイプは VGIIa 型と VGIIc 型で，前者は“メジャー”タイプといわれている．バンクーバー島の患者から分離された *C. gattii* は 90～95% が VGIIa 型で 5～10% が VGIIb 型であった（Galanis *et al*., 2010）.

B. 生活環

C. gattii の生活環は無性世代と有性世代からなる（図 21.5）．*C. gattii* は無性世代に命名された種名であり，*Filobasidiella bacillispora* が本種の有性世代の種名にあたる．無性世代では半数体の酵母として生活し，出芽により増殖する．これらには，a と α という 2 つの交配型がある（Hull & Heitman, 2002）．両者が出会い，条件が揃うと接合しクランプ結合を有する二核菌糸を形成し，菌糸の一部に有性生殖器官である担子器を形成する．担子器内では核融合，減数分裂が起き有性胞子である担子胞子が形成される．*C. gattii* の交配効率は植物上で顕著に高くなり，植物が産生するミオイノシトールやインドール酢酸により交配が刺激され

るといわれている（Xue *et al.*, 2007）．また，飢餓や乾燥も交配の刺激になるといわれている（Carter *et al.*, 2007）．

交配型間で異系交配が行われていると考えられてきたが，α 同士の同系交配も発見された（Lin *et al.*, 2005）．*C. gattii* のバンクーバー島におけるアウトブレイクの原因は，低病原性のオーストラリア由来の VGII 型の同系交配に由来する可能性がある（Fraser *et al.*, 2005）．

C. 分布

C. gatii の宿主の幅は広く，ヒト，ネコ，イヌ，ヒツジ，コアラ，鳥類，イルカ，トカゲ，イモムシ，線虫などが知られている．しかし，本菌は基本的には動物体外の環境中で生活している．*C. gattii* の生態的ニッチの研究は，当初はオーストラリア人研究者によって進められ，主にユーカリ属から分離された．その後，カリフォルニア，コロンビア，アルゼンチン，ブラジル，インド，エジプトなどで様々な植物種の樹皮や植物遺体から分離された．これらオーストラリア以外の国での *C. gattii* の存在は，オーストラリアからのユーカリ属の種子や切り枝の輸出と関係があるのではないかと推測されてきた．しかし近年，オランダで VGI 型の *C. gattii* がダグラスモミの洞から分離され，遺伝的類縁関係から北ヨーロッパ固有の株であると考えられている（Chowdhary *et al.*, 2012）．

アウトブレイクが発生したカナダのバンクーバー島では，自然環境をメインに生活している *C. gattii* がどこにどれ位いるかという生態学的情報を明らかにする必要に迫られた．Kidd *et al.* (2007) は，ブリテッシュコロンビアとアメリカの太平洋側北西部においてどの様な環境に本菌が生息しているかの緻密な生態学的調査を行った．その結果，*C. gattii* は，樹皮や土壌，空気，淡水，海水から分離され，多くの株の分子型は高病原性の VGIIa 型であった．これらの研究結果は *C. gattii* の繁殖体が豊富にあるアウトブレイク発生地に限った話の可能性はあるが，*C. gattii* の生態的ニッチが従来考えられていたよりも幅広いことを示唆したといえる．

D. 病原性の起源

C. gattii の VGII 型のアウトブレイクを発生させた高病原性の遺伝子型の起源について，いくつかの仮説が立てられた．1つ目は，オーストラリア集団内もし

くは北米への移動中に低病原性の交配型αの株間での同性交配が起こり，高病原性株が生まれ，その結果カナダでのアウトブレイクが発生したというもの(Fraser *et al.*, 2005)．2つ目は，他の地域から持ち込まれたというものである．Ngamskulrungroj *et al.* (2009) は南米において *C. gattii* の遺伝的多様性が著しく高いことから，本種の起源は南米であり，南米で高病原性株が生まれ，それが北米に持ち込まれたのではないかというのである．Hagen *et al.* (2013) は，北米，南米，オーストラリア，アフリカ，ヨーロッパで分離された178株を用いて集団遺伝学的解析などを行い，現在の *C. gattii* の病原性のVGII型のアウトブレイクを引き起こした系統は，南米アマゾンの熱帯雨林の集団における交配の結果生まれ，その後温帯の地中海性気候地域に分散したと推察している．今後地球規模での気候パターンに変化がみられると，*C. gattii* にとって理想的な環境である温帯の地中海性気候の各地で本菌の発生，アウトブレイクの発生につながる可能性も否定できないだろう．

E. 日本では

クリプトコックス症は，欧米での発生率の上昇が著しいといわれている一方，本邦においてはその様な状況にはない．この理由として，本症に対して高リスクとされる後天性免疫不全症候群（AIDS）患者の数の違いだと考えられている．本邦においては *C. neoformans* var. *grubii* が原因菌であることが多いものの，*C. gattii* による症例も報告されている．2010年に高病原性のVGIIa型（Okamoto *et al.*, 2010）による症例が報告された．この患者に関しては，VGIIa型の高分布地への渡航がなかったことから，日本国内での感染が疑われている．日本はこれまで *C. gattii* の分布域として考えられてこなかったが，本邦における疫学的調査に加え生態学的調査の必要性が増してきている．

21.3 今後の展開

1990年代以降の分子生物学的方法の普及は病原真菌の生態学的研究に大きな影響を及ぼし，間接的ではあるがその生き様の一部がみえてきた．さらに近年の次世代シークエンサーの普及によりゲノムワイドなデータが比較的容易に手に入る時代がすぐそこに来ている．すでに，*Malassezia* 属（Xu *et al.*, 2007），*A. fumigatus, Candida albicans*（Perez-Nadales *et al.*, 2014）などではゲノム情報をもとにした病原性の進化に関する議論が行われている．そもそも，ヒトの病原真菌はその重要性から真菌の中でもいち早くゲノムプロジェクトが進められてきた．また，診断法の開発を行うために，早くから分子生物学的手法が導入されており，生態学的研究を行う上でのツールは充実しているといえる．今後，ゲノムレベルでのデータを蓄積していくことは必須となるであろう．同時にこのようなツールを上手く利用して，例えば，環境中の一体どこで有性生殖をしているのか，胞子はどれ位の期間生存できるのか，自然界の基質中にどの様に定着しているのか，風にのってきた胞子はどれ位の確率でその場所に定着できるのか，など微生物では直接的に調査が難しく謎となっていた疑問に答えることができるだろう．自然環境中の病原真菌の生き様を知ることは予防医学的に重要な一側面である．また，*Malassezia* 属のように脂質を好む特殊な栄養要求性がありヒトの体表に常在する菌について，近縁の霊長類などを対象とした野外調査を行うことでその生き様やヒトを宿主とするに至った進化のプロセスが見えてくる可能性がある．このように，ヒトの病原真菌の生態学に関しては世界的にみても未開拓な分野であり，今後の発展が期待される．

引用文献

Arendrup, M. C., Mavridou, E., Mortensen, K. L., Snelders, E., Frimodt-Møller, N., *et al.*（2010）Development of azole resistance in *Aspergillus fumigatus* during azole therapy associated with change in virulence. *PLoS ONE*, 5: e10080.

Brookman, J. L. & Denning, D. W.（2000）Molecular genetics in *Aspergillus fumigatus*. *Curr. Opin. Microbiol.*, **3**, 468–74.

Byrnes, E. J. 3rd., Bartlett, K. H., Perfect, J. R. & Heitman, J.（2011）*Cryptococcus gattii*: an emerging fungal pathogen infecting humans and animals. *Microbes and Infection*, **12**, 895–907.

Chowdhary, A., Randhawa, H. S., Boekhout, T., Hagen, F., Klaassen, C. H. *et al.*（2012）Temperate climate niche for *Cryptococcus gattii* in Northern Europe. *Emerg. Infect. Dis.*, **18**, 172–174.

Chowdhary, A., Kathuria, S., Xu, J. & Meis, J. F.（2013）Emergence of Azole-Resistant *Aspergillus fumigatus* Strains due to Agricultural Azole Use Creates an Increasing Threat to Human Health.

PLoS Pathog, 9: e1003633

Campbell, C. K., Johnson, E. M. & Warnock, D. W. (2013) *Identification of Pathogenic Fungi, 2nd ed.*, Wiley-Blackwell.

Debeaupuis, J. P., Sarfati, J., Chazalet, V. & Latge, J. P. (1997) Genetic diversity among clinical and environmental isolates of *Aspergillus fumigatus*. *Infection and Immunity*, **65**, 3080–3085.

Domsch, K. H, Gams, W. & Anderson, T. H (2007) *Compendium of Soil Fungi, 2nd ed.*, IHW-Verlag.

Findley, K., Rodriguez-Carres, M., Metin, B., Kroiss, J., Fonseca, A. *et al.* (2009) Phylogeny and phenotypic characterization of pathogenic *Cryptococcus* species and closely related saprobic taxa in the Tremellales. *Eukaryot Cell*, **8**, 353–361.

Findley, K., Oh, J., Yang, J., Conlan, S., Deming, C., Meyer, J. A., Schoenfeld, D., Nomicos, E., Park, M., NIH Intramural Sequencing Center Comparative Sequencing Program, Kong, H. H., Segre, J. A. (2013) Topographic diversity of fungal and bacterial communities in human skin. *Nature*, **498**, 367–70.

Finlay, B. J. (2002) Global dispersal of free-living microbial eukaryote species. *Science*, **296**, 1061–1063.

Fisher, M. C. & Henk, D. A. (2012) Sex, drugs and recombination: the wild life of *Aspergillus*. *Molecular Ecology*, **21**, 1305–1306.

Fraser, J. A., Giles, S. S., Wenink, E. C., Geunes-Boyer, S. G., Wright, J. R., Diezmann, S., Allen, A., Stajich, J. E., Dietrich, F. S., Perfect, J. R. *et al.* (2005) Same-sex mating and the origin of the Vancouver Island *Cryptococcus gattii* outbreak. *Nature*, **437**, 1360–1364.

Galanis, E. & MacDougall, L. (2010) Epidemiology of *Cryptococcus gattii*, British Columbia, Canada, 1999–2007. *Emerg. Infect. Dis.*, **16**, 251–257.

Geiser, D. M., Timberlake, W. E. & Arnold, M. L. (1996) Loss of meiosis in *Aspergillus*. *Mol. Biol. Evol.*, **13**, 809–17.

Geiser, D. M., Frisvad, J. C. & Taylor, J. W. (1998) Evolutionary relationships in *Aspergillus* section *Fumigati* inferred from partial beta-tubulin and hydrophobin DNA sequences. *Mycologia*, **90**, 831–845.

Goddard, M. R., Godfray, H. C. J. & Burt, A. (2005) Sex increases the efficacy of natural selection in experimental yeast populations. *Nature*, **434**, 636–640.

Hagen, F., Ceresini, P. C., Polacheck, I., Ma. H., van Nieuwerburgh, F. *et al.* (2013) Ancient Dispersal of the Human Fungal Pathogen *Cryptococcus gattii* from the Amazon Rainforest. *PLoS ONE*, 8: e71148.

Heitman, J., Byrnes, E. J. & Perfect, J. R. (2011) Sexual reproduction, evolution, and adaptation of *Cryptococcus gattii* in the Pacific Northwest outbreak. In: *Fungal Diseases: An Emerging Threat to Human, Animal, and Plant Health: Workshop Summary*, Olsen, L., Choffnes, E. R., Relman, D. A. & Pray, L. (eds.) 226–248, the National Academies Press.

Howard, S. J., Cerar, D., Anderson, M. J., Albarrag, A., Fisher, M. C., Pasqualotto, A. C. *et al.* (2009) Frequency and evolution of azole resistance in *Aspergillus fumigatus* associated with treatment failure. *Emerg. Infect. Dis.*, **15**, 1068–76.

Hawksworth, D. L. (2001) The magnitude of fungal diversity: the 1.5 million species estimate revisited. *Mycological Research*, **105**, 1422–1432.

Henk, D. A., Shahar-Golan, R., Devi, K. R., Boyce, K. J. *et al.* (2012) Clonality Despite Sex: The Evolution of Host-Associated Sexual Neighborhoods in the Pathogenic Fungus *Penicillium marneffei*. *PLoS Pathog*, 8: e1002851.

de Hoog, G. S., Guarro, J. & Gené Figueras, J. M. J. (2011) *Atlas of clinical fungi, electronic version 3. 1*, Centraalbureau voor Schimmelcultures / Universitat Rovira i Virgili.

Hull, C. M. & Heitman, J. (2002) Genetics of *Cryptococcus neoformans*. *Annu. Rev. Genet.*, **36**, 557–615.

Kidd, S. E., Chow, Y., Mak, S., Bach, P. J., Chen, H. *et al.* (2007) Characterization of environmental sources of the human and animal pathogen *Cryptococcus gattii* in British Columbia, Canada, and the Pacific Northwest of the United States. *Appl. Environ. Microbiol.*, **73**, 1433–1443.

Kirk, P., Cannon, P. F., Minter, D. W. & Stalpers, J. A. (2008) *Ainsworth & Bisby's Dictionary of the Fungi, 10th ed.*, CAB International.

Klaassen, C. H., Gibbons, J. G., Fedorova, N. D., Meis, J. F. & Rokas, A. (2012) Evidence for genetic differentiation and variable recombination rates among Dutch populations of the opportunistic human pathogen *Aspergillus fumigatus*. *Molecular Ecology*, **21**, 57–70.

Klich, M. A. (2002) Biogeography of *Aspergillus* species in soil and litter. *Mycologia*, **94**, 21–27.

Kwon-Chung, K. J. & Bennett, J. E. (1984) Epidemiologic differences between the two varieties of *Cryptococcus neoformans*. *Am. J. Epidemiol.*, **120**, 123–30.

Lin, X., Hull, C. M. & Heitman, J. (2005) Sexual reproduction between partners of the same mating type in *Cryptococcus neoformans*. *Nature*, **434**, 1017–1021.

Lockhart, S. R., Frade, J. P., Etienne, K. A. *et al.* (2011) Azole resistance in *Aspergillus fumigatus* isolates from the ARTEMIS global surveillance is primarily due to the TR/L98H mutation in the cyp51A gene. *Antimicrobial Agents and Chemotherapy*, **55**, 4465–4468.

Maschmeyer, G., Haas, A. & Cornely, O. A. (2007) Invasive aspergillosis: epidemiology, diagnosis and management in immunocompromised patients. *Drugs*, **67**, 1567–1601.

Ngamskulrungroj, P., Gilgado, F., Faganello, J., Litvintseva, A. P., Leal, A. L. *et al.* (2009) Genetic Diversity of the *Cryptococcus* Species Complex Suggests that *Cryptococcus gattii* Deserves to Have Varieties. *PLoS ONE*, 4: e5862.

O'Gorman, C. M., Fuller, H. T. & Dyer, P. S. (2009) Discovery of a sexual cycle in the opportunistic fungal pathogen *Aspergillus fumigatus*. *Nature*, **457**, 471–474.

Okamoto, K., Hatakeyama, S., Itoyama, S., Nukui, Y., Yoshino, Y. *et al.* (2010) *Cryptococcus gattii* genotype VGIIa infection in man, Japan, 2007. *Emerg. Infect. Dis.*, **16**, 1155–1157.

Paoletti, M., Rydholm, C., Schwier, E. U. *et al.* (2005) Evidence for sexuality in the opportunistic fungal pathogen *Aspergillus fumigatus*. *Current Biology*, **15**, 1242–1248.

Perez-Nadales, E., Almeida Nogueira, M. F., Baldin, C. *et al.* (2014) Fungal model systems and the elucidation of pathogenicity determinants. *Fungal. Genet. Biol.*, **70**, 42–67.

Pringle, A., Baker, D. M., Platt, J. L., *et al.* (2005) Cryptic speciation in the cosmopolitan and clonal human pathogenic fungus *Aspergillus fumigatus*. *Evolution*, **59**, 1886–1899.

Rokas, A. & Galagan, J. E. (2008) The Aspergillus nidulans genome and a comparative analysis of genome evolution in *Aspergillus*. In: *The Aspergilli: Genomics, Medical Applications, Biotechnology, and Research Methods*, Goldman, G. H. & Osmani, S. A. (eds.) 43–55, CRC Press.

Rydholm, C., Szakacs, G. & Lutzoni, F. (2006) Low genetic variation and no detectable population structure in *Aspergillus fumigatus* compared to closely related *Neosartorya* species. *Eukaryotic Cell*, **5**, 650–657.

Snelders, E., van der Lee, H. A. L., Kuijpers, J., Rijs, A. J. M. M., Varga, J. *et al.* (2008) Emergence of azole resistance in *Aspergillus fumigatus* and spread of a single resistance mechanism. *PLoS Med*, 5: e219.

Snelders, E., Huis In't Veld, R. A., Rijs, A. J. J. M., Kema, G. H. J., Melchers, W. J. *et al.* (2009) Possible environmental origin of resistance of *Aspergillus fumigatus* to medical triazoles. *Appl. Environ. Microbiol.*, **75**, 4053–4057.

Snelders, E., Melchers, W. J. M. & Verweij, P. E. (2011) Azole resistance in *Aspergillus fumigatus*: a new challenge in the management of invasive aspergillosis? *Future Microbiology*, **6**, 335-347.

Sugiyama, M., Summerbell, R. C. & Mikawa, T.（2002）Molecular phylogeny of onygenalean fungi based on small subunit（SSU）and large subunit（LSU）ribosomal DNA sequences. *Stud. Mycol.*, **47**, 5-23.

Sugui, J. A., Losada, L., Wang, W., Varga, J., Ngamskulrungroj, P. *et al.*（2011）Identification and characterization of *Aspergillus fumigatus* 'supermater' pair. *mBio*, **2**, e00234-11.

Verweij, P. E., Snelders, E., Kema, G. H., Mellado, E. & Melchers, W. J.（2009）Azole resistance in *Aspergillus fumigatus*: a side-effect of environmental fungicide use? *Lancet Infectious Diseases*, **9**, 789-795.

Xu, J., Saunders, C. W., Hu, P. *et al.*（2007）Dandruff-associated *Malassezia* genomes reveal convergent and divergent virulence traits shared with plant and human fungal pathogens. *Proc. Natl. Acad. Sci. USA*, **104**, 18730-18735.

Xue, C., Tada, Y., Dong, X. & Heitman, J.（2007）The Human Fungal Pathogen *Cryptococcus* Can Complete Its Sexual Cycle during a Pathogenic Association with Plants. *Cell Host & Microbe*, **1**, 263-273.

山口英世（2007）『病原真菌と真菌症 第 4 版』南山堂.

山口英世（2010）真菌の薬剤耐性化の現状は？ そして今後は？ モダンメディア，**56**，119-138.

Zeyl, C., Curtin, C., Karnap, K. & Beauchamp, E.（2005）Antagonism between sexual and natural selection in experimental populations of *Saccharomyces cerevisiae*. *Evolution*, **59**, 2109-2115.

第22章 ヒトのインフルエンザ

佐々木顕

インフルエンザはヒトの伝染病のなかでも，もっとも社会的インパクトが大きく，よく研究されているもののひとつであろう．本章ではインフルエンザという伝染病の流行と病原ウイルスの進化を題材に，ヒトと病原体の生態学的相互作用と進化について論じたい．

22.1 スペイン風邪

第一次世界大戦の最中，日本では大正時代にあたる 1918 年の春，奇妙な伝染病の流行が世界の各地で報告された．症状は風邪に似ていたが，幼児や老人に限らず，抵抗性の高いはずの若年壮年層にも高い率で集団感染が起き，致死率も高かった．たとえばアメリカではヨーロッパ戦線への出兵のために待機する兵舎の新兵達の間で，日本では台湾巡業中の大相撲の力士団の間でも多数の感染者が出ていたことが当時の記録にある（速水，2006）．

流行は夏に一旦収まったが，同年秋から翌年にかけて，より感染力と致死率の高い第 2 波の流行が全世界を席巻した．気管支に炎症を起こして重篤化した患者の多くが亡くなった．経済，教育，行政など多くの社会的機能の麻痺のため，医療統計の記録にも不備が生じ，正確な数の把握は難しいが，1918–1919 年のスペイン風邪感染による死者の総数は 2000 万～1 億人と見積もられている．第一次大戦におけるアメリカの兵士の死者の半分以上がスペイン風邪によるものとされ，この一年間の死者のためにアメリカ人の平均余命は 12 年も短縮されたという．辞世の句を詠むほど症状をこじらせた芥川龍之介（のちに回復）や 1918 年に急逝した島村抱月，ベルサイユ講和会議（1919 年）からの帰途に感染したウイルソン米大統領など多くの著名人のスペイン風邪感染が，手記，書簡，新聞記事などの記録に残されている．

スペイン風邪の流行の起点がどこであるかについては，正確なことはわかっていない．スペインは初期に流行が広がった国のひとつではあるが，同時期に同じ規模の流行が起きていた国や地域は他にもある．当時のヨーロッパ諸国が第一次大戦の報道管制下にあるなかで，非参戦国のスペインの流行が大きく報道されたため，この伝染病にスペイン風邪という名前がついたとも言われている．記録に残っているうちで最も早い感染はアメリカのカンザス州で起きている．どこが起点であるにしろ，1918 年あるいはその少し以前に世界のどこかで産声をあげた新しい病原体系統が，数ヶ月の間に全世界に広がって多くの人命を奪ったことは確かである．この 1918 年にパンデミック（汎世界的で大規模な流行）を起こした病原体については，その後解明が進み，現在ではインフルエンザウイルス A/H1N1 ロシア型という名で呼ばれている．

22.2 インフルエンザウイルスとその跳躍的進化

インフルエンザウイルスはマイナス鎖 RNA ウイルスで，染色体のように分節化したゲノムをウイルス粒子内に持ち，ヘマグルチニン（HA）というウイルス粒子表面に突き出した糖タンパク質でヒトの細胞のレセプターに結合して宿主細胞に侵入する．細胞内でゲノムを複製し，構成タンパク質を合成したウイルスは宿主細胞から出芽し，ノイラミニダーゼ（NA）という表面糖タンパク質を使ってウイルス粒子が切り出される．ヒトに流行をもたらすインフルエンザウイルスのタイプには A 型と B 型の 2 種類がある（C 型は大きな流行を起こさない）．B 型はかなりヒトに特化したウイルスであるが，A 型の宿主域はトリ，ブタ，ウマなど広範囲に及び，特に水鳥を主要な宿主としている．A 型ウイルスの中でヘマグルチニンとノイラミニダーゼの遺伝子の配列は大きく異なるいくつかのクラスターに分かれており，その組み合わせによって A/H1N1 ロシア型（第 1 群の HA と第 1 群の NA をゲノムに持つ亜型），A/H3N2 香港型などの亜型に分かれている．

この広い宿主域と分節化したゲノム構造のおかげで，異なる亜型のウイルスが重複感染すると，宿主内で分節化したゲノムのシャッフルが起こり，新しい組み合わせが生まれることがある．つまり，それぞれの宿主内での増殖に必要な機能は残したまま，他の宿主で流行していた全く異なる抗原性を持つ HA や NA を獲得できるのである．ヒトのインフルエンザのパンデミックは，しばしばこのような「組み換え」(遺伝子再集合）によって起こったと考えられる．遺伝子再集合による抗原性の劇的な変化を抗原不連続変異（抗原シフト）と呼ぶ．

1918年のH1N1ロシア型のパンデミック以降のヒトインフルエンザA型の流行は1957年（H2N2アジア型），1968年（H3N2香港型），そして1977年（H1N1ロシア型再興）の3回（2009年の新型H1N1も含めれば4回）のシフトによって区切られている．なお，1977年以降はA香港型とAロシア型の共存状態が続いている．10〜50年の間隔で繰り返される亜型の交代劇は，もちろん太陽の黒点周期や彗星の最接近とは関係なく，ウイルスとヒトの相互作用のフェーズを刻む内部的なタイマー，つまりヒト集団への免疫の蓄積によって新しい亜型への「期待」(潜在的な適応度）が高まることによると考えられる．大地震から時間が経ってプレート境界でのひずみが増加すると，次の大地震が発生しやすくなるのに似て，新しい亜型の抗原変異群が宿主免疫系に次々と覚えられて，単一アミノ酸座位の置換によるエスケープ（次節参照）だけでは流行を維持しづらくなったとき，次のシフトが起きる確率が高まると考えられるのである．

22.3 免疫系からの逃避：亜型内の抗原連続変異（ドリフト）

22.3.1 抗原連続変異は不連続だった

前節では数十年に一度，インフルエンザの亜型が交代してパンデミックを起こすことを紹介したが，パンデミックとパンデミックの間の期間もインフルエンザは毎年，全世界で多数の感染者を出して流行している．この持続的流行を可能にするのが主にHA抗原遺伝子のアミノ酸座位の単発突然変異による抗原エスケープ（抗原ドリフト）である．一人のヒトが同じ亜型，たとえばA香港型に何度も感染してしまうことがあるが，これは抗原ドリフトによって，ほぼ数年で交差免疫（抗原間の類似性により，一方の抗原に対する抗体が他方の抗原にも応答すること）が効かなくなるほど変異を蓄積したウイルスが出現するためである．

抗原ドリフトに関しては1968年から現在まで流行が続いているA香港型で最も詳しく調べられている．A/H3N2香港型ウイルスからは，1968年のヒトへの導入から2002年までの間に，お互いに交差免疫性のない11の抗原クラスターが次々と生じてきた（Smith *et al.*, 2004)．抗原クラスター間の遷移が起きた年，つまりA香港型ウイルスが大幅な免疫エスケープに成功した年のインフルエンザ感染者数と関連死者数は他の年よりも有意に多くなっている．一方，抗原性が大幅に変わったあと数年は，アミノ酸置換は蓄積するものの，抗原性には大きな変化がなく，（免疫からのエスケープという点からみると）進化が停滞する．つまりA香港型ウイルスの抗原性は，不連続的な飛躍と停滞を繰り返す断続平衡的な進化を示す（図22.1a）．

22.3.2 どこをどう変えてエスケープするのか

1980年代には，HA抗原の頭部の5つの部位（A-E）にある131個のアミノ酸座位が特異的な抗体の主要な標的であることがわかり（Wiley *et al.*, 1981），これらの座位の変異が抗原ドリフトを駆動することが示唆された．数年に1度のペースで起こる，相互に交差免疫性のない抗原クラスター間の遷移には，これらの座位のなかの1〜13個のアミノ酸置換が対応していた（Koel *et al.*, 2013）．これらの結果から，HAに顕著な抗原性の違いをもたらすためには，A-Eの複数の部位にまたがる最低4つのアミノ酸置換が必要であるという経験則が研究者の間で広く共有されていた．HIVなどの宿主体内の抗原ドリフトのモデルにおいて，交差免疫が効かなくなるまでに複数個の突然変異の蓄積が必要である時，抗原性は断続平衡的（階段状）に進化することが理論的に示されたが（Haraguchi & Sasaki,

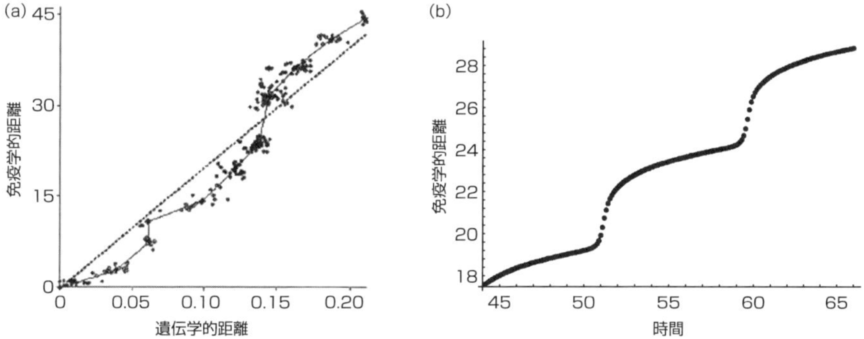

図22.1 インフルエンザA香港型ウイルス抗原性の断続平衡的進化

(a) 1968年以降のA香港型ヘマグルチン遺伝子のアミノ酸置換数（横軸）と1968年系統からの免疫学的距離（縦軸）との関係（Smith *et al.*, 2004, Figure 4D）．(b) 交差免疫を取り入れた抗原ドリフトモデルにおいて交差免疫の幅が突然変異幅より大きい時（あるウイルスの抗原と，その子孫ウイルスの突然変異型抗原との免疫学的距離が十分大きくないため，両者の間の交差免疫が無視できない場合）の抗原性の時間変化（Haraguchi & Sasaki, 1997, Figure 4b）．

1997)，これはこの A 香港型の交差免疫に関する経験則と抗原性の階段状の進化の関係をつなぐものと言える（図 22.1b)．

しかし近年，異なる抗原クラスターへの変化は，HA の宿主レセプター結合部位周辺のわずか 7 つのアミノ酸座位のひとつが変化するだけで起きたことを示唆する結果が得られている．これらのアミノ酸座位を変化させただけで，過去に流行した A 香港型の抗原クラスターの免疫特性を再現できるのである（Koel *et al.*, 2013)．この結果と，過去に指摘されてきた 5 つの部位にまたがる 131 アミノ酸座位の変異の蓄積が A 香港型の宿主免疫からのエスケープを担ってきたという仮説とは一見矛盾するが，以下のような可能性が指摘されている．レセプター結合部位周辺の 7 座位の変化によって抗原性は大きく変わるが，その変化はレセプターへの結合能などの HA 糖タンパク質の機能を損ない，他の様々な座位への追加的な突然変異による構造的な補償によって適応度（損なわれた機能）が回復して初めて，新たな抗原クラスターとしてヒト集団に広がることができるのではないかというのである．インフルエンザの免疫エスケープの進化機構の解明は，今なお研究者の熱い注目を集めている．

22.3.3 インフルエンザ系統樹の謎

さて，上で議論した HA の抗原性は，インフルエンザウイルスと宿主免疫系との敵対的共進化の最前線に登場するウイルスの表現型であるが，ここでインフルエンザウイルスの分子系統樹の特性とウイルス集団の多様性に目を転じてみよう．インフルエンザウイルスは RNA をゲノムとするので突然変異率が高いが，同じく RNA ウイルスであるのに数十年前に開発したワクチンがいまだに有効な麻疹ウイルスと違って，抗原性が急速に変化するため，ワクチンはすぐに効かなくなるし，翌年に流行する抗原の予測が難しいため短期的に有効なワクチンですら開発は困難である．HA 抗原遺伝子のアミノ酸配列，特に頭部の HA1 領域の座位数は 200 程度であるが，A 香港型では 1968 年からの 30 年間に，そのほぼ半分で置換が起こっている．156 番目のアミノ酸座位などは 30 年間に 4 回も置換が起きているほどだ．この超高速進化は，宿主免疫系からのエスケープという強い淘汰圧に駆動されたものである．このような頻度依存的な淘汰圧（直近に多数派だったウイルスは宿主が強い免疫を持つため不利になる）は，進化速度を上昇させる一方で，強力に多様性を促進するだろう．現在流行しているウイルスから抗原性を変える方向は多数あるからである．

しかし，インフルエンザA型ウイルスはアミノ酸配列も，抗原性という表現型も高速に進化するにしては，同じ流行年の集団内多様性が低い．分子系統樹は枝分かれの少ない，直線的な形状を持つ（サボテン型などとも呼ばれる：図22.2a）．つまり，潜在的に有利であるはずの枝の多くが，一本の主枝を残してことごとく絶滅しているのである．これはエイズウイルスやデング熱ウイルスのように多くの亜型が同時的に共存する樹形とは大きく異なる．インフルエンザA型ウイルスのような系統樹の形状を数理モデルで再現するのは難しい．有限長の配列でウイルスの抗原型を定義し，流行と特異的な免疫の獲得，突然変異によるエスケープを取り入れた抗原ドリフトモデルをシミュレートすると（Sasaki & Haraguchi, 2000），系統樹はしばしば次々と枝分かれして多様性が爆発し抗原レパートリーを使い切ってしまう．それを抑えるようにパラメータを設定するとウイルス全体が数回の流行の後に絶滅してしまう．理論的な検討の結果，毎年の流行シーズンにたまたま早めに到達した変異体の流行が，遅れてやってきた変異体を抑えると

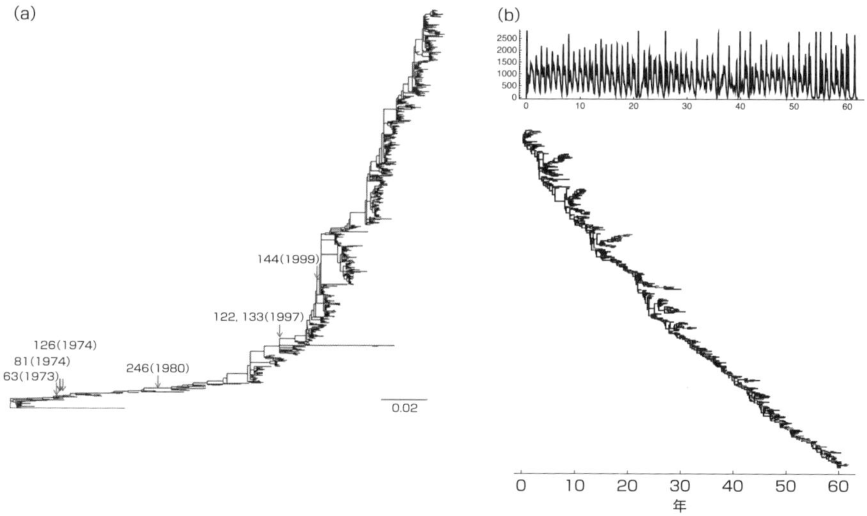

図22.2 インフルエンザA香港型ウイルスの直線的な系統樹

(a) インフルエンザA/H3N2ヘマグルチン塩基配列にもとづく系統樹（Kobayashi & Suzuki, 2012, Figure 1）．(b) 毎年流行する季節性インフルエンザの抗原ドリフトの宿主個体ベースシミュレーション（Omori & Sasaki, 2013参照）から作成した系統樹．上パネルは感染者数の時間変化．

いう「先住者効果」が，潜在的に有望な側枝を刈り取り，系統樹を直線的に維持し，なおかつ少なくとも一本の枝を安定に残すために重要であることがわかった（Andreasen & Sasaki 2006；Omori & Sasaki, 2012；図22.2b）.

22.3.4 多次元尺度法で抽出された意外な低次元性

インフルエンザウイルスの抗原進化予測については，近年，多次元尺度法（多変量解析の手法．対象間の関係をその類似性に基づき低次元空間上の点として配置して表現する）の応用による新しい展開があった．過去に流行したA香港型ウイルス系統間のアミノ酸配列の距離，あるいは免疫学的距離とできるだけ一致するように，ウイルスの系統のそれぞれに適当な低次元空間上の座標を与えると，2次元の空間上のほぼ直線的な軌道として1968年以降のA香港型の進化が表現されることがわかった（Smith *et al.*, 2004）．つまり，多次元尺度法で抽出された抗原進化の軌道は，その潜在的な多次元性（仮にレセプター結合部位周辺の7アミノ酸座位でほぼ抗原性が決まるとしても組み合わせの数は大きい．古典的な131座位がドリフトに貢献すればとてつもない数になる）にもかかわらず，極めて単純なのである．これは不可能と思われたインフルエンザウイルスの進化予測や進化の先回りをして待ち伏せるワクチンの開発といった夢に，現実的な手がかりを与えるものと期待されている（Ito *et al.*, 2011）.

22.4 新興・再興伝染病に備える：流行動態について

伝染病の流行動態は20世紀初頭には微分方程式にもとづく基本モデルが確立し（図22.3），1970年代以降の理論の本格的な発展を経て，現在ではワクチン接種計画や隔離政策等の様々な場で数理モデルにもとづく意思決定がされている（稲葉，2008）．定住性の野生動物や栽培植物への伝染病の伝播や病原体毒性の進化，抵抗性品種導入の効果解析等で重要になるのは，空間構造を明示的に取り入れた疫学動態である（Boots *et al.*, 2004；Suzuki & Sasaki, 2011）．一方，強毒トリインフルエンザ等の新興伝染病が現代のヒトの社会に導入された時，対策を行う上で重要になってくるのは，個体の日常的な流動パターンやネットワークの特性であろう．宿主個体の空間配置と病原体の分散を明示的に解析した例として，

2001年のイギリスにおける口蹄疫の流行を農場ベースの疫学動態で解析した例（Keeling *et al.*, 2001）や，インフルエンザの北米大陸内の伝播を空港間の旅客移動データと州間道路の交通量にもとづいて疫学モデルで解析した例などがある（Viboud *et al.*, 2006）.

ここでは首都圏の交通流動ネットワークにもとづいた流行動態と防疫政策の解析について紹介する．国土交通省は5年ごとに鉄道利用者へのアンケートによる大規模交通センサスを行っており，首都圏で居住地の駅から勤務地や学校のある駅へどのように人が移動しているかについての詳細なデータがある．この居住

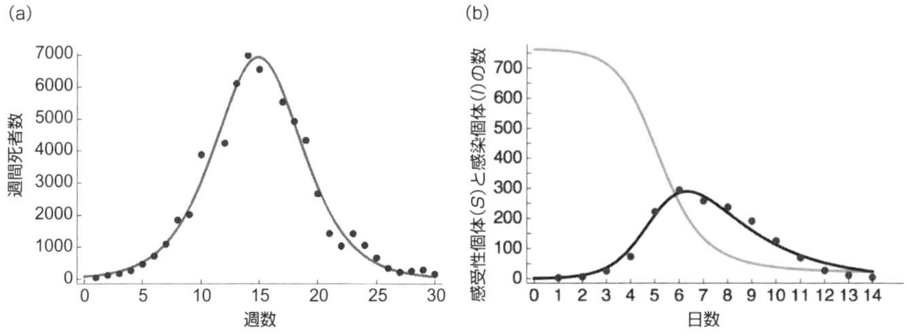

図22.3　伝染病流行の古典的なデータと疫学モデル

(a) 1665年のロンドンでの黒死病による週あたり死亡者数．曲線はデータに*SIR*モデル（第5章）をフィットしたもの．(b) 1978年イギリスの寄宿舎学校でのインフルエンザ感染者数．曲線は*SIR*モデルを当てはめたもの．いずれも詳細は佐々木（2012）参照．

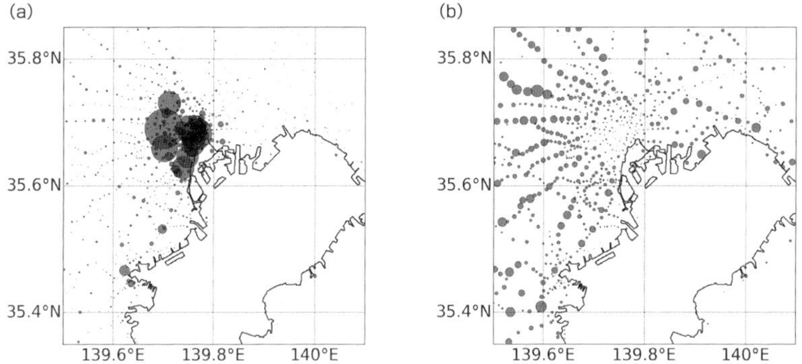

図22.4　首都圏の交通流動ネットワーク上に伝染病が流行するときの最終流行規模（感染者数）の分布

(a) 勤務地集団，(b) 居住地集団での感染者数を円の大きさで表す（Yashima & Sasaki, 2014 参照）.

地・勤務地間の日常的な交通流動を取り入れたメタポピュレーションネットワーク構造のもとで伝染病の流行動態を解析することで（図22.4），駅の地理的な位置や路線のつながり具合といったトポロジー的特徴よりも，「どの大きさ（利用者数）の居住地と勤務地とが通勤通学で繁がりやすいか」という，交通流動ネット

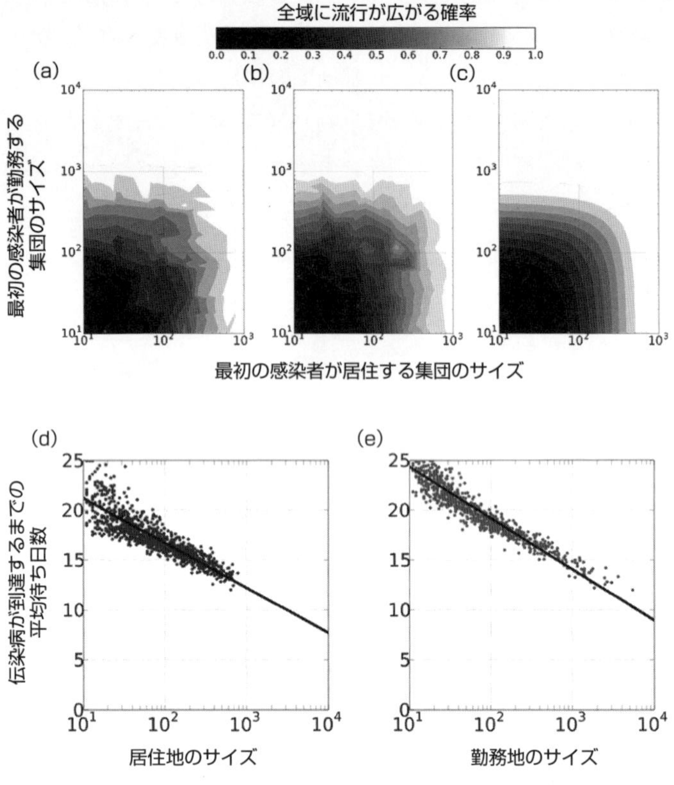

図22.5 首都圏交通流動ネットワーク上感染動態の特性：流行確率と平均到達時間

(a)-(c)：一人の感染者を導入した時に首都圏全体に流行が広がる確率（感染者の出た駅の数が100を超える確率）．最初の一人の感染者が居住していた集団のサイズ（横軸）と勤務する集団のサイズ（縦軸）によって流行確率（等高線）がほぼ決まる．(a) 交通センサスにもとづくネットワーク上で最初の感染者の居住地と勤務地をランダムに割り振って多数回流行シミュレーションを行った結果．(b) 居住地サイズと勤務地のサイズの相関は保ったまま，ランダムに通勤通学による連結を付け直したネットワーク上での同様の結果．(c) 分岐理論にもとづいて計算した流行確率の解析的な近似解．

(d)，(e)：伝染病がある集団に到達するまでの平均待ち時間とその集団のサイズとの関係をシミュレーションから求めたもの．サイズの対数と到達時間に直線関係がある．(d) 居住地サイズ，(e) 勤務地サイズともに，サイズが10倍大きくなると平均到達時間はほぼ5日早くなる．直線は回帰直線．

ワークの連結に関するサイズ相関が疫学動態上はるかに重要であること，さらにある駅に伝染病が初めて到達するまでの待ち時間とその駅の規模との間に簡単な関係があることなどが明らかになった（Yashima & Sasaki, 2014；図 22.5）．また新興伝染病が首都圏に侵入した際に，どの駅を利用する個体に通勤制限をすると流行を抑える上で最も効果的であるかについても明らかになる．多数の個体の移動についての詳細なデータが入手可能になってきた現在，疫学の数理モデルと疫学対策について大きな進展が期待される．

引用文献

Andreasen, V. & Sasaki, A.（2006）Shaping the phylogenetic tree of influenza by cross-immunity. *Theor. Pop. Biol.*, **70**, 164-173.

Boots, M., Hudson, P. J., & Sasaki, A.（2004）Large shifts in pathogen virulence relate to host population structure. *Science*, **303**, 842-844.

Haraguchi Y & Sasaki A（1997）Evolutionary pattern of intra-host pathogen antigenic drift: effect of cross-reactivity in immune response. *Phil. T. Roy. Soc. Lond. B*, **352**, 11-20.

速水 融（2006）『日本を襲ったスペイン・インフルエンザ』藤原書店．

稲葉 寿 編（2008）『感染症の数理モデル』培風館．

Ito, K., Igarashi, M., Miyazaki, Y. *et al.*（2011）Gnarled-trunk evolutionary model of influenza A virus hemagglutinin. *PloS One* **6**, e25953.

Keeling, M. J., Woolhouse, M. E. J., Shaw, D. J. *et al.*（2001）Dynamics of the 2001 UK foot and mouth epidemic: stochastic dispersal in a heterogeneous landscape. *Science*, **294**, 813-817.

Kobayashi, Y. & Suzuki, Y.（2012）Evidence for N-glycan shielding of antigenic sites during evolution of human influenza A virus hemagglutinin. *J. Virol.*, **86**, 3446-3451.

Koel, B. F., Burke, D. F., Bestebroer, T. M. *et al.*（2013）Substitutions near the receptor binding site determine major antigenic change during influenza virus evolution. *Science*, **342**, 976-979.

Omori, R. & Sasaki, A.（2013）Timing of the emergence of new successful viral strains in seasonal influenza. *J. Theor. Biol.*, **329**, 32-38.

Sasaki, A. & Haraguchi, Y.（2000）Antigenic drift of viruses within a host: A finite site model with demographic stochasticity. *J. Mol. Evol.*, **51**, 245-255.

佐々木 顕（2012）伝染病と流行.『計算と社会』(杉原正顯 編)，123-169，岩波書店．

Smith, D. J., Lapedes, A. S., de Jong, J. C. *et al.*（2004）Mapping the antigenic and genetic evolution of influenza virus. *Science*, **305**, 371-376.

Suzuki, S. U. & Sasaki, A.（2011）How does the resistance threshold in spatially explicit epidemic dynamics depend on the basic reproductive ratio and spatial correlation of crop genotypes? *J. Theor.*

Biol., **276**, 117–125.

Viboud, C., Bjørnstad, O. N., Smith, D. L. *et al.* (2006) Synchrony, waves, and spatial hierarchies in the spread of influenza. *Science*, **312**, 447–451.

Wiley, D. C., Wilson, I. A. & Skehel, J. J. (1981) Structural identification of the antibody-binding sites of Hong Kong influenza haemagglutinin and their involvement in antigenic variation. *Nature*, **289**, 373–378.

Yashima, K. & Sasaki, A. (2014) Epidemic process over the commute network in a metropolitan area. *PloS One* **9**, e98518.

第23章 AIDS

岩見真吾

23.1 AIDSとHIVについて

ヒト免疫不全ウイルス（human immunodeficiency virus：HIV）は様々な免疫細胞を誘導するという免疫系の重要な役割を担っている$CD4^+$T細胞というリンパ球などに感染し，比較的長い潜伏期の後に$CD4^+$T細胞を枯渇させる．一本鎖プラス鎖RNAウイルスであるHIVは，細胞内に侵入した後，逆転写反応によりDNAになり，細胞染色体に組み込まれる．そして，細胞遺伝子の発現系であるmRNA発現増幅とタンパク質変換系を利用して，1個のウイルスから数千個にもおよぶ大量のウイルス粒子を産生する．HIV感染症は大きく分けて，急性感染期，無症候期，後天性免疫不全症候群（acquired immune deficiency syndrome：AIDS）期の3段階に分かれ，無症候期が10年程度続くが，その間に$CD4^+$T細胞が漸進的に減少し，200/μl以下になると日和見感染症，日和見腫瘍を発生しAIDSとなる．

『これは，ほんとうに，ほんとうに劇的な病だ．わたしは，絶対の自信をもって，この病気は新しいと言うことができると考えている．』

ジェームズ・カラン（疫学者）

分厚い本であるが科学的な知見からAIDSの歴史を紹介している著書『エイズの歴史』(M・D・グルメク 著，中島ひかる・中山健夫 訳）の第一章の冒頭文である（グルメク，1993)．現在でこそ，原因ウイルスがHIVであると特定され，完全でないまでもこのウイルスに抗う薬が開発され，もはや死の病ではなくなったが，当時，ひそかに忍び寄るこの正体不明の病は，不気味であり，奇妙であり，人々を恐怖に陥れたであろうことは想像に容易い．この病にかかった人間は，必ず死に行き，この病が（特に同性愛者間での）性行為，血液，麻薬に関連しているということがわかると居ても立ってもいられなかったであろう．AIDSの歴史は，極めて興味深く，また，我々にはそれを知る義務と責任があると個人的には考えている．将来，この病気を完治させる治療法が確立される事を願って，本章では，“なぜ HIV 治療が困難であるのか？”という根本的な疑問を，数理モデルを援用した定量的なデータ解析とその知見に基づいて説明する．

23.2 抗 HIV 治療の現状と課題

2010 年末の世界の HIV 感染者数は推定 3400 万人で，2001 年からの増加量は 1990 年代と比べると少ないものの，それでも 17% 増加している．これは依然として多数の人が HIV に新たに感染していることおよび AIDS による死亡を減らす抗 HIV 治療が大きく影響したことを反映している．事実，1995 年頃に開始された多剤併用療法（2 つ，もしくは，それ以上の部類の抗ウイルス薬を少なくとも 3 種類以上同時に服用する治療法）は，AIDS を含む HIV 感染症の治療成績を格段に改善した．現在臨床応用されている，逆転写酵素阻害薬，プロテアーゼ阻害薬，インテグラーゼ阻害薬などの抗ウイルス薬は，HIV のライフサイクルを詳細に解明することで開発され，上述したように HIV 感染症の流行制御に大きく貢献したことは言うまでもない．実際，この強力な治療法は，ほとんど全ての HIV 感染者の血漿中のウイルスを数カ月の間に検出限界値以下にまで抑えることができる．しかし，残念なことに，この多剤併用療法を持ってしても感染者体内からウイルスを完全に排除できないのが現状である．これは，HIV 感染者の生体内には，抗ウイルス薬が作用しない，もしくは，届かない組織や細胞，すなわち，多剤併用治療下においても継続的にウイルス複製を行っている“ウイルスリザーバー”が存在することが原因であると考えられている．感染者生体内からウイルスを根絶するためには，このリザーバーの正体を明らかにする必要がある．また，現在まで AIDS ワクチン開発に向けた様々な研究も精力的に行われてきたが，極めて有効なワクチンが開発されたという報告はない．しかし，近年，多くの科学者の努力の甲斐あって少しずつ明るい報告が増えてきたところである（例えば，2009 年，タイで行われたワクチン臨床試験では約 30% の予防効果が確認されている，Rerks-Ngarm *et al.*, 2009）．

23.3 HIV 感染のウイルスダイナミクス

HIV 感染症は，世界的に流行している最も重要な性感染症の 1 つであり，極めて長い経過をたどる慢性感染症である．この特性のため，HIV 感染症の拡大阻止には，抗 HIV 治療の普及や長期効果を有する AIDS ワクチンの開発が不可欠である．1983 年の HIV 単離からすでに 30 年たった今でも，効果的なワクチン・完璧な治療法の開発には至っていない．このウイルスがいつ，どこで，どのように誕生し，なぜ，ヒトに感染し，病原性を発揮するようになったのか？　また，どういったルートで人々の間に広がり，その人口構造を蝕んでいくのか？　これらの幾重にも重なった謎のほとんどは未だに明らかになっていない．このような HIV/AIDS 研究の停滞状態を打破し，ブレイクスルーをもたらす可能性のある研究がある．1995 年の *Nature* 誌の同巻の連続ページに掲載された 2 つの論文 "Rapid turnover of plasma virions and CD4 lymphocytes in HIV-1 infection"（Ho *et al.*, 1995）と "Viral dynamics in human immunodeficiency virus type 1 infection"（Wei *et al.*, 1995）を土台に始まった数理モデルと臨床・実験医学との融合研究である．

例えば，HIV が単離された当時，慢性感染期の感染者から血漿中のウイルス RNA 量を経時的に測定すると，ウイルス RNA 量は一般的に変化せずに維持されているという観測事実より，HIV はゆっくりと患者の中で複製されていると誤認されていた．しかし，これらの論文では，単剤治療を受けた慢性感染期の HIV 感染者における臨床データを数理モデルにより解析することで，HIV 感染者におけるウイルス感染が極めて動的なものであり，感染慢性期のウイルス量は破壊と再生の日々変化するダイナミズムのもとで維持されていることを明らかにした．数理モデルを用いた解析が臨床医学の世界で広く認知される端緒となったエポックメイキングな研究である．現在，この分野は "ウイルスダイナミクス（virus dynamics）" と呼ばれていて，欧米を中心に盛んに研究されている．残念ながら日本には，ウイルス感染の臨床・治験・実験データを定量的に扱える専門家がほとんど存在しない．ここでは，初学者のために本研究分野の紹介も兼ね，1995 年から現在まで行われてきた HIV 感染のウイルスダイナミクスを紹介する．

23.4 ウイルス感染の数理モデル

ウイルスの増殖は宿主の細胞内で行われる．しかし，自律的な増殖ができないウイルスが増殖するためには，宿主となる標的細胞に結合し，侵入する必要がある．細胞への侵入後，まずウイルスは，脂質やタンパク質で構成される外殻を脱ぎ捨てて裸となり，自身のDNAもしくはRNAを複製する．一方，ウイルスのDNAまたはRNAの情報に従って，細胞はウイルスタンパク質を合成する．次に，複製されたDNAまたはRNAと，それらから合成されたウイルスタンパク質をもとに子孫ウイルスが組み立てられ，ウイルス粒子が細胞の外に放出される．そして，感染性のあるウイルス粒子が，新たな標的細胞に感染し，さらなるウイルス粒子を複製させることで感染を広げていくのである．このような，ウイルス感染のダイナミクスを記述するときに用いられてきた，もっとも基本的な数理モデルを紹介する（Nowak *et al.*, 2000）.

$$
\begin{aligned}
\frac{dT(t)}{dt} &= \lambda - dT(t) - \beta T(t)V(t), \\
\frac{dI(t)}{dt} &= \beta T(t)V(t) - \delta I(t), \\
\frac{dV(t)}{dt} &= pI(t) - cV(t).
\end{aligned}
\tag{23.1}
$$

数理モデルの変数である $T(t), I(t), V(t)$ を，それぞれ任意の時刻 t における標的細胞数，感染細胞数，ウイルス粒子数（e.g. ウイルスRNA量，ウイルス感染力価など）と定義する．標的細胞は，供給源より単位時間当たり λ だけ補充されていると仮定し，死亡率は d であるとする．例えば，HIV感染症であれば，標的細胞は胸腺などの1次リンパ器官から供給される $CD4^+$T細胞であると考えられる．ウイルス粒子は，標的細胞との遭遇・付着・侵入等の効率に依存して，β という割合で標的細胞に感染すると考える．反応速度論における質量作用の法則を仮定すれば，単位時間当たりに新たに感染する標的細胞数（新たに生産される感染細胞数）は，$\beta T(t)V(t)$ で表される．次に，感染細胞は，単位時間当たり p だけウイルス粒子を産生できるとし，活性化細胞死（アポトーシス）やウイルス複製による細胞変性，免疫応答による細胞障害性等の結果，δ という割合で死亡するとする．$pI(t)$ は，単位時間当たりに新たに産生されるウイルス粒子数である．また，産生されたこれらのウイルス粒子は，生体の持つ生理的作用や抗体による中和反応によって c という割合で除去されると仮定する．このように，ウイルス感染のダイナミクスは，「生体内の感染症モデル」として捉えることができるのである．

23.5 単剤治療下における HIV-1 の感染ダイナミクス

HIV は 1 型と 2 型に分類されており，全世界で流行しているのは 1 型 HIV (HIV-1) である．本節では，5 人の HIV-1 感染者にプロテアーゼ阻害薬を経口で単剤投与し，最初の 6 時間目までは 2 時間間隔，2 日目までは 6 時間間隔，1 週間目までは 1 日間隔という非常に高頻度に血漿中のウイルス RNA 量を測定した，単剤治療下におけるウイルス RNA 量の時系列データを解析していく．図 23.1 の 5 本の細線は，プロテアーゼ阻害薬投与中の約 1 週間に渡る各患者の血漿 1 ml 中のウイルス RNA 量の時系列データである．図中の縦点線は，プロテアーゼ阻害薬の投与開始時刻を表している．また，黒丸と太線は各測定時におけるウ

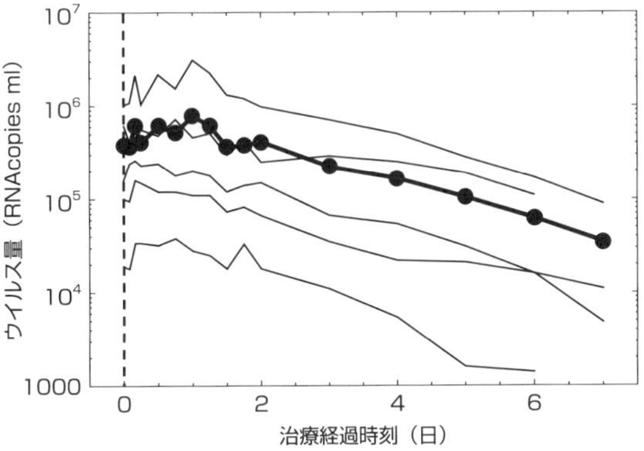

図 23.1　単剤治療下における血漿中の HIV-1 RNA 量の時系列ダイナミクス

5 本の細線は，各患者のウイルス RNA 量のダイナミクスを，縦点線は，プロテアーゼ阻害薬の投与開始時刻を表している．また，黒丸と太線は各測定時におけるウイルス RNA 量の平均値である．薬剤投与後の約 1 週間以内に血漿中のウイルス RNA 量が著しく減少することがわかる．

イルス RNA 量の平均値を表しており，今後は，これらの平均値を用いて解析していくことにする．ただし，これらの値は Perelson *et al.* (1996) で解析された臨床データであり，Rong *et al.* (2009) にその値が掲載されている．

プロテアーゼは，ウイルス粒子の成熟，すなわち HIV-1 タンパク質である Gag-Pol を切断する役割を果たしている．また，プロテアーゼ阻害薬は，このプロテアーゼに結合することでタンパク質の切断を阻害し，HIV が成熟して感染性を持つことを防ぐ抗ウイルス薬である．本プロテアーゼ阻害薬には，非常に強力な抗 HIV-1 作用があり，その効果は薬剤投与後の約 1 週間以内に血漿中のウイルス RNA 量が著しく減少することからも見てとれる (図 23.1)．ここでは，プロテアーゼ阻害薬の作用機序を詳細に考慮した数理モデルを開発する．プロテアーゼ阻害薬には，新規に産生されたウイルス粒子を未成熟ウイルス粒子（非感染性ウイルス粒子）に変える作用があるだけで，薬剤投与時にすでに存在していた感染細胞のウイルス産生やウイルス粒子の新規感染を阻害する作用はない点に注意する．すなわち，プロテアーゼ阻害薬投与中は，産生された全てのウイルス粒子が未成熟ウイルス粒子になると仮定できる．一方，投与開始時，すでに産生されていたウイルス粒子は，血漿中から除去されるまで新規に標的細胞へ感染できる．したがって，プロテアーゼ阻害薬治療下における数理モデルは，基本的な数理モデル (23.1) を変形することで以下のように記述される：

$$
\begin{aligned}
\frac{dT(t)}{dt} &= \lambda - dT(t) - \beta T(t) V_W(t), \\
\frac{dI(t)}{dt} &= \beta T(t) V_W(t) - \delta I(t), \\
\frac{dV_W(t)}{dt} &= -cV_W(t), \\
\frac{dV_M(t)}{dt} &= pI(t) - cV_M(t).
\end{aligned}
\tag{23.2}
$$

ここで，$V_W(t)$ と $V_M(t)$ は，それぞれ，プロテアーゼ阻害薬投与開始時すでに複製されていたウイルス粒子の RNA 量と投与開始後に複製された未成熟ウイルス粒子の RNA 量を表している．したがって，総ウイルス粒子の RNA 量を $V(t) = V_W(t) + V_M(t)$，プロテアーゼ阻害薬が作用し始めた時刻を $t=0$ と仮定すれば，$V_W(0) = V(0)$ と $V_M(0) = 0$ が成り立つ．また，数理モデル (23.2) では，プロテアーゼ阻害薬による阻害効率が100% であると考えている.

さらに，プロテアーゼ阻害薬投与開始前，生体内におけるHIV-1感染ダイナミクスは定常状態（すなわち，基本的な数理モデルの平衡状態）に達しており，プロテアーゼ阻害薬投与開始後，少なくとも一週間は，標的細胞数が近似的に定常状態のままである（$T(t)=T(0)$）と考える．このとき，数理モデル（23.2）は，以下のような線形微分方程式で表される（Perelson *et al*., 1996）；

$$\frac{dI(t)}{dt}=\beta T(0)V_W(t)-\delta I(t),$$
$$\frac{dV_W(t)}{dt}=-cV_W(t), \tag{23.3}$$
$$\frac{dV_M(t)}{dt}=pI(t)-cV_M(t).$$

投与前の定常状態の関係に注意しながら解けば，プロテアーゼ阻害薬治療下における血漿中のウイルス感染ダイナミクスは，

$$V(t)=V(0)e^{-ct}+\frac{cV(0)}{c-\delta}\left\{\frac{c}{c-\delta}(e^{-\delta t}-e^{-ct})\ -\delta te^{-ct}\right\}, \tag{23.4}$$

という近似式で記述することができる．プロテアーゼ阻害薬治療下におけるウイルスRNA量の時系列データから，近似式（23.4）のパラメータδとc，初期値$V(0)$を非線形最小二乗法等により推定することで，感染者生体内におけるHIV-1の感染ダイナミクスを定量化できる．図23.2は，最適なパラメータを用いて計算した近似式（23.4）によるプロテアーゼ阻害薬治療下における血漿中のHIV-1感染ダイナミクスである．太線は，総ウイルス粒子のダイナミクス，点破線は，投与開始時すでに複製されていたウイルス粒子のダイナミクス，点線は，投与開始後に複製された未成熟ウイルス粒子のダイナミクスを表している．数理モデルを用いることで治療下における時系列データをほとんど完璧に再現できていることがわかる．

これらの解析から推定されたウイルス粒子の除去率cの値は1.35/日であり，慢性感染期におけるウイルス粒子の半減期が12.3時間であることを意味している．また，ウイルス産生細胞の死亡率δの値は0.53/日であることより，これらの細胞の半減期は約1.30日であると推定できる．本章で説明してきたように，抗ウ

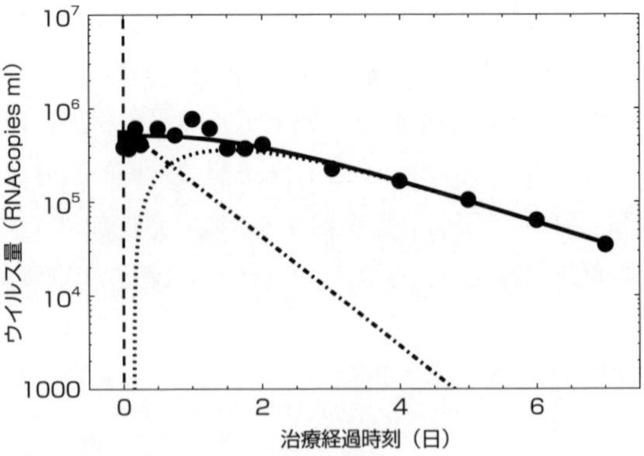

図 23. 2　単剤治療下における血漿中の HIV-1 RNA 量の解析

図中の太線は，プロテアーゼ阻害薬投与開始後 7 日間の総ウイルス粒子のダイナミクスを表している．また，点破線は，投与開始時すでに複製されていたウイルス粒子のダイナミクス，点線は，投与開始後に複製された未成熟ウイルス粒子のダイナミクスである．非線形最小二乗法により推定した最適なパラメータは，$c=1.35$/日, $\delta=0.53$/日, $V(0)=5.12\times10^5$ RNA copies/ml である．数理モデルを用いることで治療下における時系列データをほとんど完璧に再現できていることがわかる．

イルス治療下における臨床データを用いてウイルス除去率を推定する方法以外にも，近年，様々な方法でウイルス除去率が推定され始めている．例えば，霊長類の末梢血中に直接ウイルス粒子を注入し，血漿中のウイルス RNA 量を数分間隔という超高頻度に測定することで，生体内におけるウイルス粒子の除去率を推定する試み（Igarashi *et al.*, 1999）や血漿吸着法を用いて慢性感染期の HIV-1 感染者および C 型肝炎ウイルス感染者のウイルス粒子の除去率を推定することが行われた（Ramratnam *et al.*, 1999）．このような新たな方法で推定されたウイルス粒子の半減期は，わずか数分から数時間であり，従来の値と比べて 100 倍近くも異なっている．総じて，数理モデルを援用した定量的なデータ解析からわかったことは，血中の HIV-1 半減期が極めて短いという事実である．非治療の HIV-1 患者では，感染から AIDS 発症まで平均 10 年を要すると言われている．当時，生体内におけるウイルス粒子やウイルス産生細胞の半減期が数時間から数日という短いオーダーで推定されたことは驚くべき結果であった（次節にて説明）．

23.6 HIV-1 感染者の生体内で日々産生されているウイルス量

定量化されたウイルス粒子の除去率 c を用いて，慢性感染期における生体内の総ウイルス産生量の最小値を計算していく．治療開始前の各患者におけるウイルス量 $V(0)$ が定常状態に到達しているとすれば，ウイルス産生量とウイルス除去量が釣り合っている必要がある．すなわち，式（23.1）における単位時間当たりのウイルス変化量は $dV(t)/dt=0$ となり，$pI(0)=cV(0)$ の関係が成立している：単位時間（1 日）当たり血漿 1 ml 中に産生される総ウイルス量は，$pI(0)=cV(0)=1.35\times(5.12\times10^5)=6.91\times10^5$ RNA copies/ml である．生体内において 1 日当たりに産生される総ウイルス量を計算するためには，この値にウイルス粒子が含まれると考えられる全体液量をかければよい．通常 70 kg の男性の体液は，約 15 L＝15,000 ml 程度であることより，生体内における 1 日当たりの総ウイルス産生量は，$6.91\times10^5\times15{,}000=1.04\times10^{10}$ RNA copies/ml と推定される．また，これらの値は，プロテアーゼ阻害薬による感染阻害効率が 100% であるという仮定の下で計算されていることや，全ての複製ウイルスが細胞外に放出されていないことを考慮すれば，本来の値の最小値となっている．これらの点を踏まえた場合でも，全てのウイルス粒子に必ず RNA が 2 コピーずつ含まれていると考えれば，HIV-1 慢性感染期では，生体内で日々少なくとも約 100 億個以上ものウイルス粒子が産生され除去されていることになり，HIV-1 感染者におけるウイルス感染が極めて動的なものであることがわかる．

さらに，これらの非常に高いウイルス産生量は，HIV-1 が容易に抗ウイルス薬に対する耐性能を獲得できることを意味している．事実，プロテアーゼ阻害薬による治療開始後 2 週間以内に全ての患者において血漿中のウイルス量は治療前の約 1% の値まで減少したが，その後，ほとんど全ての患者において薬剤耐性ウイルスが出現し，ウイルス量が再び治療前の値に戻ったことが報告されている（Ho *et al.*, 1995；Wei *et al.*, 1995）．すなわち，薬剤耐性ウイルスの出現を阻止し，長期間血漿中のウイルス量を低く維持するためには，プロテアーゼ阻害薬による単剤治療に代わる新規の抗ウイルス薬および薬剤治療戦略の必要性が示唆されたのである．また，現在，単剤治療に置き換わった多剤併用療法では，服薬アドヒアランスを遵守する事で薬剤耐性ウイルスの出現も効果的に阻止できるようになっている．

23.7 これからのHIV/AIDS研究：ウイルスダイナミクスの観点から

本章で紹介したように，臨床データを用いて定量化した生体内のHIV-1感染ダイナミクスから，感染者生体内では極めて大量のウイルスが日々産生されていることがわかった．また，薬剤耐性ウイルスの出現頻度を計算すれば，抗ウイルス薬を単剤で用いた治療では耐性ウイルスが容易に出現し，最終的にこれらの治療は失敗することも明らかになった（Perelson *et al.*, 1999）．これらの研究を通して，抗ウイルス治療効果を継続的に持続させるためには多剤併用療法の必要性が予測され，その後，広く普及したのである．しかし，未だ，感染者の生体内からHIV-1を完全に除去することは実現されていない．事実，治療により血漿中のウイルス量が7年間検出限界値以下である患者からも，超高感度な分析方法を用いれば，血漿中に含まれるごくわずかなRNAコピーが検出される．また，治療を中断した患者では，直ちに血漿中のウイルスRNA量が，治療前の値まで戻る．これらの事実は，ウイルスリザーバーの存在を示唆している．

近似式（23.4）より推定されたウイルス産生細胞の半減期は約1.30日であったが，より半減期の長いウイルス産生細胞が生体内に存在しているはずである．例えば，HIV-1は$CD4^{+}T$細胞以外に，マクロファージや樹状細胞など様々な免疫細胞に感染することが知られており，それらのウイルス産生細胞の感染ダイナミクスについては未だ不明な点が多い．感染急性期および慢性期において，半減期の長いウイルス産生細胞が血漿中のウイルス量に貢献している割合は，ごくわずか1%以下であると予想されるが，抗ウイルス治療を継続的に行った場合や，治療の中断を余儀なくされた場合には，これらの細胞は主要なウイルス産生細胞となり再度感染を広げるのである．すなわち，HIV-1完全除去のためには，多剤併用療法により全ての感染細胞を死に絶やさなければならない．

今後は，HIV-1感染者の生体内にて，長年，あるいは，生涯に渡って感染性のある子孫ウイルス粒子を複製できる能力を持った感染細胞を特定し，その半減期を定量することが重要である．これらの情報により，HIV-1感染症の病態を深く理解することが可能になり，将来，ウイルス排除のための抗ウイルス治療のデザインに繋がるからである．現在，私達は霊長類を用いたサル免疫不全ウイルス（simian immunodeficiency virus：SIV，HIV-1 と同様の病態をアカゲザルに引き起こす）感染実験を行い，SIV が生体内のどういった臓器のどのような細胞に隠れているのかを実験科学と数理科学の両側面から解析している（Horiike *et al.*, 2012）．SIV 感染個体のウイルスリザーバーが明らかになれば，それらの知見により HIV 研究が加速し，HIV を完治させる治療法が確立する日がくるかもしれない．

引用文献

グルメク，M. D.（1993）『エイズの歴史』（中島ひかる・中山健夫 訳）藤原書店．

Ho, D. D., Neumann, A. U., Perelson, A. S. *et al.*（1995）Rapid turnover of plasma virions and CD4 lymphocytes in HIV-1 infection. *Nature*, **373**, 123-126.

Horiike, M., Iwami, S., Kodama, M. *et al.*（2012）Lymph nodes harbor viral reservoirs that cause rebound of plasma viremia in SIV-infected macaques upon cessation of combined antiretroviral therapy. *Virology*, **423**, 107-118.

Igarashi, T., Brown, C., Azadegan, A. *et al.*（1999）Human immunodeficiency virus type 1 neutralizing antibodies accelerate clearance of cell-free virions from blood plasma. *Nature Medicine*, **5**, 211-216.

Mary Dobson（2010）『Disease 人類を襲った 30 の病魔』（小林力 訳）医学書院．

Nowak, M. A. & May, R. M.（2000）, *Virus dynamics*, Oxford University Press.

Perelson, A. S., Neumann, A. U., Markowitz, M., Leonard, J. M. & Ho, D. D.（1996）HIV-1 dynamics in vivo: virion clearance rate, infected cell life-span, and viral generation time. *Science*, **271**, 1582-1586.

Perelson, A. S. & Nelson, P. W.（1999）Mathematical analysis of HIV-1 dynamics in vivo. *SIAM Reveiw*, **41**, 3-44.

Rerks-Ngarm, S., Pitisuttithum, P., Nitayaphan, S. *et al.*（2009）Vaccination with ALVAC and AIDSVAX to Prevent HIV-1 Infection in Thailand. *New England Journal of Medicine*, **361**, 2209-2220.

Ramratnam, B., Bonhoeffer, S., Binley, J. *et al.*（1999）Rapid production and clearance of HIV-1 and hepatitis C virus assessed by large volume plasma apheresis. *Lancet*, **354**, 1782-1785.

Rong, L. & Perelson, A. S.（2009）Modeling HIV persistence, the latent reservoir, and viral blips. *Journal of Theoretical Biology*, **260**, 308-331.

Wei, X., Ghosh, S. K., Taylor, M. E. *et al.*（1995）Viral dynamics in human immunodeficiency virus type 1 infection. *Nature*, **373**, 117-122.

第24章 マラリア

中澤秀介・門司和彦

24.1 はじめに

マラリアは，真核単細胞のマラリア原虫 genus *Plasmodium*（アピコンプレクサ門・胞子虫綱・コクシジウム目）が引き起こす病気である．マラリア原虫は200種以上が知られており，それぞれが，爬虫類，鳥，そして，げっ歯類，偶蹄類，霊長類，ヒトなどの哺乳類に種特異的に感染する．ヒトに感染するマラリア（ヒトマラリア）には，熱帯熱マラリア，三日熱マラリア，四日熱マラリア，卵形マラリアの4種がある．近年，東南アジアのサルマラリアであるノーザイマラリアを5番目のヒトのマラリアとする説もある（White, 2008；Cox-Singh *et al*., 2008）．

ヒトマラリアの場合，蚊の一属であるハマダラカ（*Anopheles* spp.）が媒介し，マラリア原虫がヒト－ハマダラカ－ヒトと伝播する．そのライフサイクルを図24.1に示す．ヒトのマラリアを媒介するハマダラカは60種以上知られており(図24.2)，それぞれの蚊の生態の違いがマラリアの普遍的対策を困難にしている(図24.3)．マラリア原虫はヒトの中では無性生殖を行い，ハマダラカの中で有性生殖を行う．有性生殖をする病原性寄生生物では，通常，有性生殖の舞台となる生き物が宿主である．その意味では，マラリア原虫の宿主は蚊であり，人体はマラリア原虫が無性生殖（栄養生殖）して増殖する場（環境）として利用されていると言える．しかし，一般にマラリアでは脊椎動物を宿主と呼んでいる．蚊のなかでの有性生殖により抗原多型がおこることは，ヒトがマラリアに対して抵抗性を獲得することを難しくしている．

マラリアは最近まで人類の主要死因であり，人口を抑制する一番の感染症であった（McNeill, 1977）．鎌型赤血球，グルコース-6-リン酸脱水素酵素（G6PD）欠損，サラセミア（地中海貧血症），ダフィー抗原（－）など，マラリアに抵抗性を示す様々な遺伝子変異が過去と現在のマラリア流行地に存在していることがその証拠である．

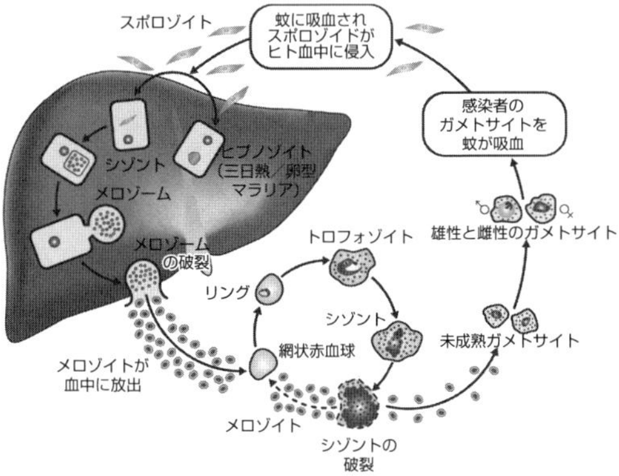

図 24.1　マラリア原虫のライフサイクル（ヒトと蚊の内部）　Bassat, 2011 より一部改変.

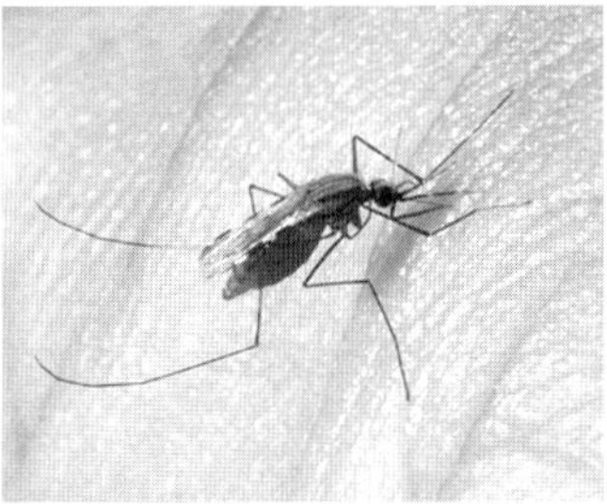

図 24.2　マラリア原虫を媒介する，吸血中のコガタハマダラカ *Anopheles minimus*
撮影：川田均（長崎大学・熱帯医学研究所）. 口絵 7 参照.

第二次大戦後に米国と WHO（世界保健機関）が主導して集中的にマラリア根絶計画を実施し，マラリアを排除していた高緯度地域の国に加え，赤道近傍の国々でも人類に対するマラリアの負荷が減少した．それが，人口増加，食糧増産，経済開発，森林破壊などを通して地球環境負荷の増加の一因となった．一方，サブサハラアフリカの国々や，南米，東南アジアの森林地域では依然として流行が発生し，毎年約 70 万人がマラリアで死亡している（図 24.4）．マラリアの流行様態（マラリア原虫の生態）は，蚊の生態と人びとの生活（生態）の多様性から地域ごとに異なり，普遍的なマラリア伝播を理解したうえでの，地域に適合したマラリア対策が必要となる．

近年，地球温暖化により，マラリア媒介蚊の寿命が延長したり，生息域が北上

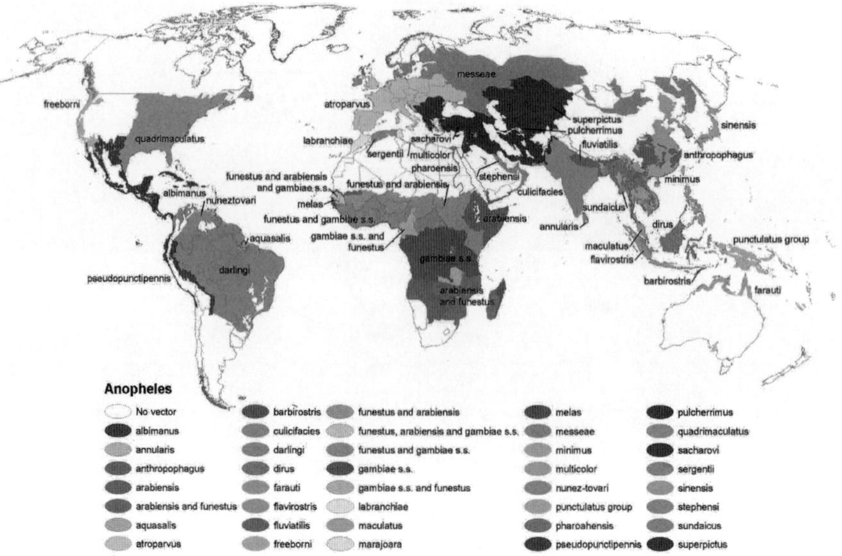

図 24.3　主要あるいは潜在的に重要なヒトのマラリア媒介蚊の世界分布
Kiszewksi *et al.*, 2004 より.

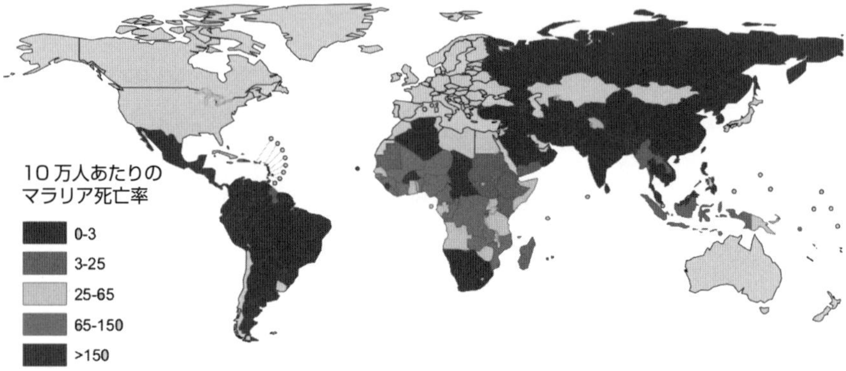

図 24.4　人口あたりのマラリア死亡率　　WHO, 2012 より.

したり，熱帯高地に拡大したりして，マラリア流行の潜在的リスクが高まっていることが報告されている．しかし，19 世紀の寒冷期にマラリアがイギリスや北欧でも存在したことを考えると，気温や降雨パターンは重要な環境要因ではあるが，マラリア流行の絶対的条件ではない．十分な社会インフラが整備されていれば，気温が上昇しても有効なマラリア対策・封じ込めを実施することは十分に可能である．

24.2 マラリアの生態学と感染症学

生態学は生物とそれを取り巻く環境との関連を総合的に理解する科学であり，感染症を生態学的に捉えると，感染症学とは異なった理解が深まる．感染症学者・医学者はマラリア原虫の生活環上の個々の出来事のメカニズムを明らかにしようとするが，マラリアを生態学の視点から見直すことは，感染症学とは異なった対策法の発見に繋がる．

抗マラリア薬耐性のマラリア流行や，マラリア媒介蚊が殺虫剤抵抗性を獲得することは，感染症学的に説明するよりも生態学的に説明した方がわかりやすい．1950～60 年代にマラリア流行の数理モデルをもとに，殺虫剤 DDT の室内残留散布を中心としたマラリア撲滅計画が実施されたが，DDT 抵抗性を持った蚊や，室内で休息しない蚊が生き延びたことによって計算通りの効果は得られず，多くの熱帯地域ではマラリアは撲滅されなかった．同時期に DDT が農業分野で大量に使用され環境問題を引き起こしたこと，保健インフラと社会インフラの整備が不十分だったこと，マラリア撲滅活動を実施する資金が不足したこと，外部で計画された撲滅計画であり十分な住民参加が得られなかったことなども，当時のマラリア撲滅計画が未達成に終わったことと関連している．マラリア対策を成功させるためには，医科学的な感染症理解，マラリア原虫，媒介蚊，宿主（ヒト）の生態学的な相互関係の理解，さらには社会，経済，医療体制の理解などに，総合的に取り組むことが不可欠である．

マラリアを生態学的に理解するには，対象となるマラリア原虫の生態学的特質をはっきりとさせておく必要がある．この章の前半で実際の症例を提示しつつマラリアという病気を説明し〈事例参照〉(24.3 節)，マラリア原虫と媒介蚊（24.4 節)，マラリア原虫と宿主（24.5 節)，マラリア原虫と環境との関わり（24.6 節）の順にマラリアに関連する各要素間の関連を取り上げ，最後に今後の展望として，生態学と感染症学の協働を検討する（24.7 節)．

24.3 マラリアという病気

症例　阿比留武則（仮名），27歳，着生植物の研究者．昏睡状態でマレーシア・サラワク州の地方病院に搬送された．病院に搬送される5日前から，悪寒戦慄，発熱，食欲不振あり．4日前から頭痛，嘔吐，疲労感強く，調査に出られず，食欲もなく臥床．調査補助者ジェフ・ツルトノは，阿比留の発熱をマラリアと疑った．数年前，森林調査に来ていた日本人商社社員がマラリアで死亡したことがあったので，阿比留に下山を勧めた．阿比留は歩いて下山できないと判断して担架で搬送するため村人をキャンプまで呼んだ．阿比留を担架で登山口まで2日余，次いで自動車で病院へ運んだ．病院到着前にけいれんを起こして昏睡状態になった．救急病棟での血液検査で熱帯熱マラリアと診断され，キニーネの持続点滴を開始．その他補助療法を行い治療3日後に意識回復．阿比留は，ジェフとの調査開始直後に発熱したが，それ以前，別の村に2週間滞在していた．

阿比留は脳性マラリアであった．熱帯熱マラリア原虫感染の場合，脳性マラリアを念頭に置いて対処することが重要である．熱帯地域で日本人が高熱を発した場合にまず疑わなければならない3種の感染症，チフス，デング熱，熱帯熱マラリアのうちで，最も早期に死亡する可能性が高いからだ．

脳性マラリアの病態生理は次のように説明される．熱帯熱マラリア原虫が赤血球内で発育して約48時間の増殖サイクルの後半のステージに至ると，感染赤血球表面に血管内皮細胞表面に接着するための分子が発現する．この分子によって感染赤血球が細静脈管壁に接着して血流を妨げる．脳の血管にこの現象が広汎に起きると，脳が低酸素低栄養状態に陥って機能低下し昏睡に至る．熱帯熱マラリア原虫感染赤血球が接着に利用する細静脈内皮細胞表面に発現する接着分子はもともと白血球が血管外へ移動するための装置で，その発現も宿主の恒常性維持のために調節されている．

蚊の吸血時に人体に供給されるマラリア原虫のスポロゾイト（蚊の唾液腺で待機しているステージ，図24.1参照）は，まず血液中に侵入し，肝細胞内で増殖し，肝細胞を出て血管内で赤血球に侵入する．その後，赤血球内で増殖し，赤血球を破壊して赤血球外へ脱出し，さらに新しい赤血球への侵入を繰り返す．感染したヒトは，赤血球が破壊されマラリア原虫が赤血球外へ脱出する際に発熱する．原虫が赤血球を破壊して血流中へ飛び出る際に原虫の成分も放出される．これらが貪食細胞に取り込まれ，それらの貪食細胞は炎症性のサイトカインを放出する．炎症性サイトカインは視床下部の発熱中枢を刺激し，発熱する．マラリア原虫が赤血球内で増殖し，赤血球が破壊されて引き起こされる，悪寒，発熱，頭痛，貧血，脾腫などの症状を表わす病気をマラリアと呼ぶ．

病原体が発見されるまでは，沼地など水の溜まった環境でこの病気が頻繁に発生したために，沼地から出る悪い（mal）空気（air）が原因だと考えられ，malariaという病名がつけられた．三日熱，四日熱など，病気の名前にもなっている発熱の周期がマラリアの特徴であり，三日熱では48時間ごとに，四日熱では72時間ごとに発熱する．熱帯熱マラリアでは発熱の周期にあきらかな規則性はない．

マラリア原虫の赤血球内での発育増殖が進むと，赤血球破壊や造血抑制による貧血，異物処理のための脾腫，さらに腎臓や肝臓の機能不全が起こる．阿比留のようにマラリア原虫に対して免疫のないヒトがハマダラカに吸血され，マラリア原虫が体内に侵入すると，発熱するまでに約2週間（5日～1ケ月）の潜伏期間を経て，その後数日で重症化する．

赤血球のなかの原虫の一部（10%弱と見積もられている）は，有性生殖を行う雄性・雌性の生殖母体（ガメトサイト）へと分化する．これらが吸血時にハマダラカに取り込まれると，蚊の中腸で受精し，中腸外へ移動して多数分裂で増殖し，スポロゾイトとなって唾液腺へ移動する．吸血によってマラリア原虫が蚊に侵入してから，スポロゾイトとなって蚊の唾液腺で待機するまで2週間を要する．

マラリア流行地の住民は，通常，マラリアに対しては発症しない程度の免疫を獲得している．このためマラリア原虫を血液中に保持しているにもかかわらずマラリアの症状はないか，あっても軽微である．しかし，再感染はする．この点，免疫が成立すれば再感染しない他の感染症と混同してはならない．無症候性キャリヤーも生殖母体を保有している．これが，マラリア対策を困難にしている理由である．生殖母体生成のメカニズムはまだ十分に明らかになっていない．

生殖母体を蚊に供給させない工夫がマラリア対策の有力な方法である．マラリアが伝播している地域で，住民全員を治療して原虫を集団から排除しなければならない理由はこの点である．阿比留は別の村に2週間滞在している間に吸血され，熱帯熱マラリア原虫のスポロゾイトを注入された．その蚊は阿比留の吸血の2週間ほど前に村人を吸血し，その村人はその時に雌雄生殖母体を血流中に維持していた．阿比留の例は旅行者のマラリアの典型である．

24.4 マラリア原虫と媒介蚊との関係

宿主のマラリア原虫に対する感受性には違いがある．ヒトはネズミのマラリア原虫にも鳥のマラリア原虫にも感染しない．哺乳類ではマラリア媒介蚊はハマダラカであるが，鳥では，イエカ，シマカ，ヌマカなどがマラリアを媒介する．マラリア原虫は一生を通じて，媒介蚊と宿主となる脊椎動物の中で生活し，外界にさらされることはない．ヒトマラリア原虫にとっての環境はハマダラカとヒトに限られている．それ以外の外界環境の影響はハマダラカやヒトの生態を通してマラリア原虫に影響を与える．

吸血によって取り込まれた原虫数が，蚊に備わっている防御システムによってステージの進行中に殺され数を減らしても，唾液腺内に保持される原虫数は最終的には増加している．フィールド研究の視点から見れば，蚊の唾液腺は，マラリア原虫を検出し，種を特定するのに有用な試料である．

ハマダラカのライフサイクルは卵→幼虫（ボウフラ）→蛹→成虫のステージを経る昆虫のライフサイクルである．成虫以外のステージは水に関連し，多様な種が真水から汽水域にまで生息している．自然界から栄養を獲得する幼虫ステージは水がなければ生存できない．生息する地域に適切な水環境があり，生息場所の水への栄養補給が適切であればハマダラカの増殖には有利である．エチオピアでの研究によると，トウモロコシ栽培が拡大したことにより，蚊の栄養源となる花粉が水域に供給された．これが蚊の生息に有利に働いた結果，マラリアが蔓延した（Kebede *et al.*, 2005）．社会の変化とともに，湿地帯の開発，水田化，宅地化がハマダラカの生息に影響を与え，個体数が増加したり減少したりして，マラリアの流行に影響をあたえてきた．

ハマダラカの雌の産卵場所選択には，水場の面積，分布，日照，水温，流速，食物連鎖や微生物が係ると考えられる．食物連鎖からみると，ハマダラカの幼虫は，より小さな生物や無生物をエサとして成長すると同時に，魚や昆虫，甲殻類のエサともなる．したがって捕食者が少ない極小の水域（轍や，家畜，野生生物の足跡の水たまり等）に産卵する種もいる．乾燥による水域の減少や，大雨による流出などの原因でも幼虫数は減少する．

成虫になってからは，交尾，雌の吸血，吸血後の休息，産卵，外敵からの回避，そのための休息場所の確保が生存のための重要事項である．成虫は両生類，爬虫類，鳥，コウモリなどに食べられる．

ハマダラカの雌は卵を産むための栄養源として脊椎動物の血液を利用する．この現象にマラリア原虫はただ乗りをしている．雄の蚊から精子を受け取り，最初の吸血でマラリア原虫を取り込んだと仮定すると，この蚊がマラリアを媒介するためには，原虫が伝播可能なステージに至るまでの2週間，捕食者や強風などの事故から免れて生存し続けることが必要である．特に，ハマダラカがヒトのマラリア原虫とサルのマラリア原虫を唾液腺に保有する場合，1度の吸血でサルマラリア原虫とヒトマラリア原虫を取り込む確率は低いため，この蚊は2週間よりも長く生存していると予測できる．この間，数日おきに吸血し，産卵し，マラリア原虫をも保持することは雌のハマダラカにとってかなりの負担であろう．マラリア伝播を可能としているハマダラカはヒトに例えるならば非常に丈夫なおばさんである．19世紀以前は，一頭の雌の蚊が一生のうちに複数回の吸血をすることが知られていなかったため，蚊によるマラリア媒介説は主要な学説とはならなかった．

雌の蚊にとってもマラリア原虫を多量に保有することは生存に影響を与える．吸血血液中の生殖母体の数が適切に少なく，マラリア原虫の有性生殖と増殖がハマダラカの生存を縮める率が少なければ伝播効率が上がる．流行地の住民の多くが無症状でありながら血液中に適度の生殖母体を保有し，蚊に提供していることが，マラリア流行を持続可能にしている．したがって，マラリア対策は有症状の患者だけを対象とした対策では不十分となる．

ヒト囮法（最近は，マラリア感染を防ぐ倫理上の理由から吸血前に蚊を捕獲採取するため human landing 法と呼ばれる）によってヒトを吸血しに飛来する雌のハマダラカを採取しても，マラリア原虫を保持している蚊は1% 台である．このことから，マラリア伝播は有性生殖世代（蚊の中）では不安定であるが，無性生殖世代の原虫プール（ヒトの中）では圧倒的に安定的で，これが伝播の継続を担保していると言える．マラリア伝播の多様性は宿主とされる脊椎動物よりも，むしろ媒介蚊の生態に負うと考えることが妥当である．媒介蚊にも，地域，生息場所，吸血源，吸血場所，吸血時間に違いがある．媒介蚊の個体数と，どの程度ヒ

表 24.1　ヒトマラリアを媒介するハマダラカのヒト指向性

ハマダラカ種名	ヒト指向性中央値	ハマダラカ種名	ヒト指向性中央値	ハマダラカ種名	ヒト指向性中央値
albimanus	0.102	*fluviatilis*	0.034	*pharoahensis*	0.520
anthropophagus	0.010	*freeborni*	0.019	*pseudopunctipennis*	0.477
aquasalis	0.109	*funestus*	0.980	*pulcherrimus*	0.062
arabiensis	0.871	*gambiae* ss	0.939	*punctulatus* sl	0.855
atroparvus	0.245	*labranchiae*	0.151	*quadrimaculatus*	0.111
barbirostris	0.127	*maculatus*	0.155	*sacharovi*	0.087
culicifacies	0.052	*melas*	0.690	*sergentii*	0.100
darlingi	0.458	*messeae*	0.172	*sinensis*	0.018
dirus	0.355	*minimus*	0.425	*stephensi*	0.023
farauti	0.658	*multicolor*	0.008	*superpictus*	0.093
flavirostris	0.300	*nuneztovari*	0.222	*sundaicus*	0.611

サブサハラアフリカの主要な媒介蚊であるガンビエハマダラカ（*gambiae* ss）やアラビエンシスハマダラカ *arabiensis* のヒト指向性（human blood index）が高いことが流行を招いている．Kiszewski *et al.* 2004 より．

トを吸血源として好むか（ヒト指向性：表 24.1）によってその地域のマラリアの流行度が決定する．サブサハラアフリカにはヒト指向性の強い媒介蚊が生息しており，流行の制御が困難になっている．

24.5 マラリア原虫と宿主（ヒト）との関係

媒介蚊がマラリア原虫を宿主から宿主へ運ばない限り，病気としてのマラリアは個人の問題である．ヒト一人がマラリア原虫をどのぐらい長く維持できるかは明らかではない．しかし，四日熱マラリア原虫が再感染なしに 30 年以上も日本人に感染していた例がある．三日熱の場合は，蚊に吸血されて，その時には発症せずに翌年発症，あるいは別の例では治療後 2 年して発症した例がある．これらは，再燃（血液中のマラリア原虫が再び分裂・増殖を開始すること），再発（肝臓で休眠していたマラリア原虫が分裂を開始すること）と呼ばれる現象である．三日熱マラリア原虫と卵型マラリア原虫は肝細胞内で休眠することが知られている．

高緯度地方では夏の時期に氷が解けて水場が出現し，そこでハマダラカが大発生してマラリアを伝播させ，その他の季節はひたすら夏を待つ．この戦略は肝臓において年余の休眠が可能な三日熱マラリア原虫には適している．

サルのマラリア原虫はヒトマラリア原虫よりも種類が多く，やはり肝臓で休眠する原虫がいる．サルはもともと温暖な地方に出現したと考えられているが，高い環境適応能力により，生活環境を拡大した．サルマラリアにも休眠原虫が表れた理由は，サルの生活領域拡大も関連しているであろう．

熱帯熱マラリア原虫は，感染している赤血球を血管内皮に接着することによって，脾臓での破壊を避けていると考えられる．さらに，接着するための分子をコードする遺伝子を数十維持している．血管内皮に接着する能力をいつ，どのように獲得したのか，そのプログラムを実施する遺伝子を拡充したメカニズムは徐々に明らかになってきた．

宿主体内におけるさらにダイナミックなマラリア原虫の生き残り戦略が無症候性キャリヤーに見られる．免疫系によって排除されない方法で，上述の接着用のたんぱく質をコードする遺伝子を多数準備し発現することにより，宿主の免疫系が認識するよりも先に，次の血管内皮接着たんぱく質コード遺伝子を発現してしまう．また，薬剤耐性の獲得は人工的環境がマラリア原虫に影響した例である（Desowitz, 1991）．これらの2者はマラリア原虫が遺伝的に適応した例であり，休眠とは異なりその能力の発揮にはエネルギーの消費を伴うと考えられる．

一方，マラリア原虫の圧力によって宿主が適応した例が鎌状赤血球症であることはすでに述べた．鎌状赤血球遺伝子のホモ接合体患者は若年の死亡率が高いが，ヘテロ接合体患者の場合，低酸素状態ではヘモグロビンの構造が変化し原虫を傷害するため，マラリア流行地では生存に有利であり，ある程度の遺伝子頻度が保たれていると考えられる．

24.6 マラリアと環境との関係

アフリカ発祥のホモサピエンスが7万年前にアフリカを出て世界中に分散するのに従って熱帯熱マラリアも世界に広がった．ゴリラのマラリア原虫種が熱帯熱マラリア原虫に似ていることが，熱帯熱マラリアのアフリカ起源説を裏付けている．出アフリカ後の熱帯熱マラリア原虫の世界拡散は，ハマダラカの関与なしに説明できない．ハマダラカは人類の移動よりもずっと以前にそのライフサイクルを完成させ，世界中に広まっていた．現在のそれぞれの種の蚊の祖先は，世界中でそれぞれに脊椎動物の血液を利用しながら分散適応していった．ハマダラカも，マラリア原虫の媒介蚊となる以前から，裸のサルとして適切なサイズのヒトを好ましい吸血源としていたと想像される．ハマダラカは日中は吸血しない．また，雌のハマダラカが吸血源を探索して吸血する際の飛翔距離は約2キロだと言われている．ヒトが定住を始めたあとは蚊にとってはさらに好ましい吸血源になったのかもしれない．

前述したとおり，ヒトマラリア原虫はヒトと蚊の体内を移動し，その外の環境とは直接関係しない．外部の影響はヒトの生態と蚊の生態との関連によって決定される．現時点での関係を考えれば，人類は世界中に生息し，その生息の仕方は様々である．また，マラリアを媒介するハマダラカも種ごとに生態が異なる．マラリア対策を進めるには，環境の違い，社会の違い，媒介蚊の違いを十分に理解し，考慮する必要がある．

24.7 マラリアをどう理解するのか，次に何を目指すのか

マラリアに対してはすでに，象を撫でている段階からは脱し，宿主，媒介蚊，マラリア原虫と，それぞれの環境の研究領域で明らかになったことを統合する段階にある．マラリアの生態と進化に関する興味深い事実とそれらにともなう疑問が目前にあり，マラリア対策に関しても確認すべき事柄は多い．

生殖母体への分化のメカニズムや，媒介蚊へのマラリア原虫のただ乗りがいつどのように起こったのか．有性生殖をする前のマラリア原虫の祖先はどんな方法で伝播していたのか．かつて起きたことを検証する方法の開発も必要である．これらの解明には感染症学と，生化学，遺伝学，進化学，生態学などの生物学の協力が重要になる．マラリア原虫はヒト以外での感染も多くあり，進化学，生態学的にも興味深い研究対象である．

一方，マラリアはいまだに人類にとって公衆衛生学的に重大な疾患である．効果的な対策の発見・開発は人類への偉大な貢献である．そのために多くの研究費や対策費が世界基金やゲーツ財団等によって投入されてきたし，これからも投入されるだろう．ワクチン開発も多く試みられているが，まだ実用化には至っていない．原虫に対するワクチンはウイルスや細菌に対するワクチン開発よりもより

困難が予測される.

中国で古くから使われてきたチンハオス（青蒿素）は，ヨモギ属のクソニンジン（*Artemisia annua*）を原料とする．そこから抗マラリア成分であるアルテミシニンが抽出され，誘導体や類縁体による抗マラリア薬が開発されている．薬剤耐性を防ぐために他の抗マラリア薬との合剤による薬剤療法（artemisinin-based combination therapy：ACT）が展開され，薬剤が入手可能な地域では効果をあげてきた．しかしアルテミシニンに対する薬剤耐性も東南アジアで出現している．

殺虫剤を浸漬させたり，繊維に練り込んだ蚊帳の普及は多くの地域で成功を収めたが，森林地帯などではなかなか成功しない．暑い熱帯で住民全員を蚊帳で防御することは，住民の理解と協力がないと困難な場合が多い．

マラリア対策で最も注意深く検討しなければならないことは，対策実施の空間設定と対象設定である．蚊の生息域や無症候性キャリアの把握はこの点に直結する．症状が出た患者だけを対象としていてはマラリア対策は成功しない．マラリアは媒介蚊と住民がどのような環境・生態系・社会のなかで，どのような生態をもち，どのように接触するかを十分に理解したうえで，適切な対策範囲を設定し，そこで暮らす集団全体に対するアプローチが必要である．この集団に対するアプローチは優れて生態学的な領域であり，人類がマラリア撲滅を達成するためには，多くの生態学者がマラリア研究と対策に参加することが必須である．

引用文献

Bassat, Q. (2011) The Use of Artemether-Lumefantrine for the Treatment of Uncomplicated Plasmodium vivax Malaria. *PLoS Negi Troop Dis*, 5 (12): e1325.

Cox-Singh, J., Davis, T. M., Lee, K. S., Shamsul, S. S., Matusop, A., Ratnam, S., Rahman, H. A., Conway, D. J. & Singh, B. (2008) *Plasmodium knowlesi* malaria in humans is widely distributed and potentially life threatening. *Clin Infect Dis.*, **46**, 165–71, doi: 10.1086/524888.

Desowitz , R. S. (1991) *Malaria Capers: More tales of parasites and people, research and reality*, W. W. Norton.

Kebede, A., McCann, J. C., Kiszewski, A. E. & Ye-Ebiyo, Y. (2005) New evidence of the effects of agro-ecologic change on malaria transmission. *Am. J. Trop. Med. Hyg.*, **73**, 676–80.

Kiszewski, A., Mellinger, A., Spielman, A., Malaney, P., Sachs, S. E. & Sachs, J. (2004) global index representing the stability of malaria transmission. *Am. J. Trop. Med. Hyg.*, **70**, 486–98. http://www.cdc.gov/malaria/about/biology/mosquitoes/map.html

McNeill, W. H.（1977）*Plagues and people*, Anchor Books.

White, N. J.（2008）*Plasmodium knowlesi*: the fifth human malaria parasite. *Clin. Infect. Dis.*, **46**, 172–3, doi: 10.1086/524889.

WHO（2012）Roll Back Malaria Annual Report 2012. http://www.rollbackmalaria.org/microsites/annualreport2012/

推薦図書

Shah, S.（2011）*The Fever: How Malaria Has Ruled Humankind for 500,000 Years.*［ソニア・シャー著，夏野徹也 訳（2015）『人類五〇万年の闘い――マラリア全史』太田出版］

Packard, R. M.（2007）*The Making of a Tropical Disease: A Short History of Malaria*（*Johns Hopkins Biographies of Disease*）. The Johns Hopkins University Press.

外務省経済協力局民間援助支援室（2006）「NGO のマラリア対策ベーシックハンドブック」http://www.mofa.go.jp/mofaj/gaiko/oda/shimin/oda_ngo/shien/pdfs/05_hoken_01.pdf（本章で触れられなかった対策の実際が具体的に書かれている．閲覧 2015 年 9 月）

Ⅳ部　対策と管理

第25章 防除対策：隔離・ワクチン・環境管理

浅川満彦

25.1 はじめに

様々な動植物に，多様な病原体が寄り集まり，宿主–寄生体関係の曼荼羅を構成している現実世界がある．そして，これらすべての組み合わせに科学的興味が注がれているのではなく，社会的に大きな問題になる可能性を秘める病原体の防除に，目的別の科学分野が存在している．本書の分担者たちを一望しても，医学，獣医学，水産学，生態学などの専門家が参加しているのが，その確たる証拠である．そのような個別的な分野で扱われてきた様々な防除対策すべてを，限られたこの場で語り尽くすのは不可能である．本章の事例は，獣医学，特に野生動物に偏る傾向があるが，それは，著者がよって立つ学問背景がためである．

その獣医学では，感染症成立の3要因の改善あるいは除去，すなわちA）宿主の抵抗性付与，B）病原体撲滅およびC）中間宿主（intermediate host）・媒介動物（transmitter, vector）・保因者キャリアー（carrier）あるいはその環境要因などのリザーバー（reservoir）対策を含む感染経路遮断を「防疫（infectious diseases control)」という（新獣医学辞典編集委員会，2008）．

感染症の世紀にある現在，防疫という語は一般的になったと考えられるが，多様な分野あるいは立場の方々が本章を読まれると想定されるので，ここで用語の整理をしたい．実は，法令・行政的には，標的となる感染症の病原体が国内に侵入し，常在化した後にとられる様々な対策のみが「防疫」と定義される．一方，これに対をなす用語である検疫（quarantine）は，ほぼ輸入検疫，すなわち国内に常在しない病原体が，国外から国内に侵入することを未然に阻止する対策を指している（新獣医学辞典編集委員会，2008）．大陸上で国境を接し合っている国々では，防疫と検疫との区別は，時には曖昧に使われるが，島国・日本では水際で食い止める輸入検疫が有効手段であるため，行政関係者は2つの用語を厳密に区別している．たとえば，動物検疫所は輸入検疫を，また，家畜保健衛生所は防疫を担当している．両所は同じ農林水産省管轄機関であり，その中で働く獣医師も共通した病原体の検査方法を用いているので，外部から見ると同じようなイメージがあるが，目的とするところはまったく異なるのである．

しかし，以下本書では，行政的な定義ではなく，一般的な通念である感染症対策全般として，防疫という用語を用い，検疫もこれに包含されるものとする．

さて，防疫に関しては医学および獣医学分野ではすでに確立された科学分野であるが（齊藤ら，2004；明石ら，2011），自然界に広く生息し，病原体撲滅が極めて困難な植物を含めた野生生物を対象にする生態学分野では，いまだに途上の感がある．したがって，本章では医学・獣医学で用いられている標準的な諸手段の解説に加え，生態学が防疫に対し，具体的にどのような提言が可能なのか，を論考した．なお，フィールド生態学を専門とする研究者は，感染経路の交差点に立っていると見なされる．したがって，研究活動自体が病原体伝播を引き起こす可能性は否定できない（浅川，2007；2012c）．

25.2 防疫の時系列的な流れ

防疫の各段階を時系列的にまとめると，A）感染症発生前の監視と予防，B）発生時での早期診断・治療と隔離・伝播経路の遮断，C）発生後での病原体撲滅と環境管理など，に大別される（明石ら，2011）．それぞれのフェーズで実施される標準的な項目を表 25.1 に示したが，まず，前述の輸入検疫は A）に包含される．医療現場では，B）の診断・治療は日常に行われているが，家畜・伴侶動物では有効であっても，野生動物，動物園水族館（以下，園館）の展示動物，エキゾチック・ペットと称される最近になり飼育実績が出てきた輸入動物などの診療は一般に難しい．日本野生動物医学会等の動物園等の獣医師が多く参加する学会が中心となり，様々な活動を行っているが，いまだ未開拓な部分が多い分野である．また，海外で知られる野生鳥類の大量死を伴う感染症（カモペストなど）や細菌由来の中毒（ボツリヌス中毒）などは（Friend & Franson, 1999），現時点では高病原性鳥インフルエンザ以外は日本ではほぼ皆無であり（Asakawa *et al.*, 2002; Hirayama *et al.*, 2013）.，野生動物における B）に関する基盤研究を行える事例は限られている．C）に関しても，欧米では政府が主体で体系的な病原体撲滅が行

表 25.1 動物感染症発生の前・中・後とそれぞれの各防疫項目

発生前	国外における関連情報収集による監視／情報交換／輸入検疫／情報整理とマニュアルなどのテキスト作成／ワクチンによる予防／感受性動物・ベクターなどのコントロール／網羅的な病原体疫学調査／感染前血清の保存（発生中と後の抗体比較用）／感染前の各種組織の保存（発生中と後の病原体の特徴の比較用）／人材養成のためのソフト・ハード整備／普及啓発／より完全な検疫・疫学調査などに関する法的な整備など
発生時	早期診断／追跡疫学調査による感染ルートの解明／感染個体の治療と隔離／死亡個体の回収と焼却・埋没などの処理／病原体の特定／感受性動物の特性解明／ワクチンによる伝播速度の減少／伝播経路の遮断／感受性動物・ベクターなどのコントロール／正確な情報の提供／即時的処置に対応可能な人材養成とマニュアルの作成／損害農家や飼育機関などへの補償を含む法的な整備など
発生後	病原体撲滅／環境管理／被害状況の把握と保障／特定病原体の疫学調査による保有状況の把握／ワクチンによる予防感受性動物・ベクターなどのコントロール／感染症に関して国民の底上げを睨んだ不断の教育／さらなる発生を回避するための法的な整備／ボディー・ブロー型感染症に関しての生態学と疫学との協同による長期的調査など

われるが（Friend & Franson, 1999），日本では高病原性鳥インフルエンザ等の事例以外は皆無である．

ただし，大量死という顕著な現象だけではなく，たとえば，感染症の中には，生殖系や運動系などの器官に病原体が感染し，すぐには死に直結しないが，結果的に増殖率や生存率を低下させるような事例も存在する．たとえば，後述するマレック病ウイルス感染などがその一例であろう．また，顕著な症状を伴わないニホンカモシカのパラポックスウイルス症やタヌキやキツネなどの疥癬などは，慢性的・長期的に個体群に影響を与える可能性がある（浅川，2004, 2006a；浅川・岡本, 2007）．これに対し，鳥インフルエンザやカモペストのように短期間での大量死を引き起こすような事例もある（Friend & Franson, 1999；浅川，2004）．後者の場合は，即時に対応が可能であるが，前者の場合，認知されず，気がついた時点には種や個体群の存続に多大なる影響を与えることとも限らないので，生態学上においても注意が必要である．

25.3 ワクチンなど薬剤を用いた対策

防疫の代表的な手法として，は，第一にワクチン（vaccine）があげられる．ワクチンとは，病原体が感染・定着しないよう，生物体内で免疫抗体を産出させる生物学的製剤であるが（明石ら，2011），その中には，病原体の増殖を阻害するのみの種類がある．その場合では，病原体の一部が体内に残存し，不顕性感染（明らかな症状を示さない感染状況）のままにキャリアーとなる可能性がある．たとえば，口蹄疫ワクチンがその一例である．2010年の宮崎で発生した口蹄疫では，ウイルスの増殖速度を減ずるために不活化ワクチン接種が行われたが，決して，ウイルス感染を防ぐ，あるいはウイルスを撲滅することを期待されたのではない．接種された家畜は，ウイルス放出速度が減ずるので，殺処分までにしばらくの間，猶予が与えられる．緊急的な措置とはいえるが，ワクチン自体は病原性を人工的に減じた弱毒株ではあっても生きたウイルスなので，キャリアーになる可能性もあり，英国などのように国によってはこれを許容していない（農林水産省，2007）．

また，ワクチンは，標的動物を限定して開発された薬剤であり（多くの場合，家畜・家禽が主），適用外動物（野生動物や園館展示動物など）では致死的な副作用をもたらす可能性もある．たとえば，イヌの重大な感染症となるジステンパー（ウイルス性疾患）予防では，病原性を人工的に減弱したウイルス株をワクチンとして活用し，イヌにおいては有効に作用するが，他の動物では病原性が高く，レッサーパンダやクロアシイタチなどでのワクチン接種後の死亡例はきわめてよく知られている（村田・坪田，2013）．特に，クロアシイタチの事例は生態学上，教訓とすべきであろう．この動物は自然下で，イヌから感染したジステンパー発症が多く，このため絶滅が危惧された．これを重く見た米国の動物園では，人工増殖計画を実施し，順調に個体数が増加した．そこで，再導入をする前に，ワクチン接種を行ったのだが，イヌ用で使用されるワクチンの弱毒株（前述）ウイルスは，このイタチへの病原性が予想以上に高かったため，せっかく増えたファウンダー（再導入用の母集団）が全滅したという（村田・坪田，2013）．希少種を実験に使うのは難しいとしても，当該種の培養細胞を用いた病原性試験は可能な場合もあるので（明石ら，2011），もし，この細胞系が確立されれば，ワクチンの安全性試験は可能になるであろう．

上記のように，生きた病原体を用いたものを生ワクチンという．一方，物理（温度や紫外線など）あるいは化学的な方法で，殺滅させた病原体を使ったものは不活性化ワクチンといい，細菌性感染症の予防で用いる死菌ワクチンと称されているものである．一般に，抗体産生の原動力となる免疫原性は生ワクチンの方が強力であるが，安全性では不活性化ワクチンが勝る（明石ら，2011）．すなわち，両性質はトレードオフの関係にあるので，適用する動物種や生態，予想される感染症の規模などを勘案して活用すべきである．

今後の日本における参考事例として，野生動物へのワクチン投与により，防疫上の成果を上げた国外の事例を紹介したい．まず，フランスからロシアにかけての地域では，イノシシが豚コレラウイルスを保有するため，ブタの豚コレラの媒介動物と見なされていた．そこで，豚コレラの生ワクチンを埋め込んだ餌の散布により（経口ワクチン），イノシシにおける豚コレラウイルスの保有率が減少し，この疾病の発生が大きく減少した．また，欧米各地では狂犬病の生ワクチンを前述同様，餌に埋め込み，少なくとも西ヨーロッパ地域のオオカミやキツネでのウイルス保有率が減少した（村田・坪田，2013）．

予防ではワクチン以外の治療薬を用いる場合もある．先に紹介した西ヨーロッパの国々では狂犬病ワクチンを埋め込んだ餌に，さらに条虫駆虫薬（プラジカンテル）も混ぜ，イヌ科動物の小腸に寄生する多包条虫駆除をしている．これにより，人獣共通寄生虫病である多包虫症の予防に大きく寄与したとされている．つまり，ここで用いているのはワクチンではなく駆虫薬で，本来的な適用は治療のための薬であるが，これは寄生虫の属種に特異的抗体が産生され難いことから，ワクチン開発が大きく立ち遅れているためである．このように予防措置で治療薬を用いる場合もあるが，一方で薬剤耐性の病原体を創出してしまう可能性があり，注意が必要である．

耐性というと，抗生物質耐性菌がよく知られる．これも本来，治療のための薬剤であった抗生物質（細菌増殖を抑えるためのもので直接的な殺菌作用はない）を，感染症予防のために家畜・家禽あるいは養殖魚用の餌へ大量に混入させたため，薬剤耐性菌が目的としない場にまであふれて生じた一種の人為的環境汚染である．管理された飼育動物ですらこのような問題がある．まして，管理不可能な野生動物への抗生物質の予防的な使用は危険である．また，大量に飼育される放牧牛は，バイオマスが巨大である．したがって，その治療薬の影響は計り知れない場合がある．たとえば，家畜に寄生をする線虫と節足動物を駆虫するためのイベルメクチン製剤は，放線菌から得られた物質で抗生物質に近い駆虫薬であるので，耐性をもった寄生虫の出現もさることながら，糞とともに排泄され，周辺の自由生活をする土壌動物を死滅させる問題があると考えられる．

なお，今世紀に入り，抗炎症薬ジクロフェナクが家畜の死体に蓄積され，これを摂食したハゲワシ類が絶滅に近い状態にまで減じたインド亜大陸の事例が報告されている（平山・浅川，2011）．このように，家畜で常用される薬剤は，野生動物やその環境にどのような影響を与えるのかがほとんど判らない状態で使用されており，生態学的にみても，多くの問題をはらんでいる．

口蹄疫や高病原性鳥インフルエンザ問題を契機に，公共建物の入り口に踏み込み槽あるいは噴霧式消毒薬が設置される機会が多くなった．もちろん，このような人が生活するような限定的な場での消毒薬の使用は，ある程度は有効であろう．しかし，広大で多様な野生動物の生息環境における消毒薬の散布は，一般的な農薬と比較して安全性が高いとされる薬剤であっても，用いる量が桁外れのものとなるので，それ自体が環境汚染の元凶となろう．また，目的外の土壌動物や微生物なども殺滅することになれば，生態系の攪乱要因となる．したがって，農場等でやむなく使用するような場合は，薬剤の種類，使用時期や場所，環境や生物への残留性などを厳しく検討した上で散布をするべきである．

25.4 法令による対策の限界

輸入検疫に関しては，検査に携わる専門機関（検疫所，動物検疫所，植物検疫所）と現場担当者の努力，さらに周囲を海で囲まれるという日本の地理学的な性質により，有効に機能していると考えられる．しかしながら，流通の国際化・輸送時間の短縮化，あるいは渡り鳥のような野生生物や黄砂などの空中浮遊粒子に付着する病原体の存在は，この仕組みを常に揺さぶっている．また，検査対象は法律（感染症予防法，狂犬病予防法，家畜伝染病予防法，植物検疫法など）で規定されたピンポイント的な項目（対象動物と病原体）だけであり（浅川，2012a），海外から入ってくるすべての輸入動植物・病原体をターゲットにした検査ではない．したがって，人間の管理下である正規の流通過程ですら，様々な動物や病原体が入り込んでいると考えられる．たとえば，著者は，アメリカから輸入された家畜飼料用乾草からホシムクドリの死体を見つけた事例を報告した（吉野ら，2007）．牧草は一部は検査されても，すべてについて精査されることは現実的に不可能と考えられる．加えて，本書第Ⅲ部で示されたように，野生生物由来の病原体は海・空から，あるいは意図しない人為的な方法で日本に入ってきている．

国外の新規病原体から国内の野生動物を保護するための法的な仕組みは整備されていないので，病原体が入り込んだ後に対応することが現実的と考えられる．また，輸入検疫に関する法整備を再検討するのなら，感受性動物あるいは標的となる病原体と系統的に近いものまでも，検疫対象にするような柔軟な対応が必要であろう（浅川，2012c；村田・坪田，2013）．

病原体が輸入検疫をかいくぐり，感染症が国内で発生をした場合，可能な限り伝播を食い止める措置が講ぜられている．そのための具体的な隔離や環境管理などについては，次項に譲るとして，まず，最優先されることは，責任機関への通報である．そのために，即時的な警戒網の仕組みがある．たとえば，高病原性鳥インフルエンザ・マレック病・ニューカッスル病等の重要な動物感染症を発見した際には，可及的速やかに家畜保健衛生所等の農林水産省関連機関へ，発生日時・場所，感染症名，家畜・家禽の種類と罹患数などの届出をするように家畜伝染病予防法で明記されている．家畜・家禽の感染症に対しては，その届出を怠った場合，厳しい罰則規定が科せられる．

しかし，家畜・家禽以外の発病に関しては，このような法的な縛りが，原則としてないのが現状である．たとえば，2001 年，著者は国の天然記念物マガンで家禽では届出伝染病であるヘルペスウイルス感染症・マレック病の罹患個体を発見したが（Asakawa *et al*., 2002, 2013; Hirayama *et al*., 2013），前述のような法律に基づく対応が一切なされなかった．ただし，現在では，農林水産省の「高病原性鳥インフルエンザ及び低病原性鳥インフルエンザに関する特定家畜伝染病防疫指針」には，野生鳥類等で高病原性鳥インフルエンザの感染が確認された場合，その個体を発見した場所の消毒および通行制限・遮断等の対処法が明記されている（本書第 20 章参照）．また，マレック病等の感染症に関しては，断続的ではあるが，野生鳥類に関する疫学調査が行われている（Murata *et al*., 2007；2012）．このように，たとえ法律の範囲外であっても，野生鳥類に対する疫学調査を研究の一環として実施している場合もある．しかし，このようなことは例外的であり，野生動物における多くの感染症では専門家すら存在しないため，疫学的なリスクに関しても，一般社会的に認識される機会自体がないと考えられる．

25.5 発生中の隔離と終息後の動物・環境管理など

国内で重大な感染症が発生しても，罹患者がヒトや家畜・家禽ほか飼育動物である場合は，直接，健康状態が把握できるので，診断治療・ケア，隔離，（ヒト以外では）殺処分などの措置が容易にとられやすい．また，野生動物であっても，個体群のサイズが監視可能な程度に小規模で，かつ人間社会から近接した自然保護区などにおいて，衰弱や異常行動を示す個体あるいは死体などの発見は難しくない．もし，感染症を疑うような生体・死体が発見されたら，（ある程度の時間を要する）専門機関の確定診断作業と並行し，たとえ健康に見えても感染の可能性がある個体はすべて，生息地から速やかに回収，隔離することが理想的である．無論，この初動作業により，捕食・接触などによる他の動物への伝播，水・土壌などへ環境への病原体拡散・残留を可能な限り最小限にすることが期待できる．ただし，野生動物をどのように捕獲するのか，どこに隔離するのか，等の問題があるため，トキなどの限られた希少種のみ，実施可能なのが現状であろう．

現時点で可能な防疫活動としては，発生のあった場所への人（車両含む）や家畜・伴侶動物の侵入を制限することであろう．また，近隣の養鶏農場などでは防鳥ネットの設置などにより，野生動物の侵入を防止する．吸血昆虫などにより媒介されるウエストナイル熱等の感染症の防除では，媒介動物となる昆虫類やダニ類などの駆除も行う（Friend & Franson, 1999）．社会的同意を得られるならば，感受性宿主である野生動物の緊急的捕殺も有効と考える．野生動物の生息数を減少させることは，結果的として，特定病原体を保有する宿主密度を減少させ，それにともないヒト・家畜へ伝播リスクを減少することにつながる可能性があるからである．たとえば，西ヨーロッパ諸国では豚コレラ制圧のため，イノシシの生息数を抑制している（村田・坪田，2013）．また，英国ではウシ結核を制圧する目的で，保菌者であるアナグマ駆除が行われているが（Delahay *et al.*, 2005），動物愛護精神が支配的な当該国では，時に難しい局面もある．また，この動物の社会・行動学的性質から，駆除により，アナグマの家族が分散し，結核菌の伝播を促進している可能性も指摘されているので（Delahay *et al.*, 2005），実際の駆除にあっては哺乳類の行動学者との連携が不可欠である．

ここで防疫活動が一般的にはらむ倫理問題について述べる．感染症を保有する個体の隔離は，感染症の流行防止上，有効な手段ではあるが，ヒトの場合を当てはめて考えると．根本的な問題があることがわかる．たとえば，かつて，抗酸菌の一種であるらい病菌や結核菌の感染患者が，隔離病棟施設に収容され，間違った認識による差別に苦しめられたことがあった．社会全体が感染症に対する正しい知識・情報を持たない場合には，このような悲劇的な側面をはらむ恐れがあること忘れず，ヒトの場合では個人の尊厳，野生動物に関しても隔離個体へ不必要な苦痛を与えないことへの配慮は必須である．また，家畜・家禽の場合は，畜産農家が風評被害に苦しめられたり，感染症と直接対峙する臨床獣医師などが精神的に追い詰められたりすることがある．感染症に関わる専門家あるいは行政担当者などは，社会に対して，単に情報を提供するのではなく，正しくおそれる教育・啓発活動（感染症に対する正しいリスク評価と管理手法の提示）も必要なのではないだろうか．

ところで，「感染症を疑うような」と前述したが，ほとんどの野生動物の異常個体・死体は，発見される可能性が極めて少ない．たとえ発見されても，死因の診断に耐えうるほどの良質な状態ではないことが普通であるが，日本の獣医学には，ヒトの医学に相当する法医学の分野がないので，変性が著しい死体を扱う術はない（浅川，2006b）．すなわち，両者の区別が難しい感染症あるいは生物毒による中毒の区別はおろか，死因そのものが不明とされることが少なくない．いや，感染症ばかりではない．重油流出などの著しい環境破壊も増加傾向にある．変性した死体の死因解析を行う forensic veterinary medicine（法獣医学）のような分野を生態学の専門との協同で，日本でも創設したい．

獣医学は，家畜等の哺乳類中心に発展してきた学問体系であるため，獣医師は渡り鳥などの剖検・検査については，哺乳類に比べて経験が不足している．これを克服するため，野生動物に対応した診断マニュアルを作成し（北海道立総合研究機構，2014），家畜保健衛生所の獣医師対象に研修会を行うなどの試みがある．この診断マニュアルの作成においては，酪農学園大学の大学院に付属する保全医学拠点，野生動物医学センター（2004 年創立；図 25.1）での豊富な検査事例を背景にしている．なお，この施設の運営に際しては，多数の生態学研究者あるいは国立環境研究所，環境省，北海道環境生活部等の機関による理解と支援が大きい．このように，野生動物の防疫を考える上で，生態学と獣医学，あるいは行政機関との連携は不可欠であると考える．

図 25.1　動物感染症の監視施設の一例としての酪農学園大学野生動物医学センターの外観（左）と作業風景（右；写真では検査対象がイルカのためマスクなどはしていない）
浅川，2012b より．

感染症の大きな発生がひとまず終息した後は，再発しないように定期的に感受性動物などの病原体保有状況を追跡調査（モニタリングやスクリーニングなど）することが必要である．また，発生した場所では，近接する周辺地域を含め，まず，生息環境の保全に努めつつ，人や家畜・伴侶動物の入り込みをできるだけ抑制すべきである．また，ベクターとなる昆虫類やダニ類などが増えないように，水たまりの埋設および植物の刈り取り等の環境整備をすることも鉄則ではあるが（Friend & Franson, 1999），その一方で自然環境への負荷はできうる限り低減すべきである．動物の安易な飼育を避け，人と野生動物の健全な棲み分けを行う．特に，生息域内における生息密度の過度な上昇や一極集中の原因となる無計画な餌付けを避けるべきである（福井・浅川，2015）．また，個体群動態上，個体数維持に問題がないのであれば，社会的合意のもと，感受性のある動物の個体数・生息密度のコントロール（捕殺や避妊処置など）も実施する必要もある．ただし，哺乳類や留鳥においては保護団体や地域住民の社会的合意が得られれば，実施も可能ではあるが，渡り鳥等の国際的に保護の対象になっている動物に関しては，一国の事情による個体数コントロールには，さらに慎重なプロセスが必須である．ワクチン接種など薬剤投与による有効性と限界，その利用上の留意点などは，前述した通りであり，野外の野生動物に関しては原則適用しない方がよい．また，「終息宣言後」も，再発確認されることはよくあるので，研究者だけでなく保護団体や行政機関との連携のもと，長期間にわたる慎重な対応が必要である．

25.6 病原体侵入に対する将来への備え

野生動物は国境に拘束されることなく，生息域内あるいは生息域間を自由に移動し，自然環境における病原体の存続や拡散に，疫学上，重要な役割を果たしている．そのために，ヒトや家畜のみを対象にした監視体制では，もはや病原体のグローバルな動きを捉えることはできない．そこで，国際獣疫事務局（OIE）では野生動物における感染症発生や病原体保有状況の国際的監視体制の構築を推進している．具体的には，140ほどの監視すべき感染症を選定し，これをインターネット上に公開して（OIE, 2014），疾病制御や新興・再興感染症への防疫に活用している（村田・坪田，2013）．

しかし，生態学分野にあっては新規病原体侵入にゼロ・リスクを求めることは難しく，むしろ，侵入を前提に，正しくおそれ，今から準備をしておくこと，つまり野生鳥類の感染症に関して科学的・客観的なリスク評価およびリスク管理手法を開発し，社会的同意を得た後に，その技術の普及を行うことに力点を置くべきであろう．たとえば，ウエストナイル熱ウイルス（WNV）は日本には，本章を作成している2014年1月現在，日本国内には侵入していないと見なされている．しかし，極東ロシア地域では分布し，北海道にも感染の記録がある抗体を持ったカモ類が飛来・生息するので（Saito *et al.*, 2009；2011），その侵入は時間の問題であろうと考える．このウイルスが日本に常在化した場合，感染症法の四類感染症[1)]の起因ウイルスであるから，優先的にヒトおよび家畜・家禽の健康に関する公衆衛生および家畜衛生に関わる防疫は国策として行われる．しかし，野生生物保護上の防疫は，なおざりにされるおそれがある．大沼ら（2010）は，「もし，このウイルスが北海道に侵入・定着した場合，野生下のタンチョウ個体群はどのような影響を受けるのか」をIUCN（International Union for Conservation of Nature and Natural Resources；国際自然保護連合）のConservation Breeding Specialist Groupが無料配信しているVORTEX Population Viability Analysis Softwareでシミュレートした．このソフトは，個体群動態に関連するパラメー

1）感染症法により感染症群が重要度によりエボラ出血熱・ペストなどの一類から麻疹・破傷風などの五類まで重要度により区切られている．四類にはWNVのほか，デング熱・狂犬病・ツツガムシ病・レプトスピラ症などが指定されている．

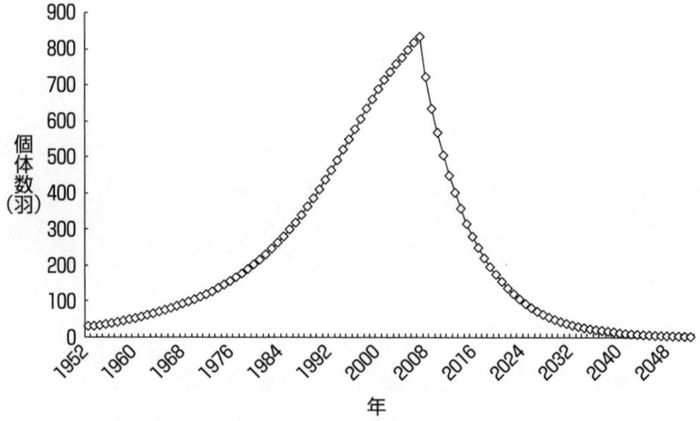

図 25. 2　北海道に 2009 年晩秋にウェストナイル熱ウイルスが侵入・定着した場合の野生下タンチョウの個体群動態に関するシミュレーション
大沼ら，2010 より．

タ（妊娠率，死亡率など），環境変動に関連するパラメータ（気象条件，森林火災による生息地破壊など）および遺伝的パラメータ（近交弱勢の影響）を設定し，各パラメータをある範囲内にランダム変動させながら，将来の個体数を推定するものである（Lacy, 1993）．その結果は，WNV が北海道に定着した約 40 年後に，タンチョウは絶滅するというものであった（図 25. 2）．あくまで多くの仮定に基づく予測の 1 つではあるが，もし，これが事実ならば，WNV 侵入の前から，このウイルスの媒介蚊が入り込まないような隔離施設で，タンチョウを飼育し，将来の再導入に備えておくことも検討課題の 1 つとして提示可能であろう．このような対策の検討も，個体群動態論あるいは生態学に基づく防疫モデルとなり得るものである．

引用文献

明石博臣・大橋和彦・小沼 操ほか 編（2011）『動物の感染症 第三版』近代出版．
浅川満彦（2004）野生生物の感染症対策に適した人材育成を．科学，**74**, 10-11.
浅川満彦（2006a）北海道の野生動物で認められた疥癬の概要．獣医畜産新報，**59**, 142-145.

浅川満彦（2006b）我が国の獣医学にも法医学に相当するような分野が絶対に必要！—鳥騒動の現場から．野生動物医学会ニュースレター，**22**, 46-53.

浅川満彦（2007）野生種を対象にした感染症の疫学研究はどのように哺乳類学に関わるのか．哺乳類科学，**47**, 162-167.

浅川満彦（2012a）総合診療医の皆さんが心得ておいて頂きたい野生動物が関わる感染症．日本病院総合診療医学会雑誌，**3**, 8-12.

浅川満彦（2012b）野生動物の保全医学専用施設を蠕虫研究のために応用する．『寄生虫学研究：材料と方法　2012 年版』（宇賀昭二・丸山治彦 編），147-150, 三恵社.

浅川満彦（2012c）侵略的外来種，特に陸棲脊椎動物の交通事故処理における感染リスク（概要紹介）．野生生物と交通研究発表会論文集，**11**, 51-59.

Asakawa, M., Nakade, T., Murata, S. *et al.* (2013) Recent viral diseases of Japanese anatid with a fatal case of Marek's disease in an endangered species, white-fronted goose (*Anser albifrons*). In: *Ducks: Habitat, Behavior and Diseases*. Hambrick, J. & Gammon, L. T. (eds.), 37-48, Nova Science.

Asakawa, M., Nakamura, S. & Brazil, M. A. (2002) An overview of infectious and parasitic diseases in relation to the conservation biology of the Japanese avifauna. *J. Yamashina Inst. Ornithol.*, **34**, 200-221.

浅川満彦・岡本 実（2007）野生動物から感染する皮膚疾患．*Monthly Book Derma*, **130**, 41-47.

Delahay, R. L., Smith, G. C., Ward, A. I. & Cheeseman, C. L. (2005) Options for the management of bovine tuberculosis transmission from badgers (*Meles meles*) to cattle: evidence from a long-term study. *Mamm. Stu.*, **30**, S73-S81.

福井大祐・浅川満彦（2015）餌づけがもたらす感染症伝播／スズメの集団死の事例から．『野生動物との軋轢を回避するために保全生態学的アプローチからの餌付け問題』（小島 望・高橋満彦 編），地人書館.

Friend, M. & Franson, J. C. (eds.) (1999) *Field Manual of Wildlife Diseases*, USGS.

平山琢朗・浅川満彦（2011）書籍紹介 猛禽類学．野生動物医学会ニュースレター，**33**, 35-36.

Hirayama, T., Ushiyama, K., Osa, Y. & Asakawa, M. (2013) Recent infectious diseases or their responsible agents recorded from Japanese wild birds. In: *Birds: Evolution and Behavior, Breeding Strategies, Migration and Spread of Disease*. Ruiz, L. & Iglesias, F. (eds.), 83-95, Nova Science.

北海道立総合研究機構 編（2014）『平成 23～25 年重点研究報告書野生鳥類由来感染症の伝播リスク評価及び対策手法の開発』北海道立総合研究機構.

Lacy, R. C. (1993) Vortex: a computer simulation model for population viability analysis. *Wildl. Res.*, **20**, 45-65.

村田浩一・坪田敏男 編（2013）『獣医学・応用動物科学系学生のための野生動物学』文永堂.

Murata, S., Chang, K-S., Yamamoto, Y. *et al.* (2007) Detection of the Marek's disease virus genome from feather tips of wild geese in Japan and the Far East region of Russia. *Arch. Virol.*, **152**, 1523-1526.

Murata, S., Hayashi, Y., Kato, A. *et al.* (2012) Surveillance of Marek's disease virus in migratory and sedentary birds in Hokkaido, Japan. *Vet. J.*, **192**, 538-540.

農林水産省（2007）口蹄疫について知りたい方へ．http://www.maff.go.jp/j/syouan/douei/katiku_yobo/k_fmd/syh_siritai.html#q7

OIE (2014) Animal Health in the World. http://www.oie.int/animal-health-in-the-world/oie-listed-diseases-2014/

大沼 学・桑名 貴・浅川満彦（2010）タンチョウ（*Grus japonensis*）をモデルとしたウエストナイルウイルスによる希少鳥類絶滅可能性評価．北獣会誌，**54**, 311-312. http://hal.handle.net/10659/2860

斎藤 厚・那須 勝・江崎孝行 編（2004）『標準感染症学 第二版』医学書院.

Saito, M., Ito, T., Nagamine, T. *et al.*（2011）Trials for risk assessment of Japanese encephalitis based on serologic survey of wild birds and animals. In: *Flavivirus Encephalitis*. Růžek, D.（ed.）, 427-438, InTech.

Saito, M. Osa, Y. & Asakawa, M.（2009）Antibodies to flaviviruses in wild ducks captured in Hokkaido, Japan: Risk assessment of invasive flaviviruses. *Vec.-Bor. Zoon. Dis.*, **9**, 253-258.

新獣医学辞典編集委員会 編（2008）『新獣医学辞典』緑書房.

吉野智生・国藤泰輔・渡辺竜己ほか（2007）輸入牧草に混入北海道内でその死体が発見されたホシムクドリ *Sturnus vulgaris* の記録. 北獣会誌, **51**, 68-70.

第26章 院内感染

河野梢子・梯　正之

これまで感染症の基礎知識，生態学的機能と進化を学んだ上で第Ⅲ部では生態学における感染症の事例を具体的にみてきた．本章では「医療」という特殊な環境における生態系の特徴について学んでいきたい．

26.1 院内感染とは

読者は「院内感染（nonsocomial infection）」という言葉を聞いて一番に何を思いつくだろうか．毎年冬になるとインフルエンザやノロウイルスによる医療機関や介護施設での集団感染，死亡例が報道される．1999年より病院でセラチア菌による集団死亡が相次いで報道された（1999年，東京都内の病院ではセラチア菌陽性患者10名のうち5名が死亡．2000年，大阪府内の病院では15名の内8名が死亡．2002年，東京都内の病院で12名の内6名が死亡）．2008年に福岡で26名のアウトブレイク（日常的な頻度を超えた発生）を起こした多剤耐性アシネトバクターは，新たな薬剤耐性菌として注目された．

院内感染はこのような集団感染だけを指すものではない．『病院感染用語辞典』（木村ほか，2000）によれば，院内感染とは病院感染ともいい，「病院内で微生物が接種されたことによって生じた感染をいう．入院後に，一般的には48時間（または72時間）以降に生じた感染と，退院後であっても病院内での微生物接種による感染が該当する．内因性感染や自家感染も入院中に生じたものであれば病院感染に含まれる．入院時に潜伏期間であったと判断される感染は市中感染になる．対象は，患者のみでなく，医療従事者，面会者など病院に関係したすべての人である」と説明されている．

26.2 病院には危険がいっぱい！

26.2.1 病院で治療をするということ

私たちの体には感染症から身体を守る多くのシステムがある．皮膚，粘液，常在細菌叢は外界からの侵入者が体内に入らないように我々の身体を守ってくれている．それでも体内に入ってきた侵入者に対しては「免疫」というシステムが我々の身体の中ではたらき，感染症を引き起こさないようにしてくれている．

病院での治療がこれらの身体を守るシステムを妨げることは多い．例えば治療のために点滴をしているとしよう．点滴の針は皮膚を突き破り血管内に留置される．もしもその点滴の針に何らかの病原微生物が付着していたならば，いともたやすく皮膚というバリアを破り体内へ侵入してしまう．しかもその行きつく先が血管ならば病原微生物にとってこんな好都合なことはない．血流にのってあっという間に全身へ行きわたる．点滴だけではない．人工呼吸器，膀胱留置カテーテル，気管内吸引…治療のために行っている多くの処置は外界から侵入者を誘う行為である．また，抗悪性腫瘍薬や抗菌薬は標的のがん細胞，病原微生物を選択的に攻撃してくれればよいが，実際には一般の細胞や常在菌も攻撃する．免疫担当細胞数は減少し，常在菌叢が乱れた結果，体内へ侵入した病原微生物は容易に増殖し感染症を引き起こすことができるようになる．26.1節で述べたセラチア菌の集団死亡の原因は，点滴を行う患者の血管確保のためのヘパリン加生理食塩水[1)]を室温で長時間保存することによる，セラチア菌の汚染・増殖が原因と考えられた．

このように，病院で治療をするということは感染症のリスクと常に隣り合わせである．

26.2.2 病院という特殊な環境が作り出す感染のリスク

第1章で学習した通り感染症は，①病原微生物，②感染経路，③（感受性）宿主の3つの条件がそろった時に成立する．これを病院という環境に置き換えてみ

1）【ヘパリン加生理食塩水】抗凝固剤のヘパリンを加えた生理食塩水．点滴終了後，抜針せずに点滴針内にヘパリン加生理食塩水を注入し，次回の点滴時に同じ針から点滴をすることができ，患者の負担を軽減することができる．

ると，①感染症患者，蓄尿瓶やオムツなどに生息している微生物，②血管や膀胱などに留置されたカテーテル類，汚染された環境，医療従事者の手，③免疫力の低下した患者，手術創や気道，尿路などの感受性部位…これらはごく一部の例である．少し考えただけでも病院というところは感染症が成立しやすいということがわかる．

26.3 院内感染対策の基本的な考え方

26.3.1 標準予防策＋感染経路別予防策

『医療現場における隔離予防策のためのCDCガイドライン』（矢野・向野，2007）では院内感染の基本的な考え方は「標準予防策＋感染経路別予防策」と述べられている．CDC（Center for Disease Control and Prevention：米国疾病対策センター）から公開されているガイドラインは多くの文献をもとに策定されており，科学的根拠に基づくガイドラインとして日本でも広く活用されている．

病院は多くの患者が集団生活を送っている．個室でないかぎり1部屋に2人～6人がカーテン一枚の仕切りで生活を共にし，トイレ，お風呂をはじめ多くのものを共同で使用している．同室患者がインフルエンザに罹患してしまったら…もしも感染性胃腸炎の患者さんとトイレを共有していたら…上述したとおり，病院という環境ではいとも簡単に感染症が成立してしまうのである．

院内感染は患者-患者間にとどまらない．医療従事者は患者の皮膚や血液，排泄物などに直接触るが，接触する患者が持つ病原微生物についてすべて把握しきれていないのが現実である．そこで対策としてとられているのが「血液・体液・分泌物・汗を除く排泄物・傷のある皮膚・粘膜はすべて感染性がある対象」として対応することを基本概念とする標準予防策（スタンダードプリコーション）である．標準予防策は，具体的には，「手指衛生」，「予想される曝露に基づいて使用される手袋，ガウン，マスク，眼防御，フェイスシールド」，「咳エチケット」，「安全な注射手技」，「腰椎処置における外科用マスクの装着」等であり医療従事者を感染から守るものと患者を守るものから成っている．

さらに，院内感染対策として全患者に対する標準予防策だけでは不十分なため，感染経路別の予防策を加えて対応している（表26.1）．感染を起こす病原体

表26.1　伝播の様式と感染症・細菌・ウイルス例および予防策

伝播の様式	概要	感染症・細菌・ウイルス例	予防策
接触感染（経口感染を含む）	もっとも多い伝播様式で感染者から他の人に直接伝播するときに発生する直接接触感染と，汚染したものや人（主に医療従事者），環境表面を介して伝播する間接接触感染がある．	MRSA, VRE などの耐性菌，疥癬，HIV，病原性大腸菌 O157，ノロウイルス	適切な個人防護用具（手袋，マスク，エプロン，ゴーグル）の装着，患者の隔離，物品のシングルユース，共有スペースの清掃など
飛沫感染	呼吸器感染症患者の咳やくしゃみによって飛んだつば（飛沫）により引き起こされる感染のことをいう．	インフルエンザ，マイコプラズマ肺炎，風疹	個室へ隔離，サージカルマスクの使用
空気(飛沫核)感染	飛沫核感染とも言う．特定の細菌およびウイルスは飛沫が乾燥した後でも「飛沫核」という形で空気中を浮遊することができる．したがってサージカルマスクでは防ぐことができない．	結核，麻疹，水痘	医療従事者が N95 マスクという専用の微粒子マスクを装着

には細菌，ウイルス，真菌，寄生虫，プリオンが含まれる．伝播の様式は病原微生物によって異なり，主に接触感染（経口感染を含む），飛沫感染，空気（飛沫核）感染の3つの経路がある．

26.3.2 基本は手洗い

院内感染対策でもっとも重要なことは「手洗い」である．その重要さについては『医療現場における手指衛生のための CDC ガイドライン』（大久保・小林，2003）という単独のガイドラインにより事細かに勧告がなされていることからもうかがえる．病院で「手洗い」といった時，「石鹸と流水を用いた手洗い」と「アルコールによる手指消毒」との2つの方法がある．CDC ガイドラインでは「手が目に見えて汚染されているとき，タンパク質性物質で汚染されたときには石鹸と流水で手洗いをし，基本的にはアルコールによる手指消毒を行う」よう勧告している．WHO（World Health Organization：世界保健機関）は医療従事者が行う手洗いのタイミング「My 5 moments for Hand Hygiene」として具体的に，①患者に触れる前，②清潔・無菌操作前，③体液に曝露された可能性がある場合，④患者に触れた後，⑤患者周辺の物品に触れた後，の5つのタイミングを示している（WHO）．

いったい看護師は一回の勤務で何回手洗いをしているのかということを考えてほしい．まず病棟に到着してから手洗いし，病室に入る前，処置の前後，注射の準備の前…一日中手洗いをしている．手洗いの重要性が科学的に明らかになって100年以上が経過しているが，あまりの回数の多さに「どうすればスタッフの手洗いの実施率があがるか，一回の手洗いを適切に行えるか」については今も残る課題である．

26.3.3 病院における清掃

CDCガイドラインはドアノブ，ベッド柵，ライトのスイッチ，病室のトイレの中やその周りといったよく触れるところ（高頻度手指接触面）は他の場所より頻繁に清掃・消毒すること，という勧告を出している（倉辻ほか, 2004）．椅子や壁，ドアノブといった環境表面には多くの病原微生物が付着している．これらの病原微生物は自力で移動し，人に感染させることはできない．その不潔な環境表面を触った人が，その触った手で目や鼻などの粘膜を触れた時，彼らは感染を起こすことができる．つまり，ある人（病原微生物を鼻腔に有する）が鼻をこする，その手でドアノブを触り病原微生物をドアノブや手すりに付着させる，別の人はそうとも知らずドアノブや手すりを触ることで自分の手に病原微生物を移動させ

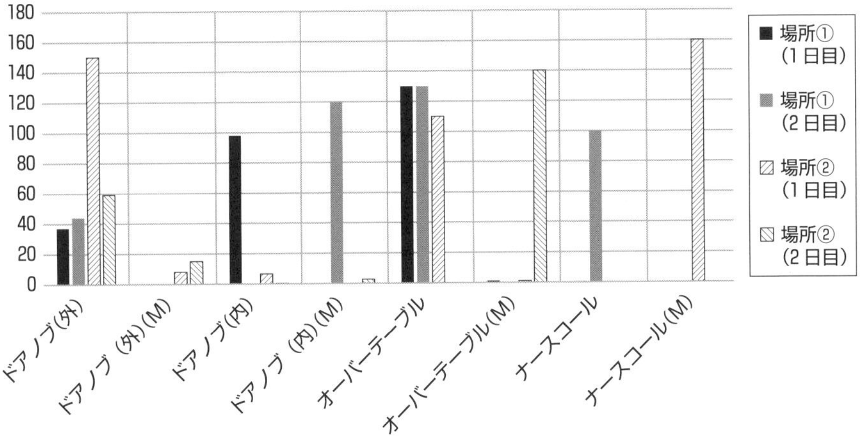

図 26.1 環境表面調査において検出された一般生菌の数（一部）
(M) は MRSA 患者病室．同じ場所でも日によって多く検出されたり，ほとんど検出されなかったりしている．

る，その手で鼻を触り鼻の粘膜から病原微生物を迎え入れる，という流れである（矢野，2007）．2010年に筆者がある病院でMRSA（Methicillin-resistant *Staphylococcus aureus*：メチシリン耐性黄色ブドウ球菌）および一般生菌について環境表面の汚染を調べた結果の一部を図26.1に示す．1種類の表面について2つの場所を選定し，2日に分けて汚染状況を調査した．MRSAは検出されなかったが一般生菌が多く検出された．どの場所も常に汚染されているわけではなかった．調査した病院では清掃マニュアルがあり，ドアノブ，オーバーテーブル，ベッド柵など多くの環境表面は1日に最低1回は湿式の拭き掃除が行われていた．当たり前のことに思えるが，汚い手で汚染された環境も拭き掃除によって容易にきれいにできるという事実が重要である．病院で行われる清掃は単に汚れやほこりを取り除くだけでなく，高頻度手指接触面における見えない細菌を拭きとることが院内感染対策として必須である．

26.4 薬剤耐性菌の問題

26.4.1 薬剤耐性菌とは

日本で抗菌薬が本格的に使用されはじめたのは戦後である．それまで死因の多くを占めていたのは感染症であった．死因順位の年次推移を見てみると，1940年代は全結核が死因の第1位，その後脳血管疾患が第1位となり，1981年以降死因の第1位は悪性腫瘍である．衛生状態の改善も相まって感染症による死亡率は急速に減少し，その座を生活習慣病へ明け渡した．Alexander Flemingによって発見された，ペニシリンという魔法の薬で人類は感染症を克服したかのように見えたが，それは人類と細菌の終わりなき闘いの始まりにすぎなかった．人間はこの魔法の薬を乱用した．適正に使用されなかった結果，生き残った細菌たちは有効な生き残りのための手段として耐性を獲得した．つまり魔法の薬は効かなくなってしまった．困った人間は新しい抗菌薬を開発する，しかし細菌は再び耐性を獲得する，新しい抗菌薬を開発，耐性の獲得…これを繰り返した結果，MRSAやペニシリン耐性肺炎球菌，多剤耐性緑膿菌，VRE（vancomysin resistant enterococci：バンコマイシン耐性腸球菌）など多くの薬剤耐性菌を出現させてしまった．中でもMRSAは現在使用されているほとんどの抗菌薬に耐性を示しており

(multi-drug resistant *Staphylococcus aureus*), 1980年代後半より日本で「MRSAパニック」を起こし, 今も院内感染の主要菌である.

26.4.2 薬剤耐性菌の性質

「抗菌薬に耐性獲得した」とはどのような状態を指すのであろうか. 抗菌薬は細菌を殺す殺菌的抗菌薬と細菌の増殖を抑える静菌的抗菌薬に大別される. さらに細菌の細胞壁合成, タンパク質合成, 核酸合成, 代謝経路, 細胞膜の機能を標的に作用する. これに対し以下のような形質を獲得した細菌が「抗菌薬に耐性獲得した」ことになる.

・細胞壁の外膜の透過性が変化する
・抗菌薬を分解する酵素を産生する
・標的が変化する
・抗菌薬を排出する

細菌の遺伝子配列は変異することが知られている. 細菌は長期にわたる抗菌薬使用下や作用点まで到達しない量での使用下で, 耐性を獲得する. さらにその遺伝情報は次世代に受け継がれるだけでなく, 3つの伝達様式 (接合, 形質導入, 形質転換) によって他の細菌へと受け渡される.

薬剤耐性菌の発現, 増殖は抗菌薬の使用に依存する. 薬剤耐性菌の多くは実は普段はおとなしく悪さをしない菌である. 例えばMRSAであれば日頃は他のブドウ球菌とともに特に悪さをすることなく鼻粘膜などに「定着」という形態で生息している. しかも「耐性」という余分な遺伝子情報を持っているがゆえにその増殖に不利と言われている. しかしその宿主が何らかの原因で抗菌薬を使用してしまった場合, 耐性を持たない常在菌たちは抗菌薬により抑制される. 一方でMRSAは影響を受けない. むしろ常在菌がいない分, 増殖に有利な環境となる. こうしてMRSAは異常増殖 (菌交代現象という) した結果, 免疫力が衰えている患者に対し日和見感染症という形で肺炎などを起こすのである.

26.4.3 薬剤耐性菌対策

薬剤耐性菌の問題および対策について, MRSAを例に挙げ具体的に考えていきたい. 現在, わが国で認可されている抗MRSA薬はバンコマイシン, テイコプラニン, アルベカシン, リネゾリド, ダプトマイシンの5種類しかない

(MRSA感染症の治療ガイドライン作成委員会, 2013). そしてすでに, バンコマイシンに耐性を示す細菌が報告されている. その1つであるVREの出現の背景にはバンコマイシンの使用量の増加による耐性獲得だけでなく, アボパルシンというバンコマイシンによく似た抗菌薬が, 家畜の飼料に用いられていたことが関与しているのではないかと示唆され, アボパルシンの使用は中止された (菊池, 2002). わが国ではVREの分離はまだ稀であるが, 重要課題として医療機関には全例報告義務がある.

薬剤耐性菌が増え続けるということは, 今まで治療できていた肺炎などの感染症が治療できなくなることを意味する. これ以上薬剤耐性菌を増やさないために, 抗菌薬の適正使用が肝要である.

抗菌薬の適正使用とは；

・かぜやインフルエンザといったウイルス性疾患に抗菌薬を使用しないこと
・抗菌薬での治療効果が期待できる場合のみに使用すること
・同じ抗菌薬を長期間使い続けないこと
・適正なスペクトル (抗菌薬が抗菌力をもつ微生物の範囲) の抗菌薬を選択すること (広域スペクトルを使い続けない)
・適正期間使用すること
・患者の服薬アドヒアランス[1]を良好に維持すること
・TDM (therapeutic drug monitoring, 薬物血中濃度モニタリング) を下に治療を進めること

また, 抗菌薬の処方率が一定以上になると薬剤耐性菌が定着し始め, さらにある一定限度を超えると100% 薬剤耐性菌になってしまうことや, 抗菌薬の処方率が高いほど治療期間が短くても薬剤耐性菌が出現する傾向にあることが数学的アプローチによって報告されており, 抗菌薬の適正使用の裏付けの一部となっている (Austin *et al.*, 1997).

抗菌薬が適正使用されるために, 各病院では主要抗菌薬の届け出制や抗MRSA薬の許可制を導入するなど, 組織ぐるみでの取り組みがなされているが,

---

1) 服薬アドヒアランス：患者が積極的に治療方針の決定に参加し, その決定に従って治療を実行することを意味する. 医療従事者は患者が決められた期間, 用量用法を積極的に守って服薬できるよう支援しなくてはならない. AIDS, 結核は薬剤耐性対策として多剤併用療法がとられている. 患者が服薬を自己判断で中断してしまうと簡単に耐性を獲得してしまう. ちなみにAIDSはウイルス疾患のため耐性ウイルスである.

まだ一部の病院にすぎず十分とは言いがたい.

いま薬剤耐性菌の対策を怠り，さらなる薬剤耐性菌を産み出しては，人類は感染症により命を脅かされる時代が再びやってくることになるだろう.

26.5 院内感染への対策

26.5.1 我が国における院内感染対策

2007年4月に施行された改正医療法により，すべての医療機関において管理者の責任の下で院内感染対策のための体制の確保が義務化された．厚生労働省は院内感染対策サーベイランス事業（Japan Nosocomial Infections Surveillance：JANIS）によって，参加医療機関における院内感染の発生状況や薬剤耐性菌の分離状況および発生状況を調査し，院内感染の概況を把握している．参加医療機関も増加しており，その参加数は2014年2月現在1301施設である（厚生労働省院内感染対策サーベイランス事業ウェブサイト）.

26.5.2 それぞれの病院における院内感染対策

1996年の診療報酬に感染対策加算が設けられたのを機会に，多くの病院で院内感染対策委員会が設置された．さらに上述したように改正医療法によりすべての医療機関での院内感染対策が義務化された．現在ではほとんどの病院で院内感染対策委員会が設置されている．その中心的役割を果たしているのは，ICT（infection control team）と呼ばれる感染対策実践チームである．ICTは病院内の部門を超えて活動し，構成メンバーはICD（感染対策専門医師），ICN（感染管理専門看護師，感染管理認定看護師）が中心となり医師，歯科医師，看護師，臨床検査技師，中央検査部門，薬剤部，事務部などで構成されている．上述した抗菌薬の使用状況の把握と適正使用の指導はもちろん，院内感染症のサーベイランス，職員への教育，病棟ラウンドによる具体的指導，感染症事例コンサルテーション，職員の健康管理などを行っている（西谷，2013a; b）．最近は抗菌薬適正使用チーム（antimicrobaial stewardship team）と呼ばれるICT同様に多職種で構成されるチームが院内で活動している.

26.6 おわりに

時代と共に感染症に関わる問題は変化する．近年では医療サービスを提供する場が長期療養型施設や在宅などと医療施設にとどまらなくなってきた．こういった医療の変化に伴い2007年に公開された隔離予防策のためのCDCガイドラインでは，さまざまな形態の医療サービスに関連して発生する感染を「院内感染」ではなく，「医療関連感染（healthcare associated infection: HAI）」と呼ぶようになった（矢野・向野，2007）．

また，院内感染の主要菌といわれているMRSAも市中獲得MRSA（community-acquired MRSA: CA-MRSA）が見つかり対応が急務となっている．CA-MRSAは当初，病院内に蔓延しているMRSA（hospital-acquired MRSA: HA-MRSA）が患者や医療従事者によって病院外へ持ち出された結果であるとも考えられた．しかし，分子疫学的解析が進みCA-MRSAはHA-MRSAと菌そのものが異なっていることが明らかになっている．CA-MRSAは1981年にアメリカで外来患者98名からMRSAが分離された報告が最初である．その後，1990年代になると，アメリカを中心にCA- MRSA感染症に関する報告は徐々に増加し，ラグビー，レスリングの選手の間，刑務所内でのMRSA感染症の集団発生，MRSAによる食中毒などが報告されるようになった．CA-MRSAは小児から多く分離され死亡例も報告されている（伊藤ほか，2004）．

このように私たちは感染症に関わる問題の変化に合わせた対策をとっていかなくてはならない．特に医療という特殊な環境，治療という行為においては病原微生物の生態系に特異的な影響を与える．「病原微生物vs.人間の知恵と科学」，この構図そのものは変化しないものの，その中身は今も変化し続けている．（医療）生態系に今何が起きていて何が問題になっているか，本質を見極めた上で「医療関連施設」でとるべき対策について考えていかなければならない．

引用文献

Austin, D. J., Kakehashi, M. & Anderson, R. M.（1997）The transmission dynamics of antibiotic-resistant bacteria: the relationship between resistance in commensal organisms and antibiotic consumption. *Proc. R. Soc. Lond. B*, **264**, 1629-1638

平松啓一・崔 龍洙・花木秀明（2002）Vancomaycin-resistant *Staphylococuss aureus*（VRSA）.『改訂２版　耐性菌感染症の理論と実践』（平松啓一 編），69-84，医薬ジャーナル社.

伊藤輝代・桑原京子・久田 研ほか（2004）市中感染型 MRSA の遺伝子構造と診断（最新の知見）．感染症学雑誌，**78**，459-469

菊池 賢（2002）VRE.『改訂２版　耐性菌感染症の理論と実践』（平松啓一 編），64-68，医薬ジャーナル社.

木村 哲・大久保憲・岸下雅通・広瀬千也子 編（2000）『病院感染用語辞典』医薬ジャーナル社.

厚生労働省院内感染対策サーベイランス事業ウェブサイト（2014 年 3 月 21 日アクセス）http://www.nih-janis.jp/index.asp

倉辻忠俊・切替照雄 訳，小林寛伊 監訳（2004）『医療保健施設における環境感染制御のための CDC ガイドライン』メディカ出版.［Lynne Sehulster & Raymond Y. W. Chinn（2003）*Guidelines for Environmental Infection Control in Health-Care Facilities, Centers for Disease Control and Prevention.* http://www.cdc.gov/hicpac/pdf/guidelines/eic_in_hcf_03.pdf］

MRSA 感染症の治療ガイドライン作成委員会 編（2013）『MRSA 感染症の治療ガイドライン』公益社団法人日本化学療法学会・一般社団法人日本感染症学会.

西谷 肇（2013a）院内感染対策委員とは.『改訂第２版　医療関連感染対策なるほど！ ABC』（芹 康夫 編），252-253，ヴァンメディカル.

西谷 肇（2013b）ICT, ICD とは.『改訂第２版　医療関連感染対策なるほど！ ABC』（芹 康夫 編），254-256，ヴァンメディカル.

大久保憲 訳，小林寛伊 監訳（2003）『医療現場における手指衛生のための CDC ガイドライン』メディカ出版.［John M. Boyce and Didier Pittet（2002）*Guideline for Hand Hygiene in Health-Care Settings, Centers for Disease Control and Prevention.* http://www.cdc.gov/mmwr/pdf/rr/rr5116.pdf］

矢野邦夫（2007）『ねころんで読める CDC ガイドライン――やさしい感染対策入門書』，8-12，メディカ出版.

矢野邦夫・向野賢治 編訳（2007）『改訂２版 医療現場における隔離予防策のための CDC ガイドライン―感染性微生物の伝播予防のために―』メディカ出版.［Jane D. Siegel, Emily Rhinehart, Marguerite Jackson and Linda Chiarello（2007）*Guideline for Isoiation Precautions: Preventing Transmission of Infectious Agents In Health care Settings 2007, Centers for Disease Control and Prevention.* http://www.cdc.gov/ncidod/dhqp/pdf/guidelines/isolation2007.pdf］

WHO "Clean Care is Safer Care"（2014 年 3 月 21 日アクセス）http://www.who.int/gpsc/5may/en/

索　引

【数字・欧文】

【学名】

【あ行】

【か行】

【さ行】

【た行】

【ま行】

【や行】

【ら行】

【わ行】

【担当編集委員】

川端善一郎（かわばた　ぜんいちろう）

1975年　東北大学大学院理学研究科博士課程中退
現　在　愛媛大学教授，京都大学教授等を経て，総合地球環境学研究所・名誉教授　博士（理学）
専　門　微生物生態学，生態系生態学，水域生態学
主　著　『シリーズ共生の生態学 2，シャーレを覗けば地球が見える』（分担執筆，平凡社），『生命の地球 6，食う食われる生物たち』（編集・分担執筆，三友出版），『京大人気講義シリーズ　生物多様性科学のすすめ：生態学からのアプローチ』（分担執筆，丸善），*Ecological Research, Special Feature: Environmental change, pathogens,and human linkages*（編集・分担執筆，Springer）

吉田丈人（よしだ　たけひと）

2001年　京都大学大学院理学研究科博士後期課程修了
現　在　東京大学大学院総合文化研究科広域システム科学系・准教授，博士（理学）
専　門　生態学，進化学
主　著　『シリーズ群集生態学 2　進化生物学からせまる』（編集・分担執筆，京都大学学術出版会），*Advances in Ecological Research*（分担執筆，Elsevier），『シリーズ 現代の生態学 9　淡水生態学のフロンティア』（編集・分担執筆，共立出版）ほか

古賀庸憲（こが　つねのり）

1994年　九州大学大学院理学研究科博士後期課程修了
現　在　和歌山大学教育学部科学教育・教授，博士（理学）
専　門　行動生態学，進化生態学，動物生態学
主　著　『シリーズ　現代の生態学 5　行動生態学』（編集・分担執筆，共立出版），『甲殻類学――エビ・カニとその仲間の世界――』（分担執筆，東海大学出版会），『フィールドの寄生虫学――水族寄生虫学の最前線――』（分担執筆，東海大学出版会）

鏡味麻衣子（かがみ　まいこ）

2002年　京都大学大学院理学研究科博士後期課程修了
現　在　東邦大学理学部生命圏環境科学科・准教授，博士（理学）
専　門　陸水生態学
主　著　『湖と池の生物学』（訳書，共立出版），『シリーズ 現代の生態学 11　微生物の生態学』・『シリーズ 現代の生態学 9　淡水生態学のフロンティア』（編集・分担執筆，共立出版）

シリーズ　現代の生態学 6
Current Ecology Series 6

感染症の生態学

Ecology of Infectious Diseases

2016 年 3 月 15 日　初版 1 刷発行

検印廃止
NDC 468.4, 491.7, 493.8, 498.6
ISBN 978-4-320-05746-3

編　者　日本生態学会　©2016
発行者　南條光章
発行所　**共立出版株式会社**
〒112-0006
東京都文京区小日向 4 丁目 6 番 19 号
電話　(03) 3947-2511（代表）
振替口座　00110-2-57035
URL　http://www.kyoritsu-pub.co.jp/
印　刷　精興社
製　本　協栄製本

一般社団法人
自然科学書協会
会員

Printed in Japan